JN267893

詳解演習ライブラリ＝1

詳解演習　線形代数

水田　義弘＝著

サイエンス社

サイエンス社のホームページのご案内
http://www.saiensu.co.jp
ご意見・ご要望は　rikei@saiensu.co.jp　まで.

まえがき

線形代数学は微分積分学とともに大学初年度で学ぶ数学の基本的な理論である．これらは自然科学や工学ばかりでなく情報科学や社会科学など広い分野で利用されている．

高等学校における数学のカリキュラムが多様化したことによって，大学に入学したばかりの学生一人一人のレベルは一様でない．しかしながら，将来自分が専攻する理工系の分野においては，大学初年度で学習する事項についての確かな理解が要求される．

大学での講義は高校で学習したことはすべて理解されているものとして行われるのが普通である．したがって，高校で学習したことを復習しながら大学での講義を自然な流れにそって理解することが要求される．この演習書は，大学初年度で開講される線形代数学の講義を受講しながら自らその理解を深めていくことを目的として作られている．

そこで，重要かつ基本的な事項を精選して [例題] として取り上げ詳しい解説を行った．さらに，応用力を養うためにその後に具体的な例を [問題] として数多く取り上げ，それらにも詳しい解答をつけた．これらの問題は，大学初年度の線形代数学の最低限の到達目標であり，しかも，通常行われる線形代数学の試験のレベルにある．

この本は，著者の教科書「理工系 線形代数」をより深く理解しさらなる発展を期して作られた演習書であり，したがって，その内容に沿って作られている．1年間の授業であることから教科書ではやむを得ず割愛せざるを得なかった事項も多々あり，この機会を利用して，できる限り補充し解説を行った．

最後に，この本の執筆中，サイエンス社の田島伸彦氏，私の教室の大学院生にもたくさんの批評を頂いたことを感謝する．

2000 年 4 月

著者

目　次

詳解演習　線形代数

第1章

行　　列

1.1　基本事項

1. (1) **行列の定義**：mn 個の数 a_{ij} を長方形に並べて括弧をつけた

$$\begin{bmatrix} a_{11} & a_{12} & \cdots & a_{1n} \\ a_{21} & a_{22} & \cdots & a_{2n} \\ \cdots & \cdots & \cdots & \cdots \\ a_{m1} & a_{m2} & \cdots & a_{mn} \end{bmatrix}$$

を (m,n) **行列**という．また，A の**型**は (m,n) であるという．横の並びについて，上の行から順に，第 1 行，第 2 行，$\cdots$，第 m 行という．また，縦の並びについて，左の列から順に，第 1 列，第 2 列，$\cdots$，第 n 列という．

(2) **行列の成分**：第 i 行にあって第 j 列にある数 a_{ij} を (i,j) **成分**という．特に，$m=n$ のとき $\boldsymbol{n}$ **次正方行列**といい，$a_{11}, a_{22}, \cdots, a_{nn}$ を**対角成分**という．

(3) **ベクトル**：$(m,1)$ 行列は m 次列ベクトル，$(1,n)$ 行列は n 次行ベクトルとも呼ばれる．これらは，単に，数ベクトルともいう．

(4) **基本列ベクトル**：$\boldsymbol{e}_1 = \begin{bmatrix} 1 \\ 0 \\ \vdots \\ \vdots \\ 0 \end{bmatrix}$，$\boldsymbol{e}_2 = \begin{bmatrix} 0 \\ 1 \\ 0 \\ \vdots \\ 0 \end{bmatrix}$，$\cdots$，$\boldsymbol{e}_n = \begin{bmatrix} 0 \\ \vdots \\ \vdots \\ 0 \\ 1 \end{bmatrix}$ は基本列ベクトルと呼ばれる．

2. **行列の演算**　　2 つの (m,n) 行列

$$A = \begin{bmatrix} a_{11} & a_{12} & \cdots & a_{1n} \\ a_{21} & a_{22} & \cdots & a_{2n} \\ \cdots & \cdots & \cdots & \cdots \\ a_{m1} & a_{m2} & \cdots & a_{mn} \end{bmatrix}, \qquad B = \begin{bmatrix} b_{11} & b_{12} & \cdots & b_{1n} \\ b_{21} & b_{22} & \cdots & b_{2n} \\ \cdots & \cdots & \cdots & \cdots \\ b_{m1} & b_{m2} & \cdots & b_{mn} \end{bmatrix}$$

に対して，

(1) **相等**　$A = B \iff$ すべての (i,j) に対して，$a_{ij} = b_{ij}$

(2) **和**　$a_{ij} + b_{ij}$ を (i,j) 成分とする行列を A と B の和という：

$$A+B=\begin{bmatrix} a_{11}+b_{11} & a_{12}+b_{12} & \cdots & a_{1n}+b_{1n} \\ a_{21}+b_{21} & a_{22}+b_{22} & \cdots & a_{2n}+b_{2n} \\ \cdots & \cdots & \cdots & \cdots \\ a_{m1}+b_{m1} & a_{m2}+b_{m2} & \cdots & a_{mn}+b_{mn} \end{bmatrix}$$

(3) **差**　$$A-B=\begin{bmatrix} a_{11}-b_{11} & a_{12}-b_{12} & \cdots & a_{1n}-b_{1n} \\ a_{21}-b_{21} & a_{22}-b_{22} & \cdots & a_{2n}-b_{2n} \\ \cdots & \cdots & \cdots & \cdots \\ a_{m1}-b_{m1} & a_{m2}-b_{m2} & \cdots & a_{mn}-b_{mn} \end{bmatrix}$$

(4) **数と行列の積**　数 α と行列 A の積は，すべての成分を α 倍する：

$$\alpha A=\begin{bmatrix} \alpha a_{11} & \alpha a_{12} & \cdots & \alpha a_{1n} \\ \alpha a_{21} & \alpha a_{22} & \cdots & \alpha a_{2n} \\ \cdots & \cdots & \cdots & \cdots \\ \alpha a_{m1} & \alpha a_{m2} & \cdots & \alpha a_{mn} \end{bmatrix}$$

3. 成分がすべて 0 である行列を**零行列**といい，O で表す．

4. $(-1)A$ を $-A$ と書き，A の**逆元**という：$-A = (-1)A$．一般に，

$$A - B = A + (-1)B$$

5. 基本公式　A, B, C はすべて (m,n) 行列で，α, β は数を表すとき，

(1)	$A+B=B+A$	（交換法則）
(2)	$(A+B)+C=A+(B+C)$	（結合法則）
(3)	$A+O=O+A=A$	（零行列の性質）
(4)	$A+(-A)=(-A)+A=O$	（逆元の存在）
(5)	$(\alpha+\beta)A=\alpha A+\beta A$	（分配法則）
(6)	$\alpha(A+B)=\alpha A+\alpha B$	（分配法則）
(7)	$(\alpha\beta)A=\alpha(\beta A)$	（結合法則）
(8)	$1A=A$	（単位元の存在）

6. 行と列の数が一致する行列を**正方行列**という．また，対角成分が 1 でその他の成分が 0 である行列を**単位行列**という．n 次の単位行列を

$$E_n = \begin{bmatrix} 1 & 0 & \cdots & 0 \\ 0 & 1 & \ddots & \vdots \\ \vdots & \ddots & \ddots & 0 \\ 0 & \cdots & 0 & 1 \end{bmatrix} \quad \text{または} \quad \begin{bmatrix} 1 & & & O \\ & 1 & & \\ & & \ddots & \\ O & & & 1 \end{bmatrix}$$

と表す.

7. 対角成分より下の成分がすべて零である行列を**上三角行列**，対角成分より上の成分がすべて零である行列を**下三角行列**という：

$$\begin{bmatrix} a_{11} & a_{12} & \cdots & a_{1n} \\ & a_{22} & \cdots & a_{2n} \\ & & \ddots & \vdots \\ O & & & a_{nn} \end{bmatrix} \qquad \begin{bmatrix} a_{11} & & & O \\ a_{21} & a_{22} & & \\ \vdots & & \ddots & \\ a_{n1} & a_{n2} & \cdots & a_{nn} \end{bmatrix}$$

上三角行列　　　　　　下三角行列

これらを単に**三角行列**という．さらに，対角成分以外がすべて零である行列は**対角行列**という.

8. (l, m) 行列 A と (m, n) 行列 B に対して，A の第 i 行と B の第 j 列を順にかけ合わせて和をとった

$$a_{i1}b_{1j} + a_{i2}b_{2j} + \cdots + a_{im}b_{mj} = \sum_{k=1}^{m} a_{ik}b_{kj}$$

を (i, j) 成分とする行列を A と B の**積**という：

$$AB = \begin{bmatrix} \cdots & \cdots & \cdots & \cdots & \cdots & \cdots \\ a_{i1} & a_{i2} & \cdots & a_{ik} & \cdots & a_{im} \\ \cdots & \cdots & \cdots & \cdots & \cdots & \cdots \end{bmatrix} \begin{bmatrix} \cdots & b_{1j} & \cdots \\ \cdots & b_{2j} & \cdots \\ \cdots & \cdots & \cdots \\ \cdots & b_{kj} & \cdots \\ \cdots & \cdots & \cdots \\ \cdots & b_{mj} & \cdots \end{bmatrix}$$

$$= \begin{bmatrix} \cdots & \cdots & \cdots & \cdots & \cdots \\ \cdots & \cdots & \displaystyle\sum_{k=1}^{m} a_{ik}b_{kj} & \cdots & \cdots \\ \cdots & \cdots & \cdots & \cdots & \cdots \end{bmatrix}$$

9. 行列の積に関する分配法則　(l, m) 行列 A，B と (m, n) 行列 C に対して

$$(A + B)C = AC + BC$$

同様に，(l, m) 行列 A と (m, n) 行列 B, C に対して

$$A(B+C) = AB + AC$$

10. 行列の積に関する結合法則　(l, m) 行列 A, (m, n) 行列 B, (n, p) 行列 C に対して

$$(AB)C = A(BC)$$

特に，数 α, (m, n) 行列 A, (n, p) 行列 B に対して

$$(\alpha A)B = A(\alpha B) = \alpha(AB)$$

11. 行列 $A = \begin{bmatrix} a_{11} & a_{12} & \cdots & a_{1n} \\ a_{21} & a_{22} & \cdots & a_{2n} \\ \cdots & \cdots & \cdots & \cdots \\ a_{m1} & a_{m2} & \cdots & a_{mn} \end{bmatrix}$ の行と列を入れ換えてできる行列を A の**転置行列**といい，${}^tA$ で表す：

$${}^tA = \begin{bmatrix} a_{11} & a_{21} & \vdots & a_{m1} \\ a_{12} & a_{22} & \vdots & a_{m2} \\ \vdots & \vdots & \vdots & \vdots \\ a_{1n} & a_{2n} & \vdots & a_{mn} \end{bmatrix}$$

12. 転置行列の性質　行列 A, B と数 α に対して，次の左辺が定義できれば，

(1) ${}^t({}^tA) = A$
(2) ${}^t(A+B) = {}^tA + {}^tB$
(3) ${}^t(\alpha A) = \alpha {}^tA$
(4) ${}^t(AB) = {}^tB {}^tA$

13. 正方行列 A が $A = {}^tA$ を満たすとき，**対称行列**という．

14. 正方行列 A が $A = -{}^tA$ を満たすとき，A は**交代行列**という．

15. n 次正方行列 A の対角成分の和

$$a_{11} + a_{22} + \cdots + a_{nn} = \mathrm{tr}\ A$$

は A の**トレース**という．次の性質が成り立つ．

(1) $\mathrm{tr}\,(kA) = k\,\mathrm{tr}\,A$

(2) $\mathrm{tr}\,(A+B) = \mathrm{tr}\,A + \mathrm{tr}\,B$

(3) $\mathrm{tr}\,(AB) = \mathrm{tr}\,(BA)$

(4) $\mathrm{tr}\,(P^{-1}AP) = \mathrm{tr}\,A$

16. n 次正方行列 A に対して，

$$AX = XA = E$$

となる n 次正方行列 X が存在するならば，A は**正則**であるという．X を A の**逆行列**と呼び A^{-1} と表す．

17. 正則行列の性質

(1) A が正則ならば，その逆行列 A^{-1} も正則であり，

$$(A^{-1})^{-1} = A$$

(2) A, B が n 次正則行列ならば，積 AB も正則であり，

$$(AB)^{-1} = B^{-1}A^{-1}$$

(3) A が正則ならば，その転置行列 ${}^tA$ も正則であり，

$$({}^tA)^{-1} = {}^t(A^{-1})$$

18. 2 次正方行列 $A = \begin{bmatrix} a & b \\ c & d \end{bmatrix}$ が正則であるための条件は，$|A| = ad - bc \neq 0$ であり，このとき，逆行列は

$$A^{-1} = \frac{1}{ad-bc}\begin{bmatrix} d & -b \\ -c & a \end{bmatrix}$$

である．

19. n 次実正方行列 P が**直交行列**であるとは，

$${}^tPP = P\,{}^tP = E$$

となるときをいう．このとき，$P^{-1} = {}^tP$ である．

1.2　行列の定義

例題 1.1　　行列の型と成分

行列 $A = \begin{bmatrix} 1 & 2 & 3 & 4 \\ 5 & 6 & 7 & 8 \\ 9 & 10 & 11 & 12 \end{bmatrix}$ について，次の問いに答えよ．

(1)　A の型は何か．

(2)　A の $(1,3)$ 成分，$(2,1)$ 成分，$(3,4)$ 成分は何か．

［解　答］ (1) A の行の数は 3，列の数は 4 であるから，
A は $(3,4)$ 行列である．

⇒ 行列の型（基本事項 **1.1**）

(2) A の $(1,3)$ 成分は 3，$(2,1)$ 成分は 5，$(3,4)$ 成分は 12 である．

問　題

1.1　(1)　$(3,4)$ 行列で，(i,j) 成分が $(-1)^{i+j}$ である行列を求めよ．

(2)　$(3,4)$ 行列で，(i,j) 成分 b_{ij} が

$$b_{ij} = \begin{cases} 1 & (i = j) \\ 0 & (i \neq j) \end{cases}$$

である行列を求めよ．

1.2　次の等式が成り立つように，定数 $a, b, c, d, p, q, r, s, t$ を定めよ．

$$\begin{bmatrix} a & b & c \\ d & 5 & 6 \\ 7 & 8 & 9 \end{bmatrix} = \begin{bmatrix} 1 & 2 & 3 \\ 4 & p & q \\ r & s & t \end{bmatrix}$$

1.3　次の等式が成り立つように，定数 a, b, c, d を定めよ．

$$\begin{bmatrix} a & b \\ c & d \end{bmatrix} = \begin{bmatrix} 1-b & 3-c \\ 5-d & 3+a \end{bmatrix}$$

1.3 行列の演算

例題 1.2　　行列の計算

行列

$$A = \begin{bmatrix} 1 & 2 & 3 & 4 \\ 2 & 3 & 4 & 5 \\ 3 & 4 & 5 & 6 \end{bmatrix},$$

$$B = \begin{bmatrix} 1 & -2 & 3 & -4 \\ -2 & 3 & -4 & 5 \\ 3 & -4 & 5 & -6 \end{bmatrix}$$

について，次の問いに答えよ．

(1) $A+B$, $A-B$, $2A$ を計算せよ．

(2) $A+2X = 2A+B$ となる行列 X を求めよ．

(3) $X+Y=A$, $X-Y=B$ となる行列 X, Y を求めよ．

［解　答］　⇒ 行列の演算（基本事項 1.2）

(1)
$$A+B = \begin{bmatrix} 1+1 & 2-2 & 3+3 & 4-4 \\ 2-2 & 3+3 & 4-4 & 5+5 \\ 3+3 & 4-4 & 5+5 & 6-6 \end{bmatrix}$$

$$= \begin{bmatrix} 2 & 0 & 6 & 0 \\ 0 & 6 & 0 & 10 \\ 6 & 0 & 10 & 0 \end{bmatrix}$$

$$A-B = \begin{bmatrix} 1-1 & 2+2 & 3-3 & 4+4 \\ 2+2 & 3-3 & 4+4 & 5-5 \\ 3-3 & 4+4 & 5-5 & 6+6 \end{bmatrix}$$

$$= \begin{bmatrix} 0 & 4 & 0 & 8 \\ 4 & 0 & 8 & 0 \\ 0 & 8 & 0 & 12 \end{bmatrix}$$

$$2A = \begin{bmatrix} 2 & 4 & 6 & 8 \\ 4 & 6 & 8 & 10 \\ 6 & 8 & 10 & 12 \end{bmatrix}$$

(2)　$2X = (2A+B) - A = A+B$ であるから，

$$X = \frac{1}{2}(A+B) = \begin{bmatrix} 1 & 0 & 3 & 0 \\ 0 & 3 & 0 & 5 \\ 3 & 0 & 5 & 0 \end{bmatrix}$$

(3)　$\begin{cases} X+Y=A & \cdots\cdots① \\ X-Y=B & \cdots\cdots② \end{cases}$

において，①＋② から

$$2X = A+B \quad \text{よって} \quad X = \frac{1}{2}(A+B) = \begin{bmatrix} 1 & 0 & 3 & 0 \\ 0 & 3 & 0 & 5 \\ 3 & 0 & 5 & 0 \end{bmatrix}$$

①－② から

$$2Y = A-B \quad \text{よって} \quad Y = \frac{1}{2}(A-B) = \begin{bmatrix} 0 & 2 & 0 & 4 \\ 2 & 0 & 4 & 0 \\ 0 & 4 & 0 & 6 \end{bmatrix}$$

問　題

1.4　$A = \begin{bmatrix} 1 & 0 & 1 \\ 2 & 1 & 2 \\ 1 & 1 & 1 \end{bmatrix}$, $B = \begin{bmatrix} 1 & 1 & -1 \\ 2 & -1 & 1 \\ -1 & 1 & 2 \end{bmatrix}$ について，次の問いに答えよ．

(1)　$A+B$, $A-B$, $2A$ を計算せよ．

(2)　$2(A+B)+X = A+3B$ となる行列 X を求めよ．

(3)　$2Y+3Z = A$, $3Y-2Z = B$ となる行列 Y, Z を求めよ．

1.5　$A_n = \begin{bmatrix} 1 & 0 \\ n & 2^n \end{bmatrix}$, $n = 1, 2, \cdots$, とするとき，

$$A_1 + A_2 + A_3 + \cdots + A_n$$

を計算せよ．

例題 1.3　　　　　　　　　　　　　　　　　　　　　**対称行列と交代行列**

n 次正方行列 A について，次の問いに答えよ．

(1) $\dfrac{1}{2}(A + {}^tA)$ は対称行列であることを示せ．

(2) $\dfrac{1}{2}(A - {}^tA)$ は交代行列であることを示せ．

(3) A は対称行列と交代行列の和で表されることを示せ．

(4) 行列 $A = \begin{bmatrix} 1 & 2 & 3 \\ 3 & 4 & 5 \\ 5 & 6 & 7 \end{bmatrix}$ を対称行列と交代行列の和で表せ．

［解　答］ (1) $X = \dfrac{1}{2}(A + {}^tA)$ とおくと，

$$ {}^tX = \frac{1}{2}\left({}^tA + {}^t({}^tA)\right) $$

$$ = \frac{1}{2}\left({}^tA + A\right) = X $$

⇒ 転置行列（基本事項 **1.12**）

だから，X は対称行列である．　⇒ 対称行列（基本事項 **1.13**）

(2) $Y = \dfrac{1}{2}(A - {}^tA)$ とおくと，

$$ {}^tY = \frac{1}{2}\left({}^tA - {}^t({}^tA)\right) $$

$$ = \frac{1}{2}\left({}^tA - A\right) = -Y $$

だから，Y は交代行列である．　⇒ 交代行列（基本事項 **1.14**）

(3) $X + Y = A$; X は対称行列で Y は交代行列．

(4) (1) から

$$ X = \frac{1}{2}(A + {}^tA) = \frac{1}{2}\left\{\begin{bmatrix} 1 & 2 & 3 \\ 3 & 4 & 5 \\ 5 & 6 & 7 \end{bmatrix} + \begin{bmatrix} 1 & 3 & 5 \\ 2 & 4 & 6 \\ 3 & 5 & 7 \end{bmatrix}\right\} $$

$$ = \begin{bmatrix} 1 & 5/2 & 4 \\ 5/2 & 4 & 11/2 \\ 4 & 11/2 & 7 \end{bmatrix} $$

(2) から

$$Y = \frac{1}{2}(A - {}^tA) = \frac{1}{2}\left\{\begin{bmatrix} 1 & 2 & 3 \\ 3 & 4 & 5 \\ 5 & 6 & 7 \end{bmatrix} - \begin{bmatrix} 1 & 3 & 5 \\ 2 & 4 & 6 \\ 3 & 5 & 7 \end{bmatrix}\right\}$$

$$= \begin{bmatrix} 0 & -1/2 & -1 \\ 1/2 & 0 & -1/2 \\ 1 & 1/2 & 0 \end{bmatrix}$$

したがって，(3) より，

$$A = \begin{bmatrix} 1 & 5/2 & 4 \\ 5/2 & 4 & 11/2 \\ 4 & 11/2 & 7 \end{bmatrix} + \begin{bmatrix} 0 & -1/2 & -1 \\ 1/2 & 0 & -1/2 \\ 1 & 1/2 & 0 \end{bmatrix}$$

問　題

1.6 行列 $A = \begin{bmatrix} 1 & 1 & 1 \\ 2 & 2 & 2 \\ 3 & 3 & 3 \end{bmatrix}$ を対称行列と交代行列の和で表せ．

1.7 行列 A の各成分の共役複素数からできる行列を $\overline{A}$ と表す．このとき，${}^t\overline{A} = A$ のとき A はエルミート行列，${}^t\overline{A} = -A$ のとき歪エルミート行列と呼ばれる．

(1) $\dfrac{1}{2}(A + {}^t\overline{A})$ はエルミート行列であることを示せ．

(2) $\dfrac{1}{2}(A - {}^t\overline{A})$ は歪エルミート行列であることを示せ．

(3) A はエルミート行列と歪エルミート行列の和で表されることを示せ．

(4) 行列 $A = \begin{bmatrix} 1 & 1+i & 1-i \\ 1-i & 1 & i \\ 1+i & 1+3i & 1 \end{bmatrix}$ をエルミート行列と歪エルミート行列の和で表せ．

1.4 行列の積

例題 1.4 行列の積

行列 $A=\begin{bmatrix} 1 & 2 & 3 & 4 \\ 2 & 3 & 4 & 5 \\ 3 & 4 & 5 & 6 \end{bmatrix}$, $B=\begin{bmatrix} 1 & -1 & 1 \\ -1 & 1 & -1 \\ 1 & -1 & 1 \\ -1 & 1 & -1 \end{bmatrix}$ について，次の問いに答えよ．

(1) AB を計算せよ． (2) BA を計算せよ． (3) $AB = BA$ となるか．

［解　答］ ⇒ 行列の積（基本事項 1.8）

(1)
$$AB = \begin{bmatrix} 1-2+3-4 & -1+2-3+4 & 1-2+3-4 \\ 2-3+4-5 & -2+3-4+5 & 2-3+4-5 \\ 3-4+5-6 & -3+4-5+6 & 3-4+5-6 \end{bmatrix} = \begin{bmatrix} -2 & 2 & -2 \\ -2 & 2 & -2 \\ -2 & 2 & -2 \end{bmatrix}$$

(2)
$$BA = \begin{bmatrix} 1-2+3 & 2-3+4 & 3-4+5 & 4-5+6 \\ -1+2-3 & -2+3-4 & -3+4-5 & -4+5-6 \\ 1-2+3 & 2-3+4 & 3-4+5 & 4-5+6 \\ -1+2-3 & -2+3-4 & -3+4-5 & -4+5-6 \end{bmatrix} = \begin{bmatrix} 2 & 3 & 4 & 5 \\ -2 & -3 & -4 & -5 \\ 2 & 3 & 4 & 5 \\ -2 & -3 & -4 & -5 \end{bmatrix}$$

(3) $AB \neq BA$

注意：行列の積については，交換法則が成立しない．

問　題

1.8 $A = \begin{bmatrix} a_1 & a_2 & a_3 & a_4 \end{bmatrix}$, $B = \begin{bmatrix} b_1 \\ b_2 \\ b_3 \\ b_4 \end{bmatrix}$ について，次の問いに答えよ．

(1) AB を計算せよ．

(2) BA を計算せよ．

1.9 $A = \begin{bmatrix} a & h & g \\ h & b & f \\ g & f & c \end{bmatrix}$, $\boldsymbol{x} = \begin{bmatrix} x \\ y \\ 1 \end{bmatrix}$ について，${}^t\boldsymbol{x}A\boldsymbol{x}$ を計算せよ．

例題 1.5 **2 次形式の係数**

$A = \begin{bmatrix} a_{ij} \end{bmatrix}$ は (m, n) 行列とする．すべての x_i とすべての y_j に対して，

$$\begin{bmatrix} x_1 & x_2 & \cdots & x_m \end{bmatrix} A \begin{bmatrix} y_1 \\ y_2 \\ \vdots \\ y_n \end{bmatrix} = \begin{bmatrix} 0 \end{bmatrix}$$

ならば，$A = O$ （零行列）となることを示せ．

［解　答］ ⇒ 積に関する結合法則（基本事項 **1.10**）

$$\begin{bmatrix} x_1 & x_2 & \cdots & x_m \end{bmatrix} A \begin{bmatrix} y_1 \\ y_2 \\ \vdots \\ y_n \end{bmatrix} = \left[\sum_{i=1}^{m} x_i \left(\sum_{j=1}^{n} a_{ij} y_j \right) \right]$$

$$= \left[\sum_{i,j} a_{ij} x_i y_j \right]$$

だから，

$$\sum_{i,j} a_{ij} x_i y_j = 0 \qquad \Leftarrow \boldsymbol{x_i}, \boldsymbol{y_j} \text{の恒等式} \qquad (*)$$

さて，$\boldsymbol{e}_1, \boldsymbol{e}_2, \cdots, \boldsymbol{e}_m$ は m 次基本ベクトル，$\boldsymbol{f}_1, \boldsymbol{f}_2, \cdots, \boldsymbol{f}_n$ は n 次基本ベクトルとする．そこで，

$$\begin{bmatrix} x_1 & x_2 & \cdots & x_m \end{bmatrix} = \boldsymbol{e}_p,$$

$$\begin{bmatrix} y_1 & y_2 & \cdots & y_n \end{bmatrix} = \boldsymbol{f}_q$$

とすると，$(*)$ から，

$$a_{pq} = 0$$

を得る．p, q は任意だから，

$$A = O$$

問　題

1.10 A, B は n 次上三角行列とすると，$A + B$, AB も n 次上三角行列であることを示せ．

1.11 A は n 次正方行列とする．このとき，すべての n 次の列ベクトル $\boldsymbol{x}$ に対して，

$${}^t\boldsymbol{x} A \boldsymbol{x} = \begin{bmatrix} 0 \end{bmatrix}$$

ならば，A は交代行列であることを示せ．

例題 1.6 積の交換条件

A は 2 次の正方行列とする．すべての 2 次正方行列 X に対して，

$$AX = XA$$

となるならば，$A = aE$ と書けることを示せ．ここに，a は数，E は 2 次の単位行列を表す．

［解　答］ $A = aE$ のとき，

$$AX = (aE)X = a(EX) = aX$$
$$XA = X(aE) = a(XE) = aX$$

⇒ 行列の積（基本事項 **1.10**）

だから，$AX = XA$ である．

$A = \begin{bmatrix} a & b \\ c & d \end{bmatrix}$ とする．このとき，$X = \begin{bmatrix} 1 & x \\ 0 & 0 \end{bmatrix}$ に対して

$$AX = \begin{bmatrix} a & ax \\ c & cx \end{bmatrix}, \qquad XA = \begin{bmatrix} a + cx & b + dx \\ 0 & 0 \end{bmatrix}$$

であるから，$AX = XA$ であれば，

$$c = 0, \qquad ax = b + dx$$

⇐ x の恒等式

すべての x に対して成立するので，係数を比較して，$b = 0, a = d$．したがって，

$$A = \begin{bmatrix} a & 0 \\ 0 & a \end{bmatrix} = aE$$

問　題

1.12 A は n 次の正方行列とする．すべての n 次正方行列 X に対して，

$$AX = XA$$

となるならば，$A = aE$ と書けることを示せ．

1.5　行列に関する2項展開

例題 1.7　　行列に関する 2 項展開

n 次の正方行列 A, B に対して，次の問いに答えよ．

(1)　$(A+B)^2 = A^2 + 2AB + B^2$ であるための必要十分条件は $AB = BA$ であることを示せ．

(2)　$AB = BA$ のとき，次の等式を証明せよ．

$$(A+B)^m = A^m + {}_m\mathrm{C}_1 A^{m-1}B + {}_m\mathrm{C}_2 A^{m-2}B^2 + \cdots + B^m$$

［解　答］(1)　積に関する分配法則を適用すれば，　⇒ 積に関する分配法則（基本事項 1.9）

$$(A+B)^2 = (A+B)(A+B) = A(A+B) + B(A+B) = (A^2+AB) + (BA+B^2)$$

これが $A^2 + 2AB + B^2$ に一致するためには，

$$AB + BA = 2AB \qquad \text{すなわち} \qquad AB = BA$$

注意：行列の積について交換法則は成立しない．

(2)　数学的帰納法で証明する．　⇐ 2 項定理の証明と同様

[I]　$m = 1$ のとき明らか．

[II]　$m = p$ のとき $(A+B)^p = A^p + {}_p\mathrm{C}_1 A^{p-1}B + {}_p\mathrm{C}_2 A^{p-2}B^2 + \cdots + B^p$ と仮定する．両辺に $A + B$ をかけると，

$$\begin{aligned}(A+B)^{p+1} &= (A^p + {}_p\mathrm{C}_1 A^{p-1}B + {}_p\mathrm{C}_2 A^{p-2}B^2 + \cdots + B^p)(A+B)\\ &= A^p(A+B) + {}_p\mathrm{C}_1 A^{p-1}B(A+B) + {}_p\mathrm{C}_2 A^{p-2}B^2(A+B)\\ &\qquad + \cdots + B^p(A+B) = (*)\end{aligned}$$

$AB = BA$ であるから，$A^iB^jA = A^{i+1}B^j$．したがって，

$$\begin{aligned}(*) &= A^{p+1} + (1 + {}_p\mathrm{C}_1)A^pB + ({}_p\mathrm{C}_1 + {}_p\mathrm{C}_2)A^{p-1}B^2 + \cdots + B^{p+1}\\ &= A^{p+1} + {}_{p+1}\mathrm{C}_1 A^pB + {}_{p+1}\mathrm{C}_2 A^{p-1}B^2 + \cdots + B^{p+1}\end{aligned}$$

したがって，$m = p + 1$ のときも成立する．

問　題

1.13　$A = \begin{bmatrix} \lambda & 1 & 0 \\ 0 & \lambda & 1 \\ 0 & 0 & \lambda \end{bmatrix}$ に対して，$AB = BA$ となる行列 B を求めよ．

1.14　n 次の正方行列 A, B に対して，次の問いに答えよ．

(1)　$(A+B)(A-B) = A^2 - B^2$ であるための必要十分条件は $AB = BA$ であることを示せ．

(2)　$AB = BA$ のとき，次の等式を証明せよ．

$$A^3 - B^3 = (A-B)(A^2 + AB + B^2)$$

1.6 行列のべき乗

例題 1.8 行列のベキ乗

行列 $A = \begin{bmatrix} 1 & -1 \\ 3 & -2 \end{bmatrix}$ について，次の問いに答えよ．

(1) $A^2 + A + E = O$ を示せ．

(2) $A^3 = E$ を示せ．

(3) A^{100}, A^{-1} を求めよ．

［解　答］

(1) $A^2 + A + E = \begin{bmatrix} -2 & 1 \\ -3 & 1 \end{bmatrix} + \begin{bmatrix} 1 & -1 \\ 3 & -2 \end{bmatrix} + \begin{bmatrix} 1 & 0 \\ 0 & 1 \end{bmatrix} = \begin{bmatrix} 0 & 0 \\ 0 & 0 \end{bmatrix}$

⇒ ケーリー・ハミルトンの定理も参照せよ（基本事項 **7.11**）

(2) $A^3 - E = (A - E)(A^2 + A + E) = O \quad (\because (1))$

(3) $A^{100} = (A^3)^{33} A = E^{33} A = \begin{bmatrix} 1 & -1 \\ 3 & -2 \end{bmatrix}$

(1) より，$A(-E - A) = (-E - A)A = E$ だから，

$$A^{-1} = -E - A$$

$$= \begin{bmatrix} -1-1 & 0-(-1) \\ 0-3 & -1-(-2) \end{bmatrix} = \begin{bmatrix} -2 & 1 \\ -3 & 1 \end{bmatrix}$$

⇒ 逆行列（基本事項 **1.16**）

問　題

1.15 行列 $A = \begin{bmatrix} 2 & -1 \\ 3 & -1 \end{bmatrix}$ について，次の問いに答えよ．

(1) $A^2 - A + E = O$ を示せ．

(2) $A^3 = -E$ を示せ．

(3) A^{100}, A^{-1} を求めよ．

1.16 次の行列について，A^n, A^{-1} を求めよ．

(1) $A = \begin{bmatrix} 0 & 1 & 0 \\ 1 & 0 & 0 \\ 0 & 0 & 1 \end{bmatrix}$　　(2) $A = \begin{bmatrix} 0 & 0 & 1 & 0 \\ 0 & -1 & 0 & 0 \\ 0 & 0 & 0 & -1 \\ 1 & 0 & 0 & 0 \end{bmatrix}$

例題 1.9 三角行列

n 次正方行列 A が上三角行列で対角成分が零，つまり，A の (i,j) 成分 a_{ij} が，条件 $a_{ij}=0\ (i \geqq j)$ を満たすならば，$A^n = O$ であることを示せ．

［解　答］ A^2 の (i,j) 成分 を $a_{ij}^{(2)}$ とすれば，

$$a_{ij}^{(2)} = \sum_{k=1}^{n} a_{ik}a_{kj}$$

⇒ 行列の積（基本事項 1.8）

ここで，仮定より，和は，$i<k<j$ となる k についてとればよい．したがって，$a_{i1}^{(2)}=0\ (1 \leqq i \leqq n),\ a_{i2}^{(2)}=0\ (1 \leqq i \leqq n)$ かつ $a_{ij}^{(2)}=0\ (i \geqq j)$ ．すなわち，A^2 の第 1 列，第 2 列の成分はすべて 0 でしかも A と同じ形の上三角行列である．

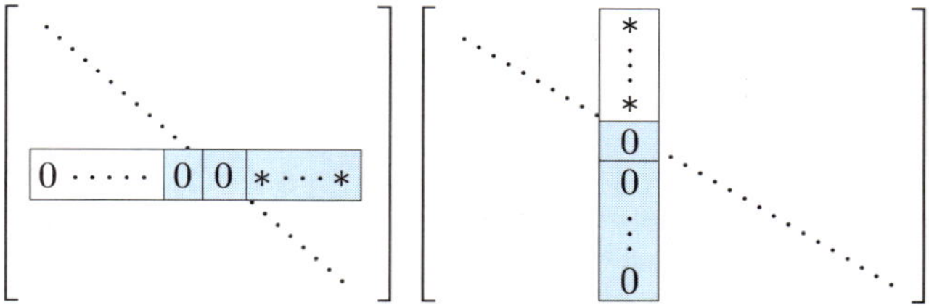

同じように，$A^3 = A^2 \times A$ の (i,j) 成分を $a_{ij}^{(3)}$ とすれば，

$$a_{ij}^{(3)} = \sum_{k=1}^{n} a_{ik}^{(2)}a_{kj}$$

ここで，仮定より，和は，$k \geqq 3$ かつ $i<k<j$ となる k についてとればよい．($k=1,2$ のとき，上で示したように $a_{ik}=0$.) したがって，$a_{i1}^{(3)}=0\ (1 \leqq i \leqq n)$, $a_{i2}^{(3)}=0\ (1 \leqq i \leqq n), a_{i3}^{(3)}=0\ (1 \leqq i \leqq n)$ かつ $a_{ij}^{(3)}=0\ (i \geqq j)$ ．すなわち，A^3 の第 1 列，第 2 列，第 3 列の成分はすべて 0 でしかも A と同じ形の上三角行列である．

これを繰り返すと，A^n の第 1 列，第 2 列，…，第 n 列の成分はすべて 0 となるので，$A^n = O$ ．

問　題

1.17 次の行列について A^n を計算せよ．

(1) $A = \begin{bmatrix} 0 & 0 & 0 & 1 \\ 0 & 0 & 1 & 0 \\ 0 & 1 & 0 & 0 \\ 1 & 0 & 0 & 0 \end{bmatrix}$　　(2) $A = \begin{bmatrix} \lambda & 1 & 0 & 0 \\ 0 & \lambda & 1 & 0 \\ 0 & 0 & \lambda & 1 \\ 0 & 0 & 0 & \lambda \end{bmatrix}$

例題 1.10 行列とグラフ

4 つの地域 1, 2, 3, 4 を結ぶ道路網が下図のようになっている．ただし，各道路は矢印の方向に一方通行とする．

地域 i から地域 j への路線があるとき，$a_{ij} = 1$,

そうでないとき，$a_{ij} = 0$

とする．

(1) a_{ij} を (i, j) 成分とする行列 A を求めよ．

(2) A^2 を求めよ．

(3) A^2 の (i, j) 成分は i 地点から j 地点に他の地点を経由する道路網の数を表す．実際に，最大な成分についてこれを確かめよ．

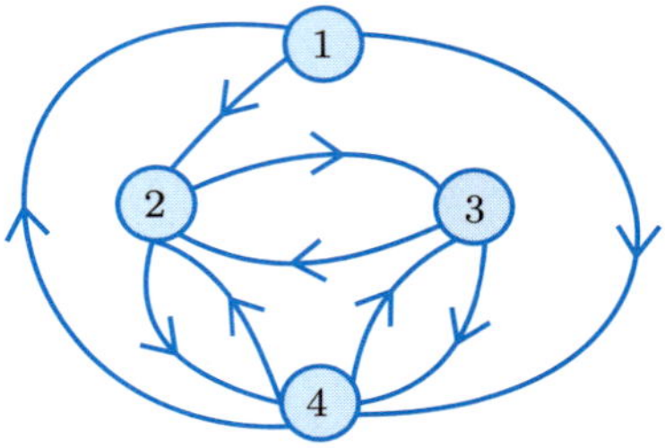

［解　答］ (1) $A = \begin{bmatrix} 0 & 1 & 0 & 1 \\ 0 & 0 & 1 & 1 \\ 0 & 1 & 0 & 1 \\ 1 & 1 & 1 & 0 \end{bmatrix}$

(2) $A^2 = \begin{bmatrix} 1 & 1 & 2 & 1 \\ 1 & 2 & 1 & 1 \\ 1 & 1 & 2 & 1 \\ 0 & 2 & 1 & 3 \end{bmatrix}$

(3) A^2 の (4,4) 成分が最大である．このとき，4 から 4 へどこか他の地点を経由して到達する路線は，

$$4 \to 1 \to 4, \qquad 4 \to 2 \to 4, \qquad 4 \to 3 \to 4$$

の 3 通りである．

問　題

1.18 5 つの地点 1, 2, 3, 4, 5 を結ぶ一方通行路が右図のようになっているとき，次の問いに答えよ．

(1) この路線に対応する行列 A を求めよ．

(2) A^2, A^3 を求めよ．

(3) A^3 の成分で最大なものに対する路線を調べよ．

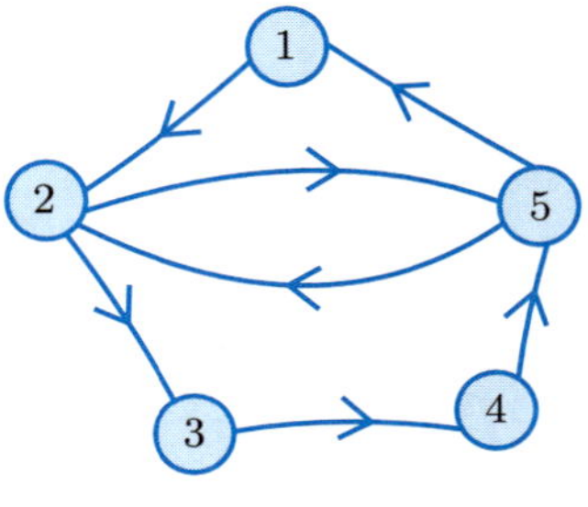

1.7 対称行列

例題 1.11 対称行列

n 次の対称行列 A, B に対して，AB が対称行列であるための必要十分条件は

$$AB = BA$$

であることを示せ．

［解 答］ ${}^t(AB) = {}^tB\,{}^tA = BA$ だから，

⇒ 転置行列（基本事項 **1.12**）

$$ {}^t(AB) = AB \quad \text{ならば，} \quad AB = BA $$
$$ AB = BA \quad \text{ならば，} \quad {}^t(AB) = AB $$

したがって，

$$ {}^t(AB) = AB \Longleftrightarrow AB = BA $$

である．

問 題

1.19 A は n 次の正方行列とする．このとき，すべての n 次の正方行列 P に対して ${}^tPAP$ が対称行列であるための必要十分条件は，A が対称行列であることを示せ．

1.20 $A = \left[a_{ij}\right]$ とする．

(1) ${}^tA = -A$ ならば，$a_{ii} = 0$ であることを示せ．

(2) A は n 次の交代行列かつ三角行列ならば，$A = O$ であることを示せ．

1.21 $A = \left[a_{ij}\right]$ とする．

(1) ${}^t\overline{A} = A$ ならば，a_{ii} は実数であることを示せ．

(2) ${}^t\overline{A} = -A$ ならば，a_{ii} は純虚数であることを示せ．

1.8 行列の正則性と逆行列

例題 1.12 exp A

行列 $A = \begin{bmatrix} 0 & a & c \\ 0 & 0 & b \\ 0 & 0 & 0 \end{bmatrix}$ に対して,

$$\exp A = E + A + \frac{A^2}{2!} + \cdots + \frac{A^n}{n!} + \cdots$$

と定める.

(1) $\exp A$ を求めよ.

(2) $\exp A$ の逆行列は $\exp(-A)$ であることを示せ.

［解　答］(1) $A^2 = \begin{bmatrix} 0 & 0 & ab \\ 0 & 0 & 0 \\ 0 & 0 & 0 \end{bmatrix}$, $A^3 = O$, $A^4 = O$, $\cdots$, であるから,

$$\exp A = E + A + \frac{A^2}{2!} = \begin{bmatrix} 1 & a & c + \dfrac{ab}{2} \\ 0 & 1 & b \\ 0 & 0 & 1 \end{bmatrix}$$

(2) $A^3 = O$, $A^4 = O$, $\cdots$, だから,

$$\begin{aligned} \exp A \exp(-A) &= \left(E + A + \frac{A^2}{2}\right)\left(E - A + \frac{A^2}{2}\right) \\ &= \left(E - A + \frac{A^2}{2}\right) + A\left(E - A + \frac{A^2}{2}\right) + \frac{A^2}{2}\left(E - A + \frac{A^2}{2}\right) \\ &= E - A + \frac{A^2}{2} + A - A^2 + \frac{A^2}{2} \\ &= E \end{aligned}$$

同様に,

$$\exp(-A)\exp A = E$$

も示されるので,

$$(\exp A)^{-1} = \exp(-A)$$

⇒ 逆行列（基本事項 **1.16**）

問　題

1.22 (1) 行列 $A = \begin{bmatrix} \alpha & 0 & 0 \\ 0 & \beta & 0 \\ 0 & 0 & \gamma \end{bmatrix}$ に対して，

$$\exp A = E + A + \frac{A^2}{2!} + \cdots + \frac{A^n}{n!} + \cdots$$

を求めよ．

(2) 行列 $B = \begin{bmatrix} 0 & a & b & c \\ 0 & 0 & a & b \\ 0 & 0 & 0 & a \\ 0 & 0 & 0 & 0 \end{bmatrix}$ に対して，

$$\exp B = E + B + \frac{B^2}{2!} + \frac{B^3}{3!} + \cdots$$

を求めよ．

さらに，$\exp B$ の逆行列を求めよ．

1.23 n 次正方行列 $A = \begin{bmatrix} a_{ij} \end{bmatrix}$ の成分の絶対値の最大値を M とする：

$$M = \max |a_{ij}|$$

(1) A^p の成分 $a_{ij}^{(p)}$ に対して，

$$|a_{ij}^{(p)}| \leqq (nM)^p$$

が成立することを示せ．

(2) $\exp A$ の成分 α_{ij} に対して，

$$|\alpha_{ij}| \leqq e^{nM}$$

が成立することを示せ．

例題 1.13　　**複素数と行列**

行列 $I=\begin{bmatrix}1 & 0\\ 0 & 1\end{bmatrix}$, $J=\begin{bmatrix}0 & -1\\ 1 & 0\end{bmatrix}$ とおく．また，実数 a, b に対して，$F(a,b)=aI+bJ$ とおく．

(1) $J^2=-I$ を示せ．

(2) $F(a,b)+F(c,d)=F(a+c,b+d)$ を示せ．

(3) $F(a,b)F(c,d)=F(ac-bd,bc+ad)$ を示せ．

(4) $F(a,b)\neq O$ のとき，$F(a,b)F(x,y)=F(1,0)$ となる x, y を求めよ．

［解　答］(1)　$J^2=\begin{bmatrix}0 & -1\\ 1 & 0\end{bmatrix}\begin{bmatrix}0 & -1\\ 1 & 0\end{bmatrix}=\begin{bmatrix}-1 & 0\\ 0 & -1\end{bmatrix}=-I$

（この結果と $i^2=-1$ を比較せよ．）

(2)　$F(a,b)+F(c,d)=(a+c)I+(b+d)J=F(a+c,b+d)$

（複素数の和 $(a+bi)+(c+di)=(a+c)+(b+d)i$ と比較せよ．）

(3)
$$\begin{aligned}F(a,b)F(c,d)&=(aI+bJ)(cI+dJ)=acI+bdJ^2+(bc+ad)J\\&=(ac-bd)I+(bc+ad)J=F(ac-bd,bc+ad)\end{aligned}$$

（複素数の積 $(a+bi)(c+di)=(ac-bd)+(bc+ad)i$ と比較せよ．）

(4)　$F(a,b)\neq O$ ならば，$a\neq 0$ または $b\neq 0$ だから，$a^2+b^2>0$ である．

(3) より，$ax-by=1\cdots$①, $ay+bx=0\cdots$②

①$\times a+$②$\times b$ から，$(a^2+b^2)x=a$

①$\times(-b)+$②$\times a$ から，$(a^2+b^2)y=-b$

したがって，$x=\dfrac{a}{a^2+b^2}$, $y=-\dfrac{b}{a^2+b^2}$．

（複素数の逆数 $(a+bi)^{-1}=\dfrac{a-bi}{a^2+b^2}$ と比較せよ．）

参考：行列 $aI+bJ=\begin{bmatrix}a & -b\\ b & a\end{bmatrix}$ の全体と複素数の全体とが 1 対 1 に対応する．さらに，行列の和，積，商と複素数の和，積，商の間に共通する関係が示されている．

問　題

1.24 (1)　$F(a,b)F(a,-b)=(a^2+b^2)I$ を示せ．

(2)　$F(\cos\theta,\sin\theta)^n=F(\cos n\theta,\sin n\theta)$ を示せ．ここに，n は自然数とする．

(3)　$F(a,b)^n=F(1,0)$ となる a,b を求めよ．ここに，n は自然数とする．

例題 1.14　　正則行列と逆行列

n 次の正方行列 A に対して，次の問いに答えよ．

(1)　$A^2 - A + E = O$ ならば，A は正則であることを示し，逆行列を求めよ．

(2)　自然数 m に対して $A^m = O$ ならば，$E - A$ は正則であることを示せ．

［解　答］ (1)　条件から，　⇒ 逆行列（基本事項 1.16）

$$E = A - A^2 = A(E - A) = (E - A)A$$

だから，$X = E - A$ は A の逆行列である．したがって，A は正則であり，

$$A^{-1} = E - A$$

(2)　条件から，

$$\begin{aligned} E &= E - A^m = (E - A)(E + A + A^2 + \cdots + A^{m-1}) \\ &= (E + A + A^2 + \cdots + A^{m-1})(E - A) \end{aligned}$$

⇒ 行列の因数分解

だから，$X = E + A + \cdots + A^{m-1}$ は $E - A$ の逆行列である．したがって，$E - A$ は正則である：

$$(E - A)^{-1} = E + A + A^2 + \cdots + A^{m-1}$$

問　題

1.25　n 次の正方行列 A が，

$$A^2 + A + E = O$$

を満たすならば，A は正則であることを示し，逆行列を求めよ．

1.26　n 次の正方行列 A が，$A^m = O$ を満たすならば，$E + A$ は正則であることを示せ．

1.27　行列 $A = \begin{bmatrix} 1 & 2 \\ 2 & 1 \end{bmatrix}$, $P = \begin{bmatrix} 1 & 1 \\ -1 & 1 \end{bmatrix}$ とする．

(1)　P^{-1} を求めよ．

(2)　$P^{-1}AP$ を求めよ．

(3)　$(P^{-1}AP)^n$ を計算し，A^n を求めよ．

1.9 分割行列

例題 1.15 行列の分割

2 次の正方行列 $A_{pq} = \begin{bmatrix} a_{2p-1,2q-1} & a_{2p-1,2q} \\ a_{2p,2q-1} & a_{2p,2q} \end{bmatrix}$ に対して，行列 $A = \begin{bmatrix} A_{11} & A_{12} & A_{13} \\ A_{21} & A_{22} & A_{23} \\ A_{31} & A_{32} & A_{33} \end{bmatrix}$ を a_{ij} を用いて表せ．

［解　答］ $A = \begin{bmatrix} a_{11} & a_{12} & a_{13} & a_{14} & a_{15} & a_{16} \\ a_{21} & a_{22} & a_{23} & a_{24} & a_{25} & a_{26} \\ a_{31} & a_{32} & a_{33} & a_{34} & a_{35} & a_{36} \\ a_{41} & a_{42} & a_{43} & a_{44} & a_{45} & a_{46} \\ a_{51} & a_{52} & a_{53} & a_{54} & a_{55} & a_{56} \\ a_{61} & a_{62} & a_{63} & a_{64} & a_{65} & a_{66} \end{bmatrix}$

問　題

1.28 行列 $A = \begin{bmatrix} a_{11} & a_{12} & a_{13} & a_{14} & a_{15} & a_{16} \\ a_{21} & a_{22} & a_{23} & a_{24} & a_{25} & a_{26} \\ a_{31} & a_{32} & a_{33} & a_{34} & a_{35} & a_{36} \\ a_{41} & a_{42} & a_{43} & a_{44} & a_{45} & a_{46} \\ a_{51} & a_{52} & a_{53} & a_{54} & a_{55} & a_{56} \\ a_{61} & a_{62} & a_{63} & a_{64} & a_{65} & a_{66} \end{bmatrix}$ を 3 次の正方行列による分解 $A = \begin{bmatrix} A_{11} & A_{12} \\ A_{21} & A_{22} \end{bmatrix}$ として表すとき，A_{pq} を p, q, a_{ij} を用いて書け．

1.29 分割行列 $A = \begin{bmatrix} A_{11} & A_{12} & \cdots & A_{1v} \\ A_{21} & A_{22} & \cdots & A_{2v} \\ & \cdots & \cdots & \\ A_{u1} & A_{u2} & \cdots & A_{uv} \end{bmatrix}$ において，A_{pq} は (s_p, t_q) 行列で

$$u = s_1 + s_2 + \cdots + s_p, \quad v = t_1 + t_2 + \cdots + t_q$$

とする．A の (i, j)-成分 a_{ij} はどのブロック $A_{\alpha,\beta}$ に属するか調べよ．

例題 1.16 分割行列の積

2 次の正方行列 A_{11}, A_{12}, A_{21}, A_{22}, B_{11}, B_{12}, B_{21}, B_{22} に対して，

$$A = \begin{bmatrix} A_{11} & A_{12} \\ A_{21} & A_{22} \end{bmatrix}, \qquad B = \begin{bmatrix} B_{11} & B_{12} \\ B_{21} & B_{22} \end{bmatrix}$$

とする．このとき，$A_{p1}B_{1q} + A_{p2}B_{2q}$ の (s,t) 成分を a_{ij} を用いて表せ．

［解　答］ $$A_{p1}B_{1q} + A_{p2}B_{2q} = \begin{bmatrix} a_{2p-1,1} & a_{2p-1,2} \\ a_{2p,1} & a_{2p,2} \end{bmatrix} \begin{bmatrix} b_{1,2q-1} & b_{1,2q} \\ b_{2,2q-1} & b_{2,2q} \end{bmatrix} + \begin{bmatrix} a_{2p-1,3} & a_{2p-1,4} \\ a_{2p,3} & a_{2p,4} \end{bmatrix} \begin{bmatrix} b_{3,2q-1} & b_{3,2q} \\ b_{4,2q-1} & b_{4,2q} \end{bmatrix}$$

$$= \begin{bmatrix} a_{2p-1,1}b_{1,2q-1} + a_{2p-1,2}b_{2,2q-1} & a_{2p-1,1}b_{1,2q} + a_{2p-1,2}b_{2,2q} \\ a_{2p,1}b_{1,2q-1} + a_{2p,2}b_{2,2q-1} & a_{2p,1}b_{1,2q} + a_{2p,2}b_{2,2q} \end{bmatrix}$$

$$+ \begin{bmatrix} a_{2p-1,3}b_{3,2q-1} + a_{2p-1,4}b_{4,2q-1} & a_{2p-1,3}b_{3,2q-1} + a_{2p-1,2}b_{4,2q-1} \\ a_{2p,3}b_{3,2q-1} + a_{2p,4}b_{4,2q-1} & a_{2p,3}b_{3,2q} + a_{2p,2}b_{4,2q} \end{bmatrix}$$

$$= \begin{bmatrix} \sum_{k=1}^{4} a_{2p-1,k}b_{k,2q-1} & \sum_{k=1}^{4} a_{2p-1,k}b_{k,2q} \\ \sum_{k=1}^{4} a_{2p,k}b_{k,2q-1} & \sum_{k=1}^{4} a_{2p,k}b_{k,2q} \end{bmatrix}$$

ここで，$\sum_{k=1}^{4} a_{2(p-1)+s,k}b_{k,2(q-1)+t}$ は AB の $(2(p-1)+s, 2(q-1)+t)$ 成分である．

問　題

1.30 (l,m) 行列 A の行列ベクトル表示 $A = \begin{bmatrix} \boldsymbol{a}_1 \\ \boldsymbol{a}_2 \\ \vdots \\ \boldsymbol{a}_l \end{bmatrix}$ と (m,n) 行列 B の列ベクトル表示 $B = \begin{bmatrix} \boldsymbol{b}_1 & \boldsymbol{b}_2 & \cdots & \boldsymbol{b}_n \end{bmatrix}$ に対して，AB の (i,j) 成分は，$\boldsymbol{a}_i\boldsymbol{b}_j$ であることを示せ．

1.31 m 次の単位行列を E_m，m 次の零行列を O_m とする．行列 $A = \begin{bmatrix} O_m & E_m \\ E_m & O_m \end{bmatrix}$ に対して，A^n を求めよ．

例題 1.17　　**分割行列の逆行列**

行列 $X = \begin{bmatrix} A & B \\ C & D \end{bmatrix}$ において，A は p 次の正則行列で $F = D - CA^{-1}B$ が q 次の正則行列のとき，X の逆行列は

$$X^{-1} = \begin{bmatrix} A^{-1} + PF^{-1}Q & -PF^{-1} \\ -F^{-1}Q & F^{-1} \end{bmatrix}, \quad P = A^{-1}B, Q = CA^{-1}$$

となることを示せ．

［解　答］ X の逆行列を，$Y = \begin{bmatrix} Y_1 & Y_2 \\ Y_3 & Y_4 \end{bmatrix}$ とおくと，分割行列の積の公式から，

$$XY = \begin{bmatrix} A & B \\ C & D \end{bmatrix} \begin{bmatrix} Y_1 & Y_2 \\ Y_3 & Y_4 \end{bmatrix} = \begin{bmatrix} AY_1 + BY_3 & AY_2 + BY_4 \\ CY_1 + DY_3 & CY_2 + DY_4 \end{bmatrix}$$

$XY = E$ （単位行列）だから，
$$\begin{cases} AY_1 + BY_3 = E_p & \cdots\cdots ① \\ AY_2 + BY_4 = O & \cdots\cdots ② \\ CY_1 + DY_3 = O & \cdots\cdots ③ \\ CY_2 + DY_4 = E_q & \cdots\cdots ④ \end{cases}$$

②式から，$Y_2 = -A^{-1}BY_4$.　　⇐ 行列の積については順序に注意

これを④式に代入すると，$(-CA^{-1}B + D)Y_4 = E_q$

よって，$Y_4 = F^{-1}$，$Y_2 = -A^{-1}BF^{-1} = -PF^{-1}$．さらに，①式から

$$Y_1 = -A^{-1}BY_3 + A^{-1} = -PY_3 + A^{-1} \qquad \cdots\cdots ⑤$$

これを③式に代入すれば，

$$C(-A^{-1}BY_3 + A^{-1}) + DY_3 = O$$

したがって，$(-CA^{-1}B + D)Y_3 = -CA^{-1}$ から

$$Y_3 = -F^{-1}CA^{-1} = -F^{-1}Q$$

これを⑤式に代入すれば，

$$Y_1 = -PY_3 + A^{-1} = PF^{-1}Q + A^{-1}$$

問　題

1.32 n 次正則行列 A, D に対して，

$$\begin{bmatrix} A & B \\ O & D \end{bmatrix}^{-1}$$

を求めよ．

1.10　行列のトレース

例題 1.18　　行列のトレース

n 次正方行列 $A = \left[a_{ij}\right]$ の対角成分の和

$$a_{11} + a_{22} + \cdots + a_{nn} = \mathrm{tr}\ A$$

は A のトレースという．このとき，次の等式を証明せよ．

(1)　$\mathrm{tr}\ (kA) = k\ \mathrm{tr}\ A$　　(2)　$\mathrm{tr}\ (A+B) = \mathrm{tr}\ A + \mathrm{tr}\ B$

(3)　$\mathrm{tr}\ (AB) = \mathrm{tr}\ (BA)$　　(4)　$\mathrm{tr}\ (P^{-1}AP) = \mathrm{tr}\ A$

ここに，A, B は n 次正方行列，k は数，P は n 次正則行列を表す．

［解　答］ (1)　kA の対角成分は，$ka_{11}, ka_{22}, \cdots, ka_{nn}$ であるから，

$$\begin{aligned}\mathrm{tr}\ (kA) &= (ka_{11}) + (ka_{22}) + \cdots + (ka_{nn}) \\ &= k(a_{11} + a_{22} + \cdots + a_{nn}) = k\ \mathrm{tr}\ A\end{aligned}$$

(2)　$A+B$ の対角成分は，$a_{11}+b_{11}, a_{22}+b_{22}, \cdots, a_{nn}+b_{nn}$ であるから，

$$\begin{aligned}\mathrm{tr}\ (A+B) &= (a_{11}+b_{11}) + (a_{22}+b_{22}) + \cdots + (a_{nn}+b_{nn}) \\ &= (a_{11}+a_{22}+\cdots+a_{nn}) + (b_{11}+b_{22}+\cdots+b_{nn}) \\ &= \mathrm{tr}\ A + \mathrm{tr}\ B\end{aligned}$$

(3)　AB の対角成分は，$a_{11}b_{11}+a_{12}b_{21}+\cdots+a_{1n}b_{n1}, a_{21}b_{12}+a_{22}b_{22}+\cdots+a_{2n}b_{n2}, \cdots, a_{n1}b_{1n}+a_{n2}b_{2n}+\cdots+a_{nn}b_{nn}$ であるから，

$$\begin{aligned}\mathrm{tr}\ (AB) = &(a_{11}b_{11}+a_{12}b_{21}+\cdots+a_{1n}b_{n1}) \\ &+(a_{21}b_{12}+a_{22}b_{22}+\cdots+a_{2n}b_{n2}) \\ &+\cdots \\ &+(a_{n1}b_{1n}+a_{n2}b_{2n}+\cdots+a_{nn}b_{nn}) = (*)\end{aligned}$$

BA の $(1,1)$ 成分 $b_{11}a_{11}+b_{12}a_{21}+\cdots+b_{1n}a_{n1}$ は，$(*)$ において，各項の最初の数の和である．同様に，$(*)$ において，各項の 2 番目の数の和は BA の $(2,2)$ 成分で，各項の n 番目の数の和は BA の (n,n) 成分である．したがって，

$$\mathrm{tr}\ (AB) = (*) = \mathrm{tr}\ (BA)$$

(4)　(3) を利用すると

$$\mathrm{tr}\ (P^{-1}AP) = \mathrm{tr}\ P^{-1}(AP) = \mathrm{tr}\ (AP)P^{-1} = \mathrm{tr}\ (APP^{-1}) = \mathrm{tr}\ A$$

問　題

1.33　A を n 次正方行列とする．すべての n 次正方行列 X に対して，

$$\mathrm{tr}\ (AX) = 0$$

ならば，$A = O$ であることを示せ．

第2章

連立1次方程式

2.1 基本事項

1. n 個の未知数 $x_1, x_2, \cdots, x_n$ に関する**連立 1 次方程式**

$$\begin{cases} a_{11}x_1 & + & a_{12}x_2 & + & \cdots & + & a_{1n}x_n & = & b_1 \\ a_{21}x_1 & + & a_{22}x_2 & + & \cdots & + & a_{2n}x_n & = & b_2 \\ & & & & \cdots\cdots\cdots\cdots & & & & \\ a_{m1}x_1 & + & a_{m2}x_2 & + & \cdots & + & a_{mn}x_n & = & b_m \end{cases} \tag{L1}$$

の**行列表示**は

$$A\boldsymbol{x} = \boldsymbol{b} \tag{L2}$$

ここに,

$$A = \begin{bmatrix} a_{11} & a_{12} & \cdots & a_{1n} \\ a_{21} & a_{22} & \cdots & a_{2n} \\ & & \cdots & \\ a_{m1} & a_{m2} & \cdots & a_{mn} \end{bmatrix}, \quad \boldsymbol{x} = \begin{bmatrix} x_1 \\ x_2 \\ \vdots \\ x_n \end{bmatrix}, \quad \boldsymbol{b} = \begin{bmatrix} b_1 \\ b_2 \\ \vdots \\ b_m \end{bmatrix}$$

行列 A に $\boldsymbol{b}$ をつけ加えて得られる m 行 $n+1$ 列の行列

$$\left[A \mid \boldsymbol{b} \right]$$

を**拡大係数行列**という.

2. 行列の行に関する**基本変形**とは,

[I]	2 つの行を入れ換える
[II]	ある行に 0 でない数をかける（わる）
[III]	ある行に他の行の何倍かを加える（引く）

3. 行列の列に関する**基本変形**とは,

[I′]	2 つの列を入れ換える
[II′]	ある列に 0 でない数をかける（わる）
[III′]	ある列に他の列の何倍かを加える（引く）

4. 連立 1 次方程式 $(L2)$ の拡大係数行列に，行に関する基本変形を行ってできる連立 1 次方程式

$$A'\boldsymbol{x} = \boldsymbol{b}' \qquad (L2')$$

はもとの方程式と**同値**である．すなわち，$(L2)$ の解の全体と $(L2')$ の解の全体は一致する．

5. 行列 A に，行に関する基本変形を繰り返し行ってできる基本列ベクトルの最大個数をその行列の**ランク**（階数）といい，$\mathrm{rank}\ A$ で表す．

6. 連立 1 次方程式 $(L2)$ が解をもつための必要十分条件は

$$\mathrm{rank}\left[A \mid \boldsymbol{b}\right] = \mathrm{rank}\ A$$

7. 基本変形の行列　l 次単位行列から得られる行列：

$$P_l(i,j) = \begin{matrix} \\ \\ (i) \\ \\ (j) \\ \\ \\ \end{matrix} \overset{\begin{matrix} \quad (i) & \qquad & (j) \end{matrix}}{\begin{bmatrix} 1 & & & \cdots & & & \\ & & & \cdots & & & \\ & & 0 & \cdots & 1 & & \\ & & & \cdots & & & \\ & & 1 & \cdots & 0 & & \\ & & & \cdots & & & \\ & & & \cdots & & & 1 \end{bmatrix}}, \quad P_l(i;c) = \overset{(i)}{\begin{bmatrix} 1 & & & & \\ & \ddots & & & \\ & & c & & \\ & & & \ddots & \\ & & & & 1 \end{bmatrix}} (i)$$

$$P_l(i,j;c) = \begin{matrix} \\ \\ (i) \\ \\ (j) \\ \\ \\ \end{matrix} \overset{\begin{matrix} \qquad (i) & \quad & (j) \end{matrix}}{\begin{bmatrix} 1 & & & & & & \\ & \ddots & & & & & \\ & & 1 & & c & & \\ & & & \ddots & & & \\ & & & & 1 & & \\ & & & & & \ddots & \\ & & & & & & 1 \end{bmatrix}}$$

を**基本変形の行列**という．このとき，(m,n) 行列 A に対して，

(1)　$P_m(i,j)A$ は，　A の i 行と j 行を入れ換えた行列
(2)　$P_m(i;c)A$ は，　A の i 行を c 倍した行列
(3)　$P_m(i,j;c)A$ は，A の i 行に j 行の c 倍を加えた行列
(4)　$AP_n(i,j)$ は，　A の i 列と j 列を入れ換えた行列
(5)　$AP_n(i;c)$ は，　A の i 列を c 倍した行列
(6)　$AP_n(i,j;c)$ は，　A の j 列に i 列の c 倍を加えた行列

2.2 掃き出し法

例題 2.1 連立1次方程式の行列表示

(1) 次の連立1次方程式の行列表示を書け.

$$\begin{cases} x_1 + 2x_2 + x_3 = 1 \\ 2x_1 + x_2 + x_3 = 2 \\ x_1 + x_2 + 2x_3 = 3 \end{cases}$$

(2) 拡大係数行列は何か.

[解 答] (1) $A = \begin{bmatrix} 1 & 2 & 1 \\ 2 & 1 & 1 \\ 1 & 1 & 2 \end{bmatrix}$, $\boldsymbol{x} = \begin{bmatrix} x_1 \\ x_2 \\ x_3 \end{bmatrix}$, $\boldsymbol{b} = \begin{bmatrix} 1 \\ 2 \\ 3 \end{bmatrix}$ とすれば，連立1次方程式は

$$A\boldsymbol{x} = \boldsymbol{b}$$

と行列表示される.

⇒ 連立1次方程式の行列表示（基本事項 2.1）

(2) 拡大係数行列は $\begin{bmatrix} A \mid \boldsymbol{b} \end{bmatrix} = \left[\begin{array}{ccc|c} 1 & 2 & 1 & 1 \\ 2 & 1 & 1 & 2 \\ 1 & 1 & 2 & 3 \end{array}\right]$

⇒ 拡大係数行列（基本事項 2.1）

問 題

2.1 3つの連立1次方程式を考える.

(ア) $\begin{cases} a_{11}x_1 + a_{12}x_2 + a_{13}x_3 = b_{11} \\ a_{21}x_1 + a_{22}x_2 + a_{23}x_3 = b_{21} \\ a_{31}x_1 + a_{32}x_2 + a_{33}x_3 = b_{31} \end{cases}$

(イ) $\begin{cases} a_{11}x_1 + a_{12}x_2 + a_{13}x_3 = b_{12} \\ a_{21}x_1 + a_{22}x_2 + a_{23}x_3 = b_{22} \\ a_{31}x_1 + a_{32}x_2 + a_{33}x_3 = b_{32} \end{cases}$

(ウ) $\begin{cases} a_{11}x_1 + a_{12}x_2 + a_{13}x_3 = b_{13} \\ a_{21}x_1 + a_{22}x_2 + a_{23}x_3 = b_{23} \\ a_{31}x_1 + a_{32}x_2 + a_{33}x_3 = b_{33} \end{cases}$

(ア)，(イ)，(ウ) の解を順に並べて3次の行列 X をつくるとき，X の満たす方程式を求めよ.

例題 2.2 掃き出し法による解法

次の連立 1 次方程式を解け．

$$\begin{cases} x_1 + x_2 + 3x_3 = 5 \\ x_1 + 3x_2 + x_3 = 5 \\ 3x_1 + x_2 + x_3 = 5 \end{cases}$$

［解　答］ 拡大係数行列に基本変形を次の表のように行う． ⇒ 行に関する基本変形（基本事項 **2.2**）

A			$\boldsymbol{b}$	
1	1	3	5	①
1	3	1	5	②
3	1	1	5	③
1	1	3	5	④ = ①
0	2	−2	0	⑤ = ② − ①
0	−2	−8	−10	⑥ = ③ − ① × 3
1	0	4	5	⑦ = ④ − ⑧
0	1	−1	0	⑧ = ⑤ ÷ 2
0	0	−10	−10	⑨ = ⑥ + ⑤
1	0	0	1	⑩ = ⑦ − ⑫ × 4
0	1	0	1	⑪ = ⑧ + ⑫
0	0	1	1	⑫ = ⑨ ÷ (−10)
$\boldsymbol{e}_1$	$\boldsymbol{e}_2$	$\boldsymbol{e}_3$	解 $\boldsymbol{x}$	

もとの方程式は，次と同値である． $\begin{cases} x_1 = 1 \\ x_2 = 1 \\ x_3 = 1 \end{cases}$ ⇒ 方程式の同値性（基本事項 **2.4**）

したがって，求める解は $\begin{bmatrix} x_1 \\ x_2 \\ x_3 \end{bmatrix} = \begin{bmatrix} 1 \\ 1 \\ 1 \end{bmatrix}$ である．

問　題

2.2 次の連立 1 次方程式を解け．

(1) $\begin{cases} x_1 + 2x_2 - 2x_3 = 3 \\ 3x_1 - x_2 + 3x_3 = 4 \\ x_1 + x_2 + 2x_3 = 5 \end{cases}$

(2) $\begin{cases} ax_1 + x_2 + x_3 = 1 \\ x_1 + ax_2 + x_3 = 1 \\ x_1 + x_2 + ax_3 = 1 \end{cases}$ （ただし，$a \neq 1, -2$）

2.3　行列のランク

例題 2.3　　ランクと解の存在

(1)　$A = \begin{bmatrix} 1 & 2 & 1 \\ 3 & 1 & -2 \\ 2 & 3 & 1 \end{bmatrix}$ のランクを求めよ．

(2)　$B = \begin{bmatrix} 1 & 2 & 1 & 1 \\ 3 & 1 & -2 & 3 \\ 2 & 3 & 1 & a \end{bmatrix}$ のランクを a によって分類せよ．

(3)　連立1次方程式 $\begin{cases} x_1 + 2x_2 + x_3 = 1 \\ 3x_1 + x_2 - 2x_3 = 3 \\ 2x_1 + 3x_2 + x_3 = a \end{cases}$ が解をもつための必要十分条件は，$\mathrm{rank}\ A = \mathrm{rank}\ B$ であることを確かめよ．

［解　答］　拡大係数行列 B に基本変形を次の表のように行う．

A			$\boldsymbol{b}$	
1	2	1	1	①
3	1	-2	3	②
2	3	1	a	③
1	2	1	1	④ = ①
0	-5	-5	0	⑤ = ② − ① × 3
0	-1	-1	$a-2$	⑥ = ③ − ① × 2
1	0	-1	1	⑦ = ④ − ⑧ × 2
0	1	1	0	⑧ = ⑤ ÷ (−5)
0	0	0	$a-2$	⑨ = ⑥ + ⑧
				($a \neq 2$ のとき)
1	0	-1	0	⑩ = ⑦ − ⑫
0	1	1	0	⑪ = ⑧
0	0	0	1	⑫ = ⑨ ÷ $(a-2)$
$\boldsymbol{e}_1$	$\boldsymbol{e}_2$		$\boldsymbol{e}_3$	

（第1列を基本単位ベクトルに変形）

（第2列を基本単位ベクトルに変形）

(1)　A の列ベクトルが行に関する基本変形によって2つの単位ベクトルに変形されるので，$\mathrm{rank}\ A = 2$．　⇒ 行列のランク（基本事項 **2.5**）

(2)　$a = 2$ のとき，$\mathrm{rank}\ B = 2$. $a \neq 2$ のとき，B の列ベクトルが3つの単位ベクトルに変形されるので，$\mathrm{rank}\ B = 3$．

(3)　$a=2$ のとき，もとの方程式は　⇒ 行の基本変形で方程式は同値（基本事項 **2.4**）

$$\begin{cases} x_1 \qquad\quad - x_3 = 1 \\ \qquad x_2 + x_3 = 0 \\ \qquad\qquad\quad 0 = 0 \end{cases}$$

と同値だから，解は

$$\begin{bmatrix} x_1 \\ x_2 \\ x_3 \end{bmatrix} = \begin{bmatrix} 1 \\ 0 \\ 0 \end{bmatrix} + x_3 \begin{bmatrix} 1 \\ -1 \\ 1 \end{bmatrix}$$

そこで，$x_3 = t$ とおくと，解は

$$\begin{bmatrix} x_1 \\ x_2 \\ x_3 \end{bmatrix} = \begin{bmatrix} 1 \\ 0 \\ 0 \end{bmatrix} + t \begin{bmatrix} 1 \\ -1 \\ 1 \end{bmatrix} \quad (t \text{ は任意})$$

⇐ 解の媒介変数表示

と与えられる．

一方，$a \neq 2$ のとき，もとの方程式は

$$\begin{cases} x_1 \qquad\quad - x_3 = 1 \\ \qquad x_2 + x_3 = 0 \\ \qquad\qquad\quad 0 = a - 2 \end{cases}$$

となるので，第 3 式から解は存在しない．したがって，解が存在するのは，$a = 2$ のとき，すなわち，$\mathrm{rank}\, A = \mathrm{rank}\, B = 2$ に限る． ⇒ 解をもつ条件（基本事項 **2.6**）

問題

2.3 次の連立 1 次方程式が解をもつように，定数 a を定めて，解を求めよ．

$$\begin{cases} 2x_1 + x_2 + x_3 + 6x_4 = -2 \\ x_1 + 2x_2 + x_3 + x_4 = 1 \\ x_1 + x_2 + 2x_3 + x_4 = 1 \\ x_1 + x_2 + x_3 + 2x_4 = a \end{cases}$$

例題 2.4 ランクと一次従属性

列ベクトル

$$\boldsymbol{a}_1 = \begin{bmatrix} 1 \\ 2 \\ 1 \\ 1 \end{bmatrix},\ \boldsymbol{a}_2 = \begin{bmatrix} 2 \\ 4 \\ 2 \\ 2 \end{bmatrix},\ \boldsymbol{a}_3 = \begin{bmatrix} 2 \\ 1 \\ 1 \\ 1 \end{bmatrix},$$

$$\boldsymbol{a}_4 = \begin{bmatrix} 3 \\ 3 \\ 2 \\ 2 \end{bmatrix},\ \boldsymbol{a}_5 = \begin{bmatrix} 1 \\ 1 \\ 1 \\ 2 \end{bmatrix},\ \boldsymbol{a}_6 = \begin{bmatrix} 4 \\ 4 \\ 3 \\ 4 \end{bmatrix}$$

について，掃き出し法を適用して，次の問いに答えよ．

(1) $\mathrm{rank}\begin{bmatrix}\boldsymbol{a}_1 & \boldsymbol{a}_2 & \boldsymbol{a}_3 & \boldsymbol{a}_4 & \boldsymbol{a}_5 & \boldsymbol{a}_6\end{bmatrix}$ を求めよ．

(2) 掃き出し法を適用して，単位ベクトルに対応するベクトルを使って，その他のベクトルを一次結合で表せ．

［解　答］ 掃き出し法を次のように行う．　⇒ 行の基本変形（基本事項 **2.2**）

$\boldsymbol{a}_1$	$\boldsymbol{a}_2$	$\boldsymbol{a}_3$	$\boldsymbol{a}_4$	$\boldsymbol{a}_5$	$\boldsymbol{a}_6$	
1	2	2	3	1	4	①
2	4	1	3	1	4	②
1	2	1	2	1	3	③
1	2	1	2	2	4	④
1	2	2	3	1	4	⑤ = ①
0	0	−3	−3	−1	−4	⑥ = ② − ① × 2
0	0	−1	−1	0	−1	⑦ = ③ − ①
0	0	−1	−1	1	0	⑧ = ④ − ①
1	2	0	1	1	2	⑨ = ⑤ + ⑦ × 2
0	0	1	1	0	1	⑩ = −⑦
0	0	0	0	−1	−1	⑪ = ⑥ − ⑦ × 3
0	0	0	0	1	1	⑫ = ⑧ − ⑦
1	2	0	1	0	1	⑬ = ⑨ + ⑪
0	0	1	1	0	1	⑭ = ⑩
0	0	0	0	1	1	⑮ = −⑪
0	0	0	0	0	0	⑯ = ⑫ + ⑪
$\boldsymbol{e}_1$		$\boldsymbol{e}_2$		$\boldsymbol{e}_3$		

この表によると，列ベクトル $\boldsymbol{a}_1, \boldsymbol{a}_3, \boldsymbol{a}_5$ が基本列ベクトル $\boldsymbol{e}_1, \boldsymbol{e}_2, \boldsymbol{e}_3$ に変形されていることがわかる．

したがって，$\boldsymbol{a}_1, \boldsymbol{a}_3, \boldsymbol{a}_5$ は一次独立で

$$\boldsymbol{a}_2 = 2\boldsymbol{a}_1,\ \boldsymbol{a}_4 = \boldsymbol{a}_1 + \boldsymbol{a}_3,\ \boldsymbol{a}_6 = \boldsymbol{a}_1 + \boldsymbol{a}_3 + \boldsymbol{a}_5$$

参考：連立 1 次方程式 $x_1\boldsymbol{a}_1 + x_2\boldsymbol{a}_2 + x_3\boldsymbol{a}_3 = \boldsymbol{a}_4$ の解 $\boldsymbol{x} = \begin{bmatrix} x_1 \\ x_2 \\ x_3 \end{bmatrix}$ を求めるためには，掃き出し法の表において，$\boldsymbol{a}_5$, $\boldsymbol{a}_6$, $\boldsymbol{a}_2$ の列に鉛筆をおいてその列を隠してみよ．このとき，$\boldsymbol{a}_4$ の列の最後の部分が解 $\boldsymbol{x} = \begin{bmatrix} x_1 \\ x_2 \\ x_3 \end{bmatrix} = \begin{bmatrix} 1 \\ 0 \\ 1 \end{bmatrix}$ を与える．

問　題

2.4　列ベクトル

$$\boldsymbol{a}_1 = \begin{bmatrix} 1 \\ -1 \\ 1 \\ 1 \end{bmatrix},\ \boldsymbol{a}_2 = \begin{bmatrix} 2 \\ -2 \\ 2 \\ 2 \end{bmatrix},\ \boldsymbol{a}_3 = \begin{bmatrix} -1 \\ 1 \\ 1 \\ 1 \end{bmatrix},$$

$$\boldsymbol{a}_4 = \begin{bmatrix} 1 \\ 1 \\ -1 \\ 1 \end{bmatrix},\ \boldsymbol{a}_5 = \begin{bmatrix} 1 \\ 1 \\ 1 \\ 3 \end{bmatrix},\ \boldsymbol{a}_6 = \begin{bmatrix} 0 \\ 0 \\ 2 \\ 2 \end{bmatrix}$$

について，掃き出し法を適用して，次の問いに答えよ．

(1) rank $\begin{bmatrix} \boldsymbol{a}_1 & \boldsymbol{a}_2 & \boldsymbol{a}_3 & \boldsymbol{a}_4 & \boldsymbol{a}_5 & \boldsymbol{a}_6 \end{bmatrix}$ を求めよ．

(2) 掃き出し法を適用した結果，単位ベクトルに対応するベクトルを使って，その他のベクトルを一次結合で表せ．

2.4　基本変形の行列

例題 2.5　　　　基本変形の行列

行列 $A = \begin{bmatrix} 1 & 1 & 0 \\ -1 & -1 & 2 \\ -1 & -1 & 0 \end{bmatrix}$ を基本変形により単位行列に変形せよ.

さらに, PAQ が単位行列となるような正則行列 P, Q を求めよ.

［解　答］ 掃き出し法によると,

A						
1	1	0	①			
−1	−1	2	②			
−1	−1	0	③			
1	1	0	④ = ①			
0	0	2	⑤ = ② + ①	② + ①	⟶	$P(2,1;1)$
0	0	0	⑥ = ③ + ①	③ + ①	⟶	$P(3,1;1)$
1	1	0	⑦ = ④			
0	0	1	⑧ = ⑤ ÷ 2	⑤ ÷ 2	⟶	$P(2;1/2)$
0	0	0	⑨ = ⑥			
$\boldsymbol{e}_1$		$\boldsymbol{e}_2$				

⇒ 基本変形の行列（基本事項 **2.7**）

さらに, 最後のブロックにおいて, 2列 − 1列 ($P(1,2\,;-1)$), 3列と2列の交換 ($P(2,3)$) を行うと

$$PAQ = \begin{bmatrix} 1 & 0 & 0 \\ 0 & 1 & 0 \\ 0 & 0 & 0 \end{bmatrix}$$

ここに,

$$P = P(2;1/2)P(3,1;1)P(2,1;1), \qquad Q = P(1,2;-1)P(2,3)$$

問　題

2.5　行列 $A = \begin{bmatrix} 1 & 1 & 1 \\ -1 & -1 & 1 \\ -1 & -1 & 2 \end{bmatrix}$ に対して, $PAQ = \begin{bmatrix} 1 & 0 & 0 \\ 0 & 1 & 0 \\ 0 & 0 & 0 \end{bmatrix}$ となるような正則行列 P, Q を求めよ.

2.5　連立 1 次方程式の解法

例題 2.6　文字を含む方程式の解法

次の連立 1 次方程式を解け.

$$\begin{cases} ax_1 + x_2 + x_3 = 1 \\ x_1 + ax_2 + x_3 = 1 \\ x_1 + x_2 + ax_3 = a \end{cases}$$

［解　答］ 拡大係数行列に基本変形を次の表のように行う.

A			b	
a	1	1	1	①
1	a	1	1	②
1	1	a	a	③
1	a	1	1	④ = ②
0	$1-a^2$	$1-a$	$1-a$	⑤ = ① − ② × a
0	$1-a$	$a-1$	$a-1$	⑥ = ③ − ②

$a \neq 1$ のとき,　⇐ a による場合分け

A			b	
1	a	1	1	⑦ = ④
0	$1+a$	1	1	⑧ = ⑤ ÷ $(1-a)$
0	1	−1	−1	⑨ = ⑥ ÷ $(1-a)$
1	0	$1+a$	$1+a$	⑩ = ⑦ − ⑨ × a
0	1	−1	−1	⑪ = ⑨
0	0	$2+a$	$2+a$	⑫ = ⑧ − ⑨ × $(1+a)$

$a \neq 1, -2$ のとき,

A			b	
1	0	$1+a$	$1+a$	⑬ = ⑩
0	1	−1	−1	⑭ = ⑪
0	0	1	1	⑮ = ⑫ ÷ $(2+a)$
1	0	0	0	⑯ = ⑬ − ⑮ × $(1+a)$
0	1	0	0	⑰ = ⑭ + ⑮
0	0	1	1	⑱ = ⑮
$\boldsymbol{e}_1$	$\boldsymbol{e}_2$	$\boldsymbol{e}_3$	解 $\boldsymbol{x}$	

$$\Longrightarrow \begin{cases} x_1 = 0 \\ x_2 = 0 \\ x_3 = 1 \end{cases}$$

したがって，$a \neq 1, -2$ のとき，求める解は

$$\begin{bmatrix} x_1 \\ x_2 \\ x_3 \end{bmatrix} = \begin{bmatrix} 0 \\ 0 \\ 1 \end{bmatrix}$$

$a = 1$ のとき，

A			$\boldsymbol{b}$	
1	1	1	1	①
1	1	1	1	②
1	1	1	1	③
1	1	1	1	④ = ①
0	0	0	0	⑤ = ② − ①
0	0	0	0	⑥ = ③ − ①
$\boldsymbol{e}_1$				

$$\Longrightarrow \begin{cases} x_1 + x_2 + x_3 = 1 \\ 0 = 0 \\ 0 = 0 \end{cases}$$

$x_1 = 1 - x_2 - x_3$ を変形して，

$$\begin{bmatrix} x_1 \\ x_2 \\ x_3 \end{bmatrix} = \begin{bmatrix} 1 \\ 0 \\ 0 \end{bmatrix} + x_2 \begin{bmatrix} -1 \\ 1 \\ 0 \end{bmatrix} + x_3 \begin{bmatrix} -1 \\ 0 \\ 1 \end{bmatrix}$$

ここで，$x_2 = s$, $x_3 = t$ と置き換えて，

$$\begin{bmatrix} x_1 \\ x_2 \\ x_3 \end{bmatrix} = \begin{bmatrix} 1 \\ 0 \\ 0 \end{bmatrix} + s \begin{bmatrix} -1 \\ 1 \\ 0 \end{bmatrix} + t \begin{bmatrix} -1 \\ 0 \\ 1 \end{bmatrix} \quad (s,\ t \text{ は任意})$$

⇐ 解の媒介変数表示

が求める解である．

$a = -2$ のとき，

A			$\boldsymbol{b}$	
−2	1	1	1	①
1	−2	1	1	②
1	1	−2	−2	③
1	−2	1	1	④ = ②
0	−3	3	3	⑤ = ① + ② × 2
0	3	−3	−3	⑥ = ③ − ②
1	0	−1	−1	⑦ = ④ + ⑧ × 2
0	1	−1	−1	⑧ = ⑤ ÷ (−3)
0	0	0	0	⑨ = ⑥ + ⑤
$\boldsymbol{e}_1$	$\boldsymbol{e}_2$			

$$\Longrightarrow \begin{cases} x_1 - x_3 = -1 \\ x_2 - x_3 = -1 \\ 0 = 0 \end{cases}$$

$x_1 = -1 + x_3$, $x_2 = -1 + x_3$ と変形して，

$$\begin{bmatrix} x_1 \\ x_2 \\ x_3 \end{bmatrix} = \begin{bmatrix} -1 \\ -1 \\ 0 \end{bmatrix} + x_3 \begin{bmatrix} 1 \\ 1 \\ 1 \end{bmatrix}$$

ここで，$x_3 = t$ と置き換えて，

$$\begin{bmatrix} x_1 \\ x_2 \\ x_3 \end{bmatrix} = \begin{bmatrix} -1 \\ -1 \\ 0 \end{bmatrix} + t \begin{bmatrix} 1 \\ 1 \\ 1 \end{bmatrix} \quad (t \text{ は任意})$$

⇐ 解の媒介変数表示

が求める解である．

以上をまとめると

$$a \neq 1, -2 \text{ のとき，} \begin{bmatrix} x_1 \\ x_2 \\ x_3 \end{bmatrix} = \begin{bmatrix} 0 \\ 0 \\ 1 \end{bmatrix}$$

$$a = 1 \text{ のとき，} \begin{bmatrix} x_1 \\ x_2 \\ x_3 \end{bmatrix} = \begin{bmatrix} 1 \\ 0 \\ 0 \end{bmatrix} + s \begin{bmatrix} -1 \\ 1 \\ 0 \end{bmatrix} + t \begin{bmatrix} -1 \\ 0 \\ 1 \end{bmatrix} \ (s, t \text{ は任意})$$

$$a = -2 \text{ のとき，} \begin{bmatrix} x_1 \\ x_2 \\ x_3 \end{bmatrix} = \begin{bmatrix} -1 \\ -1 \\ 0 \end{bmatrix} + t \begin{bmatrix} 1 \\ 1 \\ 1 \end{bmatrix} \ (t \text{ は任意})$$

参考：行列式 $\begin{vmatrix} a & 1 & 1 \\ 1 & a & 1 \\ 1 & 1 & a \end{vmatrix} \neq 0$ ならば，連立 1 次方程式はただ 1 つの解をもつ．

⇒ 基本事項 **3.24, 3.25**

問　題

2.6　次の連立 1 次方程式を解け．

(1) $\begin{cases} ax_1 + x_2 + x_3 = 1 \\ x_1 + ax_2 + x_3 = 1 \\ x_1 + x_2 + ax_3 = 1 \end{cases}$

(2) $\begin{cases} ax_1 + ax_2 + x_3 = 1 \\ x_1 + ax_2 + ax_3 = 1 \\ ax_1 + x_2 + ax_3 = 1 \end{cases}$

例題 2.7 解が不定の場合

次の連立1次方程式を解け.

$$\begin{cases} 2x_1 + x_2 + x_3 + x_4 = 1 \\ x_1 + 2x_2 + x_3 + x_4 = -1 \\ x_1 + x_2 + 2x_3 + 2x_4 = 0 \end{cases}$$

［解　答］ 拡大係数行列に基本変形を次の表のように行う.

A				$\boldsymbol{b}$	
2	1	1	1	1	①
1	2	1	1	−1	②
1	1	2	2	0	③
1	2	1	1	−1	④ = ②
0	−3	−1	−1	3	⑤ = ① − ② × 2
0	−1	1	1	1	⑥ = ③ − ②
1	0	3	3	1	⑦ = ④ + ⑥ × 2
0	1	−1	−1	−1	⑧ = −⑥
0	0	−4	−4	0	⑨ = ⑤ − ⑥ × 3
1	0	0	0	1	⑩ = ⑦ − ⑫ × 3
0	1	0	0	−1	⑪ = ⑧ + ⑫
0	0	1	1	0	⑫ = ⑨ ÷ (−4)
$\boldsymbol{e}_1$	$\boldsymbol{e}_2$	$\boldsymbol{e}_3$			

したがって，もとの連立1次方程式は

$$\begin{cases} x_1 = 1 \\ x_2 = -1 \\ x_3 + x_4 = 0 \end{cases}$$

⇒ 行の基本変形で方程式は同値（基本事項 **2.4**）

と同値である. これより,

$$\begin{bmatrix} x_1 \\ x_2 \\ x_3 \end{bmatrix} = \begin{bmatrix} 1 \\ -1 \\ 0 \end{bmatrix} + x_4 \begin{bmatrix} 0 \\ 0 \\ -1 \end{bmatrix}$$

これに，$x_4 = x_4$ をつけ加えると,

$$\begin{bmatrix} x_1 \\ x_2 \\ x_3 \\ x_4 \end{bmatrix} = \begin{bmatrix} 1 \\ -1 \\ 0 \\ 0 \end{bmatrix} + x_4 \begin{bmatrix} 0 \\ 0 \\ -1 \\ 1 \end{bmatrix}$$

ここで，$x_4 = t$ と置き換えて，

$$\begin{bmatrix} x_1 \\ x_2 \\ x_3 \\ x_4 \end{bmatrix} = \begin{bmatrix} 1 \\ -1 \\ 0 \\ 0 \end{bmatrix} + t \begin{bmatrix} 0 \\ 0 \\ -1 \\ 1 \end{bmatrix} \quad (t \text{ は任意})$$

⇐ 解の媒介変数表示

が求める解である．

参考：$\mathrm{rank}A = 3$，$\mathrm{rank}\Big[\, A \mid \boldsymbol{b} \,\Big] = 3$ であるから，基本事項 2.6 より解が存在する．この例題では，解は無限個ある．

問　題

2.7　次の連立 1 次方程式を解け．

$$(1) \quad \begin{cases} x_1 + x_2 - 2x_3 = 1 \\ -3x_1 + 2x_2 + x_3 = 2 \\ 3x_1 - x_2 + 2x_3 = 3 \\ x_1 + 2x_2 - x_3 = 4 \end{cases}$$

$$(2) \quad \begin{cases} ax_1 + x_2 + x_3 + x_4 = 1 \\ x_1 + ax_2 + x_3 + x_4 = 1 \\ x_1 + x_2 + ax_3 + x_4 = 1 \\ x_1 + x_2 + x_3 + ax_4 = 1 \end{cases}$$

2.6 掃き出し法による逆行列の求め方

例題 2.8 **2 つの連立 1 次方程式の解法**

2 つの連立 1 次方程式

$$(\text{ア})\ \begin{cases} x_1 + x_2 - 2x_3 = 1 \\ -3x_1 + 2x_2 + x_3 = 2 \\ 3x_1 - x_2 + 2x_3 = 3 \end{cases}$$

$$(\text{イ})\ \begin{cases} x_1 + x_2 - 2x_3 = 3 \\ -3x_1 + 2x_2 + x_3 = 1 \\ 3x_1 - x_2 + 2x_3 = 5 \end{cases}$$

の解 $\boldsymbol{x}_1, \boldsymbol{x}_2$ を列ベクトルとする行列を X とする.

(1) X の満たす行列表示式を書け.

(2) 拡大係数行列 $\left[\, A \mid B \,\right]$ に掃き出し法を適用して X を求めよ.

[解　答] (1) (ア) の解を $\boldsymbol{x}_1 = \begin{bmatrix} x_{11} \\ x_{21} \\ x_{31} \end{bmatrix}$,

(イ) の解を $\boldsymbol{x}_2 = \begin{bmatrix} x_{12} \\ x_{22} \\ x_{32} \end{bmatrix}$

とすれば,

$$\begin{bmatrix} 1 & 1 & -2 \\ -3 & 2 & 1 \\ 3 & -1 & 2 \end{bmatrix} \begin{bmatrix} x_{11} \\ x_{21} \\ x_{31} \end{bmatrix} = \begin{bmatrix} 1 \\ 2 \\ 3 \end{bmatrix},$$

$$\begin{bmatrix} 1 & 1 & -2 \\ -3 & 2 & 1 \\ 3 & -1 & 2 \end{bmatrix} \begin{bmatrix} x_{12} \\ x_{22} \\ x_{32} \end{bmatrix} = \begin{bmatrix} 3 \\ 1 \\ 5 \end{bmatrix}$$

この 2 つをまとめると,

$$\begin{bmatrix} 1 & 1 & -2 \\ -3 & 2 & 1 \\ 3 & -1 & 2 \end{bmatrix} \begin{bmatrix} x_{11} & x_{12} \\ x_{21} & x_{22} \\ x_{31} & x_{32} \end{bmatrix} = \begin{bmatrix} 1 & 3 \\ 2 & 1 \\ 3 & 5 \end{bmatrix}$$

⇐ 行列表示

(2) 次の表のように基本変形を行う.

A			$\boldsymbol{b}_1$	$\boldsymbol{b}_2$	
1	1	−2	1	3	①
−3	2	1	2	1	②
3	−1	2	3	5	③
1	1	−2	1	3	④ = ①
0	5	−5	5	10	⑤ = ② + ① × 3
0	−4	8	0	−4	⑥ = ③ − ① × 3
1	0	−1	0	1	⑦ = ④ − ⑧
0	1	−1	1	2	⑧ = ⑤ ÷ 5
0	0	4	4	4	⑨ = ⑥ + ⑧ × 4
1	0	0	1	2	⑩ = ⑦ + ⑫
0	1	0	2	3	⑪ = ⑧ + ⑫
0	0	1	1	1	⑫ = ⑨ ÷ 4
E			$\boldsymbol{x}_1$	$\boldsymbol{x}_2$	

表の最後から，求める解は

$$(\text{ア})\quad \begin{bmatrix} x_1 \\ x_2 \\ x_3 \end{bmatrix} = \begin{bmatrix} 1 \\ 2 \\ 1 \end{bmatrix} \qquad (\text{イ})\quad \begin{bmatrix} x_1 \\ x_2 \\ x_3 \end{bmatrix} = \begin{bmatrix} 2 \\ 3 \\ 1 \end{bmatrix}$$

参考：掃き出し法の表において，$\boldsymbol{b}_2$ の列を鉛筆で隠してみよ．そのとき，掃き出し法により,（ア）の解 $\boldsymbol{x}_1$ が求まる．また，$\boldsymbol{b}_1$ の列を鉛筆で隠してみれば,（イ）の解 $\boldsymbol{x}_2$ が求まる．

問　題

2.8　連立 1 次方程式

$$(\text{ア})\ \left\{\begin{array}{rcrcrcr} x_1 & + & 3x_2 & - & 2x_3 & = & 1 \\ -3x_1 & + & 2x_2 & + & x_3 & = & 4 \\ 3x_1 & - & x_2 & + & 2x_3 & = & 7 \end{array}\right.$$

$$(\text{イ})\ \left\{\begin{array}{rcrcrcr} x_1 & + & 3x_2 & - & 2x_3 & = & 7 \\ -3x_1 & + & 2x_2 & + & x_3 & = & -4 \\ 3x_1 & - & x_2 & + & 2x_3 & = & 9 \end{array}\right.$$

の解 $\boldsymbol{x}_1, \boldsymbol{x}_2$ を列ベクトルとする行列 X とする．

(1)　X の満たす行列表示式を書け．

(2)　拡大係数行列 $\begin{bmatrix} A \mid B \end{bmatrix}$ に掃き出し法を適用して X を求めよ．

例題 2.9　　掃き出し法による逆行列の求め方

行列 $A = \begin{bmatrix} 1 & 2 & 1 \\ 2 & 1 & 1 \\ 1 & 1 & 2 \end{bmatrix}$ に対して，$AX = E$（単位行列）となる行列 X の列ベクトルを $\boldsymbol{x}_1, \boldsymbol{x}_2, \boldsymbol{x}_3$ とする．

(1) $\boldsymbol{x}_1, \boldsymbol{x}_2, \boldsymbol{x}_3$ が満たす連立 1 次方程式を求めよ．

(2) X を求めて，$XA = E$ であることを確かめよ．

［解　答］(1) $AX = \begin{bmatrix} A\boldsymbol{x}_1 & A\boldsymbol{x}_2 & A\boldsymbol{x}_3 \end{bmatrix}$, $E = \begin{bmatrix} \boldsymbol{e}_1 & \boldsymbol{e}_2 & \boldsymbol{e}_3 \end{bmatrix}$ だから，

$\boldsymbol{x}_1$ が満たす方程式は $\begin{cases} x_1 + 2x_2 + x_3 = 1 \\ 2x_1 + x_2 + x_3 = 0 \\ x_1 + x_2 + 2x_3 = 0 \end{cases}$

$\boldsymbol{x}_2$ が満たす方程式は $\begin{cases} x_1 + 2x_2 + x_3 = 0 \\ 2x_1 + x_2 + x_3 = 1 \\ x_1 + x_2 + 2x_3 = 0 \end{cases}$

$\boldsymbol{x}_3$ が満たす方程式は $\begin{cases} x_1 + 2x_2 + x_3 = 0 \\ 2x_1 + x_2 + x_3 = 0 \\ x_1 + x_2 + 2x_3 = 1 \end{cases}$

(2) 拡大係数行列 $\begin{bmatrix} A \mid E \end{bmatrix}$ に基本変形を次の表のように行う．

A			$\boldsymbol{e}_1$	$\boldsymbol{e}_2$	$\boldsymbol{e}_3$	
1	2	1	1	0	0	①
2	1	1	0	1	0	②
1	1	2	0	0	1	③
1	2	1	1	0	0	④ = ①
0	−3	−1	−2	1	0	⑤ = ② − ① × 2
0	−1	1	−1	0	1	⑥ = ③ − ①
1	0	3	−1	0	2	⑦ = ④ − ⑧ × 2
0	1	−1	1	0	−1	⑧ = −⑥
0	0	−4	1	1	−3	⑨ = ⑤ + ⑧ × 3
1	0	0	−1/4	3/4	−1/4	⑩ = ⑦ − ⑫ × 3
0	1	0	3/4	−1/4	−1/4	⑪ = ⑧ + ⑫
0	0	1	−1/4	−1/4	3/4	⑫ = ⑨ ÷ (−4)
E			$\boldsymbol{x}_1$	$\boldsymbol{x}_2$	$\boldsymbol{x}_3$	

したがって，求める解は

$$X = \begin{bmatrix} \boldsymbol{x}_1 & \boldsymbol{x}_2 & \boldsymbol{x}_3 \end{bmatrix} = \frac{1}{4}\begin{bmatrix} -1 & 3 & -1 \\ 3 & -1 & -1 \\ -1 & -1 & 3 \end{bmatrix}$$

$$XA = \frac{1}{4}\begin{bmatrix} -1 & 3 & -1 \\ 3 & -1 & -1 \\ -1 & -1 & 3 \end{bmatrix}\begin{bmatrix} 1 & 2 & 1 \\ 2 & 1 & 1 \\ 1 & 1 & 2 \end{bmatrix} = \begin{bmatrix} 1 & 0 & 0 \\ 0 & 1 & 0 \\ 0 & 0 & 1 \end{bmatrix}$$

参考：$AX = E$ を満たす X が存在するとき，一般に，

$$AX = XA = E$$

となる．このとき，A は正則であるという．また X を A の逆行列といい

$$X = A^{-1}$$

と表す．逆行列は余因子行列からも計算することができる（基本事項 3.24）．

問　題

2.9　連立 1 次方程式

(ア) $\begin{cases} x_1 + x_2 + 3x_3 = 1 \\ x_1 + 3x_2 + x_3 = 0 \\ 3x_1 + x_2 + x_3 = 0 \end{cases}$

(イ) $\begin{cases} x_1 + x_2 + 3x_3 = 0 \\ x_1 + 3x_2 + x_3 = 1 \\ 3x_1 + x_2 + x_3 = 0 \end{cases}$

(ウ) $\begin{cases} x_1 + x_2 + 3x_3 = 0 \\ x_1 + 3x_2 + x_3 = 0 \\ 3x_1 + x_2 + x_3 = 1 \end{cases}$

の解 $\boldsymbol{x}_1, \boldsymbol{x}_2, \boldsymbol{x}_3$ を列ベクトルとする行列を X とする．

(1)　X の満たす行列表示式を書け．

(2)　拡大係数行列 $\begin{bmatrix} A \mid E \end{bmatrix}$ に掃き出し法を適用して X を求めよ．

例題 2.10 掃き出し法による逆行列の計算

掃き出し法を利用して，行列 $\begin{bmatrix} 1 & 2 & 2 \\ 2 & 3 & 2 \\ 2 & 2 & 1 \end{bmatrix}$ の逆行列を求めよ．

［解　答］ 行列に単位行列を付け加えて，次の表のように基本変形を行う．

A			E			
1	2	2	1	0	0	①
2	3	2	0	1	0	②
2	2	1	0	0	1	③
1	2	2	1	0	0	④ = ①
0	−1	−2	−2	1	0	⑤ = ② − ① × 2
0	−2	−3	−2	0	1	⑥ = ③ − ① × 2
1	0	−2	−3	2	0	⑦ = ④ + ⑤ × 2
0	1	2	2	−1	0	⑧ = −⑥
0	0	1	2	−2	1	⑨ = ⑥ − ⑤ × 2
1	0	0	1	−2	2	⑩ = ⑦ + ⑨ × 2
0	1	0	−2	3	−2	⑪ = ⑧ − ⑨ × 2
0	0	1	2	−2	1	⑫ = ⑨
E			A^{-1}			

表の最後から，求める逆行列は

$$A^{-1} = \begin{bmatrix} 1 & -2 & 2 \\ -2 & 3 & -2 \\ 2 & -2 & 1 \end{bmatrix}$$

参考：余因子行列を利用すると ⇒ 余因子行列（基本事項 **3.22**）

$$A^{-1} = \frac{1}{|A|} \begin{vmatrix} \begin{vmatrix} 3 & 2 \\ 2 & 1 \end{vmatrix} & -\begin{vmatrix} 2 & 2 \\ 2 & 1 \end{vmatrix} & \begin{vmatrix} 2 & 2 \\ 3 & 2 \end{vmatrix} \\ -\begin{vmatrix} 2 & 2 \\ 2 & 1 \end{vmatrix} & \begin{vmatrix} 1 & 2 \\ 2 & 1 \end{vmatrix} & -\begin{vmatrix} 1 & 2 \\ 2 & 2 \end{vmatrix} \\ \begin{vmatrix} 2 & 3 \\ 2 & 2 \end{vmatrix} & -\begin{vmatrix} 1 & 2 \\ 2 & 2 \end{vmatrix} & \begin{vmatrix} 1 & 2 \\ 2 & 3 \end{vmatrix} \end{vmatrix}$$

$$= \frac{1}{-1}\begin{bmatrix} -1 & 2 & -2 \\ 2 & -3 & 2 \\ -2 & 2 & -1 \end{bmatrix} = \begin{bmatrix} 1 & -2 & 2 \\ -2 & 3 & -2 \\ 2 & -2 & 1 \end{bmatrix}$$

問 題

2.10 次の行列の逆行列を求めよ．

(1) $\begin{bmatrix} 1 & 1 & 3 \\ 1 & 2 & 1 \\ 3 & 1 & 1 \end{bmatrix}$

(2) $\begin{bmatrix} 1 & 0 & 0 & 1 \\ 1 & 0 & 1 & 0 \\ 1 & 1 & 0 & 0 \\ 0 & 0 & 1 & 1 \end{bmatrix}$

2.11 $X = \begin{bmatrix} 1 & 3 & -2 \\ -3 & 2 & 1 \\ 3 & -1 & 2 \end{bmatrix}^{-1} \begin{bmatrix} 1 & 7 \\ 4 & -4 \\ 7 & 9 \end{bmatrix}$ は

$$\begin{bmatrix} 1 & 3 & -2 \\ -3 & 2 & 1 \\ 3 & -1 & 2 \end{bmatrix} X = \begin{bmatrix} 1 & 7 \\ 4 & -4 \\ 7 & 9 \end{bmatrix}$$

を満足することを利用して X を求めよ．

第3章
行　列　式

3.1　基本事項

1. 1 から n までの n 個の自然数を並べ換えてできるものを**順列**といい，順列の全体を I_n と書く．I_n の要素は全部で $n!$ 個ある．

2. 順列 $\sigma=(\sigma(1),\sigma(2),\cdots,\sigma(n))$ に対して，各 $\sigma(i)$ の後にあって $\sigma(i)$ より小さいものの個数を $N(i)$ とするとき，その和

$$N(\sigma)=N(1)+N(2)+\cdots+N(n-1)$$

を σ の**転倒数**と呼ぶ．

3. σ の**符号**は，

$$\varepsilon(\sigma)=(-1)^{N(\sigma)}$$

である．

4. 符号が $+1$ である順列を**偶順列**，符号が -1 である順列を**奇順列**という．

5. （恒等）順列 $(1,2,\cdots,n)$ の i と j を入れ換えてできる順列を**互換**といい，(i,j) と表す．互換の符号は -1 である：$\varepsilon((i,j))=-1$ ．

6. 順列 σ,τ について，

$$\tau\sigma(i)=\tau(\sigma(i)) \qquad (i=1,2,\cdots,n)$$

で定まる順列を σ と τ の**積**という．このとき，

$$\varepsilon(\tau\sigma)=\varepsilon(\tau)\varepsilon(\sigma)$$

順列 σ に対して，

$$\tau\sigma(i)=\tau(\sigma(i))=i \qquad (i=1,2,\cdots,n)$$

となる順列 τ を σ の**逆順列**といい，σ^{-1} で表す．σ と σ^{-1} の符号は一致する．

7. 行列式の定義

$$\begin{vmatrix} a_{11} & a_{12} & \cdots & a_{1n} \\ a_{21} & a_{22} & \cdots & a_{2n} \\ & & \cdots & \\ a_{n1} & a_{n2} & \cdots & a_{nn} \end{vmatrix} = \sum_{\sigma \in I_n} \varepsilon(\sigma) a_{1\sigma(1)} a_{2\sigma(2)} \cdots a_{n\sigma(n)}$$

8. 2 次の行列式

$$\begin{vmatrix} a_{11} & a_{12} \\ a_{21} & a_{22} \end{vmatrix} = a_{11}a_{22} - a_{12}a_{21}$$

9. 3 次の行列式 (サラスの方法)

$$\begin{vmatrix} a_{11} & a_{12} & a_{13} \\ a_{21} & a_{22} & a_{23} \\ a_{31} & a_{32} & a_{33} \end{vmatrix}$$
$$= a_{11}a_{22}a_{33} + a_{12}a_{23}a_{31} + a_{13}a_{21}a_{32} - a_{13}a_{22}a_{31} - a_{11}a_{23}a_{32} - a_{12}a_{21}a_{33}$$

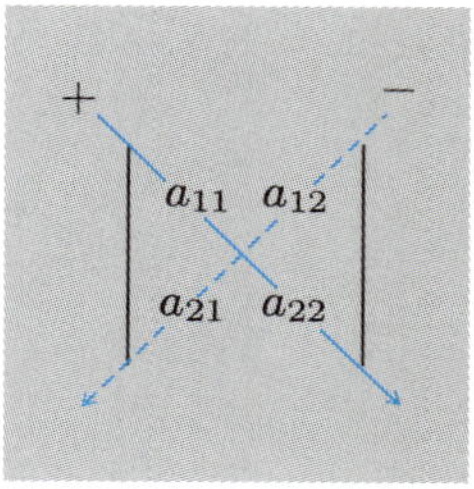

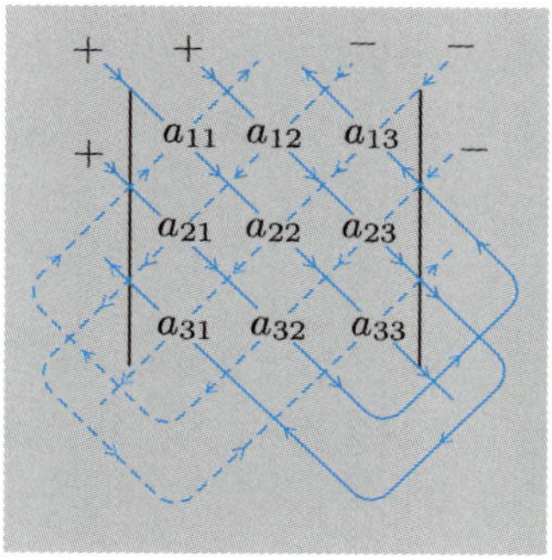

10. 転置行列の行列式

$$|{}^tA| = |A|$$

11. 行列式の線形性

(1) 行列式は，ある行（列）が 2 つのベクトルの和であれば，2 つの行列式の和に分解される．

(2) 行列式において，ある行または列に α をかけると，行列式は α 倍になる．

(3) 行列式において，ある行（列）の何倍かを他の行（列）に加えても，行列式の値は変わらない．

12. 行または列の入れ換え　順列 τ に対して，列ベクトル表示において

$$\begin{vmatrix} \boldsymbol{a}_{\tau(1)} & \boldsymbol{a}_{\tau(2)} & \cdots & \boldsymbol{a}_{\tau(n)} \end{vmatrix} = \varepsilon(\tau) \begin{vmatrix} \boldsymbol{a}_1 & \boldsymbol{a}_2 & \cdots & \boldsymbol{a}_n \end{vmatrix}$$

行ベクトル表示において

$$\begin{vmatrix} \boldsymbol{a}_{\tau(1)} \\ \boldsymbol{a}_{\tau(2)} \\ \vdots \\ \boldsymbol{a}_{\tau(n)} \end{vmatrix} = \varepsilon(\tau) \begin{vmatrix} \boldsymbol{a}_1 \\ \boldsymbol{a}_2 \\ \vdots \\ \boldsymbol{a}_n \end{vmatrix}$$

が成立する．

13. 行列式において，2 つの行（列）を入れ換えると，行列式の値は符号が変わる．

14. 行列式において，2 つの行（列）が一致すると，行列式の値は 0 である．

15. 行列式の展開

$$\begin{vmatrix} a_{11} & 0 & \cdots & 0 \\ a_{21} & a_{22} & \cdots & a_{2n} \\ & & \cdots & \\ a_{n1} & a_{n2} & \cdots & a_{nn} \end{vmatrix} = \begin{vmatrix} a_{11} & a_{12} & \cdots & a_{1n} \\ 0 & a_{22} & \cdots & a_{2n} \\ & & \cdots & \\ 0 & a_{n2} & \cdots & a_{nn} \end{vmatrix} = a_{11} \begin{vmatrix} a_{22} & \cdots & a_{2n} \\ & \cdots & \\ a_{n2} & \cdots & a_{nn} \end{vmatrix}$$

16. 三角行列式について，

$$\begin{vmatrix} a_{11} & & & O \\ a_{21} & a_{22} & & \\ & & \ddots & \\ a_{n1} & a_{n2} & \cdots & a_{nn} \end{vmatrix} = \begin{vmatrix} a_{11} & a_{12} & \cdots & a_{1n} \\ & a_{22} & \cdots & a_{2n} \\ & & \ddots & \\ O & & & a_{nn} \end{vmatrix} = a_{11}a_{22}\cdots a_{nn}$$

17. 行列の積　n 次正方行列 A, B に対して，

$$|AB| = |A||B|$$

18. (m, n) 行列

$$A = \begin{bmatrix} a_{11} & a_{12} & \cdots & a_{1n} \\ a_{21} & a_{22} & \cdots & a_{2n} \\ & & \cdots & \\ a_{m1} & a_{m2} & \cdots & a_{mn} \end{bmatrix}$$

に対して，i_1 行, i_2 行, $\cdots$, i_p 行と j_1 列, j_2 列, $\cdots$, j_p 列から作られる行列式を A の p 次小行列式という：

$$\begin{vmatrix} a_{i_1j_1} & a_{i_1j_2} & \cdots & a_{i_1j_p} \\ a_{i_2j_1} & a_{i_2j_2} & \cdots & a_{i_2j_p} \\ & \cdots & \cdots & \\ a_{i_pj_1} & a_{i_pj_2} & \cdots & a_{i_pj_p} \end{vmatrix}$$

ここに，$p \leqq \min\{m, n\}$ ．

19. (m, n) 行列 A のランクは，A の小行列式で零でないものの最大次数である．すなわち，$\mathrm{rank}\,A = p$ ならば，A の $p+1$ 次小行列式はすべて零でありかつ零でない p 次小行列式が存在する．

20. n 次正方行列

$$A = \begin{bmatrix} a_{11} & a_{12} & \cdots & a_{1n} \\ a_{21} & a_{22} & \cdots & a_{2n} \\ & & \cdots & \\ a_{n1} & a_{n2} & \cdots & a_{nn} \end{bmatrix}$$

に対して，i 行と j 列を取り去ってできる $n-1$ 次の行列式に符号 $(-1)^{i+j}$ をつけたものを a_{ij} に対応する**余因子**または (i, j) **余因子**という：

$$A_{ij} = (-1)^{i+j} \begin{vmatrix} a_{11} & \cdots & a_{1j} & \cdots & a_{1n} \\ & \cdots & \cdots & \cdots & \\ a_{i1} & \cdots & a_{ij} & \cdots & a_{in} \\ & \cdots & \cdots & & \\ a_{n1} & \cdots & a_{nj} & \cdots & a_{nn} \end{vmatrix}$$

取り去る

21. 余因子行列の性質

(1) $a_{i1}A_{i1} + a_{i2}A_{i2} + \cdots + a_{in}A_{in} = |A|$

(2) $a_{1i}A_{1i} + a_{2i}A_{2i} + \cdots + a_{ni}A_{ni} = |A|$

(3) $i \neq j$ のとき，$a_{i1}A_{j1} + a_{i2}A_{j2} + \cdots + a_{in}A_{jn} = 0$

(4) $i \neq j$ のとき，$a_{1i}A_{1j} + a_{2i}A_{2j} + \cdots + a_{ni}A_{nj} = 0$

22. A の (i, j) 余因子からできる行列を転置してできる行列

$$\tilde{A} = {}^t\begin{bmatrix} A_{11} & A_{12} & \cdots & A_{1n} \\ A_{21} & A_{22} & \cdots & A_{2n} \\ & & \cdots & \\ A_{n1} & A_{n2} & \cdots & A_{nn} \end{bmatrix}$$

$$= \begin{bmatrix} A_{11} & A_{21} & \cdots & A_{n1} \\ A_{12} & A_{22} & \cdots & A_{n2} \\ & & \vdots & \\ A_{1n} & A_{2n} & \cdots & A_{nn} \end{bmatrix}$$

を**余因子行列**という．

23. 余因子行列の性質

$$A\tilde{A} = \tilde{A}A = |A|E_n$$

24. n 次正方行列 A について，次は同値である．

(1) A は正則
(2) $|A| \neq 0$
(3) $\mathrm{rank}\ A = n$
このとき，逆行列は $A^{-1} = \dfrac{1}{|A|}\tilde{A}$.

25. クラメルの公式　連立 1 次方程式

$$\begin{cases} a_{11}x_1 + a_{12}x_2 + \cdots + a_{1n}x_n = b_1 \\ a_{21}x_1 + a_{22}x_2 + \cdots + a_{2n}x_n = b_2 \\ \cdots\ \cdots\ \cdots \\ a_{n1}x_1 + a_{n2}x_2 + \cdots + a_{nn}x_n = b_n \end{cases}$$

を行列表示

$$A\boldsymbol{x} = \boldsymbol{b}$$

すると，$|A| \neq 0$ のとき，その解

$$\boldsymbol{x} = A^{-1}\boldsymbol{b}$$

は

$$x_j = \frac{1}{|A|}\begin{vmatrix} a_{11} & \cdots & a_{1(j-1)} & b_1 & a_{1(j+1)} & \cdots & a_{1n} \\ a_{21} & \cdots & a_{2(j-1)} & b_2 & a_{2(j+1)} & \cdots & a_{2n} \\ & \cdots & & & & \cdots & \\ a_{n1} & \cdots & a_{n(j-1)} & b_n & a_{n(j+1)} & \cdots & a_{nn} \end{vmatrix}$$

$(j = 1, 2, \cdots, n)$ ．最後の行列式は，$|A|$ の j 列を $\boldsymbol{b}$ で置き換えたものである．

3.2 順列と符号

例題 3.1 偶順列・奇順列

順列 $\sigma = (3, 1, 4, 5, 2)$ の転倒数と符号を求め，偶順列か奇順列か判定せよ．

［解　答］ ⇒ 転倒数（基本事項 **3.2**）

3 より後にあって 3 より小さい数は 1，2 の 2 個だから，$N(1) = 2$

1 より後にあって 1 より小さい数は 0 個だから，$N(2) = 0$

4 より後にあって 4 より小さい数は 2 の 1 個だから，$N(3) = 1$

5 より後にあって 5 より小さい数は 2 の 1 個だから，$N(4) = 1$

であるから，

$$N(\sigma) = N(1) + N(2) + N(3) + N(4) = 2 + 0 + 1 + 1 = 4$$

また，σ の符号は ⇒ 順列の符号（基本事項 **3.3**）

$$\varepsilon(\sigma) = (-1)^{N(\sigma)} = (-1)^4 = +1$$

であるから，σ は偶順列である． ⇒ 偶順列・奇順列（基本事項 **3.4**）

問　題

3.1 $\sigma = (3, 4, 1, 5, 2)$，$\tau = (5, 4, 3, 2, 1)$ について，次の問いに答えよ．

(1) 転倒数を求め，その符号から偶順列か奇順列か判定せよ．

(2) 互換を繰り返して，順列 $(1, 2, 3, 4, 5)$ に変形して，偶順列か奇順列か判定せよ．

3.2 順列 $\sigma = (1, 2, 3, 4, 5, 6, 7)$ の互換のうち，2 と 6 を入れ換えた $\tau = (1, 6, 3, 4, 5, 2, 7)$ について，転倒数を求め奇順列であることを確かめよ．

3.3 $\sigma = (6, 3, 1, 4, 2, 5)$，$\tau = (4, 3, 1, 5, 6, 2)$ について，次の問いに答えよ．

(1) 転倒数を求め，その符号から偶順列か奇順列か判定せよ．

(2) σ^{-1}, τ^{-1} を求めよ．

(3) $\sigma\tau$ を求めよ．また，$\varepsilon(\sigma\tau) = \varepsilon(\sigma)\varepsilon(\tau)$ であることを確かめよ．

3.3 行列式の性質

例題 3.2 行列式の線形性

次の等式を示せ.

(1) $$\begin{vmatrix} \alpha a_{11} & \alpha a_{12} & \alpha a_{13} \\ \beta a_{21} & \beta a_{22} & \beta a_{23} \\ \gamma a_{31} & \gamma a_{32} & \gamma a_{33} \end{vmatrix} = \alpha\beta\gamma \begin{vmatrix} a_{11} & a_{12} & a_{13} \\ a_{21} & a_{22} & a_{23} \\ a_{31} & a_{32} & a_{33} \end{vmatrix}$$

(2) $$\begin{vmatrix} a_{11}+a_{12} & a_{12}+a_{13} & a_{13}+a_{11} \\ a_{21}+a_{22} & a_{22}+a_{23} & a_{23}+a_{21} \\ a_{31}+a_{32} & a_{32}+a_{33} & a_{33}+a_{31} \end{vmatrix} = 2 \begin{vmatrix} a_{11} & a_{12} & a_{13} \\ a_{21} & a_{22} & a_{23} \\ a_{31} & a_{32} & a_{33} \end{vmatrix}$$

［解　答］ (1)　1 行，2 行，3 行から α, β, γ を出すと，

⇒ 基本事項 **3.11 (2)**

$$\text{左辺} = \alpha \begin{vmatrix} a_{11} & a_{12} & a_{13} \\ \beta a_{21} & \beta a_{22} & \beta a_{23} \\ \gamma a_{31} & \gamma a_{32} & \gamma a_{33} \end{vmatrix}$$

$$= \alpha\beta \begin{vmatrix} a_{11} & a_{12} & a_{13} \\ a_{21} & a_{22} & a_{23} \\ \gamma a_{31} & \gamma a_{32} & \gamma a_{33} \end{vmatrix}$$

$$= \alpha\beta\gamma \begin{vmatrix} a_{11} & a_{12} & a_{13} \\ a_{21} & a_{22} & a_{23} \\ a_{31} & a_{32} & a_{33} \end{vmatrix} = \text{右辺}$$

(2) 行列式の線形性より，

⇒ 基本事項 **3.11 (1)**

$$\text{左辺} = \begin{vmatrix} a_{11} & a_{12}+a_{13} & a_{13}+a_{11} \\ a_{21} & a_{22}+a_{23} & a_{23}+a_{21} \\ a_{31} & a_{32}+a_{33} & a_{33}+a_{31} \end{vmatrix} + \begin{vmatrix} a_{12} & a_{12}+a_{13} & a_{13}+a_{11} \\ a_{22} & a_{22}+a_{23} & a_{23}+a_{21} \\ a_{32} & a_{32}+a_{33} & a_{33}+a_{31} \end{vmatrix}$$

$$= \left(\begin{vmatrix} a_{11} & a_{12} & a_{13}+a_{11} \\ a_{21} & a_{22} & a_{23}+a_{21} \\ a_{31} & a_{32} & a_{33}+a_{31} \end{vmatrix} + \begin{vmatrix} a_{11} & a_{13} & a_{13}+a_{11} \\ a_{21} & a_{23} & a_{23}+a_{21} \\ a_{31} & a_{33} & a_{33}+a_{31} \end{vmatrix} \right)$$

$$+ \left(\begin{vmatrix} a_{12} & a_{12} & a_{13}+a_{11} \\ a_{22} & a_{22} & a_{23}+a_{21} \\ a_{32} & a_{32} & a_{33}+a_{31} \end{vmatrix} + \begin{vmatrix} a_{12} & a_{13} & a_{13}+a_{11} \\ a_{22} & a_{23} & a_{23}+a_{21} \\ a_{32} & a_{33} & a_{33}+a_{31} \end{vmatrix} \right)$$

$$= \begin{vmatrix} a_{11} & a_{12} & a_{13} \\ a_{21} & a_{22} & a_{23} \\ a_{31} & a_{32} & a_{33} \end{vmatrix} + \begin{vmatrix} a_{11} & a_{12} & a_{11} \\ a_{21} & a_{22} & a_{21} \\ a_{31} & a_{32} & a_{31} \end{vmatrix}$$

$$+ \begin{vmatrix} a_{11} & a_{13} & a_{13} \\ a_{21} & a_{23} & a_{23} \\ a_{31} & a_{33} & a_{33} \end{vmatrix} + \begin{vmatrix} a_{11} & a_{13} & a_{11} \\ a_{21} & a_{23} & a_{21} \\ a_{31} & a_{33} & a_{31} \end{vmatrix}$$

$$+ \begin{vmatrix} a_{12} & a_{12} & a_{13} \\ a_{22} & a_{22} & a_{23} \\ a_{32} & a_{32} & a_{33} \end{vmatrix} + \begin{vmatrix} a_{12} & a_{12} & a_{11} \\ a_{22} & a_{22} & a_{21} \\ a_{32} & a_{32} & a_{31} \end{vmatrix}$$

$$+ \begin{vmatrix} a_{12} & a_{13} & a_{13} \\ a_{22} & a_{23} & a_{23} \\ a_{32} & a_{33} & a_{33} \end{vmatrix} + \begin{vmatrix} a_{12} & a_{13} & a_{11} \\ a_{22} & a_{23} & a_{21} \\ a_{32} & a_{33} & a_{31} \end{vmatrix}$$

(同じ列があれば，行列式の値は零だから)

$$= \begin{vmatrix} a_{11} & a_{12} & a_{13} \\ a_{21} & a_{22} & a_{23} \\ a_{31} & a_{32} & a_{33} \end{vmatrix} + \begin{vmatrix} a_{12} & a_{13} & a_{11} \\ a_{22} & a_{23} & a_{21} \\ a_{32} & a_{33} & a_{31} \end{vmatrix} = (*)$$

ここで，列の入れ換えを行うと ⇒ 基本事項 3.12

$$\begin{vmatrix} a_{12} & a_{13} & a_{11} \\ a_{22} & a_{23} & a_{21} \\ a_{32} & a_{33} & a_{31} \end{vmatrix} = - \begin{vmatrix} a_{12} & a_{11} & a_{13} \\ a_{22} & a_{21} & a_{23} \\ a_{32} & a_{31} & a_{33} \end{vmatrix} = \begin{vmatrix} a_{11} & a_{12} & a_{13} \\ a_{21} & a_{22} & a_{23} \\ a_{31} & a_{32} & a_{33} \end{vmatrix}$$

したがって，

$$(*) = 2 \begin{vmatrix} a_{11} & a_{12} & a_{13} \\ a_{21} & a_{22} & a_{23} \\ a_{31} & a_{32} & a_{33} \end{vmatrix} = \text{右辺}$$

問 題

3.4 次の行列式の値を求めよ．

(1) $\begin{vmatrix} 1 & 0 & 0 \\ 2 & 2 & 0 \\ 3 & 3 & 3 \end{vmatrix}$ (2) $\begin{vmatrix} 1 & 2 & 3 \\ 101 & 102 & 103 \\ 1001 & 1002 & 1003 \end{vmatrix}$

例題 3.3 行列式の性質

次の計算は正しいか.

(1) 第 3 行から第 2 行を引き, 第 2 行から第 1 行を引き, 第 1 行から第 3 行を引くと,

$$\begin{vmatrix} 1 & 2 & 3 \\ 1 & 3 & 4 \\ 1 & 5 & 7 \end{vmatrix} = \begin{vmatrix} 1-1 & 2-5 & 3-7 \\ 1-1 & 3-2 & 4-3 \\ 1-1 & 5-3 & 7-4 \end{vmatrix} = \begin{vmatrix} 0 & -3 & -4 \\ 0 & 1 & 1 \\ 0 & 2 & 3 \end{vmatrix} = 0$$

(2) n 次正方行列 A, B に対して,

$$|A+B| = |A| + |B|$$

(3) n 次正方行列 A と数 c に対して,

$$|cA| = c|A|$$

［解　答］ (1) 第 3 行から第 2 行を引くと,

$$\begin{vmatrix} 1 & 2 & 3 \\ 1 & 3 & 4 \\ 1 & 5 & 7 \end{vmatrix} = \begin{vmatrix} 1 & 2 & 3 \\ 1 & 3 & 4 \\ 0 & 2 & 3 \end{vmatrix}$$

第 2 行から第 1 行を引くと,

$$\begin{vmatrix} 1 & 2 & 3 \\ 1 & 3 & 4 \\ 0 & 2 & 3 \end{vmatrix} = \begin{vmatrix} 1 & 2 & 3 \\ 0 & 1 & 1 \\ 0 & 2 & 3 \end{vmatrix}$$

したがって,

$$\begin{vmatrix} 1 & 2 & 3 \\ 0 & 1 & 1 \\ 0 & 2 & 3 \end{vmatrix} = 1 \times \begin{vmatrix} 1 & 1 \\ 2 & 3 \end{vmatrix} = 3 - 2 = 1$$

(2) 2 次の単位行列 E に対して,

$$|E+E| = \begin{vmatrix} 2 & 0 \\ 0 & 2 \end{vmatrix} = 4,$$

$$|E| + |E| = 1 + 1 = 2$$

したがって, (2) は成立するとは限らない.

(3) 3 次の行列式 $\begin{vmatrix} ca_{11} & ca_{12} & ca_{13} \\ ca_{21} & ca_{22} & ca_{23} \\ ca_{31} & ca_{32} & ca_{33} \end{vmatrix}$ において, 第 1 行, 第 2 行, 第 3 行か

ら c を出すと，

$$\begin{vmatrix} ca_{11} & ca_{12} & ca_{13} \\ ca_{21} & ca_{22} & ca_{23} \\ ca_{31} & ca_{32} & ca_{33} \end{vmatrix} = c\begin{vmatrix} a_{11} & a_{12} & a_{13} \\ ca_{21} & ca_{22} & ca_{23} \\ ca_{31} & ca_{32} & ca_{33} \end{vmatrix}$$

$$= c^2\begin{vmatrix} a_{11} & a_{12} & a_{13} \\ a_{21} & a_{22} & a_{23} \\ ca_{31} & ca_{32} & ca_{33} \end{vmatrix}$$

$$= c^3\begin{vmatrix} a_{11} & a_{12} & a_{13} \\ a_{21} & a_{22} & a_{23} \\ a_{31} & a_{32} & a_{33} \end{vmatrix}$$

したがって，$n \geqq 2$ のとき (3) は成立しない．

注意：いずれも正しそうに見えるが，行列式については，線形性が限られた形で現れることに注意すべきである．($n = 1$ のときには，(2)，(3) は成立する．)

A が n 次正方行列ならば，

$$|cA| = c^n|A|$$

3.4 行列式の計算

例題 3.4 　　　　　　　　　　　　　　　　　　　行列式の計算

次の行列式の値を求めよ．

(1) $\begin{vmatrix} 1 & 2 & 3 & 4 \\ 1 & 3 & 4 & 5 \\ 1 & 2 & 5 & 6 \\ 1 & 2 & 3 & 7 \end{vmatrix}$　　　(2) $\begin{vmatrix} 0 & 0 & 0 & 1 \\ 0 & 1 & 0 & 0 \\ 0 & 0 & 1 & 0 \\ 1 & 0 & 0 & 0 \end{vmatrix}$

[解　答] (1) 第 2 行，第 3 行，第 4 行から第 1 行を引くと，

⇒ 基本事項 **3.11 (3)**

$$\begin{vmatrix} 1 & 2 & 3 & 4 \\ 1 & 3 & 4 & 5 \\ 1 & 2 & 5 & 6 \\ 1 & 2 & 3 & 7 \end{vmatrix} = \begin{vmatrix} 1 & 2 & 3 & 4 \\ 0 & 1 & 1 & 1 \\ 0 & 0 & 2 & 2 \\ 0 & 0 & 0 & 3 \end{vmatrix} = 1 \cdot 1 \cdot 2 \cdot 3 = 6$$

⇒ 三角行列式の展開（基本事項 **3.16**）

(2) 1 行と 4 行を交換すると，　　　　　　⇒ 基本事項 **3.13**

$$\begin{vmatrix} 0 & 0 & 0 & 1 \\ 0 & 1 & 0 & 0 \\ 0 & 0 & 1 & 0 \\ 1 & 0 & 0 & 0 \end{vmatrix} = -\begin{vmatrix} 1 & 0 & 0 & 0 \\ 0 & 1 & 0 & 0 \\ 0 & 0 & 1 & 0 \\ 0 & 0 & 0 & 1 \end{vmatrix} = -1$$

問　題

3.5 次の行列式の値を求めよ．

(1) $\begin{vmatrix} 1 & 1 & 1 & 1 \\ -1 & 2 & 2 & 2 \\ -1 & -1 & 3 & 3 \\ -1 & -1 & -1 & 4 \end{vmatrix}$　　　(2) $\begin{vmatrix} 1 & 1 & 1 & 1 \\ 1 & 2 & 2 & 2 \\ 1 & 1 & 3 & 3 \\ 1 & 1 & 1 & 4 \end{vmatrix}$

(3) $\begin{vmatrix} 0 & 0 & 0 & 1 \\ 0 & 0 & 1 & 0 \\ 0 & 1 & 0 & 0 \\ 1 & 0 & 0 & 0 \end{vmatrix}$　　　(4) $\begin{vmatrix} 1 & 2 & 3 & 4 \\ 2 & 3 & 4 & 5 \\ 3 & 4 & 5 & 6 \\ 4 & 5 & 6 & 7 \end{vmatrix}$

例題 3.5 行列式の計算

次の行列式の値を求めよ．

(1) $\left|\begin{bmatrix} a_1 \\ a_2 \\ a_3 \end{bmatrix}\begin{bmatrix} b_1 & b_2 & b_3 \end{bmatrix}\right|$ (2) $\left|\begin{bmatrix} b_1 & b_2 & b_3 \end{bmatrix}\begin{bmatrix} a_1 \\ a_2 \\ a_3 \end{bmatrix}\right|$

［解　答］ (1) $\left|\begin{bmatrix} a_1 \\ a_2 \\ a_3 \end{bmatrix}\begin{bmatrix} b_1 & b_2 & b_3 \end{bmatrix}\right|$

$$= \begin{vmatrix} a_1b_1 & a_1b_2 & a_1b_3 \\ a_2b_1 & a_2b_2 & a_2b_3 \\ a_3b_1 & a_3b_2 & a_3b_3 \end{vmatrix} = a_1a_2a_3 \begin{vmatrix} b_1 & b_2 & b_3 \\ b_1 & b_2 & b_3 \\ b_1 & b_2 & b_3 \end{vmatrix} = 0$$

⇒ 基本事項 3.14

（1 行，2 行，3 行から共通因子を出す）　　（2 つの行が一致する）

(2) $\left|\begin{bmatrix} b_1 & b_2 & b_3 \end{bmatrix}\begin{bmatrix} a_1 \\ a_2 \\ a_3 \end{bmatrix}\right| = b_1a_1 + b_2a_2 + b_3a_3$

問　題

3.6 次の行列式の値を求めよ．

$$\left|\begin{bmatrix} a_{11} & a_{12} \\ a_{21} & a_{22} \\ a_{31} & a_{32} \end{bmatrix}\begin{bmatrix} b_{11} & b_{12} & b_{13} \\ b_{21} & b_{22} & b_{23} \end{bmatrix}\right|$$

3.7 (1) 次を示せ．

$$\left|\begin{bmatrix} b_{11} & b_{12} & b_{13} \\ b_{21} & b_{22} & b_{23} \end{bmatrix}\begin{bmatrix} a_{11} & a_{12} \\ a_{21} & a_{22} \\ a_{31} & a_{32} \end{bmatrix}\right| = \begin{vmatrix} a_{11} & a_{12} \\ a_{21} & a_{22} \end{vmatrix}\begin{vmatrix} b_{11} & b_{12} \\ b_{21} & b_{22} \end{vmatrix}$$

$$+ \begin{vmatrix} a_{21} & a_{22} \\ a_{31} & a_{32} \end{vmatrix}\begin{vmatrix} b_{12} & b_{13} \\ b_{22} & b_{23} \end{vmatrix} + \begin{vmatrix} a_{31} & a_{32} \\ a_{11} & a_{12} \end{vmatrix}\begin{vmatrix} b_{13} & b_{11} \\ b_{23} & b_{21} \end{vmatrix}$$

(2) (1) を利用して，コーシー・シュワルツの不等式

$$(x_1y_1 + x_2y_2 + x_3y_3)^2 \leqq ({x_1}^2 + {x_2}^2 + {x_3}^2)({y_1}^2 + {y_2}^2 + {y_3}^2)$$

を示せ．

3.5 行列式の因数分解

例題 3.6 行列式の因数分解

行列式 $\begin{vmatrix} 1 & a & a^2 \\ 1 & b & b^2 \\ 1 & c & c^2 \end{vmatrix}$ を因数分解せよ．

［解　答］ 2 行，3 行から 1 行を引くと，　⇒ **基本事項 3.11 (3)**

$$\begin{vmatrix} 1 & a & a^2 \\ 1 & b & b^2 \\ 1 & c & c^2 \end{vmatrix} = \begin{vmatrix} 1 & a & a^2 \\ 0 & b-a & b^2-a^2 \\ 0 & c-a & c^2-a^2 \end{vmatrix}$$

(行列式の展開 ⇒ **基本事項 3.15**)

$$= \begin{vmatrix} (b-a) & (b-a)(b+a) \\ (c-a) & (c-a)(c+a) \end{vmatrix}$$

(1 行，2 行の共通因子を行列式の外に出す ⇒ **基本事項 3.11 (2)**)

$$= (b-a)(c-a)\begin{vmatrix} 1 & b+a \\ 1 & c+a \end{vmatrix}$$

$$= (b-a)(c-a)\{(c+a)-(b+a)\}$$

$$= (a-b)(b-c)(c-a)$$

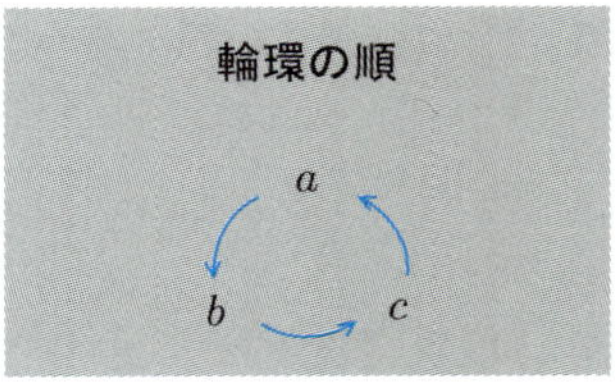

問　題

3.8　次の行列式を因数分解せよ．

(1) $\begin{vmatrix} 1 & a & a^3 \\ 1 & b & b^3 \\ 1 & c & c^3 \end{vmatrix}$　　(2) $\begin{vmatrix} 1 & a+b & ab \\ 1 & b+c & bc \\ 1 & c+a & ca \end{vmatrix}$

(3) $\begin{vmatrix} (b+c)^2 & ab & ca \\ ab & (c+a)^2 & bc \\ ca & bc & (a+b)^2 \end{vmatrix}$　　(4) $\begin{vmatrix} (b+c)^2 & c^2 & b^2 \\ c^2 & (c+a)^2 & a^2 \\ b^2 & a^2 & (a+b)^2 \end{vmatrix}$

例題 3.7 行列式の因数分解

行列式 $\begin{vmatrix} 1 & 1 & 1 & 1 \\ 1 & a & b & c \\ 1 & a^2 & b^2 & c^2 \\ 1 & a^3 & b^3 & c^3 \end{vmatrix}$ を因数分解せよ．

［解　答］ 2 行，3 行，4 行から 1 行を引くと， ⇒ 基本事項 3.11 (3)

$$\begin{vmatrix} 1 & 1 & 1 & 1 \\ 1 & a & b & c \\ 1 & a^2 & b^2 & c^2 \\ 1 & a^3 & b^3 & c^3 \end{vmatrix} = \begin{vmatrix} 1 & 1 & 1 & 1 \\ 0 & a-1 & b-1 & c-1 \\ 0 & a^2-1 & b^2-1 & c^2-1 \\ 0 & a^3-1 & b^3-1 & c^3-1 \end{vmatrix}$$

（行列式の展開 ⇒ 基本事項 3.15）

$$= \begin{vmatrix} a-1 & b-1 & c-1 \\ a^2-1 & b^2-1 & c^2-1 \\ a^3-1 & b^3-1 & c^3-1 \end{vmatrix}$$

（1 列, 2 列, 3 列の共通因子を行列式の外に出す ⇒ 基本事項 3.11 (2)）

$$= (a-1)(b-1)(c-1)\begin{vmatrix} 1 & 1 & 1 \\ a+1 & b+1 & c+1 \\ a^2+a+1 & b^2+b+1 & c^2+c+1 \end{vmatrix}$$

（3 行 − 2 行，2 行 − 1 行 ⇒ 基本事項 3.11 (3)）

$$= (a-1)(b-1)(c-1)\begin{vmatrix} 1 & 1 & 1 \\ a & b & c \\ a^2 & b^2 & c^2 \end{vmatrix}$$

$$= (a-1)(b-1)(c-1)(a-b)(b-c)(c-a)$$ （例題 3.6 より）

問　題

3.9 次の行列式を因数分解せよ．

(1) $\begin{vmatrix} a & b & b & b \\ a & a & b & b \\ a & a & a & b \\ a & a & a & a \end{vmatrix}$　　(2) $\begin{vmatrix} 1 & a & a^2 & a^3 \\ 1 & b & b^2 & b^3 \\ 1 & c & c^2 & c^3 \\ 1 & d & d^2 & d^3 \end{vmatrix}$

例題 3.8 行列式の因数分解

行列式 $\begin{vmatrix} a & b & b & b \\ b & a & b & b \\ b & b & a & b \\ b & b & b & a \end{vmatrix}$ を因数分解せよ.

[解　答] 2 行, 3 行, 4 行を 1 行に加えると, ⇒ 基本事項 3.11 (3)

$$\begin{vmatrix} a & b & b & b \\ b & a & b & b \\ b & b & a & b \\ b & b & b & a \end{vmatrix} = \begin{vmatrix} a+3b & a+3b & a+3b & a+3b \\ b & a & b & b \\ b & b & a & b \\ b & b & b & a \end{vmatrix}$$

$$= (a+3b)\begin{vmatrix} 1 & 1 & 1 & 1 \\ b & a & b & b \\ b & b & a & b \\ b & b & b & a \end{vmatrix}$$

(2 行, 3 行, 4 行から 1 行の b 倍を引く ⇒ 基本事項 3.11 (3))

$$= (a+3b)\begin{vmatrix} 1 & 1 & 1 & 1 \\ 0 & a-b & 0 & 0 \\ 0 & 0 & a-b & 0 \\ 0 & 0 & 0 & a-b \end{vmatrix}$$

(三角行列式の展開 ⇒ 基本事項 3.16)

$$= (a+3b)(a-b)^3$$

問　題

3.10 次の n 次行列式を因数分解せよ.

(1) $\begin{vmatrix} a & b & \cdots & \cdots & b \\ b & a & b & & \vdots \\ \vdots & \ddots & \ddots & \ddots & \vdots \\ \vdots & & \ddots & \ddots & b \\ b & \cdots & \cdots & b & a \end{vmatrix}$　　(2) $\begin{vmatrix} 1+a_1 & 1 & \cdots & 1 \\ 1 & 1+a_2 & \ddots & \vdots \\ \vdots & \ddots & \ddots & 1 \\ 1 & \cdots & 1 & 1+a_n \end{vmatrix}$

3.6　行列式の計算（応用編）

例題 3.9　　行列式の計算（応用編）

$$\begin{vmatrix} 0 & a & b & c \\ a & 0 & c & b \\ b & c & 0 & a \\ c & b & a & 0 \end{vmatrix}\begin{vmatrix} 1 & 1 & 1 & 1 \\ 1 & 1 & -1 & -1 \\ 1 & -1 & -1 & 1 \\ 1 & -1 & 1 & -1 \end{vmatrix}$$ を利用して，最初の行列式を因数分解せよ．

［解　答］

$$\begin{vmatrix} 0 & a & b & c \\ a & 0 & c & b \\ b & c & 0 & a \\ c & b & a & 0 \end{vmatrix}\begin{vmatrix} 1 & 1 & 1 & 1 \\ 1 & 1 & -1 & -1 \\ 1 & -1 & -1 & 1 \\ 1 & -1 & 1 & -1 \end{vmatrix} = \left|\begin{bmatrix} 0 & a & b & c \\ a & 0 & c & b \\ b & c & 0 & a \\ c & b & a & 0 \end{bmatrix}\begin{bmatrix} 1 & 1 & 1 & 1 \\ 1 & 1 & -1 & -1 \\ 1 & -1 & -1 & 1 \\ 1 & -1 & 1 & -1 \end{bmatrix}\right|$$

(行列の積の行列式 ⇒ 基本事項 **3.17**)

$$= \begin{vmatrix} a+b+c & a-b-c & -a-b+c & -a+b-c \\ a+c+b & a-c-b & a-c+b & a+c-b \\ b+c+a & b+c-a & b-c+a & b-c-a \\ c+b+a & c+b-a & c-b-a & c-b+a \end{vmatrix}$$

（各列から共通因子を出す ⇒ 基本事項 **3.11(2)**）

$$= (a+b+c)(a-b-c)(c-a-b)(b-a-c)\begin{vmatrix} 1 & 1 & 1 & 1 \\ 1 & 1 & -1 & -1 \\ 1 & -1 & -1 & 1 \\ 1 & -1 & 1 & -1 \end{vmatrix}$$

ここで，
$$\begin{vmatrix} 1 & 1 & 1 & 1 \\ 1 & 1 & -1 & -1 \\ 1 & -1 & -1 & 1 \\ 1 & -1 & 1 & -1 \end{vmatrix} = \begin{vmatrix} 1 & 1 & 1 & 1 \\ 0 & 0 & -2 & -2 \\ 0 & -2 & -2 & 0 \\ 0 & -2 & 0 & -2 \end{vmatrix} = \begin{vmatrix} 0 & -2 & -2 \\ -2 & -2 & 0 \\ -2 & 0 & -2 \end{vmatrix}$$

(2 行 -1 行，3 行 -1 行，4 行 -1 行)　　(2 行，3 行，4 行から -2 を出す)

$$= (-2)(-2)(-2)\begin{vmatrix} 0 & 1 & 1 \\ 1 & 1 & 0 \\ 1 & 0 & 1 \end{vmatrix} = 16 \neq 0$$

に注意して，最初と最後の式からこの行列式を消去すれば，

$$\begin{vmatrix} 0 & a & b & c \\ a & 0 & c & b \\ b & c & 0 & a \\ c & b & a & 0 \end{vmatrix} = (a+b+c)(a-b-c)(c-a-b)(b-a-c)$$

問　題

3.11 (1) $\begin{bmatrix} a & b & 0 \\ b & 0 & c \\ 0 & a & c \end{bmatrix} \begin{bmatrix} 1 & 1 & 0 \\ 1 & 0 & 1 \\ 0 & 1 & 1 \end{bmatrix} = \begin{bmatrix} a+b & a & b \\ b & b+c & c \\ a & c & a+c \end{bmatrix}$

を利用して，右辺の行列式を因数分解せよ．

(2) ω を $z^3 = 1$ の実数でない解とするとき，

$$\begin{vmatrix} a & b & c \\ c & a & b \\ b & c & a \end{vmatrix} \begin{vmatrix} 1 & 1 & 1 \\ 1 & \omega & \omega^2 \\ 1 & \omega^2 & \omega \end{vmatrix}$$

を計算することによって，最初の行列式を（複素係数の範囲で）因数分解せよ．

(3) $\begin{vmatrix} a & b & c & d \\ b & a & d & c \\ c & d & a & b \\ d & c & b & a \end{vmatrix} \begin{vmatrix} 1 & 1 & 1 & 1 \\ 1 & 1 & -1 & -1 \\ 1 & -1 & -1 & 1 \\ 1 & -1 & 1 & -1 \end{vmatrix}$

を計算することによって，最初の行列式を因数分解せよ．

例題 3.10　行列式の計算（応用編）

$A = \begin{bmatrix} 0 & a & b \\ b & c & 0 \\ a & 0 & c \end{bmatrix}$ に対して，次の問いに答えよ．

(1) ${}^tAA = \begin{bmatrix} a^2+b^2 & bc & ca \\ bc & c^2+a^2 & ab \\ ca & ab & b^2+c^2 \end{bmatrix}$ を示せ．

(2) (1) を利用して，$\begin{vmatrix} a^2+b^2 & bc & ca \\ bc & c^2+a^2 & ab \\ ca & ab & b^2+c^2 \end{vmatrix}$ を計算せよ．

［解　答］ (1) ${}^tAA = \begin{bmatrix} 0 & b & a \\ a & c & 0 \\ b & 0 & c \end{bmatrix} \begin{bmatrix} 0 & a & b \\ b & c & 0 \\ a & 0 & c \end{bmatrix}$

$= \begin{bmatrix} a^2+b^2 & bc & ca \\ bc & c^2+a^2 & ab \\ ca & ab & b^2+c^2 \end{bmatrix}$　⇒ 転置行列 (基本事項 **1.11**)

(2)　$|{}^tAA| = |{}^tA||A| = |A|^2 = (-2abc)^2 = 4a^2b^2c^2$ だから，

⇒ 転置行列の行列式 (基本事項 **3.10**)

$$\begin{vmatrix} a^2+b^2 & bc & ca \\ bc & c^2+a^2 & ab \\ ca & ab & b^2+c^2 \end{vmatrix} = |{}^tAA| = 4a^2b^2c^2$$

問　題

3.12 $A = \begin{bmatrix} a & b & c & d \\ -b & a & -d & c \\ -c & d & a & -b \\ -d & -c & b & a \end{bmatrix}$ に対して，次の問いに答えよ．

(1)　${}^tAA$ を計算せよ．

(2)　(1) を利用して，$\begin{vmatrix} a & b & c & d \\ -b & a & -d & c \\ -c & d & a & -b \\ -d & -c & b & a \end{vmatrix}$ を計算せよ．

3.7 分割行列の行列式

例題 3.11 分割行列の行列式

p 次の正方行列 A と q 次の正方行列 D に対して，

$$\begin{vmatrix} A & O \\ C & D \end{vmatrix} = |A||D|$$

であることを示せ．

［解　答］ $\begin{bmatrix} A & O \\ C & D \end{bmatrix} = \begin{bmatrix} \alpha_{ij} \end{bmatrix}$ とおくと，定義より，

⇒ 行列式の定義 (基本事項 3.7)

$$\begin{vmatrix} A & O \\ C & D \end{vmatrix} = \sum \varepsilon(\sigma)\alpha_{1\sigma(1)}\alpha_{2\sigma(2)}\cdots\alpha_{n\sigma(n)} = (*)$$

ここに，$n = p + q$ とする．$i \leqq p$ のとき，$\sigma(i) > p$ ならば，

$$\alpha_{i\sigma(i)} = 0$$

したがって，$i \leqq p$ のとき，

$$\sigma(i) \leqq p$$

となる場合について和をとればよい．このとき，

$$\sigma' = (\sigma(1), \cdots, \sigma(p))$$

は $1, \cdots, p$ の順列であり，

$$\sigma'' = (\sigma(p+1) - p, \cdots, \sigma(n) - p)$$

は $1, \cdots, q$ の順列である．さらに，

$$\varepsilon(\sigma) = \varepsilon(\sigma')\varepsilon(\sigma'')$$

だから，

$$\begin{aligned} (*) &= \sum \varepsilon(\sigma')\varepsilon(\sigma'')\alpha_{1\sigma(1)}\cdots\alpha_{p\sigma(p)}\alpha_{(p+1)\sigma(p+1)}\cdots\alpha_{n\sigma(n)} \\ &= \sum_{\sigma' \in I_p} \varepsilon(\sigma')\alpha_{1\sigma'(1)}\cdots\alpha_{p\sigma'(p)} \sum_{\sigma'' \in I_q} \varepsilon(\sigma'')\alpha_{(p+1)(\sigma''(1)+p)}\cdots\alpha_{n(\sigma''(q)+p)} \\ &= |A||D| \end{aligned}$$

参考：同様にして,

$$\begin{vmatrix} A & B \\ O & D \end{vmatrix} = |A||D|$$

を示すことができる．または，転置行列を考えると例題 3.11 から直接示すことができる．

問　題

3.13 n 次正方行列 A, B に対して，次を示せ.

(1) $\begin{vmatrix} A & B \\ B & A \end{vmatrix} = |A+B|\,|A-B|$

(2) $\begin{vmatrix} A & -B \\ B & A \end{vmatrix} = |A+iB|\,|A-iB|$

(3) (2) を利用して, $\begin{vmatrix} a & -b & -c & -d \\ b & a & -d & c \\ c & d & a & -b \\ d & -c & b & a \end{vmatrix}$ を計算せよ．ここに, a, b, c, d は実数とする.

3.14 正方行列 $A_1, A_2, \cdots, A_p$ に対して,

$$\begin{vmatrix} A_1 & & & O \\ & A_2 & & \\ & & \ddots & \\ O & & & A_p \end{vmatrix} = |A_1||A_2|\cdots|A_p|$$

を示せ.

3.8 関数行列式

例題 3.12 関数行列式の微分

微分可能な関数 f_{ij} に対して，次を示せ．

$$\begin{vmatrix} f_{11} & f_{12} & f_{13} \\ f_{21} & f_{22} & f_{23} \\ f_{31} & f_{32} & f_{33} \end{vmatrix}'$$
$$= \begin{vmatrix} f'_{11} & f'_{12} & f'_{13} \\ f_{21} & f_{22} & f_{23} \\ f_{31} & f_{32} & f_{33} \end{vmatrix} + \begin{vmatrix} f_{11} & f_{12} & f_{13} \\ f'_{21} & f'_{22} & f'_{23} \\ f_{31} & f_{32} & f_{33} \end{vmatrix} + \begin{vmatrix} f_{11} & f_{12} & f_{13} \\ f_{21} & f_{22} & f_{23} \\ f'_{31} & f'_{32} & f'_{33} \end{vmatrix}$$

[解　答]

$$\begin{vmatrix} f_{11} & f_{12} & f_{13} \\ f_{21} & f_{22} & f_{23} \\ f_{31} & f_{32} & f_{33} \end{vmatrix}'$$
$$= \sum \varepsilon(\sigma)(f_{1\sigma(1)}f_{2\sigma(2)}f_{3\sigma(3)})' \quad \text{（積に関する微分法を利用する）}$$
$$= \sum \varepsilon(\sigma)(f'_{1\sigma(1)}f_{2\sigma(2)}f_{3\sigma(3)} + f_{1\sigma(1)}f'_{2\sigma(2)}f_{3\sigma(3)} + f_{1\sigma(1)}f_{2\sigma(2)}f'_{3\sigma(3)})$$
$$= \sum \varepsilon(\sigma)f'_{1\sigma(1)}f_{2\sigma(2)}f_{3\sigma(3)} + \sum \varepsilon(\sigma)f_{1\sigma(1)}f'_{2\sigma(2)}f_{3\sigma(3)}$$
$$+ \sum \varepsilon(\sigma)f_{1\sigma(1)}f_{2\sigma(2)}f'_{3\sigma(3)}$$
$$= \begin{vmatrix} f'_{11} & f'_{12} & f'_{13} \\ f_{21} & f_{22} & f_{23} \\ f_{31} & f_{32} & f_{33} \end{vmatrix} + \begin{vmatrix} f_{11} & f_{12} & f_{13} \\ f'_{21} & f'_{22} & f'_{23} \\ f_{31} & f_{32} & f_{33} \end{vmatrix} + \begin{vmatrix} f_{11} & f_{12} & f_{13} \\ f_{21} & f_{22} & f_{23} \\ f'_{31} & f'_{32} & f'_{33} \end{vmatrix}$$

問　題

3.15 3 回微分可能な関数 f_i に対して，次を示せ．

$$\begin{vmatrix} f_1 & f_2 & f_3 \\ f'_1 & f'_2 & f'_3 \\ f''_1 & f''_2 & f''_3 \end{vmatrix}' = \begin{vmatrix} f_1 & f_2 & f_3 \\ f'_1 & f'_2 & f'_3 \\ f'''_1 & f'''_2 & f'''_3 \end{vmatrix}$$

例題 3.13　平均値定理

閉区間 $[a,b]$ で連続，開区間 (a,b) で微分可能な関数 f, g, h に対して，

$$F(x) = \begin{vmatrix} f(x) & g(x) & h(x) \\ f(a) & g(a) & h(a) \\ f(b) & g(b) & h(b) \end{vmatrix}$$

とおくと，$F'(c) = 0$, $a < c < b$, となる c が存在することを示せ．

［解　答］ $F(a) = \begin{vmatrix} f(a) & g(a) & h(a) \\ f(a) & g(a) & h(a) \\ f(b) & g(b) & h(b) \end{vmatrix} = 0$　　（1 行 = 2 行）

⇒ 基本事項 3.14

$$F(b) = \begin{vmatrix} f(b) & g(b) & h(b) \\ f(a) & g(a) & h(a) \\ f(b) & g(b) & h(b) \end{vmatrix} = 0 \qquad (1\text{ 行} = 3\text{ 行})$$

であるから，平均値の定理より，$F'(c) = 0$, $a < c < b$, となる c が存在する．

参考：例題 3.12 より

$$F'(x) = \begin{vmatrix} f'(x) & g'(x) & h'(x) \\ f(a) & g(a) & h(a) \\ f(b) & g(b) & h(b) \end{vmatrix}$$

だから，

$$\begin{vmatrix} f'(c) & g'(c) & h'(c) \\ f(a) & g(a) & h(a) \\ f(b) & g(b) & h(b) \end{vmatrix} = 0$$

問　題

3.16 例題 3.13 において，$h(x) = 1$ ととれば，次のコーシーの平均値の定理が成立することを示せ：

$$\frac{f(b) - f(a)}{g(b) - g(a)} = \frac{f'(c)}{g'(c)} \qquad (a < c < b)$$

となる c が存在する．（ただし，$g'(x) \neq 0$ と仮定する．）

3.9 クラメルの公式

例題 3.14 クラメルの公式

(1) 行列式 $\begin{vmatrix} 1 & 1 & 1 \\ a & b & c \\ a^2 & b^2 & c^2 \end{vmatrix}$ を計算せよ.

(2) 行列 $A = \begin{bmatrix} 1 & 1 & 1 \\ 1 & a & b \\ 1 & a^2 & b^2 \end{bmatrix}$ が正則であるための条件を求めよ.

(3) クラメルの公式を利用して，次の連立 1 次方程式を解け.

$$\begin{cases} x_1 + x_2 + x_3 = 1 \\ x_1 + ax_2 + bx_3 = c \\ x_1 + a^2x_2 + b^2x_3 = c^2 \end{cases}$$

［解　答］ (1) 2 列，3 列から 1 列を引くと

$$\begin{vmatrix} 1 & 1 & 1 \\ a & b & c \\ a^2 & b^2 & c^2 \end{vmatrix} = \begin{vmatrix} 1 & 0 & 0 \\ a & b-a & c-a \\ a^2 & b^2-a^2 & c^2-a^2 \end{vmatrix}$$

$$= \begin{vmatrix} b-a & c-a \\ b^2-a^2 & c^2-a^2 \end{vmatrix}$$

$$= \begin{vmatrix} b-a & c-a \\ (b-a)(b+a) & (c-a)(c+a) \end{vmatrix}$$

$$= (b-a)(c-a)\begin{vmatrix} 1 & 1 \\ b+a & c+a \end{vmatrix}$$

$$= (b-a)(c-a)\{(c+a)-(b+a)\}$$

$$= (b-a)(c-a)(c-b)$$

$$= (a-b)(b-c)(c-a)$$

(2) (1) を利用すると，$|A| = (1-a)(b-1)(a-b) \neq 0$

((1) の計算で $a \to 1$, $b \to a$, $c \to b$ とせよ.)

(3) クラメルの公式から，

⇒ 基本事項 **3.25**

$$x_1 = \frac{1}{|A|}\begin{vmatrix} 1 & 1 & 1 \\ c & a & b \\ c^2 & a^2 & b^2 \end{vmatrix} = \frac{(c-a)(a-b)(b-c)}{(a-1)(b-1)(b-a)} = \frac{(c-a)(c-b)}{(a-1)(b-1)}$$

$$x_2 = \frac{1}{|A|}\begin{vmatrix} 1 & 1 & 1 \\ 1 & c & b \\ 1 & c^2 & b^2 \end{vmatrix} = \frac{(c-1)(c-b)}{(a-1)(a-b)}$$

$$x_3 = \frac{1}{|A|}\begin{vmatrix} 1 & 1 & 1 \\ 1 & a & c \\ 1 & a^2 & c^2 \end{vmatrix} = \frac{(c-1)(c-a)}{(b-1)(b-a)}$$

問　題

3.17 クラメルの公式を利用して，次の連立 1 次方程式を解け．

$$\begin{cases} x_1 + x_2 + 2x_3 = 7 \\ x_1 + 2x_2 + x_3 = 8 \\ 2x_1 + x_2 + x_3 = 9 \end{cases}$$

3.18 x_1, x_2, x_3 は互いに相異なるとする．平面上の 3 点 (x_1, y_1), (x_2, y_2), (x_3, y_3) が一直線上にないならば，この 3 点を通る放物線

$$y = ax^2 + bx + c$$

が存在することを示せ．

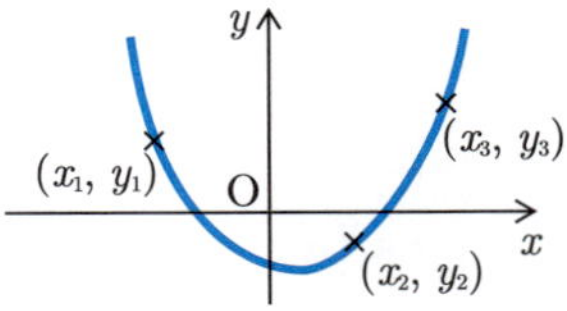

3.10 余因子行列

例題 3.15 余因子行列

n 次正方行列 A の余因子 A_{ij} からできる行列

$$\tilde{A} = \begin{bmatrix} A_{11} & A_{21} & \cdots & A_{n1} \\ A_{12} & A_{22} & \cdots & A_{n2} \\ & & \cdots & \\ A_{1n} & A_{2n} & \cdots & A_{nn} \end{bmatrix}$$

を**余因子行列**という.

(1) $A\tilde{A} = |A|E$ を示せ.

(2) $|\tilde{A}| = |A|^{n-1}$ を示せ.

［解 答］ (1) $A\tilde{A}$ の (i, j) 成分は

$$\sum_{k=1}^{n} a_{ik}A_{jk}$$

この値は

$$i = j \text{ のとき } |A|$$
$$i \neq j \text{ のとき } 0$$

であるから, ⇒ **基本事項 3.21 (1), (3)**

$$A\tilde{A} = \begin{bmatrix} |A| & 0 & \cdots & 0 \\ 0 & |A| & \ddots & \vdots \\ \vdots & \ddots & \ddots & 0 \\ 0 & \cdots & 0 & |A| \end{bmatrix} = |A|E$$

(2) 最初に,

$$\begin{vmatrix} |A| & 0 & \cdots & 0 \\ 0 & |A| & \ddots & \vdots \\ \vdots & \ddots & \ddots & 0 \\ 0 & \cdots & 0 & |A| \end{vmatrix} = |A| \begin{vmatrix} |A| & & O \\ & \ddots & \\ O & & |A| \end{vmatrix} = \cdots = |A|^n$$

に注意する.

(1) の両辺の行列式を考えれば, 基本事項 3.17 を利用して

$$|A||\tilde{A}| = \big||A|E\big| = |A|^n$$

$|A| \neq 0$ ならば，

$$|\tilde{A}| = |A|^{n-1}.$$

一般のとき，A の対角成分を $a_{ii}+t$ に置き換えた行列 $A(t)$ を考える．$|A(t)|$ は t の n 次式であるから，

$$|A(t)| = 0$$

となる t の値は高々 n 個である．　⇐ 代数学の基本定理

その値をとらないで 0 に収束する点列 $\{t_k\}$ に対して，上の結果から

$$|\widetilde{A(t_k)}| = |A(t_k)|^{n-1}$$

ここで，$k \to \infty$ とすれば，

$$|\tilde{A}| = |A|^{n-1}$$

問　題

3.19 次の等式を示せ．

$$\begin{vmatrix} a_{11} & a_{12} & \cdots & a_{1n} & x_1 \\ a_{21} & a_{22} & \cdots & a_{2n} & x_2 \\ & \cdots & \cdots & \cdots & \\ a_{n1} & a_{n2} & \cdots & a_{nn} & x_n \\ y_1 & y_2 & \cdots & y_n & 0 \end{vmatrix} = -\sum_{i,j=1}^{n} A_{ij} x_i y_j$$

例題 3.16 余因子による逆行列の計算

次の行列の余因子行列を計算して，逆行列 A^{-1} を求めよ．

(1) $\begin{bmatrix} 1 & 2 & 2 \\ 2 & 3 & 2 \\ 2 & 2 & 1 \end{bmatrix}$　　(2) $\begin{bmatrix} 0 & 0 & 0 & 1 \\ 0 & 0 & 1 & 0 \\ 0 & 1 & 0 & 0 \\ 1 & 0 & 0 & 0 \end{bmatrix}$

［解　答］ (1)　余因子を計算すれば，　⇒ 余因子（基本事項 **3.20**）

$$A_{11} = (-1)^{1+1}\begin{vmatrix} 3 & 2 \\ 2 & 1 \end{vmatrix} = 3 - 4 = -1,$$

$$A_{12} = (-1)^{1+2}\begin{vmatrix} 2 & 2 \\ 2 & 1 \end{vmatrix} = -(2 - 4) = 2,$$

$$A_{13} = (-1)^{1+3}\begin{vmatrix} 2 & 3 \\ 2 & 2 \end{vmatrix} = 4 - 6 = -2,$$

$$A_{21} = (-1)^{2+1}\begin{vmatrix} 2 & 2 \\ 2 & 1 \end{vmatrix} = -(2 - 4) = 2,$$

$$A_{22} = (-1)^{2+2}\begin{vmatrix} 1 & 2 \\ 2 & 1 \end{vmatrix} = 1 - 4 = -3,$$

$$A_{23} = (-1)^{2+3}\begin{vmatrix} 1 & 2 \\ 2 & 2 \end{vmatrix} = -(2 - 4) = 2,$$

$$A_{31} = (-1)^{3+1}\begin{vmatrix} 2 & 2 \\ 3 & 2 \end{vmatrix} = 4 - 6 = -2,$$

$$A_{32} = (-1)^{3+2}\begin{vmatrix} 1 & 2 \\ 2 & 2 \end{vmatrix} = -(2 - 4) = 2,$$

$$A_{33} = (-1)^{3+3}\begin{vmatrix} 1 & 2 \\ 2 & 3 \end{vmatrix} = 3 - 4 = -1$$

したがって，$\tilde{A} = \begin{bmatrix} A_{11} & A_{21} & A_{31} \\ A_{12} & A_{22} & A_{32} \\ A_{13} & A_{23} & A_{33} \end{bmatrix} = \begin{bmatrix} -1 & 2 & -2 \\ 2 & -3 & 2 \\ -2 & 2 & -1 \end{bmatrix}$

⇒ 余因子行列　（基本事項 **3.22**）

また，$|A| = 3 + 8 + 8 - (12 + 4 + 4) = -1$ だから，

$$A^{-1} = \frac{1}{|A|}\tilde{A} = -\begin{bmatrix} -1 & 2 & -2 \\ 2 & -3 & 2 \\ -2 & 2 & -1 \end{bmatrix} = \begin{bmatrix} 1 & -2 & 2 \\ -2 & 3 & -2 \\ 2 & -2 & 1 \end{bmatrix}$$

⇒ 逆行列　（基本事項 **3.24**）

(2)　$A_{11} = (-1)^{1+1}\begin{vmatrix} 0 & 1 & 0 \\ 1 & 0 & 0 \\ 0 & 0 & 0 \end{vmatrix} = 0,\ A_{12} = 0,\ A_{13} = 0,\ A_{21} = 0,\ A_{22} = 0,$
$A_{24} = 0,\ A_{31} = 0,\ A_{33} = 0,\ A_{34} = 0,\ A_{42} = 0,\ A_{43} = 0,\ A_{44} = 0$
(A の要素 0 の余因子は，行と列からそれぞれ 1 を 1 つずつ消去するのでどこかの行または列がすべて 0 からなる．)

$$A_{14} = A_{23} = A_{32} = A_{41} = (-1)^5\begin{vmatrix} 0 & 0 & 1 \\ 0 & 1 & 0 \\ 1 & 0 & 0 \end{vmatrix} = 1$$

したがって，$\tilde{A} = \begin{bmatrix} A_{11} & A_{21} & A_{31} & A_{41} \\ A_{12} & A_{22} & A_{32} & A_{42} \\ A_{13} & A_{23} & A_{33} & A_{43} \\ A_{14} & A_{24} & A_{34} & A_{44} \end{bmatrix} = \begin{bmatrix} 0 & 0 & 0 & 1 \\ 0 & 0 & 1 & 0 \\ 0 & 1 & 0 & 0 \\ 1 & 0 & 0 & 0 \end{bmatrix}$

また，$|A| = (-1)^{1+4}\begin{vmatrix} 0 & 0 & 1 \\ 0 & 1 & 0 \\ 1 & 0 & 0 \end{vmatrix} = 1$ だから，

$$A^{-1} = \frac{1}{|A|}\tilde{A} = \begin{bmatrix} 0 & 0 & 0 & 1 \\ 0 & 0 & 1 & 0 \\ 0 & 1 & 0 & 0 \\ 1 & 0 & 0 & 0 \end{bmatrix} = A$$

⇒ 逆行列　（基本事項 **3.24**）

問　題

3.20　次の行列の余因子行列を計算することによって，逆行列 A^{-1} を求めよ．

(1)　$\begin{bmatrix} 1 & 2 \\ 3 & 4 \end{bmatrix}$　　(2)　$\begin{bmatrix} 1 & 1 & -1 \\ 1 & -1 & 1 \\ -1 & 1 & 1 \end{bmatrix}$

(3)　$\begin{bmatrix} 1 & -1 & 2 \\ -1 & 2 & 1 \\ 2 & 1 & -1 \end{bmatrix}$　　(4)　$\begin{bmatrix} 1 & 1 & 0 & 0 \\ 1 & 0 & 1 & 0 \\ 1 & 0 & 0 & 1 \\ 0 & 0 & 1 & 1 \end{bmatrix}$

3.11 小行列式

例題 3.17 小行列式とランク

次の行列の小行列式を計算して，ランクを求めよ．

(1) $A = \begin{bmatrix} 1 & 2 & 1 \\ 2 & 1 & 1 \\ 3 & 3 & 2 \end{bmatrix}$ (2) $B = \begin{bmatrix} 1 & 2 & 3 & 4 \\ 2 & 3 & 4 & 5 \\ 3 & 4 & 5 & 6 \end{bmatrix}$

[解 答] (1) 3 次の小行列式 ⇒ 小行列式（基本事項 **3.18**）

$$\begin{vmatrix} 1 & 2 & 1 \\ 2 & 1 & 1 \\ 3 & 3 & 2 \end{vmatrix} = \begin{vmatrix} 1 & 2 & 1 \\ 0 & -3 & -1 \\ 0 & -3 & -1 \end{vmatrix} = 0 \quad (2\text{ 行} - 1\text{ 行} \times 2, 3\text{ 行} - 1\text{ 行} \times 3)$$

2 次の行列式 $\begin{vmatrix} 1 & 2 \\ 2 & 1 \end{vmatrix} = -3 \neq 0$ だから，

$$\text{rank} \begin{bmatrix} 1 & 2 & 1 \\ 2 & 1 & 1 \\ 3 & 3 & 2 \end{bmatrix} = 2$$

⇒ ランクと小行列式（基本事項 **3.19**）

(2) 3 次の小行列式 ⇒ 小行列式（基本事項 **3.18**）

$$\begin{vmatrix} 1 & 2 & 3 \\ 2 & 3 & 4 \\ 3 & 4 & 5 \end{vmatrix} = \begin{vmatrix} 1 & 2 & 3 \\ 0 & -1 & -2 \\ 0 & -2 & -4 \end{vmatrix}$$

$$= (-1)(-2) \begin{vmatrix} 1 & 2 & 3 \\ 0 & 1 & 2 \\ 0 & 1 & 2 \end{vmatrix} = 0$$

$$\begin{vmatrix} 1 & 2 & 4 \\ 2 & 3 & 5 \\ 3 & 4 & 6 \end{vmatrix} = \begin{vmatrix} 1 & 2 & 4 \\ 0 & -1 & -3 \\ 0 & -2 & -6 \end{vmatrix}$$

$$= (-1)(-2) \begin{vmatrix} 1 & 2 & 4 \\ 0 & 1 & 3 \\ 0 & 1 & 3 \end{vmatrix} = 0$$

$$\begin{vmatrix} 1 & 3 & 4 \\ 2 & 4 & 5 \\ 3 & 5 & 6 \end{vmatrix} = \begin{vmatrix} 1 & 3 & 4 \\ 0 & -2 & -3 \\ 0 & -4 & -6 \end{vmatrix}$$

$$= (-1)(-2)\begin{vmatrix} 1 & 3 & 4 \\ 0 & 2 & 3 \\ 0 & 2 & 3 \end{vmatrix} = 0$$

$$\begin{vmatrix} 2 & 3 & 4 \\ 3 & 4 & 5 \\ 4 & 5 & 6 \end{vmatrix} = \begin{vmatrix} 2 & 3 & 4 \\ 0 & -1/2 & -1 \\ 0 & -1 & -2 \end{vmatrix}$$

$$= \left(-\frac{1}{2}\right)(-1)\begin{vmatrix} 2 & 3 & 4 \\ 0 & 1 & 2 \\ 0 & 1 & 2 \end{vmatrix} = 0$$

はすべて零である．よって，$\mathrm{rank}\ B \leqq 2$ である．

一方，2 次の行列式 $\begin{vmatrix} 1 & 2 \\ 2 & 3 \end{vmatrix} = -1 \neq 0$ だから，$\mathrm{rank}\ B = 2$ である．

⇒ ランク（基本事項 **3.19**）

問　題

3.21 次の行列の小行列式を計算して，ランクを求めよ．

(1) $\begin{bmatrix} 1 & 1 & 2 \\ 1 & 1 & 3 \\ 2 & 2 & 1 \end{bmatrix}$

(2) $\begin{bmatrix} 1 & 2 & 3 & 4 & 5 & 6 \\ 2 & 3 & 4 & 5 & 6 & 7 \\ 3 & 4 & 5 & 6 & 7 & 8 \\ 4 & 5 & 6 & 7 & 8 & 9 \end{bmatrix}$

例題 3.18 ランクと一次従属

行列 $A = \begin{bmatrix} a_{11} & a_{12} & a_{13} & a_{14} \\ a_{21} & a_{22} & a_{23} & a_{24} \\ a_{31} & a_{32} & a_{33} & a_{34} \\ a_{41} & a_{42} & a_{43} & a_{44} \end{bmatrix}$ において,

$$|A| = 0, \qquad \Delta = \begin{vmatrix} a_{11} & a_{12} & a_{13} \\ a_{21} & a_{22} & a_{23} \\ a_{31} & a_{32} & a_{33} \end{vmatrix} \neq 0$$

とすると，A の列ベクトル $\boldsymbol{a}_1, \boldsymbol{a}_2, \boldsymbol{a}_3, \boldsymbol{a}_4$ に対して,

$$\boldsymbol{a}_4 = \alpha_1 \boldsymbol{a}_1 + \alpha_2 \boldsymbol{a}_2 + \alpha_3 \boldsymbol{a}_3$$

となる定数 $\alpha_1, \alpha_2, \alpha_3$ が存在することを示せ.

［解　答］ 連立 1 次方程式

$$\begin{bmatrix} a_{11} & a_{12} & a_{13} \\ a_{21} & a_{22} & a_{23} \\ a_{31} & a_{32} & a_{33} \end{bmatrix} \begin{bmatrix} x_1 \\ x_2 \\ x_3 \end{bmatrix} = \begin{bmatrix} a_{14} \\ a_{24} \\ a_{34} \end{bmatrix} \qquad (*)$$

は，$\Delta \neq 0$ だから解 $\begin{bmatrix} x_1 \\ x_2 \\ x_3 \end{bmatrix} = \begin{bmatrix} \alpha_1 \\ \alpha_2 \\ \alpha_3 \end{bmatrix}$ をもつ. ⇒ 基本事項 3.24

このとき,

$$\boldsymbol{a}_4 = \alpha_1 \boldsymbol{a}_1 + \alpha_2 \boldsymbol{a}_2 + \alpha_3 \boldsymbol{a}_3 \qquad (**)$$

となることを示そう．行列式 $|A|$ において，4 列から 1 列の α_1 倍, 2 列の α_2 倍, 3 列の α_3 倍 をそれぞれ引くと,

$$\begin{vmatrix} a_{11} & a_{12} & a_{13} & a_{14} \\ a_{21} & a_{22} & a_{23} & a_{24} \\ a_{31} & a_{32} & a_{33} & a_{34} \\ a_{41} & a_{42} & a_{43} & a_{44} \end{vmatrix} = \begin{vmatrix} a_{11} & a_{12} & a_{13} & a_{14} - \alpha_1 a_{11} - \alpha_2 a_{12} - \alpha_3 a_{13} \\ a_{21} & a_{22} & a_{23} & a_{24} - \alpha_1 a_{21} - \alpha_2 a_{22} - \alpha_3 a_{23} \\ a_{31} & a_{32} & a_{33} & a_{34} - \alpha_1 a_{31} - \alpha_2 a_{32} - \alpha_3 a_{33} \\ a_{41} & a_{42} & a_{43} & a_{44} - \alpha_1 a_{41} - \alpha_2 a_{42} - \alpha_3 a_{43} \end{vmatrix}$$

$$= \begin{vmatrix} a_{11} & a_{12} & a_{13} & 0 \\ a_{21} & a_{22} & a_{23} & 0 \\ a_{31} & a_{32} & a_{33} & 0 \\ a_{41} & a_{42} & a_{43} & a_{44} - \alpha_1 a_{41} - \alpha_2 a_{42} - \alpha_3 a_{43} \end{vmatrix}$$

$$= \Delta(a_{44} - \alpha_1 a_{41} - \alpha_2 a_{42} - \alpha_3 a_{43})$$

$|A|=0$ かつ $\Delta \neq 0$ だから，

$$a_{44} - \alpha_1 a_{41} - \alpha_2 a_{42} - \alpha_3 a_{43} = 0$$

したがって，$(*)$ とこの式から

$$\begin{bmatrix} a_{11} & a_{12} & a_{13} \\ a_{21} & a_{22} & a_{23} \\ a_{31} & a_{32} & a_{33} \\ a_{41} & a_{42} & a_{43} \end{bmatrix} \begin{bmatrix} \alpha_1 \\ \alpha_2 \\ \alpha_3 \end{bmatrix} = \begin{bmatrix} a_{14} \\ a_{24} \\ a_{34} \\ a_{44} \end{bmatrix}$$

すなわち，

$$\begin{bmatrix} \boldsymbol{a}_1 & \boldsymbol{a}_2 & \boldsymbol{a}_3 \end{bmatrix} \begin{bmatrix} \alpha_1 \\ \alpha_2 \\ \alpha_3 \end{bmatrix} = \boldsymbol{a}_4$$

となって $(**)$ が示される．

参考：$\Delta \neq 0$ だから，$\boldsymbol{a}_1, \boldsymbol{a}_2, \boldsymbol{a}_3$ は一次独立である．また，$|A|=0$ より，$\boldsymbol{a}_1, \boldsymbol{a}_2, \boldsymbol{a}_3, \boldsymbol{a}_4$, は一次従属であることがわかる．

問　題

3.22 次のベクトルで作られる行列のランクを求めて，一次独立なベクトルの最大個数を調べよ．

$$\boldsymbol{a}_1 = \begin{bmatrix} a \\ 1 \\ 1 \end{bmatrix}, \quad \boldsymbol{a}_2 = \begin{bmatrix} 1 \\ a \\ 1 \end{bmatrix}, \quad \boldsymbol{a}_3 = \begin{bmatrix} 1 \\ 1 \\ a \end{bmatrix}, \quad \boldsymbol{a}_4 = \begin{bmatrix} 1 \\ 1 \\ 1 \end{bmatrix}$$

第4章

$\boldsymbol{n}$ 次元ベクトル空間

4.1　基本事項

1. n 個の実数の組 $\boldsymbol{x} = \begin{bmatrix} x_1 & x_2 & \cdots & x_n \end{bmatrix}$ を n 次行（実）ベクトルという．

2. ベクトルの演算　n 次行ベクトル $\boldsymbol{x} = \begin{bmatrix} x_1 & x_2 & \cdots & x_n \end{bmatrix}$ と $\boldsymbol{y} = \begin{bmatrix} y_1 & y_2 & \cdots & y_n \end{bmatrix}$ の和は

$$\boldsymbol{x} + \boldsymbol{y} = \begin{bmatrix} x_1 + y_1 & x_2 + y_2 & \cdots & x_n + y_n \end{bmatrix}$$

実数 α と $\boldsymbol{x} = \begin{bmatrix} x_1 & x_2 & \cdots & x_n \end{bmatrix}$ の積は

$$\alpha\boldsymbol{x} = \begin{bmatrix} \alpha x_1 & \alpha x_2 & \cdots & \alpha x_n \end{bmatrix}$$

で定義される．

3. 基本公式　ベクトル $\boldsymbol{x}, \boldsymbol{y}, \boldsymbol{z}$ と実数 α, β, γ に対して，

(1)　$\boldsymbol{x} + \boldsymbol{y} = \boldsymbol{y} + \boldsymbol{x}$　（交換法則）
(2)　$(\boldsymbol{x} + \boldsymbol{y}) + \boldsymbol{z} = \boldsymbol{x} + (\boldsymbol{y} + \boldsymbol{z})$　（結合法則）
(3)　$\boldsymbol{x} + \boldsymbol{0} = \boldsymbol{x}$　となる要素 $\boldsymbol{0}$ が存在する　（零元の存在）
(4)　任意の $\boldsymbol{x}$ に対して，$\boldsymbol{x} + \boldsymbol{y} = \boldsymbol{0}$
　　となるベクトル $\boldsymbol{y}$ が存在する　（逆元の存在）
(5)　$(\alpha + \beta)\boldsymbol{x} = \alpha\boldsymbol{x} + \beta\boldsymbol{x}$　（分配法則）
(6)　$\alpha(\boldsymbol{x} + \boldsymbol{y}) = \alpha\boldsymbol{x} + \alpha\boldsymbol{y}$　（分配法則）
(7)　$(\alpha\beta)\boldsymbol{x} = \alpha(\beta\boldsymbol{x})$　（結合法則）
(8)　$1\boldsymbol{x} = \boldsymbol{x}$　（単位元の存在）

(4) の要素 $\boldsymbol{y}$ を $\boldsymbol{x}$ の逆元といい，$\boldsymbol{y} = -\boldsymbol{x}$ と表す．さらに，

$$\boldsymbol{x} + (-\boldsymbol{y}) = \boldsymbol{x} - \boldsymbol{y}$$

と書く．

4. 線形部分空間 $\boldsymbol{K}$ 上の線形空間 V の部分集合 W が空集合でなく，2つの条件

(i) $\boldsymbol{x} \in W, \boldsymbol{y} \in W$ ならば，$\boldsymbol{x}+\boldsymbol{y} \in W$

(ii) $\alpha \in \boldsymbol{K}, \boldsymbol{x} \in W$ ならば，$\alpha\boldsymbol{x} \in W$

を満足するならば，V の**線形部分空間**という．

5. ベクトル $\boldsymbol{x}$，$\boldsymbol{y}$ の**内積**は

$$\boldsymbol{x}\cdot\boldsymbol{y} = (\boldsymbol{x},\boldsymbol{y}) = x_1y_1 + x_2y_2 + \cdots + x_ny_n$$

6. 内積の基本公式 ベクトル $\boldsymbol{x}, \boldsymbol{y}, \boldsymbol{z}$ と実数 α, β, γ に対して，

(1) $\boldsymbol{x}\cdot\boldsymbol{x} \geqq 0$; $\boldsymbol{x}\cdot\boldsymbol{x} = 0 \Longleftrightarrow \boldsymbol{x} = \boldsymbol{0}$

(2) $\boldsymbol{x}\cdot\boldsymbol{y} = \boldsymbol{y}\cdot\boldsymbol{x}$

(3) $(\boldsymbol{x}+\boldsymbol{y})\cdot\boldsymbol{z} = \boldsymbol{x}\cdot\boldsymbol{z} + \boldsymbol{y}\cdot\boldsymbol{z}$

(4) $(\alpha\boldsymbol{x})\cdot\boldsymbol{y} = \boldsymbol{x}\cdot(\alpha\boldsymbol{y}) = \alpha\boldsymbol{x}\cdot\boldsymbol{y}$

7. ベクトル $\boldsymbol{x}$ の**長さ**（**絶対値**）は

$$\|\boldsymbol{x}\| = \sqrt{\boldsymbol{x}\cdot\boldsymbol{x}} = \sqrt{{x_1}^2 + {x_2}^2 + \cdots + {x_n}^2}$$

8. シュワルツの不等式

$$|\boldsymbol{x}\cdot\boldsymbol{y}| \leqq \|\boldsymbol{x}\|\ \|\boldsymbol{y}\|$$

9. 三角不等式

$$\|\boldsymbol{x}+\boldsymbol{y}\| \leqq \|\boldsymbol{x}\| + \|\boldsymbol{y}\|$$

10. ベクトルのなす角

$$\cos\theta = \frac{\boldsymbol{x}\cdot\boldsymbol{y}}{\|\boldsymbol{x}\|\|\boldsymbol{y}\|}, \quad 0^\circ \leqq \theta \leqq 180^\circ$$

11. 空間の 2 つのベクトル $\boldsymbol{a}, \boldsymbol{b}$ の**外積**は,

$$\boldsymbol{c} = \boldsymbol{a} \times \boldsymbol{b} = \begin{vmatrix} \boldsymbol{e}_1 & \boldsymbol{e}_2 & \boldsymbol{e}_3 \\ a_1 & a_2 & a_3 \\ b_1 & b_2 & b_3 \end{vmatrix}$$

$$= \begin{vmatrix} a_2 & a_3 \\ b_2 & b_3 \end{vmatrix} \boldsymbol{e}_1 - \begin{vmatrix} a_1 & a_3 \\ b_1 & b_3 \end{vmatrix} \boldsymbol{e}_2 + \begin{vmatrix} a_1 & a_2 \\ b_1 & b_2 \end{vmatrix} \boldsymbol{e}_3$$

ここに, $\boldsymbol{e}_1 = \begin{bmatrix} 1 \\ 0 \\ 0 \end{bmatrix}, \boldsymbol{e}_2 = \begin{bmatrix} 0 \\ 1 \\ 0 \end{bmatrix}, \boldsymbol{e}_3 = \begin{bmatrix} 0 \\ 0 \\ 1 \end{bmatrix}$

12. **外積の基本公式**　ベクトル $\boldsymbol{x}, \boldsymbol{y}, \boldsymbol{z}$ と実数 α, β, γ に対して,

(1) $\boldsymbol{x} \times \boldsymbol{x} = \boldsymbol{0}$

(2) $\boldsymbol{x} \times \boldsymbol{y} = -\boldsymbol{y} \times \boldsymbol{x}$

(3) $(\boldsymbol{x} + \boldsymbol{y}) \times \boldsymbol{z} = \boldsymbol{x} \times \boldsymbol{z} + \boldsymbol{y} \times \boldsymbol{z}$

(4) $(\alpha \boldsymbol{x}) \times \boldsymbol{y} = \boldsymbol{x} \times (\alpha \boldsymbol{y}) = \alpha \boldsymbol{x} \times \boldsymbol{y}$

13. 空間において, 点 $\begin{bmatrix} x_0 & y_0 & z_0 \end{bmatrix}$ を通り, ベクトル $\begin{bmatrix} a & b & c \end{bmatrix}$ に平行な**直線の方程式**は

$$\frac{x - x_0}{a} = \frac{y - y_0}{b} = \frac{z - z_0}{c}$$

この等式を k とおくと, **直線の媒介変数表示**

$$x = x_0 + ka, y = y_0 + kb, z = z_0 + kc$$

を得る.

14. 空間において, 点 $\begin{bmatrix} x_0 & y_0 & z_0 \end{bmatrix}$ を通り, ベクトル $\begin{bmatrix} a & b & c \end{bmatrix}$ に直交する**平面の方程式**は

$$a(x - x_0) + b(y - y_0) + c(z - z_0) = 0$$

ベクトル $\begin{bmatrix} a & b & c \end{bmatrix}$ を平面の**法線ベクトル**という.

15. m 個のベクトル $\boldsymbol{a}_1, \boldsymbol{a}_2, \cdots, \boldsymbol{a}_n$ が （$\boldsymbol{R}$ 上）**一次独立**とは, $x_j \in \boldsymbol{R}$ （$j = 1,$

$2, \cdots, n$）で

$$x_1\boldsymbol{a}_1 + x_2\boldsymbol{a}_2 + \cdots + x_n\boldsymbol{a}_n = \boldsymbol{0}$$

ならば，必ず，$x_1 = x_2 = \cdots = x_n = 0$ となるときをいう．
一次独立でないとき，**一次従属**という．

16. $\boldsymbol{R}^n$ のベクトル $\boldsymbol{e}_1$，$\boldsymbol{e}_2, \cdots, \boldsymbol{e}_m$ が**正規直交系**とは，

$$\boldsymbol{e}_i \cdot \boldsymbol{e}_j = \delta_{ij} \qquad (1 \leqq i, j \leqq m)$$

が成立するときをいう．ここに，δ_{ij} は**クロネッカーの記号**で

$$\delta_{ij} = \begin{cases} 1 & (i = j) \\ 0 & (i \neq j) \end{cases}$$

17. n 次実正方行列 P が直交行列であるとは，

$${}^tPP = P\,{}^tP = E$$

となるときをいう．n 次実正方行列 P が直交行列であるための必要十分条件は，P の列ベクトルが正規直交系となることである．

4.2 ベクトルの長さと内積

例題 4.1 ベクトルの長さと内積

ベクトル $\boldsymbol{a} = \begin{bmatrix} 1 & -1 \end{bmatrix}$, $\boldsymbol{b} = \begin{bmatrix} 3 & 4 \end{bmatrix}$ について，次の問いに答えよ．

(1) $\|\boldsymbol{a}\|, \|\boldsymbol{b}\|, \boldsymbol{a} \cdot \boldsymbol{b}$ を求めよ．

(2) $\boldsymbol{a}, \boldsymbol{b}$ のなす角を θ とするとき，$\cos\theta$ を求めよ．

(3) $\boldsymbol{x} = \begin{bmatrix} 2 & 3 \end{bmatrix}$ を $\boldsymbol{a}$ と $\boldsymbol{b}$ の一次結合で表せ．

［解　答］ (1) $\|\boldsymbol{a}\| = \sqrt{1^2 + (-1)^2} = \sqrt{2}$ ⇒ ベクトルの長さ（基本事項 4.7）

$\|\boldsymbol{b}\| = \sqrt{3^2 + 4^2} = \sqrt{25} = 5$

$\boldsymbol{a} \cdot \boldsymbol{b} = 1 \cdot 3 + (-1) \cdot 4 = -1$ ⇒ 内積（基本事項 4.5）

(2) $\cos\theta = \dfrac{\boldsymbol{a} \cdot \boldsymbol{b}}{\|\boldsymbol{a}\|\|\boldsymbol{b}\|} = \dfrac{-1}{5\sqrt{2}}$ ⇒ 角（基本事項 4.10）

(3) $\boldsymbol{x} = \alpha\boldsymbol{a} + \beta\boldsymbol{b}$ とすると，

$2 = \alpha + 3\beta,$

$3 = -\alpha + 4\beta$

これより，$\alpha = -\dfrac{1}{7}, \beta = \dfrac{5}{7}$ ．

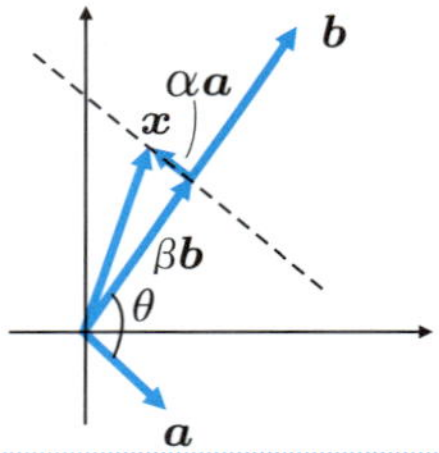

問　題

4.1 ベクトル $\boldsymbol{a} = \begin{bmatrix} 1 & -1 & 1 \end{bmatrix}$, $\boldsymbol{b} = \begin{bmatrix} 1 & 2 & 2 \end{bmatrix}$ について，次の問いに答えよ．

(1) $\|\boldsymbol{a}\|, \|\boldsymbol{b}\|, \boldsymbol{a} \cdot \boldsymbol{b}$ を求めよ．

(2) $\boldsymbol{a}, \boldsymbol{b}$ のなす角を θ とするとき，$\cos\theta$ を求めよ．

(3) $\boldsymbol{x} = \begin{bmatrix} 2 & 1 & t \end{bmatrix}$ が $\boldsymbol{a}$ と $\boldsymbol{b}$ の一次結合で表せるように t を定めよ．

4.2 ベクトル $\boldsymbol{a} = \begin{bmatrix} 1 & 1 & -1 & -1 \end{bmatrix}$, $\boldsymbol{b} = \begin{bmatrix} 2 & 2 & 0 & 1 \end{bmatrix}$ について，次の問いに答えよ．

(1) $\|\boldsymbol{a}\|, \|\boldsymbol{b}\|, \boldsymbol{a} \cdot \boldsymbol{b}$ を求めよ．

(2) $\boldsymbol{a}, \boldsymbol{b}$ のなす角を求めよ．

(3) $\boldsymbol{x} = \begin{bmatrix} 2 & 2 & t & 2t \end{bmatrix}$ が $\boldsymbol{a}$ と $\boldsymbol{b}$ の一次結合で表せるように t を定めよ．

4.3 n 次ベクトル $\boldsymbol{a}$, $\boldsymbol{b}$ について，次の等式を示せ．

(1) $\boldsymbol{a}$, $\boldsymbol{b}$ のなす角を θ とするとき，

$$\|\boldsymbol{a} - \boldsymbol{b}\|^2 = \|\boldsymbol{a}\|^2 + \|\boldsymbol{b}\|^2 - 2\|\boldsymbol{a}\|\|\boldsymbol{b}\|\cos\theta$$

(2) $\|\boldsymbol{a} + \boldsymbol{b}\|^2 + \|\boldsymbol{a} - \boldsymbol{b}\|^2 = 2(\|\boldsymbol{a}\|^2 + \|\boldsymbol{b}\|^2)$

(3) $\|\boldsymbol{a} + \boldsymbol{b}\|^2 - \|\boldsymbol{a} - \boldsymbol{b}\|^2 = 4\boldsymbol{a} \cdot \boldsymbol{b}$

4.3 平面の方程式

例題 4.2 平面の方程式

空間ベクトル $\boldsymbol{a}=\begin{bmatrix}1 & -1 & 1\end{bmatrix}$, $\boldsymbol{b}=\begin{bmatrix}2 & -3 & 4\end{bmatrix}$, $\boldsymbol{c}=\begin{bmatrix}0 & 0 & 4\end{bmatrix}$ について，次の問いに答えよ．

(1) ベクトル $\boldsymbol{c}$ の終点を通り，ベクトル $\boldsymbol{a}$, $\boldsymbol{b}$ に平行な平面上の点の位置ベクトル $\boldsymbol{x}$ は，

$$\boldsymbol{x}=s\boldsymbol{a}+t\boldsymbol{b}+\boldsymbol{c}$$

と表されることを示せ．

(2) (1) の式から s, t を消去して，平面の方程式を求めよ．

(3) 原点から平面におろした垂線の長さを求めよ．

［解　答］ (1) 平面上の点 P から，ベクトル $\boldsymbol{b}$ に平行線を引き，C を通りベクトル $\boldsymbol{a}$ に平行な直線との交点を Q とする．このとき，

$$\overrightarrow{\mathrm{CP}}=\overrightarrow{\mathrm{CQ}}+\overrightarrow{\mathrm{QP}}$$

また，$\overrightarrow{\mathrm{CQ}}=s\boldsymbol{a}$, $\overrightarrow{\mathrm{QP}}=t\boldsymbol{b}$, $\overrightarrow{\mathrm{CP}}=\boldsymbol{x}-\boldsymbol{c}$ と表されるので，

$$\boldsymbol{x}=\overrightarrow{\mathrm{OP}}=s\boldsymbol{a}+t\boldsymbol{b}+\boldsymbol{c}$$ ⇐ 平面の媒介変数表示

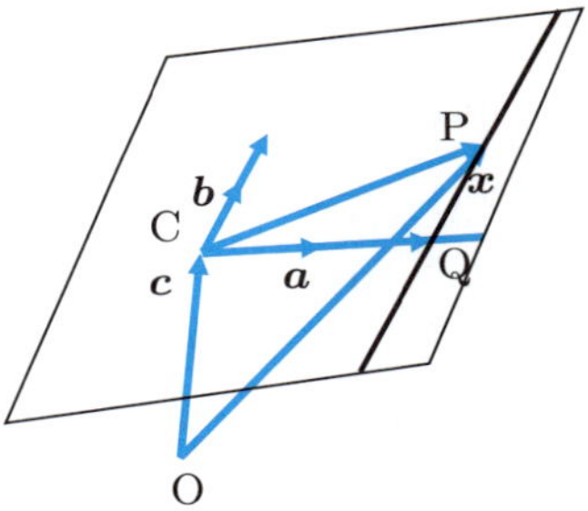

(2) $\boldsymbol{x}=\begin{bmatrix}x & y & z\end{bmatrix}$ とすると，

$$x=s+2t, \quad y=-s-3t, \quad z=s+4t+4$$

最初の 2 つの式から，$s=3x+2y$, $t=-x-y$．これらを 3 式に代入すれば，

$$z=3x+2y-4(x+y)+4=-x-2y+4$$ ⇐ 平面の方程式

(3)
$$\begin{aligned}\mathrm{OP}^2 &= (s+2t)^2+(-s-3t)^2+(s+4t+4)^2\\ &= 3s^2+18st+29t^2+8s+32t+16\\ &= 3\left(s+\frac{9t+4}{3}\right)^2+2(t+2)^2+\frac{8}{3}\end{aligned}$$

したがって，求める垂線の長さは，この最小値から，$\dfrac{2\sqrt{6}}{3}$．

問　題

4.4 点 $\begin{bmatrix}1 & 1 & 1\end{bmatrix}$ を通り，ベクトル $\boldsymbol{p}=\begin{bmatrix}1 & 2 & 1\end{bmatrix}$ に垂直である平面の方程式を求めよ．

例題 4.3　　平面のベクトル表示

点 Q $\begin{bmatrix} p & q & r \end{bmatrix}$ から平面 $ax+by+cz+d=0$ におろした垂線の長さは

$$\frac{|ap+bq+cr+d|}{\sqrt{a^2+b^2+c^2}}$$

で与えられることを示せ．

［解　答］ $\boldsymbol{a}=\begin{bmatrix} a & b & c \end{bmatrix}$, $\boldsymbol{x}=\begin{bmatrix} x & y & z \end{bmatrix}$ とすると，平面の方程式 $ax+by+cz+d=0$ は

$$\boldsymbol{a}\cdot\boldsymbol{x}=-d \qquad (*)$$

と書ける．点 Q $\begin{bmatrix} p & q & r \end{bmatrix}$ から平面におろした垂線の足を H として，$\overrightarrow{\mathrm{OH}}=\boldsymbol{x}_0=\begin{bmatrix} x_0 & y_0 & z_0 \end{bmatrix}$ とする．点 H は平面 $(*)$ 上にあるから，

$$\boldsymbol{a}\cdot\boldsymbol{x}_0=-d \qquad (**)$$

$(*)$, $(**)$ から，

$$\boldsymbol{a}\cdot(\boldsymbol{x}-\boldsymbol{x}_0)=\boldsymbol{a}\cdot\boldsymbol{x}-\boldsymbol{a}\cdot\boldsymbol{x}_0=-d-(-d)=0$$

これより，$\boldsymbol{a}$ は平面に垂直なベクトル（法線）であることがわかる．線分 QH は平面に垂直であるから，$\overrightarrow{\mathrm{OQ}}=\boldsymbol{p}$ とすれば，

$$\boldsymbol{p}-\boldsymbol{x}_0=k\boldsymbol{a}$$

と表される．よって，

$$-d=\boldsymbol{a}\cdot\boldsymbol{x}_0=\boldsymbol{a}\cdot(\boldsymbol{p}-k\boldsymbol{a})$$

したがって，

$$k=\frac{\boldsymbol{a}\cdot\boldsymbol{p}+d}{\boldsymbol{a}\cdot\boldsymbol{a}}$$

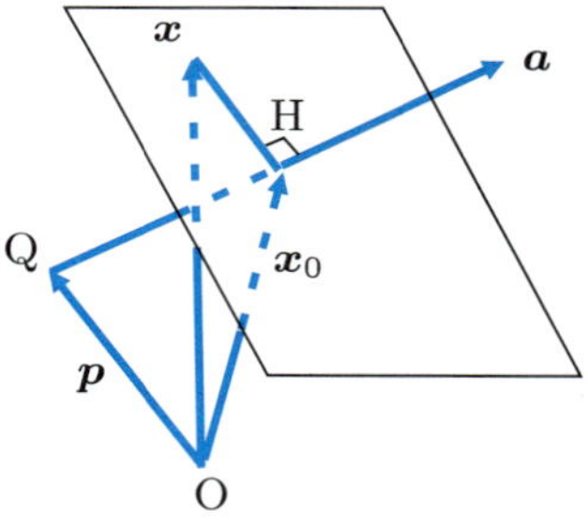

から，求める垂線の長さは

$$\|\boldsymbol{p}-\boldsymbol{x}_0\|=\|k\boldsymbol{a}\|=\frac{|\boldsymbol{a}\cdot\boldsymbol{p}+d|}{\|\boldsymbol{a}\|}$$
$$=\frac{|ap+bq+cr+d|}{\sqrt{a^2+b^2+c^2}}$$

問　題

4.5　2 平面 $ax+by+cz+d=0$, $ax+by+cz+d'=0$ の間の距離を求めよ．

4.4 直線の方程式

例題 4.4 直線の方程式

2 つの平面 $x-2y+z=1,\ 2x-y+z=1$ の交線上の点のベクトル表示を求めよ.

［解　答］ 交線上の点 $\begin{bmatrix} x & y & z \end{bmatrix}$ が満たす連立 1 次方程式は

$$\begin{bmatrix} 1 & -2 & 1 \\ 2 & -1 & 1 \end{bmatrix}\begin{bmatrix} x \\ y \\ z \end{bmatrix}=\begin{bmatrix} 1 \\ 1 \end{bmatrix}$$

これを掃き出し法で解く.　⇒ 掃き出し法（第 2 章）

$\boldsymbol{A}$			$\boldsymbol{b}$	
1	−2	1	1	①
2	−1	1	1	②
1	−2	1	1	③ = ①
0	3	−1	−1	④ = ② − ① × 2
1	0	1/3	1/3	⑤ = ③ + ⑥ × 2
0	1	−1/3	−1/3	⑥ = ④ ÷ 3
$\boldsymbol{e}_1$	$\boldsymbol{e}_2$			

$$\Longrightarrow \begin{cases} x \quad + \frac{1}{3}z = \frac{1}{3} \\ \quad y - \frac{1}{3}z = -\frac{1}{3} \end{cases}$$

したがって，求める解は $\begin{bmatrix} x \\ y \\ z \end{bmatrix}=\begin{bmatrix} 1/3 \\ -1/3 \\ 0 \end{bmatrix}+z\begin{bmatrix} -1/3 \\ 1/3 \\ 1 \end{bmatrix}$

$z=t$ とおくと，$\begin{bmatrix} x \\ y \\ z \end{bmatrix}=\begin{bmatrix} 1/3 \\ -1/3 \\ 0 \end{bmatrix}+t\begin{bmatrix} -1/3 \\ 1/3 \\ 1 \end{bmatrix}$

⇐ 直線の方程式の媒介変数表示

問　題

4.6 (1) 点 Q $\begin{bmatrix} 1 & 1 & 1 \end{bmatrix}$ を通り，ベクトル $\boldsymbol{a}=\begin{bmatrix} 1 & 2 & 3 \end{bmatrix}$ に平行な直線の方程式を求めよ.

(2) 原点からこの直線に至る距離を求めよ.

4.7 (1) 2 つの平面 $x-y+2z=2,\ 2x-y+z=1$ の交線上の点 $\begin{bmatrix} 1 & 3 & 2 \end{bmatrix}$ を通り，この交線に直交する平面の方程式を求めよ.

(2) 2 直線 $\dfrac{x}{2}=\dfrac{y}{3}=\dfrac{z}{3},\ \dfrac{x}{3}=\dfrac{y}{3}=\dfrac{z}{2}$ に直交し原点を通る直線の方程式を求めよ.

例題 4.5 共通垂線

直線 $l_1: \dfrac{x-2}{1}=\dfrac{y-5}{2}=\dfrac{z-3}{2}$, $l_2: \dfrac{x}{1}=\dfrac{y-1}{1}=\dfrac{z-1}{1}$ の両方と直交する直線（共通垂線）の方程式を求めよ．

［解　答］ $\dfrac{x-2}{1}=\dfrac{y-5}{2}=\dfrac{z-3}{2}=s$ とすると，直線 l_1 上の点 $\boldsymbol{x}_1$ は

⇒ 直線の媒介変数表示（基本事項 4.13）

$$\boldsymbol{x}_1=\begin{bmatrix}s+2 & 2s+5 & 2s+3\end{bmatrix}$$

と表される．同様に，$\dfrac{x}{1}=\dfrac{y-1}{1}=\dfrac{z-1}{1}=t$ とすると，直線 l_2 上の点 $\boldsymbol{x}_2$ は

$$\boldsymbol{x}_2=\begin{bmatrix}t & t+1 & t+1\end{bmatrix}$$

と表される．ベクトル $\overrightarrow{\boldsymbol{x}_1\boldsymbol{x}_2}$ は，直線 l_1, l_2 と直交するので，

$$1\cdot(t-(s+2))+2\cdot((t+1)-(2s+5))+2\cdot((t+1)-(2s+3))=0$$
$$1\cdot(t-(s+2))+1\cdot((t+1)-(2s+5))+1\cdot((t+1)-(2s+3))=0$$

したがって，$\begin{cases}5t-9s=14\\3t-5s=8\end{cases}$

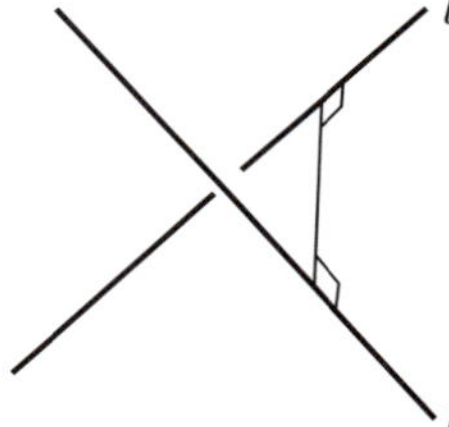

これを解くと，$s=-1, t=1$ だから，

$$\boldsymbol{x}_1=\begin{bmatrix}1 & 3 & 1\end{bmatrix},\qquad \boldsymbol{x}_2=\begin{bmatrix}1 & 2 & 2\end{bmatrix}$$

この 2 点を通る直線が求める共通垂線だから

⇒ 直線の方程式（基本事項 4.13）

$$\frac{x-1}{0}=\frac{y-3}{-1}=\frac{z-1}{1}\iff x=1,\frac{y-3}{-1}=\frac{z-1}{1}$$

問　題

4.8 直線 $l_1: \dfrac{x-x_1}{a_1}=\dfrac{y-y_1}{b_1}=\dfrac{z-z_1}{c_1}$,　$l_2: \dfrac{x-x_2}{a_2}=\dfrac{y-y_2}{b_2}=\dfrac{z-z_2}{c_2}$ の共通垂線の長さは，

$$\frac{|(\boldsymbol{x}_1-\boldsymbol{x}_2)\cdot(\boldsymbol{a}_1\times\boldsymbol{a}_2)|}{\|\boldsymbol{a}_1\times\boldsymbol{a}_2\|}$$

であることを示せ．ここに，$\boldsymbol{x}_1=\begin{bmatrix}x_1 & y_1 & z_1\end{bmatrix}$, $\boldsymbol{x}_2=\begin{bmatrix}x_2 & y_2 & z_2\end{bmatrix}$, $\boldsymbol{a}_1=\begin{bmatrix}a_1 & b_1 & c_1\end{bmatrix}$, $\boldsymbol{a}_2=\begin{bmatrix}a_2 & b_2 & c_2\end{bmatrix}$ とする．

4.5　空間ベクトルと外積

例題 4.6　　右手系

基本ベクトル $\boldsymbol{i}, \boldsymbol{j}, \boldsymbol{k}$ に対して,

$$\boldsymbol{a} = \frac{1}{3}\boldsymbol{i} - \frac{2}{3}\boldsymbol{j} + \frac{2}{3}\boldsymbol{k}, \quad \boldsymbol{b} = -\frac{2}{3}\boldsymbol{i} + \frac{1}{3}\boldsymbol{j} + \frac{2}{3}\boldsymbol{k}$$

とする.

(1)　$\boldsymbol{a}, \boldsymbol{b}$ は正規直交系であることを示せ.

(2)　$\{\boldsymbol{a}, \boldsymbol{b}, \boldsymbol{c}\}$ が右手系の正規直交基底となるようなベクトル $\boldsymbol{c}$ を求めよ.

［解　答］ (1)　$\|\boldsymbol{a}\| = \sqrt{\left(\frac{1}{3}\right)^2 + \left(-\frac{2}{3}\right)^2 + \left(\frac{2}{3}\right)^2} = 1$

⇒ ベクトルの長さ（基本事項 **4.7**）

$$\|\boldsymbol{b}\| = \sqrt{\left(-\frac{2}{3}\right)^2 + \left(\frac{1}{3}\right)^2 + \left(\frac{2}{3}\right)^2} = 1$$

$\boldsymbol{a} \cdot \boldsymbol{b} = \frac{1}{3} \cdot \left(-\frac{2}{3}\right) + \left(-\frac{2}{3}\right) \cdot \frac{1}{3} + \frac{2}{3} \cdot \frac{2}{3} = 0$ ⇒ ベクトルの内積（基本事項 **4.6**）

したがって, $\boldsymbol{a}, \boldsymbol{b}$ は正規直交系である.

(2)　求める $\boldsymbol{c}$ は $\boldsymbol{c} = \pm \boldsymbol{a} \times \boldsymbol{b}$ で与えられる. ここで, ⇒ 外積（基本事項 **4.11**）

$$\begin{aligned}
\boldsymbol{c}' &= \boldsymbol{a} \times \boldsymbol{b} \\
&= \begin{vmatrix} \boldsymbol{i} & \boldsymbol{j} & \boldsymbol{k} \\ 1/3 & -2/3 & 2/3 \\ -2/3 & 1/3 & 2/3 \end{vmatrix} \\
&= \left(-\frac{2}{3} \cdot \frac{2}{3} - \frac{2}{3} \cdot \frac{1}{3}\right)\boldsymbol{i} - \left(\frac{1}{3} \cdot \frac{2}{3} + \frac{2}{3} \cdot \frac{2}{3}\right)\boldsymbol{j} + \left(\frac{1}{3} \cdot \frac{1}{3} - \frac{2}{3} \cdot \frac{2}{3}\right)\boldsymbol{k} \\
&= -\frac{2}{3}\boldsymbol{i} - \frac{2}{3}\boldsymbol{j} - \frac{1}{3}\boldsymbol{k}
\end{aligned}$$

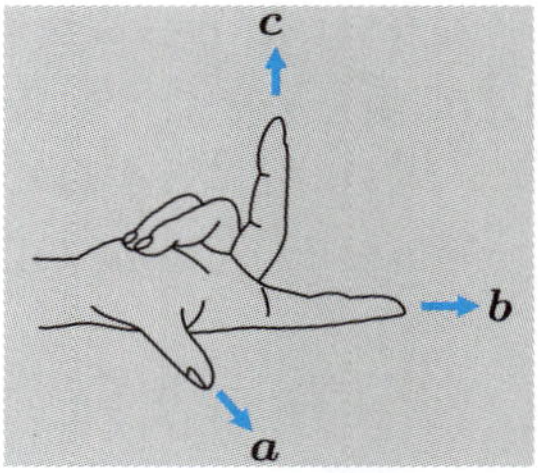

$\|\boldsymbol{c}'\| = 1$ で

$$\begin{vmatrix} 1/3 & -2/3 & 2/3 \\ -2/3 & 1/3 & 2/3 \\ -2/3 & -2/3 & -1/3 \end{vmatrix} > 0$$

だから, $\{\boldsymbol{a}, \boldsymbol{b}, \boldsymbol{c}'\}$ は右手系の正規直交基底である. したがって,

⇒ 正規直交系（基本事項 **4.16**）

$$\boldsymbol{c} = \boldsymbol{c}' = -\frac{2}{3}\boldsymbol{i} - \frac{2}{3}\boldsymbol{j} - \frac{1}{3}\boldsymbol{k}$$

例題 4.7 空間ベクトルの外積

空間ベクトル $\boldsymbol{a}, \boldsymbol{b}, \boldsymbol{c}$ について，次を示せ．

(1) $(\boldsymbol{a} \times \boldsymbol{b}) \times \boldsymbol{c} = -(\boldsymbol{b}, \boldsymbol{c})\boldsymbol{a} + (\boldsymbol{a}, \boldsymbol{c})\boldsymbol{b}$

(2) $(\boldsymbol{a} \times \boldsymbol{b}) \times \boldsymbol{c} + (\boldsymbol{b} \times \boldsymbol{c}) \times \boldsymbol{a} + (\boldsymbol{c} \times \boldsymbol{a}) \times \boldsymbol{b} = \boldsymbol{0}$

［解　答］ (1) ⇒ 外積（基本事項 4.11）

$$
\begin{aligned}
(\boldsymbol{a} \times \boldsymbol{b}) \times \boldsymbol{c}
&= [c_3(a_3b_1 - a_1b_3) - c_2(a_1b_2 - a_2b_1)]\boldsymbol{e}_1 \\
&\quad + [c_1(a_1b_2 - a_2b_1) - c_3(a_2b_3 - a_3b_2)]\boldsymbol{e}_2 \\
&\quad + [c_2(a_2b_3 - a_3b_2) - c_1(a_3b_1 - a_1b_3)]\boldsymbol{e}_3 \\
&= [b_1(a_2c_2 + a_3c_3) - a_1(b_2c_2 + b_3c_3)]\boldsymbol{e}_1 \\
&\quad + [b_2(a_1c_1 + a_3c_3) - a_2(b_1c_1 + b_3c_3)]\boldsymbol{e}_2 \\
&\quad + [b_3(a_1c_1 + a_2c_2) - a_3(b_1c_1 + b_2c_2)]\boldsymbol{e}_3
\end{aligned}
$$

$$
\begin{aligned}
-(\boldsymbol{b}, \boldsymbol{c})\boldsymbol{a} + (\boldsymbol{a}, \boldsymbol{c})\boldsymbol{b} &= [b_1(a_1c_1 + a_2c_2 + a_3c_3) - a_1(b_1c_1 + b_2c_2 + b_3c_3)]\boldsymbol{e}_1 \\
&\quad + [b_2(a_1c_1 + a_2c_2 + a_3c_3) - a_2(b_1c_1 + b_2c_2 + b_3c_3)]\boldsymbol{e}_2 \\
&\quad + [b_3(a_1c_1 + a_2c_2 + a_3c_3) - a_3(b_1c_1 + b_2c_2 + b_3c_3)]\boldsymbol{e}_3
\end{aligned}
$$

(2) (1) を利用すると，

$$
\begin{aligned}
&(\boldsymbol{a} \times \boldsymbol{b}) \times \boldsymbol{c} + (\boldsymbol{b} \times \boldsymbol{c}) \times \boldsymbol{a} + (\boldsymbol{c} \times \boldsymbol{a}) \times \boldsymbol{b} \\
&= -(\boldsymbol{b}, \boldsymbol{c})\boldsymbol{a} + (\boldsymbol{a}, \boldsymbol{c})\boldsymbol{b} - (\boldsymbol{c}, \boldsymbol{a})\boldsymbol{b} + (\boldsymbol{b}, \boldsymbol{a})\boldsymbol{c} - (\boldsymbol{a}, \boldsymbol{b})\boldsymbol{c} + (\boldsymbol{c}, \boldsymbol{b})\boldsymbol{a} \\
&= \boldsymbol{0}
\end{aligned}
$$

問　題

4.9 $\boldsymbol{a} = \boldsymbol{i} + 2\boldsymbol{j} - 2\boldsymbol{k}$, $\boldsymbol{b} = 2\boldsymbol{i} - 2\boldsymbol{j} + \boldsymbol{k}$ について，次の問いに答えよ．

(1) 絶対値を求めよ．

(2) 内積 $\boldsymbol{a} \cdot \boldsymbol{b}$ を計算せよ．

(3) 外積 $\boldsymbol{a} \times \boldsymbol{b}$ を計算せよ．

(4) $\boldsymbol{a}, \boldsymbol{b}$ がつくる平行四辺形の面積を求めよ．

(5) $\boldsymbol{a}, \boldsymbol{b}$ に直交する単位ベクトルを求めよ．

4.10 次を示せ．

(1) $\boldsymbol{a} + \boldsymbol{b} + \boldsymbol{c} = \boldsymbol{0}$ ならば，$\boldsymbol{a} \times \boldsymbol{b} = \boldsymbol{b} \times \boldsymbol{c} = \boldsymbol{c} \times \boldsymbol{a}$

(2) $\overrightarrow{\mathrm{OA}} = \boldsymbol{a}$, $\overrightarrow{\mathrm{OB}} = \boldsymbol{b}$, $\overrightarrow{\mathrm{OC}} = \boldsymbol{c}$ のとき，

$$\boldsymbol{a} \times \boldsymbol{b} + \boldsymbol{b} \times \boldsymbol{c} + \boldsymbol{c} \times \boldsymbol{a} = \boldsymbol{0}$$

ならば，A，B，C は一直線上にある．

4.11 連立 1 次方程式 $\boldsymbol{a} \times \boldsymbol{x} = \boldsymbol{b}$ が解をもつための条件は，

$$\boldsymbol{a} \cdot \boldsymbol{b} = 0 \qquad (*)$$

であることを示せ．ただし，$\boldsymbol{a} \neq \boldsymbol{0}$ とする．

4.6 ベクトルの一次独立・一次従属

例題 4.8 一次独立・一次従属

次のベクトルは一次独立であるか.

$$\boldsymbol{a}_1 = \begin{bmatrix} 1 \\ 0 \\ 0 \\ 0 \end{bmatrix}, \boldsymbol{a}_2 = \begin{bmatrix} 1 \\ 1 \\ 0 \\ 0 \end{bmatrix}, \boldsymbol{a}_3 = \begin{bmatrix} 1 \\ 1 \\ 1 \\ 0 \end{bmatrix}, \boldsymbol{a}_4 = \begin{bmatrix} 1 \\ 1 \\ 1 \\ 1 \end{bmatrix}$$

［解　答］ 方程式 $x_1\boldsymbol{a}_1 + x_2\boldsymbol{a}_2 + x_3\boldsymbol{a}_3 + x_4\boldsymbol{a}_4 = \boldsymbol{0}$ の解 $\begin{bmatrix} x_1 & x_2 & x_3 & x_4 \end{bmatrix}$ を掃き出し法を利用して求めよう. この方程式は,

$$\begin{bmatrix} \boldsymbol{a}_1 & \boldsymbol{a}_2 & \boldsymbol{a}_3 & \boldsymbol{a}_4 \end{bmatrix} \begin{bmatrix} x_1 \\ x_2 \\ x_3 \\ x_4 \end{bmatrix} = \begin{bmatrix} 0 \\ 0 \\ 0 \\ 0 \end{bmatrix} \qquad (*)$$

そこで, 掃き出し法を次のように行う.

$\boldsymbol{a}_1$	$\boldsymbol{a}_2$	$\boldsymbol{a}_3$	$\boldsymbol{a}_4$	
1	1	1	1	①
0	1	1	1	②
0	0	1	1	③
0	0	0	1	④
1	1	1	1	⑤ = ①
0	1	1	1	⑥ = ②
0	0	1	1	⑦ = ③
0	0	0	1	⑧ = ④
1	0	0	0	⑨ = ⑤ − ⑥
0	1	1	1	⑩ = ⑥
0	0	1	1	⑪ = ⑦
0	0	0	1	⑫ = ⑧
1	0	0	0	⑬ = ⑨
0	1	0	0	⑭ = ⑩ − ⑪
0	0	1	1	⑮ = ⑪
0	0	0	1	⑯ = ⑫
1	0	0	0	⑰ = ⑬
0	1	0	0	⑱ = ⑭
0	0	1	0	⑲ = ⑮ − ⑯
0	0	0	1	⑳ = ⑯
$\boldsymbol{e}_1$	$\boldsymbol{e}_2$	$\boldsymbol{e}_3$	$\boldsymbol{e}_4$	

$$\Rightarrow \begin{cases} x_1 = 0 \\ x_2 = 0 \\ x_3 = 0 \\ x_4 = 0 \end{cases}$$

したがって, $(*)$ の解は $x_1 = x_2 = x_3 = x_4 = 0$ となり, $\boldsymbol{a}_1, \boldsymbol{a}_2, \boldsymbol{a}_3, \boldsymbol{a}_4$ は一次独立である.

⇒ 基本事項 **4.15**

例題 4.9 一次独立・一次従属

4 つのベクトルを考える：

$$\boldsymbol{a}_1 = \begin{bmatrix} a+4 \\ 1 \\ 2 \\ 3 \end{bmatrix}, \boldsymbol{a}_2 = \begin{bmatrix} 3 \\ a+4 \\ 1 \\ 2 \end{bmatrix}, \boldsymbol{a}_3 = \begin{bmatrix} 2 \\ 3 \\ a+4 \\ 1 \end{bmatrix}, \boldsymbol{a}_4 = \begin{bmatrix} 1 \\ 2 \\ 3 \\ a+4 \end{bmatrix}$$

(1) ベクトルが $\boldsymbol{R}$ 上一次独立となるための実数 a の条件を求めよ．

(2) ベクトルが $\boldsymbol{C}$ 上一次独立となるための複素数 a の条件を求めよ．

［解　答］ $\boldsymbol{a}_1, \boldsymbol{a}_2, \boldsymbol{a}_3, \boldsymbol{a}_4$ が一次独立となるのは，$\boldsymbol{a}_1, \boldsymbol{a}_2, \boldsymbol{a}_3, \boldsymbol{a}_4$ でできる 4 次の行列式が 0 でないときである．したがって，

$$\begin{vmatrix} a+4 & 3 & 2 & 1 \\ 1 & a+4 & 3 & 2 \\ 2 & 1 & a+4 & 3 \\ 3 & 2 & 1 & a+4 \end{vmatrix} \quad \text{(2 行, 3 行, 4 行を 1 行に加える)}$$

$$= \begin{vmatrix} a+10 & a+10 & a+10 & a+10 \\ 1 & a+4 & 3 & 2 \\ 2 & 1 & a+4 & 3 \\ 3 & 2 & 1 & a+4 \end{vmatrix}$$

$$= (a+10) \begin{vmatrix} 1 & 1 & 1 & 1 \\ 1 & a+4 & 3 & 2 \\ 2 & 1 & a+4 & 3 \\ 3 & 2 & 1 & a+4 \end{vmatrix} \quad \text{(2 列 − 1 列, 3 列 − 1 列, 4 列 − 1 列)}$$

$$= (a+10) \begin{vmatrix} 1 & 0 & 0 & 0 \\ 1 & a+3 & 2 & 1 \\ 2 & -1 & a+2 & 1 \\ 3 & -1 & -2 & a+1 \end{vmatrix}$$

$$= (a+10) \begin{vmatrix} a+3 & 2 & 1 \\ -1 & a+2 & 1 \\ -1 & -2 & a+1 \end{vmatrix} \quad \text{(2 行 − 1 行, 3 行 − 1 行} \times (a+1))$$

$$= (a+10)\begin{vmatrix} a+3 & 2 & 1 \\ -1-(a+3) & a & 0 \\ -1-(a+3)(a+1) & -2-2(a+1) & 0 \end{vmatrix}$$

$$= (a+10)\begin{vmatrix} -(a+4) & a \\ -(a+2)^2 & -2(a+2) \end{vmatrix}$$

$$= (a+10)(a+2)(a^2+4a+8)$$

(1) a が実数 α のとき,

$$a^2+4a+8 = (a+2)^2+4 > 0$$

だから, $a \neq -10, -2$ のとき, 4 つのベクトルは $\boldsymbol{R}$ 上一次独立である.

(2) $a \neq -10, -2, -2 \pm 2i$ のとき, 4 つのベクトルは $\boldsymbol{C}$ 上一次独立である.

問 題

4.12 次のベクトルは一次独立であるか.

$$\boldsymbol{a}_1 = \begin{bmatrix} 1 \\ -1 \\ -1 \\ -1 \end{bmatrix}, \boldsymbol{a}_2 = \begin{bmatrix} 1 \\ 1 \\ -1 \\ -1 \end{bmatrix}, \boldsymbol{a}_3 = \begin{bmatrix} 1 \\ 1 \\ 1 \\ -1 \end{bmatrix}, \boldsymbol{a}_4 = \begin{bmatrix} 1 \\ 1 \\ 1 \\ 1 \end{bmatrix}$$

4.13 次のベクトルが一次従属となるように a を定めよ.

$$\boldsymbol{a}_1 = \begin{bmatrix} a \\ -1 \\ -1 \\ -1 \end{bmatrix}, \boldsymbol{a}_2 = \begin{bmatrix} a \\ a \\ -1 \\ -1 \end{bmatrix}, \boldsymbol{a}_3 = \begin{bmatrix} a \\ a \\ a \\ -1 \end{bmatrix}, \boldsymbol{a}_4 = \begin{bmatrix} a \\ a \\ a \\ a \end{bmatrix}$$

例題 4.10 一次独立・一次従属

n 次元ベクトル $\boldsymbol{a}_1, \boldsymbol{a}_2, \boldsymbol{a}_3, \boldsymbol{a}_4$ は一次独立ならば,

$$\begin{aligned} \boldsymbol{b}_1 &= \boldsymbol{a}_1 \\ \boldsymbol{b}_2 &= \boldsymbol{a}_2 - \alpha_1\boldsymbol{a}_1 \\ \boldsymbol{b}_3 &= \boldsymbol{a}_3 - \beta_1\boldsymbol{a}_1 - \beta_2\boldsymbol{a}_2 \\ \boldsymbol{b}_4 &= \boldsymbol{a}_4 - \gamma_1\boldsymbol{a}_1 - \gamma_2\boldsymbol{a}_2 - \gamma_3\boldsymbol{a}_3 \end{aligned}$$

も一次独立であることを示せ.

［解　答］ $\boldsymbol{b}_1, \boldsymbol{b}_2, \boldsymbol{b}_3, \boldsymbol{b}_4$ の一次結合

$$x_1\boldsymbol{b}_1 + x_2\boldsymbol{b}_2 + x_3\boldsymbol{b}_3 + x_4\boldsymbol{b}_4 = \boldsymbol{0}$$

を考える. これに条件の式を代入すれば,

$$\begin{aligned} &\begin{bmatrix} x_1 & x_2 & x_3 & x_4 \end{bmatrix} \begin{bmatrix} \boldsymbol{b}_1 \\ \boldsymbol{b}_2 \\ \boldsymbol{b}_3 \\ \boldsymbol{b}_4 \end{bmatrix} \\ &= \begin{bmatrix} x_1 & x_2 & x_3 & x_4 \end{bmatrix} \begin{bmatrix} 1 & 0 & 0 & 0 \\ -\alpha_1 & 1 & 0 & 0 \\ -\beta_1 & -\beta_2 & 1 & 0 \\ -\gamma_1 & -\gamma_2 & -\gamma_3 & 1 \end{bmatrix} \begin{bmatrix} \boldsymbol{a}_1 \\ \boldsymbol{a}_2 \\ \boldsymbol{a}_3 \\ \boldsymbol{a}_4 \end{bmatrix} \end{aligned}$$

$\boldsymbol{a}_1, \boldsymbol{a}_2, \boldsymbol{a}_3, \boldsymbol{a}_4$ は一次独立だから,

$$\begin{bmatrix} x_1 & x_2 & x_3 & x_4 \end{bmatrix} \begin{bmatrix} 1 & 0 & 0 & 0 \\ -\alpha_1 & 1 & 0 & 0 \\ -\beta_1 & -\beta_2 & 1 & 0 \\ -\gamma_1 & -\gamma_2 & -\gamma_3 & 1 \end{bmatrix} = \boldsymbol{0} \qquad (*)$$

この式を書きかえると,

$$\begin{cases} x_1 + (-\alpha_1)x_2 + (-\beta_1)x_3 + (-\gamma_1)x_4 = 0 & \cdots\cdots ① \\ x_2 + (-\beta_2)x_3 + (-\gamma_2)x_4 = 0 & \cdots\cdots ② \\ x_3 + (-\gamma_3)x_4 = 0 & \cdots\cdots ③ \\ x_4 = 0 & \cdots\cdots ④ \end{cases}$$

④ より $x_4 = 0$. これを ③ に代入すると $x_3 = 0$. $x_3 = x_4 = 0$ を ② に代入すると $x_2 = 0$. よって ① より $x_1 = 0$. すなわち,

$$\begin{bmatrix} x_1 & x_2 & x_3 & x_4 \end{bmatrix} = \begin{bmatrix} 0 & 0 & 0 & 0 \end{bmatrix}$$

または，(*) の式において，

$$\begin{vmatrix} 1 & 0 & 0 & 0 \\ -\alpha_1 & 1 & 0 & 0 \\ -\beta_1 & -\beta_2 & 1 & 0 \\ -\gamma_1 & -\gamma_2 & -\gamma_3 & 1 \end{vmatrix} = 1$$

だから，$\begin{bmatrix} 1 & 0 & 0 & 0 \\ -\alpha_1 & 1 & 0 & 0 \\ -\beta_1 & -\beta_2 & 1 & 0 \\ -\gamma_1 & -\gamma_2 & -\gamma_3 & 1 \end{bmatrix}$ の逆行列を (*) の両辺において右側からかけると，

$$\begin{bmatrix} x_1 & x_2 & x_3 & x_4 \end{bmatrix} = \begin{bmatrix} 0 & 0 & 0 & 0 \end{bmatrix}$$

したがって，$\boldsymbol{b}_1, \boldsymbol{b}_2, \boldsymbol{b}_3, \boldsymbol{b}_4$ は一次独立である．

参考：$\begin{bmatrix} \boldsymbol{b}_1 \\ \boldsymbol{b}_2 \\ \boldsymbol{b}_3 \\ \boldsymbol{b}_4 \end{bmatrix} = \begin{bmatrix} \alpha_{11} & \alpha_{12} & \alpha_{13} & \alpha_{14} \\ \alpha_{21} & \alpha_{22} & \alpha_{23} & \alpha_{24} \\ \alpha_{31} & \alpha_{32} & \alpha_{33} & \alpha_{34} \\ \alpha_{41} & \alpha_{42} & \alpha_{43} & \alpha_{44} \end{bmatrix} \begin{bmatrix} \boldsymbol{a}_1 \\ \boldsymbol{a}_2 \\ \boldsymbol{a}_3 \\ \boldsymbol{a}_4 \end{bmatrix}$ のとき，

$\boldsymbol{b}_1, \boldsymbol{b}_2, \boldsymbol{b}_3, \boldsymbol{b}_4$ が 1 次独立 $\iff \begin{vmatrix} \alpha_{11} & \alpha_{12} & \alpha_{13} & \alpha_{14} \\ \alpha_{21} & \alpha_{22} & \alpha_{23} & \alpha_{24} \\ \alpha_{31} & \alpha_{32} & \alpha_{33} & \alpha_{34} \\ \alpha_{41} & \alpha_{42} & \alpha_{43} & \alpha_{44} \end{vmatrix} \neq 0$

問 題

4.14 n 次元ベクトル $\boldsymbol{a}_1, \boldsymbol{a}_2, \boldsymbol{a}_3, \boldsymbol{a}_4$ が一次独立のとき，

$$\begin{aligned} \boldsymbol{b}_1 &= a\boldsymbol{a}_1 + \boldsymbol{a}_2 + \boldsymbol{a}_3 + \boldsymbol{a}_4 \\ \boldsymbol{b}_2 &= \boldsymbol{a}_1 + a\boldsymbol{a}_2 + \boldsymbol{a}_3 + \boldsymbol{a}_4 \\ \boldsymbol{b}_3 &= \boldsymbol{a}_1 + \boldsymbol{a}_2 + a\boldsymbol{a}_3 + \boldsymbol{a}_4 \\ \boldsymbol{b}_4 &= \boldsymbol{a}_1 + \boldsymbol{a}_2 + \boldsymbol{a}_3 + a\boldsymbol{a}_4 \end{aligned}$$

も一次独立となるような a の条件を求めよ．

4.15 n 次元ベクトル $\boldsymbol{a}_1, \boldsymbol{a}_2, \cdots, \boldsymbol{a}_m$ が正規直交系ならば，一次独立であることを示せ．

第5章
線形空間

5.1 基本事項

1. 実数の全体または複素数の全体を，$\boldsymbol{K}$ とする．集合 V において，

[I] $\boldsymbol{x} \in V, \boldsymbol{y} \in V$ に対して，和 $\boldsymbol{x}+\boldsymbol{y} \in V$ が定義される．
[II] $\alpha \in \boldsymbol{K}, \boldsymbol{x} \in V$ に対して，積 $\alpha\boldsymbol{x} \in V$ が定義される．

さらに，V の要素 $\boldsymbol{x}, \boldsymbol{y}, \boldsymbol{z}$ と $\boldsymbol{K}$ の要素 α, β について，次の性質が成立するとき，V を $\boldsymbol{K}$ 上の**線形空間**という．

(1) $\boldsymbol{x}+\boldsymbol{y}=\boldsymbol{y}+\boldsymbol{x}$ （交換法則）
(2) $(\boldsymbol{x}+\boldsymbol{y})+\boldsymbol{z}=\boldsymbol{x}+(\boldsymbol{y}+\boldsymbol{z})$ （結合法則）
(3) $\boldsymbol{x}+\boldsymbol{0}=\boldsymbol{x}$ となる要素 $\boldsymbol{0}$ が存在する （零元の存在）
(4) 任意の $\boldsymbol{x}$ に対して，$\boldsymbol{x}+\boldsymbol{y}=\boldsymbol{0}$
となる要素 $\boldsymbol{y} \in V$ が存在する （逆元の存在）
(5) $(\alpha+\beta)\boldsymbol{x}=\alpha\boldsymbol{x}+\beta\boldsymbol{x}$ （分配法則）
(6) $\alpha(\boldsymbol{x}+\boldsymbol{y})=\alpha\boldsymbol{x}+\alpha\boldsymbol{y}$ （分配法則）
(7) $(\alpha\beta)\boldsymbol{x}=\alpha(\beta\boldsymbol{x})$ （結合法則）
(8) $1\boldsymbol{x}=\boldsymbol{x}$ （単位元の存在）

(4) の要素 $\boldsymbol{y}$ を $\boldsymbol{x}$ の**逆元**といい，$\boldsymbol{y}=-\boldsymbol{x}$ と表す．さらに，

$$\boldsymbol{x}+(-\boldsymbol{y})=\boldsymbol{x}-\boldsymbol{y}$$

と書く．

2. $\boldsymbol{K}$ 上の線形空間 V の部分集合 W が空集合でなく，2 つの条件

(i) $\boldsymbol{x} \in W, \boldsymbol{y} \in W$ ならば，$\boldsymbol{x}+\boldsymbol{y} \in W$

(ii) $\alpha \in \boldsymbol{K}, \boldsymbol{x} \in W$ ならば，$\alpha\boldsymbol{x} \in W$

が満足されるならば，W は V の**線形部分空間**という．

3. $\boldsymbol{K}$ 上の線形空間 V の要素 $\boldsymbol{a}_1, \boldsymbol{a}_2, \cdots, \boldsymbol{a}_n$ に対して，

$$K\langle \boldsymbol{a}_1, \boldsymbol{a}_2, \cdots, \boldsymbol{a}_n\rangle$$
$$= \{\alpha_1\boldsymbol{a}_1 + \alpha_2\boldsymbol{a}_2 + \cdots + \alpha_n\boldsymbol{a}_n : \alpha_1 \in \boldsymbol{K}, \alpha_2 \in \boldsymbol{K}, \cdots, \alpha_n \in \boldsymbol{K}\}$$

は，$\boldsymbol{a}_1, \boldsymbol{a}_2, \cdots, \boldsymbol{a}_n$ で**張られる線形部分空間**という．

$\boldsymbol{K}\langle \boldsymbol{a}_1, \boldsymbol{a}_2, \cdots, \boldsymbol{a}_n\rangle$ は，$\boldsymbol{K}$ のとり方に混乱がなければ，$\boldsymbol{K}$ を省略して $\langle \boldsymbol{a}_1, \boldsymbol{a}_2, \cdots, \boldsymbol{a}_n\rangle$ と表すこともある．

4. $\boldsymbol{K}$ 上の線形空間 V の n 個の要素 $\boldsymbol{a}_1, \boldsymbol{a}_2, \cdots, \boldsymbol{a}_n$ が $\boldsymbol{K}$ **上一次独立**とは，$x_j \in \boldsymbol{K}$（$j = 1, 2, \cdots, n$）で

$$x_1\boldsymbol{a}_1 + x_2\boldsymbol{a}_2 + \cdots + x_n\boldsymbol{a}_n = \boldsymbol{0}$$

ならば，必ず，$x_1 = x_2 = \cdots = x_n = 0$ となるときをいう．

一次独立でないとき，**一次従属**という．

5. V の n 個の要素 $\boldsymbol{a}_1, \boldsymbol{a}_2, \cdots, \boldsymbol{a}_n$ で，

(1) $\boldsymbol{K}$ 上一次独立

(2) $V = \boldsymbol{K}\langle \boldsymbol{a}_1, \boldsymbol{a}_2, \cdots, \boldsymbol{a}_n\rangle$

となるものが存在するとき，V の**次元**は n であるといい，

$$\dim V = n$$

と表す；さらに，V は $\boldsymbol{K}$ 上の n 次元線形空間という．また，$\{\boldsymbol{a}_1, \boldsymbol{a}_2, \cdots, \boldsymbol{a}_n\}$ は V の**基底**という．

6. 線形空間 V の線形部分空間 W_1, W_2 に対して，共通部分 $W_1 \cap W_2$ は V の線形部分空間であり，W_1 と W_2 の**積空間**と呼ばれる．

7. 線形空間 V の線形部分空間 W_1, W_2 に対して，W_1 と W_2 の要素の和からつくられる部分空間を**和空間**という：

$$W_1 + W_2 = \{\boldsymbol{x}_1 + \boldsymbol{x}_2 : \boldsymbol{x}_1 \in W_1, \boldsymbol{x}_2 \in W_2\}$$

W_1 と W_2 の和集合 $W_1 \cup W_2$ は部分空間とならないことがある.

8. $W_1 \cap W_2 = \{\mathbf{0}\}$ のとき，$W_1 + W_2$ は $W_1 \oplus W_2$ と書き，その和は**直和**という.

9. $\boldsymbol{R}$ 上の線形空間 V において，次の条件を満たすものを**内積**という：$\boldsymbol{x}, \boldsymbol{y}, \boldsymbol{z} \in V$ と実数 α に対して，

(1) $\boldsymbol{x} \cdot \boldsymbol{y} \in \boldsymbol{R}$

(2) $\boldsymbol{x} \cdot \boldsymbol{x} \geqq 0, \qquad \boldsymbol{x} \cdot \boldsymbol{x} = 0 \Longleftrightarrow \boldsymbol{x} = \mathbf{0}$

(3) $\boldsymbol{x} \cdot \boldsymbol{y} = \boldsymbol{y} \cdot \boldsymbol{x}$

(4) $(\boldsymbol{x} + \boldsymbol{y}) \cdot \boldsymbol{z} = \boldsymbol{x} \cdot \boldsymbol{z} + \boldsymbol{y} \cdot \boldsymbol{z}$

(5) $(\alpha \boldsymbol{x}) \cdot \boldsymbol{y} = \boldsymbol{x} \cdot (\alpha \boldsymbol{y}) = \alpha \boldsymbol{x} \cdot \boldsymbol{y}$

内積は $(\boldsymbol{x}, \boldsymbol{y})$ と表されることもある.

10. 内積が定義されている実線形空間は，**ユークリッド線形空間**または**実計量線形空間**と呼ばれる.

11. 内積が定義された $\boldsymbol{R}$ 上の線形空間 V において，ベクトル $\boldsymbol{x} \in V$ の**長さ（絶対値）**は

$$\|\boldsymbol{x}\| = \sqrt{\boldsymbol{x} \cdot \boldsymbol{x}}$$

12. シュワルツの不等式

$$|\boldsymbol{x} \cdot \boldsymbol{y}| \leqq \|\boldsymbol{x}\| \, \|\boldsymbol{y}\|$$

13. 三角不等式

$$\|\boldsymbol{x} + \boldsymbol{y}\| \leqq \|\boldsymbol{x}\| + \|\boldsymbol{y}\|$$

14. ベクトル $\boldsymbol{e}_1$，$\boldsymbol{e}_2, \cdots, \boldsymbol{e}_m$ が**正規直交系**とは，

$$\boldsymbol{e}_i \cdot \boldsymbol{e}_j = \delta_{ij} \qquad (1 \leqq i, j \leqq m)$$

が成立するときをいう．ここに，δ_{ij} は**クロネッカーの記号**で

$$\delta_{ij} = \begin{cases} 1 & (i = j) \\ 0 & (i \neq j) \end{cases}$$

15. **グラム・シュミットの直交化法**　$\boldsymbol{R}^n$ の列ベクトル $\boldsymbol{x}_1, \boldsymbol{x}_2, \cdots, \boldsymbol{x}_m$ が一次独立ならば,

$$\boldsymbol{b}_{k+1} = \boldsymbol{x}_{k+1} - (\boldsymbol{x}_{k+1} \cdot \boldsymbol{e}_1)\boldsymbol{e}_1 - (\boldsymbol{x}_{k+1} \cdot \boldsymbol{e}_2)\boldsymbol{e}_2 - \cdots - (\boldsymbol{x}_{k+1} \cdot \boldsymbol{e}_k)\boldsymbol{e}_k$$
$$\boldsymbol{e}_{k+1} = \frac{\boldsymbol{b}_{k+1}}{\|\boldsymbol{b}_{k+1}\|}$$

とおくと，$\boldsymbol{e}_1, \cdots, \boldsymbol{e}_k, \boldsymbol{e}_{k+1}$ は正規直交系である.

16. 2 つのベクトル $\boldsymbol{a}$ と $\boldsymbol{b}$ が**直交**するとは

$$\boldsymbol{a} \cdot \boldsymbol{b} = 0$$

のときをいう．このとき $\boldsymbol{a} \perp \boldsymbol{b}$ と表す．線形部分空間 W のすべてのベクトルと直交するベクトルがつくる部分空間を**直交補空間**という：

$$W^{\perp} = \{\boldsymbol{x} : \boldsymbol{x} \cdot \boldsymbol{a} = 0 \quad (\forall \boldsymbol{a} \in W)\}$$

17. W と $W^{\perp}$ の和空間は直和である：$W \oplus W^{\perp}$

5.2 さまざまな線形空間

例題 5.1 関数からなる線形空間

集合 X 上の実数値関数の全体 $F(X;\boldsymbol{R})$ は $\boldsymbol{R}$ 上の線形空間であることを示せ．

［解　答］ 以下において，f, g, h は $F(X;\boldsymbol{R})$ の元を，α, β は実数を表す．

⇒ 線形空間の定義（基本事項 5.1）

[0] $f = g \Longleftrightarrow f(x) = g(x) \quad (\forall x \in X)$ により，等号が定義される．

[I] $(f+g)(x) = f(x) + g(x) \quad (x \in X)$ により，和 $f+g$ が実数値関数として定義される：$f+g \in F(X;\boldsymbol{R})$．

[II] 実数 α に対して，$(\alpha f)(x) = \alpha\{f(x)\} \quad (x \in X)$ により，積 αf が実数値関数として定義される：$\alpha f \in F(X;\boldsymbol{R})$．

以上によって，和と積が定義される．

さらに，これらの間に次の性質が成り立つ．⇒ 線形空間の基本性質（基本事項 5.1）

1. $(f+g)(x) = f(x) + g(x) = g(x) + f(x) = (g+f)(x)$ より，交換法則 $f+g = g+f$ が成立する．

2. $\{(f+g)+h\}(x) = \{f(x)+g(x)\} + h(x) = f(x) + \{g(x)+h(x)\} = \{f+(g+h)\}(x)$ より，結合法則 $(f+g)+h = f+(g+h)$ が成立する．

3. $f_0(x) = 0 \quad (x \in X)$ となる関数 f_0 が零元である．

4. $(-f)(x) = -f(x) \quad (x \in X)$ となる関数 $-f$ が f の逆元である．すなわち，$\{f+(-f)\}(x) = f(x) - f(x) = 0 = f_0(x)\ (x \in X)$ だから，$f + (-f) = f_0$．

5. $\{\alpha(\beta f)\}(x) = \alpha\{\beta f(x)\} = (\alpha\beta)f(x) = \{(\alpha\beta)f\}(x)$ より，結合法則 $\alpha(\beta f) = (\alpha\beta)f$ が成立する．

6. $\{\alpha(f+g)\}(x) = \alpha f(x) + \alpha g(x) = \alpha\{f(x)+g(x)\}$ より，分配法則 $\alpha(f+g) = \alpha f + \alpha g$ が成立する．

7. $\{(\alpha+\beta)f\}(x) = (\alpha+\beta)f(x) = \alpha f(x) + \beta f(x)$ より，分配法則 $(\alpha+\beta)f = \alpha f + \beta f$ が成立する．

8. $(1\cdot f)(x) = 1\cdot f(x) = f(x) \quad (x \in X)$ だから，$1\cdot f = f$ ．

したがって，$F(X;\boldsymbol{R})$ は $\boldsymbol{R}$ 上の線形空間である．

問　題

5.1 区間 $[a,b]$ 上の実数値連続関数の全体 $C([a,b])$ は $F([a,b];\boldsymbol{R})$ の部分空間であることを示せ．

5.2 $\boldsymbol{K}$ 上の線形空間 W に対して，X から W の中への写像の全体 $F(X,W;\boldsymbol{K})$ は $\boldsymbol{K}$ 上の線形空間であることを示せ．

例題 5.2 数列空間

実数列 $\{a_n\}$ の全体 $\boldsymbol{S}$ は $\boldsymbol{R}$ 上の線形空間であることを示せ.

[解 答] 以下において, $\{a_n\}, \{b_n\}, \{c_n\}$ は実数列を, α, β は実数を表す.

[0] $\{a_n\} = \{b_n\} \Longleftrightarrow a_n = b_n \quad (\forall n \in \boldsymbol{N})$ により, 等号が定義される.

[I] $\{a_n\} + \{b_n\} = \{a_n + b_n\}$ により, 和が定義される.

[II] 実数 α に対して, $\alpha\{a_n\} = \{\alpha a_n\}$ により, 積が定義される.

よって, 和と積の 2 つの演算が定義される.

次に, これらの演算の性質を示す.

1. $\{a_n\} + \{b_n\} = \{a_n + b_n\} = \{b_n + a_n\} = \{b_n\} + \{a_n\}$ より, 交換法則が成立する.

2. $$\begin{aligned}(\{a_n\} + \{b_n\}) + \{c_n\} &= \{(a_n + b_n) + c_n\} \\ &= \{a_n + (b_n + c_n)\} = \{a_n\} + (\{b_n\} + \{c_n\})\end{aligned}$$
より, 結合法則が成立する.

3. $\{0\}$ が零元である.

4. $-\{a_n\} = \{-a_n\}$ が $\{a_n\}$ の逆元である. すなわち,

$$\{a_n\} + (-\{a_n\}) = \{0\}$$

5. $\alpha(\beta\{a_n\}) = (\alpha\beta)\{a_n\}$ より, 結合法則が成立する.

6. $\alpha(\{a_n\} + \{b_n\}) = \{\alpha(a_n + b_n)\} = \alpha\{a_n\} + \alpha\{b_n\}$ より, 分配法則が成立する.

7. $(\alpha + \beta)\{a_n\} = \{(\alpha + \beta)a_n\} = \alpha\{a_n\} + \beta\{a_n\}$ より, 分配法則が成立する.

8. $1 \cdot \{a_n\} = \{1 \cdot a_n\} = \{a_n\}$.

したがって, 実数列の全体は $\boldsymbol{R}$ 上の線形空間である.

参考：実数列の全体と実数値関数の集合 $F(\boldsymbol{N}; \boldsymbol{R})$ とはちょうど 1 対 1 に対応する.

問 題

5.3 収束する実数列の全体 V は $\boldsymbol{S}$ の部分空間であることを示せ.

5.4 漸化式

$$x_{n+2} + \alpha x_{n+1} + \beta x_n = 0 \qquad (n = 1, 2, \cdots)$$

を満足する実数列の全体 W は $\boldsymbol{S}$ の部分空間であることを示せ.

5.3 線形部分空間

例題 5.3 　　線形部分空間の例

次の $\boldsymbol{R}^3$ の部分集合は，$\boldsymbol{R}^3$ の線形部分空間かどうか調べよ．線形部分空間のときには，基底と次元を求めよ．

(1) $W_1 = \{\boldsymbol{x} = \begin{bmatrix} x_1 & x_2 & x_3 \end{bmatrix} : x_1 + 2x_2 + 3x_3 = 0\}$

(2) $W_2 = \{\boldsymbol{x} = \begin{bmatrix} x_1 & x_2 & x_3 \end{bmatrix} : x_1 + 2x_2 + 3x_3 = 1\}$

［解　答］ (1) W_1 の 2 つのベクトル $\boldsymbol{x} = \begin{bmatrix} x_1 & x_2 & x_3 \end{bmatrix}$，$\boldsymbol{y} = \begin{bmatrix} y_1 & y_2 & y_3 \end{bmatrix}$ に対して，

$$x_1 + 2x_2 + 3x_3 = 0 \cdots ①, \qquad y_1 + 2y_2 + 3y_3 = 0 \cdots ②$$

①と②を加えると，$(x_1 + y_1) + 2(x_2 + y_2) + 3(x_3 + y_3) = 0$

より，$\boldsymbol{x} + \boldsymbol{y} = \begin{bmatrix} x_1 + y_1 & x_2 + y_2 & x_3 + y_3 \end{bmatrix} \in W_1$．さらに，実数 α に対して，

$$(\alpha x_1) + 2(\alpha x_2) + 3(\alpha x_3) = \alpha(x_1 + 2x_2 + 3x_3) = 0$$

より，$\alpha\boldsymbol{x} = \begin{bmatrix} \alpha x_1 & \alpha x_2 & \alpha x_3 \end{bmatrix} \in W_1$．したがって，$W_1$ は $\boldsymbol{R}^3$ の線形部分空間である．

⇒ 線形部分空間の定義（基本事項 **5.2**）

また，$x_1 = -2x_2 - 3x_3$ だから，$\begin{bmatrix} x_1 \\ x_2 \\ x_3 \end{bmatrix} = x_2 \begin{bmatrix} -2 \\ 1 \\ 0 \end{bmatrix} + x_3 \begin{bmatrix} -3 \\ 0 \\ 1 \end{bmatrix}$

$x_2 = s, x_3 = t$ とおくと，$\begin{bmatrix} x_1 \\ x_2 \\ x_3 \end{bmatrix} = s \begin{bmatrix} -2 \\ 1 \\ 0 \end{bmatrix} + t \begin{bmatrix} -3 \\ 0 \\ 1 \end{bmatrix} \equiv s\boldsymbol{a}_1 + t\boldsymbol{a}_2$

したがって，$\boldsymbol{a}_1, \boldsymbol{a}_2$ は W_1 の基底であり，W_1 の次元は 2 である．

⇒ 基底と次元（基本事項 **5.5**）

(2) 列ベクトル $\boldsymbol{x} = \begin{bmatrix} 1 & 0 & 0 \end{bmatrix}$ は W_2 に属す．一方，

$$2\boldsymbol{x} = \begin{bmatrix} 2 & 0 & 0 \end{bmatrix} \notin W_2$$

より，W_2 は $\boldsymbol{R}^3$ の線形部分空間でない．

問　題

5.5 　次の集合は $\boldsymbol{R}^3$ の線形部分空間かどうか調べよ．

(1) $W_1 = \{\boldsymbol{x} : x_1 = 0\}$

(2) $W_2 = \{\boldsymbol{x} : x_1 + 2x_2 = 2x_2 + x_3 = 0\}$

(3) $W_3 = \{\boldsymbol{x} : x_1 > 0\}$

(4) $W_4 = \{\boldsymbol{x} : x_1^2 + x_2^2 + x_3^2 \geqq 1\}$

例題 5.4 線形空間の次元

(1) $\boldsymbol{C}$ は $\boldsymbol{C}$ 上の線形空間となることを示し，その次元を求めよ．

(2) $\boldsymbol{C}$ は $\boldsymbol{R}$ 上の線形空間となることを示し，その次元を求めよ．

［解　答］ (1) $\boldsymbol{e} = 1$ とすると，

$$\boldsymbol{C}\langle \boldsymbol{e} \rangle = \{\alpha \boldsymbol{e} : \alpha \in \boldsymbol{C}\} = \boldsymbol{C}$$

であるから，$\boldsymbol{C}$ は $\boldsymbol{C}$ 上 1 次元線形空間である．

⇒ 基底と次元（基本事項 **5.5**）

(2) $\boldsymbol{e}_1 = 1, \boldsymbol{e}_2 = i$ とすると，$\boldsymbol{R}$ 上一次独立である．実際，

$$a\boldsymbol{e}_1 + b\boldsymbol{e}_2 = a + bi = 0, \qquad a, b \in \boldsymbol{R}$$

とすると，$a = b = 0$．さらに，

⇒ 一次独立（基本事項 **5.4**）

$$\boldsymbol{R}\langle \boldsymbol{e}_1, \boldsymbol{e}_2 \rangle = \{a\boldsymbol{e}_1 + b\boldsymbol{e}_2 : a, b \in \boldsymbol{R}\} = \{a + bi : a, b \in \boldsymbol{R}\} = \boldsymbol{C}$$

であるから，$\boldsymbol{C}$ は $\boldsymbol{R}$ 上 2 次元線形空間である．

注意：1, i は $\boldsymbol{C}$ 上一次従属である．次の式から納得せよ．

$$(-i) \cdot 1 + 1 \cdot i = 0$$

問　題

5.6 $\boldsymbol{C}^2 = \{(z_1, z_2) : z_1 \in \boldsymbol{C}, z_2 \in \boldsymbol{C}\}$ について，次の問いに答えよ．

(1) $\boldsymbol{C}$ 上の線形空間であることを示し，その基底と次元を求めよ．

(2) $\boldsymbol{R}$ 上の線形空間であることを示し，その基底と次元を求めよ．

5.7 $\boldsymbol{K}$ の要素からなる (m, n) 行列の全体 $M_{\boldsymbol{K}}(m, n)$ の次元を求めよ．

5.8 $\boldsymbol{R}$ の要素からなる 2 次の行列

$$\begin{bmatrix} a & -b \\ b & a \end{bmatrix}$$

の全体 M は $\boldsymbol{R}$ 上の線形空間であることを示せ．また，M の基底と次元を求めよ．

例題 5.5 線形空間の次元

(1) 高々 n 次の多項式の全体 P_n において,

$$f_0(x) = 1, f_1(x) = x, \cdots, f_n(x) = x^n$$

は基底であることを示せ.

(2) 高々 n 次の多項式 p は,

$$p(x) = p(0)f_0(x) + \frac{p'(0)}{1!}f_1(x) + \cdots + \frac{p^{(n)}(0)}{n!}f_n(x)$$

と表されることを示せ.

[解　答] (1) 高々 n 次の多項式 p は,

$$p(x) = a_0 + a_1x + \cdots + a_nx^n$$

と表されるので,

$$p = a_0f_0 + a_1f_1 + \cdots + a_nf_n \in \langle f_0, f_1, \cdots, f_n \rangle$$

⇒ ベクトルで張られる部分空間(基本事項 **5.3**)

したがって,

$$P_n = \langle f_0, f_1, \cdots, f_n \rangle$$

さらに,

$$a_0 + a_1x + \cdots + a_nx^n = 0 \Longleftrightarrow a_0 = a_1 = \cdots = a_n = 0$$

(厳密には,「代数学の基本定理:n 次方程式は n 個の解をもつ」を使う)だから,f_0, $f_1, \cdots, f_n$ は一次独立であるから,P_n の基底をつくる.

⇒ 基底と次元(基本事項 **5.5**)

(2) 高々 n 次の多項式 p を

$$p(x) = a_0 + a_1x + \cdots + a_nx^n$$

と表す.このとき,$p(0) = a_0$. 両辺を微分すれば,

$$p'(x) = a_1 + a_2(2x) + \cdots + a_n(nx^{n-1})$$

ここで,$x = 0$ とすれば,

$$p'(0) = a_1 .$$

さらに,両辺を微分すれば,

$$p''(x) = 2a_2 + a_3(3 \cdot 2x) + \cdots + a_n\{n(n-1)x^{n-2}\}$$

ここで,$x = 0$ とすれば,

$$p''(0) = 2a_2.$$

さらに,両辺を微分すれば,

$$p'''(x) = a_3(3 \cdot 2) + \cdots + a_n\{n(n-1)(n-2)x^{n-3}\}$$

ここで，$x = 0$ とすれば，

$$p'''(0) = 3!a_3.$$

これを繰り返すと，

$$p^{(k)}(0) = k!a_k$$

すなわち，

$$a_k = \frac{p^{(k)}(0)}{k!} \quad (1 \leqq k \leqq n)$$

参考：(1) テイラーの定理を用いると，

$$p(x) = p(0) + \frac{p^1(0)}{1!}x + \cdots + \frac{p^{(n)}(0)}{n!}x^n + \frac{p^{(n+1)}(\theta x)}{(n+1)!}x^{n+1}$$

となる θ，$0 < \theta < 1$，が存在する．$p(x)$ が n 次式のとき，$p^{(n+1)}(\theta x) = 0$ だから，(2) が示される．

(2) $p(x) = 0$ が $x = 0$ を m 重解にもつための条件は

$$p(0) = p'(0) = \cdots = p^{(m)}(0) = 0$$

である．

問　題

5.9 (1) n 次の多項式 p を，$f_0(x) = 1$，$f_1(x) = x - a$，$f_2(x) = (x-a)^2$，$\cdots, f_n(x) = (x-a)^n$ を用いて表せ．

(2) $p(x) \equiv x^2(x^3 + ax^2 + bx + c) = 0$ が $x = 1$ を 3 重解とするように定数を定めよ．

ヒント：

$$p(x) = 0 \text{ が } x = 1 \text{ を 3 重解にもつ} \iff p(1) = p'(1) = p''(1) = 0$$

5.4 線形空間の基底と次元

例題 5.6 部分空間の基底と次元

$\boldsymbol{R}^4$ において，次のベクトルから生成される部分空間

$$W = \langle \boldsymbol{a}_1, \boldsymbol{a}_2, \boldsymbol{a}_3, \boldsymbol{a}_4 \rangle$$

の基底と次元を求めよ．

$$\boldsymbol{a}_1 = \begin{bmatrix} a \\ 1 \\ 1 \\ 1 \end{bmatrix}, \boldsymbol{a}_2 = \begin{bmatrix} 1 \\ a \\ 1 \\ 1 \end{bmatrix}, \boldsymbol{a}_3 = \begin{bmatrix} 1 \\ 1 \\ a \\ 1 \end{bmatrix}, \boldsymbol{a}_4 = \begin{bmatrix} 1 \\ 1 \\ 1 \\ a \end{bmatrix}$$

［解　答］ 行列式　　⇒ 行列式の基本公式（基本事項 **3.11** ～ **3.15**）

$$\begin{vmatrix} a & 1 & 1 & 1 \\ 1 & a & 1 & 1 \\ 1 & 1 & a & 1 \\ 1 & 1 & 1 & a \end{vmatrix} \quad \text{（2 行，3 行，4 行を 1 行に加える）}$$

$$= \begin{vmatrix} a+3 & a+3 & a+3 & a+3 \\ 1 & a & 1 & 1 \\ 1 & 1 & a & 1 \\ 1 & 1 & 1 & a \end{vmatrix}$$

$$= (a+3)\begin{vmatrix} 1 & 1 & 1 & 1 \\ 1 & a & 1 & 1 \\ 1 & 1 & a & 1 \\ 1 & 1 & 1 & a \end{vmatrix} \quad \text{（2 行，3 行，4 行から 1 行を引く）}$$

$$= (a+3)\begin{vmatrix} 1 & 1 & 1 & 1 \\ 0 & a-1 & 0 & 0 \\ 0 & 0 & a-1 & 0 \\ 0 & 0 & 0 & a-1 \end{vmatrix}$$

$$= (a+3)(a-1)^3$$

したがって，$a \neq 1, -3$ のとき，$\boldsymbol{a}_1$, $\boldsymbol{a}_2$, $\boldsymbol{a}_3$, $\boldsymbol{a}_4$ が一次独立であるから，これらは W の基底となり W の次元は 4 である．また，このとき，$W = \boldsymbol{R}^4$ ．

⇒ 行列のランクと行列式（基本事項 **3.24**）

$a = 1$ のとき，$\boldsymbol{a}_1 = \boldsymbol{a}_2 = \boldsymbol{a}_3 = \boldsymbol{a}_4$ だから，$W = \langle \boldsymbol{a}_1 \rangle$ となるので，W の次元は 1 である．

$a = -3$ のとき,

$\boldsymbol{a}_1$	$\boldsymbol{a}_2$	$\boldsymbol{a}_3$	$\boldsymbol{a}_4$	
-3	1	1	1	①
1	-3	1	1	②
1	1	-3	1	③
1	1	1	-3	④
1	-3	1	1	⑤ = ②
0	-8	4	4	⑥ = ① + ② × 3
0	4	-4	0	⑦ = ③ − ②
0	4	0	-4	⑧ = ④ − ②
1	0	-2	1	⑨ = ⑤ + ⑩ × 3
0	1	-1	0	⑩ = ⑦ ÷ 4
0	0	-4	4	⑪ = ⑥ + ⑩ × 8
0	0	4	-4	⑫ = ⑧ − ⑦
1	0	0	-1	⑬ = ⑨ − ⑮
0	1	0	-1	⑭ = ⑩ + ⑮ × 2
0	0	1	-1	⑮ = ⑪ ÷ (−4)
0	0	0	0	⑯ = ⑫ − ⑮ × 4
$\boldsymbol{e}_1$	$\boldsymbol{e}_2$	$\boldsymbol{e}_3$		

よって, $\boldsymbol{a}_1$, $\boldsymbol{a}_2$, $\boldsymbol{a}_3$ は一次独立で,

$$\boldsymbol{a}_4 = -\boldsymbol{a}_1 - \boldsymbol{a}_2 - \boldsymbol{a}_3$$

参考 (⇒ 例題 2.4)：W の基底は $\{\boldsymbol{a}_1, \boldsymbol{a}_2, \boldsymbol{a}_3\}$ で, W の次元は 3 である.

問　題

5.10 $\boldsymbol{R}^3$ において, 次のベクトルで生成される $\boldsymbol{R}$ 上の線形部分空間の次元を求めよ.

$$\boldsymbol{a} = \begin{bmatrix} 1 \\ a \\ a^2 \end{bmatrix}, \boldsymbol{b} = \begin{bmatrix} 1 \\ b \\ b^2 \end{bmatrix}, \boldsymbol{c} = \begin{bmatrix} 1 \\ c \\ c^2 \end{bmatrix}$$

5.11 $\boldsymbol{R}^4$ において, 次のベクトルで生成される $\boldsymbol{R}$ 上の線形部分空間の次元を求めよ.

$$\boldsymbol{a} = \begin{bmatrix} 1 \\ a \\ a^2 \\ a^3 \end{bmatrix}, \boldsymbol{b} = \begin{bmatrix} 1 \\ b \\ b^2 \\ b^3 \end{bmatrix}, \boldsymbol{c} = \begin{bmatrix} 1 \\ c \\ c^2 \\ c^3 \end{bmatrix}, \boldsymbol{d} = \begin{bmatrix} 1 \\ d \\ d^2 \\ d^3 \end{bmatrix}$$

例題 5.7　関数空間の次元

集合 $X=\{1,2,\cdots,n\}$ 上の実数値関数がつくる線形空間 $F(X;\boldsymbol{R})$ の基底と次元を求めよ．

［解　答］ 各 i に対して

$$f_i(p)=\begin{cases}1 & (p=i)\\ 0 & (p\neq i)\end{cases}$$

とおく．

1. 例題 5.1 から，$F(X;\boldsymbol{R})$ は線形空間である．

2. $\{f_i\}$ は一次独立である．　⇒ 一次独立（基本事項 **5.4**）

実際，一次結合をつくり，

$$a_1f_1+a_2f_2+\cdots+a_nf_n=0$$

とおく．各 i に対して，$(a_1f_1+a_2f_2+\cdots+a_nf_n)(i)=0$ であるから，

$$a_i=0 \quad (1\leqq i\leqq n)$$

したがって，$a_1=a_2=\cdots=a_n=0$ となり，$f_1,\ f_2,\cdots,f_n$ は一次独立である．

3. $V=\langle f_1,f_2,\cdots,f_n\rangle$ とおくと，$V=F(X;\boldsymbol{R})$．

⇒ ベクトルで張られる部分空間（基本事項 **5.3**）

実際，$V\subset F(X;\boldsymbol{R})$ だから，$V\supset F(X;\boldsymbol{R})$ を示せばよい．そこで，$F(X;\boldsymbol{R})$ の要素 f を考えると，

$$f=f(1)f_1+f(2)f_2+\cdots+f(n)f_n$$

と表される．なぜならば，各 i に対して，

$$\begin{aligned}&(f(1)f_1+f(2)f_2+\cdots+f(n)f_n)(i)\\&=f(1)f_1(i)+f(2)f_2(i)+\cdots+f(n)f_n(i)=f(i)\end{aligned}$$

したがって，$f\in V$ となるので，$V\supset F(X;\boldsymbol{R})$．

上の 2 つから，$\{f_1,\ f_2,\cdots,f_n\}$ は $F(X;\boldsymbol{R})$ の基底であり，$F(X;\boldsymbol{R})$ の次元は n である．

問　題

5.12 $n\geqq 2$ とする．集合 $X=\{1,2,\cdots,n\}$ 上の実数値関数 f で

$$f(1)=0$$

となるものがつくる線形空間 F の基底と次元を求めよ．

5.13 集合 $X=\{1,2,3\}$ 上の実数値関数 f で

$$f(1)+f(2)+f(3)=0$$

となるものがつくる線形空間 W の基底と次元を求めよ．

例題 5.8　　数列空間

次の漸化式を満たす実数列 $\{a_n\}$ の全体 W の基底と次元を求めよ．

$$a_{n+2} = a_n + a_{n+1} \qquad (n = 1, 2, \cdots) \qquad (*)$$

［解　答］ 数列 $\{a_n\}$ が漸化式 $(*)$ を満たすとき，この数列の最初の 2 項 a_1, a_2 が与えられれば，漸化式から a_3 以下の数が定まる．そこで，$a_1 = 1$, $a_2 = 0$ のとき，漸化式 $(*)$ から定まる数列を

$$\boldsymbol{e}_1 = \{1, 0, 1, 1, \cdots\} \quad (a_3 = a_1 + a_2 = 1, a_4 = a_2 + a_3 = 1)$$

$a_1 = 0$, $a_2 = 1$ のとき，漸化式 $(*)$ から定まる数列を

$$\boldsymbol{e}_2 = \{0, 1, 1, 2, \cdots\} \quad (a_3 = a_1 + a_2 = 1, a_4 = a_2 + a_3 = 2)$$

としよう．

1. 実数列の全体 $\boldsymbol{S}$ は，例題 5.2 から，線形空間である．

2. 漸化式 $(*)$ を満たす実数列の全体 S は $\boldsymbol{S}$ の部分空間である（問題 5.4）．

3. $\boldsymbol{e}_1$, $\boldsymbol{e}_2$ は一次独立である．　⇒ 一次独立（基本事項 **5.4**）

一次結合をつくり

$$a_1\boldsymbol{e}_1 + a_2\boldsymbol{e}_2 = \{0\}$$

とおく．$a_1\boldsymbol{e}_1 + a_2\boldsymbol{e}_2 = \{a_1, a_2, \cdots\}$ であるから，

$$a_1 = a_2 = 0$$

したがって，$\boldsymbol{e}_1$, $\boldsymbol{e}_2$ は一次独立である．

4. $W = \boldsymbol{R}\langle \boldsymbol{e}_1, \boldsymbol{e}_2 \rangle$ とおくと，$W = S$.

⇒ ベクトルで張られる部分空間（基本事項 **5.3**）

W は S の部分空間だから，$W \supset S$ を示せばよい．そこで，S の要素 $\{a_n\}$ を考えると，

$$\{a_n\} = a_1\boldsymbol{e}_1 + a_2\boldsymbol{e}_2$$

と表される．なぜなら，$\{b_n\} = a_1\boldsymbol{e}_1 + a_2\boldsymbol{e}_2$ とおくと，

$$b_1 = a_1 \cdot 1 + a_2 \cdot 0 = a_1, \qquad b_2 = a_1 \cdot 0 + a_2 \cdot 1 = a_2$$

で，$\{b_n\}$ は漸化式 $(*)$ を満たすので，$\{b_n\} = \{a_n\}$ である．したがって，$\{a_n\} \in W$ となるので，$W \supset S$ ．

上の 4 つから，$\{\boldsymbol{e}_1, \boldsymbol{e}_2\}$ は S の基底であり，S の次元は 2 である．

問　題

5.14 漸化式

$$a_{n+3} = a_{n+2} + a_{n+1} + a_n \qquad (n = 1, 2, \cdots) \qquad (*)$$

を満足する実数列の全体 W の基底と次元を求めよ．

5.5 線形部分空間の和空間と積空間

例題 5.9 和空間と積空間

$\boldsymbol{R}^4$ において，$W_1 = \langle \boldsymbol{a}_1 \rangle$, $W_2 = \langle \boldsymbol{a}_2, \boldsymbol{a}_3 \rangle$ のとき，次の問いに答えよ．ただし，

$$\boldsymbol{a}_1 = \begin{bmatrix} a \\ 1 \\ 1 \\ 1 \end{bmatrix}, \boldsymbol{a}_2 = \begin{bmatrix} 1 \\ a \\ 1 \\ 1 \end{bmatrix}, \boldsymbol{a}_3 = \begin{bmatrix} 1 \\ 1 \\ a \\ 1 \end{bmatrix}.$$

(1) W_1, W_2 の基底と次元を求めよ．

(2) $W_1 \cap W_2$ の基底と次元を求めよ．

(3) $W_1 + W_2$ の基底と次元を求めよ．

［解　答］

次のように掃き出し法を行う．

$\boldsymbol{a}_1$	$\boldsymbol{a}_2$	$\boldsymbol{a}_3$	
a	1	1	①
1	a	1	②
1	1	a	③
1	1	1	④
1	a	1	⑤ = ②
0	$1-a^2$	$1-a$	⑥ = ① − ② × a
0	$1-a$	$a-1$	⑦ = ③ − ②
0	$1-a$	0	⑧ = ④ − ②

$a \neq 1$ のとき，

$\boldsymbol{a}_1$	$\boldsymbol{a}_2$	$\boldsymbol{a}_3$	
1	a	1	⑨ = ⑤
0	$1+a$	1	⑩ = ⑥ ÷ $(1-a)$
0	1	-1	⑪ = ⑦ ÷ $(1-a)$
0	1	0	⑫ = ⑧ ÷ $(1-a)$
1	0	1	⑬ = ⑨ − ⑫ × a
0	1	0	⑭ = ⑫
0	0	1	⑮ = ⑩ − ⑫ × $(1+a)$
0	0	-1	⑯ = ⑪ − ⑫
1	0	0	⑰ = ⑬ − ⑮
0	1	0	⑱ = ⑭
0	0	1	⑲ = ⑮
0	0	0	⑳ = ⑯ + ⑮
$\boldsymbol{e}_1$	$\boldsymbol{e}_2$	$\boldsymbol{e}_3$	

$a \neq 1$ のとき，$\boldsymbol{a}_1, \boldsymbol{a}_2, \boldsymbol{a}_3$ は一次独立だから，

W_1 の基底は $\{\boldsymbol{a}_1\}$ で次元は 1

W_2 の基底は $\{\boldsymbol{a}_2, \boldsymbol{a}_3\}$ で次元は 2

$W_1 \cap W_2 = \{\boldsymbol{0}\}$ だから，その次元は 0　　$\Rightarrow$ 積空間（基本事項 **5.6**）

$W_1 + W_2$ の基底は $\{\boldsymbol{a}_1, \boldsymbol{a}_2, \boldsymbol{a}_3\}$ で次元は 3　　$\Rightarrow$ 和空間（基本事項 **5.7**）

$a = 1$ のとき，$\boldsymbol{a}_1 = \boldsymbol{a}_2 = \boldsymbol{a}_3$ だから，

$$W_1 = W_2 = W_1 \cap W_2 = W_1 \cup W_2$$

で，これらの基底は $\{\boldsymbol{a}_1\}$ で次元は 1 である．

注意：$a \neq 1$ のとき，$W_1 \cup W_2 \neq W_1 + W_2$

問　題

5.15 $\boldsymbol{R}^3$ において，ベクトル

$$\boldsymbol{a} = \begin{bmatrix} a \\ 1 \\ 1 \end{bmatrix}, \boldsymbol{b} = \begin{bmatrix} 1 \\ b \\ 1 \end{bmatrix}, \boldsymbol{c} = \begin{bmatrix} 1 \\ 1 \\ c \end{bmatrix}$$

に対して，$W_1 = \langle \boldsymbol{a}, \boldsymbol{b} \rangle$, $W_2 = \langle \boldsymbol{c} \rangle$ とする．

(1)　W_1，W_2 の基底と次元を求めよ．

(2)　$W_1 \cap W_2$，$W_1 + W_2$ の基底と次元を求めよ．

例題 5.10 和空間と積空間

$\boldsymbol{R}^4$ の集合 $W_1 = \langle \boldsymbol{a}_1, \boldsymbol{a}_2, \boldsymbol{a}_3 \rangle$, $W_2 = \langle \boldsymbol{a}_4, \boldsymbol{a}_5, \boldsymbol{a}_6 \rangle$ について，次の問いに答えよ．ただし，$\boldsymbol{a}_1 = \begin{bmatrix} 2 \\ 1 \\ 1 \\ 1 \end{bmatrix}$, $\boldsymbol{a}_2 = \begin{bmatrix} 1 \\ 2 \\ 1 \\ 1 \end{bmatrix}$, $\boldsymbol{a}_3 = \begin{bmatrix} 1 \\ 5 \\ 2 \\ 2 \end{bmatrix}$, $\boldsymbol{a}_4 = \begin{bmatrix} 1 \\ 1 \\ 2 \\ 1 \end{bmatrix}$,

$\boldsymbol{a}_5 = \begin{bmatrix} 4 \\ 5 \\ 3 \\ 3 \end{bmatrix}$, $\boldsymbol{a}_6 = \begin{bmatrix} 2 \\ 3 \\ -1 \\ 1 \end{bmatrix}$ とする．

(1) W_1, W_2 の基底と次元を求めよ．

(2) $W_1 \cap W_2$, $W_1 + W_2$ の基底と次元を求めよ．

［解　答］ $\boldsymbol{a}_1$, $\boldsymbol{a}_2$, $\boldsymbol{a}_3$, $\boldsymbol{a}_4$, $\boldsymbol{a}_5$, $\boldsymbol{a}_6$ について掃き出し法を行う．

⇒ 掃き出し法（基本事項 2.2）

$\boldsymbol{a}_1$	$\boldsymbol{a}_2$	$\boldsymbol{a}_3$	$\boldsymbol{a}_4$	$\boldsymbol{a}_5$	$\boldsymbol{a}_6$	
2	1	1	1	4	2	①
1	2	5	1	5	3	②
1	1	2	2	3	−1	③
1	1	2	1	3	1	④
1	2	5	1	5	3	⑤ = ②
0	−3	−9	−1	−6	−4	⑥ = ① − ② × 2
0	−1	−3	1	−2	−4	⑦ = ③ − ②
0	−1	−3	0	−2	−2	⑧ = ④ − ②
1	0	−1	3	1	−5	⑨ = ⑤ − ⑩ × 2
0	1	3	−1	2	4	⑩ = −⑦
0	0	0	−4	0	8	⑪ = ⑥ + ⑩ × 3
0	0	0	−1	0	2	⑫ = ⑧ + ⑩
1	0	−1	0	1	1	⑬ = ⑨ − ⑮ × 3
0	1	3	0	2	2	⑭ = ⑩ + ⑮
0	0	0	1	0	−2	⑮ = ⑪ ÷ (−4)
0	0	0	0	0	0	⑯ = ⑫ + ⑮
$\boldsymbol{e}_1$	$\boldsymbol{e}_2$		$\boldsymbol{e}_3$			

これより，$\boldsymbol{a}_1$, $\boldsymbol{a}_2$, $\boldsymbol{a}_4$ は一次独立で，

$$\boldsymbol{a}_3 = -\boldsymbol{a}_1 + 3\boldsymbol{a}_2, \quad \boldsymbol{a}_5 = \boldsymbol{a}_1 + 2\boldsymbol{a}_2, \quad \boldsymbol{a}_6 = \boldsymbol{a}_1 + 2\boldsymbol{a}_2 - 2\boldsymbol{a}_4 = \boldsymbol{a}_5 - 2\boldsymbol{a}_4 \quad (*)$$

⇒ 例題 2.4 参考

(1)　$\boldsymbol{a}_1$, $\boldsymbol{a}_2$ は一次独立である．また，$\boldsymbol{a}_3 = -\boldsymbol{a}_1 + 3\boldsymbol{a}_2$ だから，$W_1 = \langle \boldsymbol{a}_1, \boldsymbol{a}_2 \rangle$ となる．よって，$\{\boldsymbol{a}_1, \boldsymbol{a}_2\}$ は W_1 の基底となり，W_1 の次元は 2 である．

⇒ 基底と次元（基本事項 **5.5**）

また，$\boldsymbol{a}_4$, $\boldsymbol{a}_5$ は一次独立である．$\boldsymbol{a}_6 = \boldsymbol{a}_5 - 2\boldsymbol{a}_4$ だから，$W_2 = \langle \boldsymbol{a}_4, \boldsymbol{a}_5 \rangle$ となる．よって，$\{\boldsymbol{a}_4, \boldsymbol{a}_5\}$ は W_2 の基底となり，W_2 の次元は 2 である．

(2)　$\boldsymbol{x} \in W_1 \cap W_2$ とすれば，

$$\boldsymbol{x} = x_1\boldsymbol{a}_1 + x_2\boldsymbol{a}_2 + x_3\boldsymbol{a}_3 = x_4\boldsymbol{a}_4 + x_5\boldsymbol{a}_5 + x_6\boldsymbol{a}_6$$

$(*)$ から

$$x_1\boldsymbol{a}_1 + x_2\boldsymbol{a}_2 + x_3(-\boldsymbol{a}_1 + 3\boldsymbol{a}_2) = x_4\boldsymbol{a}_4 + x_5(\boldsymbol{a}_1 + 2\boldsymbol{a}_2) + x_6(\boldsymbol{a}_1 + 2\boldsymbol{a}_2 - 2\boldsymbol{a}_4)$$

$\boldsymbol{a}_1$, $\boldsymbol{a}_2$, $\boldsymbol{a}_4$ は一次独立だから，それらの係数を比較すれば，

⇒ 一次独立（基本事項 **5.4**）

$$x_1 - x_3 = x_5 + x_6,\ x_2 + 3x_3 = 2x_5 + 2x_6,\ x_4 - 2x_6 = 0$$

ここで，$x_5 + x_6 = \alpha$ とおくと，

$$\boldsymbol{x} = x_1\boldsymbol{a}_1 + x_2\boldsymbol{a}_2 + x_3\boldsymbol{a}_3 = x_1\boldsymbol{a}_1 + x_2\boldsymbol{a}_2 + x_3(-\boldsymbol{a}_1 + 3\boldsymbol{a}_2) = \alpha(\boldsymbol{a}_1 + 2\boldsymbol{a}_2) = \alpha\boldsymbol{a}_5$$

よって，積空間は　⇒ 積空間（基本事項 **5.6**）

$$W_1 \cap W_2 = \langle \boldsymbol{a}_5 \rangle$$

だから，$\{\boldsymbol{a}_5\}$ は $W_1 \cap W_2$ の基底で，$W_1 \cap W_2$ の次元は 1 である．

一方，和空間は　⇒ 和空間（基本事項 **5.7**）

$$W_1 + W_2 = \langle \boldsymbol{a}_1, \boldsymbol{a}_2, \boldsymbol{a}_3, \boldsymbol{a}_4, \boldsymbol{a}_5, \boldsymbol{a}_6 \rangle = \langle \boldsymbol{a}_1, \boldsymbol{a}_2, \boldsymbol{a}_4 \rangle$$

となる．したがって，$\{\boldsymbol{a}_1, \boldsymbol{a}_2, \boldsymbol{a}_4\}$ は $W_1 + W_2$ の基底で，$W_1 + W_2$ の次元は 3 である．

問　題

5.16　$\boldsymbol{R}^4$ において，　ベクトル

$$\boldsymbol{a}_1 = \begin{bmatrix} 1 \\ 1 \\ 1 \\ 2 \end{bmatrix}, \boldsymbol{a}_2 = \begin{bmatrix} 2 \\ 2 \\ 2 \\ 1 \end{bmatrix}, \boldsymbol{a}_3 = \begin{bmatrix} 1 \\ 2 \\ 1 \\ 2 \end{bmatrix}, \boldsymbol{a}_4 = \begin{bmatrix} 3 \\ 2 \\ 3 \\ 0 \end{bmatrix}, \boldsymbol{a}_5 = \begin{bmatrix} 1 \\ 3 \\ 1 \\ 2 \end{bmatrix}$$

に対して，$W_1 = \langle \boldsymbol{a}_1, \boldsymbol{a}_2 \rangle$, $W_2 = \langle \boldsymbol{a}_3, \boldsymbol{a}_4, \boldsymbol{a}_5 \rangle$ を考える．

(1)　W_1, W_2 の基底と次元を求めよ．

(2)　$W_1 \cap W_2$, $W_1 + W_2$ の基底と次元を求めよ．

例題 5.11 和空間と積空間

$\boldsymbol{R}^4$ の集合

(1) $W_1 = \{{}^t\begin{bmatrix} x_1 & x_2 & x_3 & x_4 \end{bmatrix} : x_1 - 2x_2 + x_3 = 0, x_2 + 2x_3 + x_4 = 0\}$

(2) $W_2 = \{{}^t\begin{bmatrix} x_1 & x_2 & x_3 & x_4 \end{bmatrix} : x_1 = x_2 = x_3\}$

に対して，W_1, W_2, $W_1 \cap W_2$, $W_1 + W_2$ の基底と次元を求めよ．

［解　答］ W_1 の要素が満たす連立 1 次方程式は

$$\begin{cases} x_1 - 2x_2 + x_3 = 0 \\ x_2 + 2x_3 + x_4 = 0 \end{cases}$$

これを掃き出し法で解く． ⇒ 掃き出し法（基本事項 **2.2**）

A				$\boldsymbol{b}$	
1	−2	1	0	0	①
0	1	2	1	0	②
1	0	5	2	0	③ = ① + ② × 2
0	1	2	1	0	④ = ②
$\boldsymbol{e}_1$	$\boldsymbol{e}_2$				

$$\Longrightarrow \begin{cases} x_1 + 5x_3 + 2x_4 = 0 \\ x_2 + 2x_3 + x_4 = 0 \end{cases}$$

したがって，解は ⇒ 連立 1 次方程式の解法（基本事項 **2.4**）

$$\begin{bmatrix} x_1 \\ x_2 \\ x_3 \\ x_4 \end{bmatrix} = x_3 \begin{bmatrix} -5 \\ -2 \\ 1 \\ 0 \end{bmatrix} + x_4 \begin{bmatrix} -2 \\ -1 \\ 0 \\ 1 \end{bmatrix}$$

を満たすので， ⇒ ベクトルで張られる部分空間（基本事項 **5.3**）

$$W_1 = \langle \boldsymbol{a}_1, \boldsymbol{a}_2 \rangle, \qquad \boldsymbol{a}_1 = \begin{bmatrix} -5 \\ -2 \\ 1 \\ 0 \end{bmatrix}, \boldsymbol{a}_2 = \begin{bmatrix} -2 \\ -1 \\ 0 \\ 1 \end{bmatrix}$$

W_1 の基底は $\{\boldsymbol{a}_1, \boldsymbol{a}_2\}$ で次元は 2 である． ⇒ 基底と次元（基本事項 **5.5**）

同様に，

$$W_2 = \langle \boldsymbol{a}_3, \boldsymbol{a}_4 \rangle, \qquad \boldsymbol{a}_3 = \begin{bmatrix} 1 \\ 1 \\ 1 \\ 0 \end{bmatrix}, \boldsymbol{a}_4 = \begin{bmatrix} 0 \\ 0 \\ 0 \\ 1 \end{bmatrix}$$

W_2 の基底は $\{\boldsymbol{a}_3, \boldsymbol{a}_4\}$ で次元は 2 である．

$\boldsymbol{a}_1$, $\boldsymbol{a}_2$, $\boldsymbol{a}_3$, $\boldsymbol{a}_4$ について掃き出し法を行う．

$\boldsymbol{a}_1$	$\boldsymbol{a}_2$	$\boldsymbol{a}_3$	$\boldsymbol{a}_4$	
-5	-2	1	0	①
-2	-1	1	0	②
1	0	1	0	③
0	1	0	1	④
1	0	1	0	⑤ = ③
0	-2	6	0	⑥ = ① + ③ × 5
0	-1	3	0	⑦ = ② + ③ × 2
0	1	0	1	⑧ = ④
1	0	1	0	⑨ = ⑤
0	1	-3	0	⑩ = −⑦
0	0	0	0	⑪ = ⑥ − ⑦ × 2
0	0	3	1	⑫ = ⑧ + ⑦
1	0	1	0	⑬ = ⑨
0	1	-3	0	⑭ = ⑩
0	0	3	1	⑮ = ⑫
0	0	0	0	⑯ = ⑪
$\boldsymbol{e}_1$	$\boldsymbol{e}_2$		$\boldsymbol{e}_3$	

これより，$\boldsymbol{a}_1, \boldsymbol{a}_2, \boldsymbol{a}_4$ は一次独立で，$\boldsymbol{a}_3 = \boldsymbol{a}_1 - 3\boldsymbol{a}_2 + 3\boldsymbol{a}_4$

$\boldsymbol{x} \in W_1 \cap W_2$ とすると，　⇒ 積空間（基本事項 **5.6**）

$$\boldsymbol{x} = x_1\boldsymbol{a}_1 + x_2\boldsymbol{a}_2 = x_3\boldsymbol{a}_3 + x_4\boldsymbol{a}_4$$

よって，　$x_1\boldsymbol{a}_1 + x_2\boldsymbol{a}_2 - x_3(\boldsymbol{a}_1 - 3\boldsymbol{a}_2 + 3\boldsymbol{a}_4) - x_4\boldsymbol{a}_4 = \boldsymbol{0}$

$\boldsymbol{a}_1, \boldsymbol{a}_2, \boldsymbol{a}_4$ は一次独立だから，$x_1 - x_3 = 0,\ x_2 + 3x_3 = 0,\ -3x_3 - x_4 = 0.$

よって，　$\boldsymbol{x} = x_1\boldsymbol{a}_1 + x_2\boldsymbol{a}_2 = x_3(\boldsymbol{a}_1 - 3\boldsymbol{a}_2)$

したがって，$W_1 \cap W_2 = \langle \boldsymbol{a}_1 - 3\boldsymbol{a}_2 \rangle$ となり，$W_1 \cap W_2$ の基底は $\boldsymbol{a}_1 - 3\boldsymbol{a}_2$ で次元は 1 である．

一方，　⇒ 和空間（基本事項 **5.7**）

$$W_1 + W_2 = \langle \boldsymbol{a}_1, \boldsymbol{a}_2, \boldsymbol{a}_3, \boldsymbol{a}_4 \rangle = \langle \boldsymbol{a}_1, \boldsymbol{a}_2, \boldsymbol{a}_4 \rangle$$

よって，$W_1 + W_2$ の基底は $\{\boldsymbol{a}_1, \boldsymbol{a}_2, \boldsymbol{a}_4\}$ で次元は 3 である．

問　題

5.17 $\boldsymbol{R}^3$ の集合

(1) $W_1 = \{{}^t\begin{bmatrix} x_1 & x_2 & x_3 \end{bmatrix} : x_1 + 2x_2 + x_3 = 0\}$

(2) $W_2 = \{{}^t\begin{bmatrix} x_1 & x_2 & x_3 \end{bmatrix} : 2x_1 - x_2 = 0\}$

に対して，$W_1, W_2, W_1 \cap W_2, W_1 + W_2$ の基底と次元を求めよ．

5.6　直交補空間

例題 5.12　　直交補空間

$\boldsymbol{R}^4$ において,

$$W = \langle \boldsymbol{a}_1 \rangle,\ \boldsymbol{a}_1 = \begin{bmatrix} 1 \\ 1 \\ 1 \\ 1 \end{bmatrix}$$

を考える.

(1)　直交補空間 $W^\perp$ の基底と次元を求めよ.

(2)　$\boldsymbol{x} = \begin{bmatrix} x_1 \\ x_2 \\ x_3 \\ x_4 \end{bmatrix} \in \boldsymbol{R}^4$ に対して, $\boldsymbol{x} - k\boldsymbol{a}_1 \in W^\perp$ となる k を求めよ.

［解　答］ (1) $\boldsymbol{x} = \begin{bmatrix} x_1 \\ x_2 \\ x_3 \\ x_4 \end{bmatrix} \in W^\perp$ とすると,　⇒ 直交補空間 (基本事項 5.16)

$$\boldsymbol{x} \cdot \boldsymbol{a} = x_1 + x_2 + x_3 + x_4 = 0$$

したがって,

$$\begin{bmatrix} x_1 \\ x_2 \\ x_3 \\ x_4 \end{bmatrix} = x_2 \begin{bmatrix} -1 \\ 1 \\ 0 \\ 0 \end{bmatrix} + x_3 \begin{bmatrix} -1 \\ 0 \\ 1 \\ 0 \end{bmatrix} + x_4 \begin{bmatrix} -1 \\ 0 \\ 0 \\ 1 \end{bmatrix}$$

であるから,

$$\boldsymbol{a}_2 = \begin{bmatrix} -1 \\ 1 \\ 0 \\ 0 \end{bmatrix}, \boldsymbol{a}_3 = \begin{bmatrix} -1 \\ 0 \\ 1 \\ 0 \end{bmatrix}, \boldsymbol{a}_4 = \begin{bmatrix} -1 \\ 0 \\ 0 \\ 1 \end{bmatrix}$$

は $W^\perp$ の基底で, $W^\perp$ の次元は 3 である :　⇒ 基底と次元（基本事項 5.5）

$$W^\perp = \langle \boldsymbol{a}_2, \boldsymbol{a}_3, \boldsymbol{a}_4 \rangle$$

(2)　$\boldsymbol{x} = k\boldsymbol{a}_1 + \boldsymbol{b}, \boldsymbol{b} \in W^\perp$　とすると, $\boldsymbol{b} \cdot \boldsymbol{a}_1 = 0$ だから,

$$\begin{aligned}\boldsymbol{x}\cdot\boldsymbol{a}_1 &= (k\boldsymbol{a}_1+\boldsymbol{b})\cdot\boldsymbol{a}_1\\ &= k\boldsymbol{a}_1\cdot\boldsymbol{a}_1+\boldsymbol{b}\cdot\boldsymbol{a}_1\\ &= k\boldsymbol{a}_1\cdot\boldsymbol{a}_1\end{aligned}$$

したがって，

$$\begin{aligned}k &= \frac{\boldsymbol{x}\cdot\boldsymbol{a}_1}{\boldsymbol{a}_1\cdot\boldsymbol{a}_1}\\ &= \frac{x_1+x_2+x_3+x_4}{4}\end{aligned}$$

問　題

5.18 $\boldsymbol{R}^4$ において，

$$W=\langle\boldsymbol{a}_1,\boldsymbol{a}_2\rangle,\ \boldsymbol{a}_1=\begin{bmatrix}1\\2\\2\\1\end{bmatrix},\ \boldsymbol{a}_2=\begin{bmatrix}2\\-1\\-1\\2\end{bmatrix}$$

を考える．

(1) 直交補空間 $W^{\perp}$ の基底と次元を求めよ．

(2) $\boldsymbol{x}=\begin{bmatrix}x_1\\x_2\\x_3\\x_4\end{bmatrix}\in\boldsymbol{R}^4$ に対して，

$$\boldsymbol{x}-k_1\boldsymbol{a}_1-k_2\boldsymbol{a}_2\in W^{\perp}$$

となる k_1, k_2 を求めよ．

例題 5.13 直交補空間

$\boldsymbol{R}^4$ の集合

$W = \{\begin{bmatrix} x_1 & x_2 & x_3 & x_4 \end{bmatrix} : x_1 + 2x_2 + x_3 + 3x_4 = 0, 2x_1 + x_2 + 2x_3 + 3x_4 = 0\}$

の直交補空間 $W^{\perp}$ の基底と次元を求めよ．

［解　答］ W のベクトルは連立 1 次方程式

$$\begin{bmatrix} 1 & 2 & 1 & 3 \\ 2 & 1 & 2 & 3 \end{bmatrix} \begin{bmatrix} x_1 \\ x_2 \\ x_3 \\ x_4 \end{bmatrix} = \begin{bmatrix} 0 \\ 0 \\ 0 \\ 0 \end{bmatrix}$$

の解である．これを掃き出し法で解く： ⇒ 掃き出し法（基本事項 2.2）

1	2	1	3	①
2	1	2	3	②
1	2	1	3	③ = ①
0	−3	0	−3	④ = ② − ① × 2
1	0	1	1	⑤ = ③ − ⑥ × 2
0	1	0	1	⑥ = ④ ÷ (−3)
$\boldsymbol{e}_1$	$\boldsymbol{e}_2$			

より，

$$x_1 + x_3 + x_4 = 0, \ x_2 + x_4 = 0$$

したがって，

$$\begin{bmatrix} x_1 \\ x_2 \\ x_3 \\ x_4 \end{bmatrix} = x_3 \begin{bmatrix} -1 \\ 0 \\ 1 \\ 0 \end{bmatrix} + x_4 \begin{bmatrix} -1 \\ -1 \\ 0 \\ 1 \end{bmatrix}$$

であるから，

$$\boldsymbol{a}_1 = \begin{bmatrix} -1 \\ 0 \\ 1 \\ 0 \end{bmatrix}, \boldsymbol{a}_2 = \begin{bmatrix} -1 \\ -1 \\ 0 \\ 1 \end{bmatrix}$$

は W の基底である．

$$\boldsymbol{x} = \begin{bmatrix} x_1 & x_2 & x_3 & x_4 \end{bmatrix} \in W^{\perp}$$

とすれば， ⇒ 直交補空間（基本事項 5.16）

$$\boldsymbol{x} \cdot \boldsymbol{a}_1 = -x_1 + x_3 = 0$$
$$\boldsymbol{x} \cdot \boldsymbol{a}_2 = -x_1 - x_2 + x_4 = 0$$

この連立 1 次方程式を解く．

-1	0	1	0	①
-1	-1	0	1	②
1	1	0	-1	③ = −②
0	1	1	-1	④ = ① − ②
1	0	-1	0	⑤ = ③ − ④
0	1	1	-1	⑥ = ④
$\boldsymbol{e}_1$	$\boldsymbol{e}_2$			

より，

$$x_1 - x_3 = 0,\ x_2 + x_3 - x_4 = 0$$

したがって，

$$\begin{bmatrix} x_1 \\ x_2 \\ x_3 \\ x_4 \end{bmatrix} = x_3 \begin{bmatrix} 1 \\ -1 \\ 1 \\ 0 \end{bmatrix} + x_4 \begin{bmatrix} 0 \\ 1 \\ 0 \\ 1 \end{bmatrix}$$

であるから，

$$\boldsymbol{a}_3 = \begin{bmatrix} 1 \\ -1 \\ 1 \\ 0 \end{bmatrix}, \boldsymbol{a}_4 = \begin{bmatrix} 0 \\ 1 \\ 0 \\ 1 \end{bmatrix}$$

は $W^\perp$ の基底をつくり，$W^\perp$ の次元は 2 である．⇒ 基底と次元（基本事項 **5.5**）

問　題

5.19 $\boldsymbol{R}^4$ の集合

$$W = \{\begin{bmatrix} x_1 & x_2 & x_3 & x_4 \end{bmatrix} : x_1 + x_2 + x_3 + 2x_4 = 0, 2x_1 + x_2 + x_3 + x_4 = 0\}$$

の直交補空間 $W^\perp$ の基底と次元を求めよ．

5.7 グラム・シュミットの直交化法

例題 5.14 グラム・シュミットの直交化法

$\boldsymbol{R}^3$ のベクトル

$$\boldsymbol{x}_1 = \begin{bmatrix}1 & 1 & 0\end{bmatrix},$$
$$\boldsymbol{x}_2 = \begin{bmatrix}0 & 1 & 1\end{bmatrix},$$
$$\boldsymbol{x}_3 = \begin{bmatrix}1 & 0 & 1\end{bmatrix}$$

から，グラム・シュミットの直交化法により，正規直交系 $\boldsymbol{e}_1, \boldsymbol{e}_2, \boldsymbol{e}_3$ をつくれ．

［解　答］ グラム・シュミットの直交化法により，順に，$\boldsymbol{e}_1, \boldsymbol{e}_2, \boldsymbol{e}_3$ を計算する．

⇒ グラム・シュミットの直交化法（基本事項 5.15）

1. $\boldsymbol{e}_1 = \dfrac{\boldsymbol{x}_1}{\|\boldsymbol{x}_1\|} = \dfrac{1}{\sqrt{2}}\begin{bmatrix}1 & 1 & 0\end{bmatrix}$

2. $$\begin{aligned}\boldsymbol{b}_2 &= \boldsymbol{x}_2 - (\boldsymbol{x}_2 \cdot \boldsymbol{e}_1)\boldsymbol{e}_1 \\ &= \begin{bmatrix}0 & 1 & 1\end{bmatrix} - \frac{1}{2}\begin{bmatrix}1 & 1 & 0\end{bmatrix} \\ &= \frac{1}{2}\begin{bmatrix}-1 & 1 & 2\end{bmatrix}\end{aligned}$$

より，

$$\begin{aligned}\boldsymbol{e}_2 &= \frac{\boldsymbol{b}_2}{\|\boldsymbol{b}_2\|} \\ &= \frac{1}{\sqrt{6}}\begin{bmatrix}-1 & 1 & 2\end{bmatrix}\end{aligned}$$

3. 最後に，

$$\begin{aligned}\boldsymbol{b}_3 &= \boldsymbol{x}_3 - (\boldsymbol{x}_3 \cdot \boldsymbol{e}_1)\boldsymbol{e}_1 - (\boldsymbol{x}_3 \cdot \boldsymbol{e}_2)\boldsymbol{e}_2 \\ &= \begin{bmatrix}1 & 0 & 1\end{bmatrix} - \frac{1}{2}\begin{bmatrix}1 & 1 & 0\end{bmatrix} - \frac{-1+2}{6}\begin{bmatrix}-1 & 1 & 2\end{bmatrix} \\ &= \frac{1}{6}\begin{bmatrix}4 & -4 & 4\end{bmatrix}\end{aligned}$$

より，

$$\begin{aligned}\boldsymbol{e}_3 &= \frac{\boldsymbol{b}_3}{\|\boldsymbol{b}_3\|} \\ &= \frac{1}{\sqrt{3}}\begin{bmatrix}1 & -1 & 1\end{bmatrix}\end{aligned}$$

参考：$\begin{bmatrix} \boldsymbol{e}_1 & \boldsymbol{e}_2 & \boldsymbol{e}_3 \end{bmatrix} = \begin{bmatrix} \boldsymbol{x}_1 & \boldsymbol{x}_2 & \boldsymbol{x}_3 \end{bmatrix} \begin{bmatrix} \alpha_{11} & \alpha_{12} & \alpha_{13} \\ 0 & \alpha_{22} & \alpha_{23} \\ 0 & 0 & \alpha_{33} \end{bmatrix}$

$(\alpha_{11} \neq 0,\ \alpha_{22} \neq 0,\ \alpha_{33} \neq 0)$

と表される．また，

$$\boldsymbol{e}_1 \in \langle \boldsymbol{x}_1 \rangle, \quad \boldsymbol{e}_2 \in \langle \boldsymbol{x}_1, \boldsymbol{x}_2 \rangle, \quad \boldsymbol{e}_3 \in \langle \boldsymbol{x}_1, \boldsymbol{x}_2, \boldsymbol{x}_3 \rangle$$

である．

問　題

5.20 $\boldsymbol{R}^3$ のベクトル

$$\boldsymbol{x}_1 = \begin{bmatrix} 2 & 1 & 1 \end{bmatrix},$$
$$\boldsymbol{x}_2 = \begin{bmatrix} 1 & 2 & 1 \end{bmatrix},$$
$$\boldsymbol{x}_3 = \begin{bmatrix} 1 & 1 & 2 \end{bmatrix}$$

から，グラム・シュミットの直交化法により，正規直交系 $\boldsymbol{e}_1, \boldsymbol{e}_2, \boldsymbol{e}_3$ をつくれ．

5.21 $\boldsymbol{R}^4$ のベクトル

$$\boldsymbol{x}_1 = \begin{bmatrix} 1 & 1 & 0 & 0 \end{bmatrix},$$
$$\boldsymbol{x}_2 = \begin{bmatrix} 1 & 0 & 1 & 0 \end{bmatrix},$$
$$\boldsymbol{x}_3 = \begin{bmatrix} 1 & 0 & 0 & 1 \end{bmatrix},$$
$$\boldsymbol{x}_4 = \begin{bmatrix} 1 & 1 & 1 & 1 \end{bmatrix}$$

から，グラム・シュミットの直交化法により，正規直交系 $\boldsymbol{e}_1, \boldsymbol{e}_2, \boldsymbol{e}_3, \boldsymbol{e}_4$ をつくれ．

例題 5.15 グラム・シュミットの直交化法

実数係数の多項式の全体を P とする．2つの多項式 f と g に対して，内積を

$$f \cdot g = (f, g) = \int_{-1}^{1} f(x)g(x)\,dx$$

で定義する．このとき，

$$p_1(x) = 1, \quad p_2(x) = x, \quad p_3(x) = x^2, \quad p_4(x) = x^3$$

から，グラムシュミットの直交化法により，正規直交系をつくれ．

[解　答]　グラム・シュミットの直交化法により，順に，$\boldsymbol{e}_1$, $\boldsymbol{e}_2$, $\boldsymbol{e}_3$ を計算する．

⇒ グラム・シュミットの直交化法（基本事項 5.15）

1. $\|p_1\|^2 = (p_1, p_1) = \displaystyle\int_{-1}^{1} p_1(x)^2\,dx = 2$ だから，$\boldsymbol{e}_1 = \dfrac{p_1}{\|p_1\|} = \dfrac{1}{\sqrt{2}}$

2. $\boldsymbol{b}_2 = p_2(x) - (p_2, \boldsymbol{e}_1)\boldsymbol{e}_1 = p_2(x) - \left(\displaystyle\int_{-1}^{1} p_2(x)\,dx\right)\dfrac{1}{2} = p_2(x)$,

$\|p_2\|^2 = \displaystyle\int_{-1}^{1} p_2(x)^2\,dx = \dfrac{2}{3}$ より，

$$\boldsymbol{e}_2 = \frac{p_2(x)}{\|p_2\|} = \frac{p_2(x)}{\sqrt{2/3}} = \frac{\sqrt{6}}{2}x$$

3. $(p_3, \boldsymbol{e}_1) = \displaystyle\int_{-1}^{1} \frac{x^2}{\sqrt{2}}\,dx = \frac{1}{\sqrt{2}}\frac{2}{3}$

$(p_3, \boldsymbol{e}_2) = \displaystyle\int_{-1}^{1} \frac{\sqrt{6}x^3}{2}\,dx = 0$ だから，

$$\begin{aligned}\boldsymbol{b}_3 &= p_3(x) - (p_3, \boldsymbol{e}_1)\boldsymbol{e}_1 - (p_3, \boldsymbol{e}_2)\boldsymbol{e}_2 \\ &= p_3(x) - \frac{1}{2}\cdot\frac{2}{3} = x^2 - \frac{1}{3}\end{aligned}$$

ここで，

$$\begin{aligned}\|\boldsymbol{b}_3\|^2 &= \int_{-1}^{1} \left(x^2 - \frac{1}{3}\right)^2 dx \\ &= 2\int_{0}^{1} \left(x^4 - 2\frac{1}{3}x^2 + \frac{1}{9}\right) dx \\ &= \frac{2}{5} - 4\cdot\frac{1}{3^2} + \frac{2}{9} = \frac{8}{45}\end{aligned}$$

より，$\boldsymbol{e}_3 = \dfrac{\boldsymbol{b}_3}{\|\boldsymbol{b}_3\|} = \dfrac{3\sqrt{10}}{4}\left(x^2 - \dfrac{1}{3}\right)$．

4. $(p_4, \boldsymbol{e}_1) = \displaystyle\int_{-1}^{1} \frac{x^3}{\sqrt{2}}\,dx = 0$

$(p_4, \boldsymbol{e}_2) = \displaystyle\int_{-1}^{1} \frac{\sqrt{6}x^4}{2}\,dx = \frac{\sqrt{6}}{2}\frac{2}{5}$

$(p_4, \boldsymbol{e}_3) = \displaystyle\int_{-1}^{1} x^3\left(x^2 - \frac{1}{3}\right)dx = 0$ だから，

$$\begin{aligned}\boldsymbol{b}_4 &= p_4(x) - (p_4, \boldsymbol{e}_1)\boldsymbol{e}_1 - (p_4, \boldsymbol{e}_2)\boldsymbol{e}_2 - (p_4, \boldsymbol{e}_3)\boldsymbol{e}_3 \\ &= x^3 - \frac{6}{4}\cdot\frac{2}{5}x = x^3 - \frac{3}{5}x\end{aligned}$$

ここで，

$$\begin{aligned}\|\boldsymbol{b}_4\|^2 &= \int_{-1}^{1}\left(x^3 - \frac{3}{5}x\right)^2 dx \\ &= 2\int_{0}^{1}\left(x^6 - 2\frac{3}{5}x^4 + \frac{9}{25}x^2\right)dx \\ &= \frac{2}{7} - \frac{12}{25} + \frac{6}{25} = \frac{8}{7\cdot 25}\end{aligned}$$

したがって，$\boldsymbol{e}_4 = \dfrac{\boldsymbol{b}_4}{\|\boldsymbol{b}_4\|} = \dfrac{5\sqrt{14}}{4}\left(x^3 - \dfrac{3}{5}x\right)$．

参考：$\displaystyle\int_{-1}^{1} x^n\,dx = 0$　（n：奇数）

$$\int_{-1}^{1} x^n\,dx = 2\int_{0}^{1} x^n\,dx = \frac{2}{n+1}\quad (n：偶数)$$

問　題

5.22 区間 $[0, 2\pi]$ 上の連続関数の全体を $C[0, 2\pi]$ とする．2 つの関数 f と g に対して，内積を

$$(f, g) = \int_{0}^{2\pi} f(x)g(x)\,dx$$

で定義する．このとき，

$$p_0(x) = 1,\quad p_1(x) = \cos x,\quad p_2(x) = \sin x, \cdots,$$

$$p_{2n-1}(x) = \cos nx,\quad p_{2n}(x) = \sin nx$$

から，グラムシュミットの直交化法により，正規直交系をつくれ．

第6章

線 形 写 像

6.1　基 本 事 項

1. $\boldsymbol{K}$ 上の線形空間 V，W に対して，V から W への写像 φ が次の条件を満足するならば**線形写像**と呼ばれる：

(1)　$\varphi(\boldsymbol{x}+\boldsymbol{y})=\varphi(\boldsymbol{x})+\varphi(\boldsymbol{y})$　$(\boldsymbol{x},\boldsymbol{y}\in V)$

(2)　$\varphi(\alpha\boldsymbol{x})=\alpha\varphi(\boldsymbol{x})$　$(\alpha\in\boldsymbol{K},\boldsymbol{x}\in V)$

とくに，V から V への線形写像を V の**線形変換**という．

2. V から W への線形写像 φ に対して，

$$\mathrm{Im}\ \varphi=\varphi(V)=\{\varphi(\boldsymbol{x}):\boldsymbol{x}\in V\}$$

を φ の**像**，

$$\mathrm{Ker}\ \varphi=\varphi^{-1}(\boldsymbol{0})=\{\boldsymbol{x}\in V:\varphi(\boldsymbol{x})=\boldsymbol{0}\}$$

を φ の**核**という．

3. **次元定理**

$$\dim\ (\mathrm{Im}\ \varphi)+\dim\ (\mathrm{Ker}\ \varphi)=\dim\ V$$

4. $\boldsymbol{K}$ 上の線形空間 $V=\boldsymbol{K}\langle\boldsymbol{e}_1,\boldsymbol{e}_2,\cdots,\boldsymbol{e}_n\rangle$ から $W=\boldsymbol{K}\langle\boldsymbol{f}_1,\boldsymbol{f}_2,\cdots,\boldsymbol{f}_m\rangle$ への線形写像 φ に対して，

$$\begin{aligned}\varphi(\boldsymbol{e}_1)&=a_{11}\boldsymbol{f}_1+a_{21}\boldsymbol{f}_2+\cdots+a_{m1}\boldsymbol{f}_m\\ \varphi(\boldsymbol{e}_2)&=a_{12}\boldsymbol{f}_1+a_{22}\boldsymbol{f}_2+\cdots+a_{m2}\boldsymbol{f}_m\\ &\cdots\\ \varphi(\boldsymbol{e}_n)&=a_{1n}\boldsymbol{f}_1+a_{2n}\boldsymbol{f}_2+\cdots+a_{mn}\boldsymbol{f}_m\end{aligned}$$

と表すと，行列

$$A = \begin{bmatrix} a_{11} & a_{12} & \cdots & a_{1n} \\ a_{21} & a_{22} & \cdots & a_{2n} \\ & & \cdots & \\ a_{m1} & a_{m2} & \cdots & a_{mn} \end{bmatrix}$$

を φ の基底 $E = \{\boldsymbol{e}_1, \boldsymbol{e}_2, \cdots, \boldsymbol{e}_n\}$，$F = \{\boldsymbol{f}_1, \boldsymbol{f}_2, \cdots, \boldsymbol{f}_n\}$ に関する**表現行列**という．また，$\boldsymbol{x} \in V$，$\boldsymbol{y} \in W$ を

$$\boldsymbol{x} = x_1\boldsymbol{e}_1 + x_2\boldsymbol{e}_2 + \cdots + x_n\boldsymbol{e}_n, \quad \boldsymbol{y} = y_1\boldsymbol{f}_1 + y_2\boldsymbol{f}_2 + \cdots + y_m\boldsymbol{f}_m$$

と表すと，
$$\begin{bmatrix} y_1 \\ y_2 \\ \vdots \\ y_m \end{bmatrix} = A \begin{bmatrix} x_1 \\ x_2 \\ \vdots \\ x_n \end{bmatrix}$$

5. 線形空間 V から線形空間 W への線形写像 φ が

$$\boldsymbol{x} \neq \boldsymbol{x}' \text{ならば}, \qquad \varphi(\boldsymbol{x}) \neq \varphi(\boldsymbol{x}')$$

を満たすならば，**1 対 1**(または単射) と呼ばれる．

6. 線形空間 V から線形空間 W への線形写像 φ が

$$\varphi(V) = W$$

を満たすならば，**上への写像** (または全射) と呼ばれる．

7. 線形空間 V から線形空間 W への線形写像 φ が 1 対 1 かつ上への写像ならば，**同型写像**と呼ばれる．

8. n 次元線形空間 V の線形変換 φ について，次は同値である：

(i) φ は同型である．

(ii) φ は 1 対 1 である．

(iii) φ は上への変換である．

(iv) V の基底に関する φ の表現行列は正則である．

9. n 次元実計量空間 V^n の線形変換 φ が次の条件の 1 つを満足するならば，**直交変換**と呼ばれる．

(i) $\|\varphi(\boldsymbol{x})\| = \|\boldsymbol{x}\| \qquad (\forall \boldsymbol{x} \in V^n)$

(ii) $\varphi(\boldsymbol{x}) \cdot \varphi(\boldsymbol{y}) = \boldsymbol{x} \cdot \boldsymbol{y} \qquad (\forall \boldsymbol{x}, \boldsymbol{y} \in V^n)$

(iii) V^n の正規直交基底 $\{\boldsymbol{e}_1,\ \boldsymbol{e}_2, \cdots, \boldsymbol{e}_n\}$ に関する φ の表現行列は直交行列である．

6.2 線形写像の例

例題 6.1 行列と線形写像

次の写像は線形写像か.

(1) $\varphi : \boldsymbol{R}^n \to \boldsymbol{R},\ \varphi(\boldsymbol{x}) = \boldsymbol{a} \cdot \boldsymbol{x}$ （$\boldsymbol{a}$ は定ベクトル）

(2) $\varphi : \boldsymbol{R}^3 \to \boldsymbol{R}^3,\ \varphi(\boldsymbol{x}) = \boldsymbol{a} \times \boldsymbol{x}$ （$\boldsymbol{a}$ は定ベクトル）

(3) $\varphi : M_n(\boldsymbol{K}) \to \boldsymbol{K},\ \varphi(M) = \mathrm{tr}\ M$

(4) $\varphi : M_n(\boldsymbol{K}) \to \boldsymbol{K},\ \varphi(M) = |M|$

ここに，$M_n(\boldsymbol{K})$ は $\boldsymbol{K}$ の数を要素とする n 次正方行列の全体を表す.

［解　答］ (1) 内積の性質より， ⇒ 内積（基本事項 5.9）

$$\varphi(\alpha\boldsymbol{x} + \beta\boldsymbol{y}) = \boldsymbol{a} \cdot (\alpha\boldsymbol{x} + \beta\boldsymbol{y}) = \alpha\boldsymbol{a} \cdot \boldsymbol{x} + \beta\boldsymbol{a} \cdot \boldsymbol{y} = \alpha\varphi(\boldsymbol{x}) + \beta\varphi(\boldsymbol{y})$$

より，線形写像である. ⇒ 線形写像（基本事項 6.1）

(2) 外積の性質より， ⇒ 外積（基本事項 4.12）

$$\varphi(\alpha\boldsymbol{x} + \beta\boldsymbol{y}) = \boldsymbol{a} \times (\alpha\boldsymbol{x} + \beta\boldsymbol{y}) = \alpha\boldsymbol{a} \times \boldsymbol{x} + \beta\boldsymbol{a} \times \boldsymbol{y} = \alpha\varphi(\boldsymbol{x}) + \beta\varphi(\boldsymbol{y})$$

より，線形写像である.

(3) トレースの性質より， ⇒ トレース（基本事項 1.15）

$$\varphi(\alpha M + \beta N) = \mathrm{tr}\ (\alpha M + \beta N) = \alpha\,\mathrm{tr}\ M + \beta\,\mathrm{tr}\ N = \alpha\varphi(M) + \beta\varphi(N)$$

より，線形写像である.

(4) $n \geqq 2$ のとき，線形写像でない．例えば，

$$|2E| = 2^n, 2\,|E| = 2 \text{ だから，} \quad \varphi(2E) \neq 2\varphi(E)$$

問　題

6.1 次の写像は線形写像か.

(1) $\varphi : \boldsymbol{R}^n \to \boldsymbol{R}^m,\ \varphi(\boldsymbol{x}) = M\boldsymbol{x}$ （M は (m, n) 行列）

(2) $\varphi : M_n(\boldsymbol{K}) \to M_n(\boldsymbol{K}),\ \varphi(M) = {}^tM$

(3) $\varphi : P_n[x] \to P_n[x],\ \varphi(f) = f'$

(4) $\varphi : C[0,1] \to \boldsymbol{R},\ \varphi(f) = \displaystyle\int_0^1 f(x)dx$

ここに，$M_n(\boldsymbol{K})$ は n 次正方行列の全体，$P_n[x]$ は高々 n 次の多項式の全体，$C[0,1]$ は実数値連続関数の全体を表す.

例題 6.2 実数上の線形写像

$\boldsymbol{R}$ 上

$$f(x+y)=f(x)+f(y) \qquad (*)$$

を満たす関数で連続なものは $f(x)=ax$ に限ることを示せ．ここに，a は実定数である．

［解　答］ 最初に，自然数 n に対して，$(*)$ から，

$$f(nx)=nf(x) \qquad (1)$$

に注意する．(数学的帰納法で証明する．)

ここで，$x=n^{-1}$ とおけば，

$$f(n^{-1})=n^{-1}f(1)=an^{-1}$$

ここに，$a=f(1)$ である．

自然数 m, n に対して，(1) から

$$f\left(\frac{m}{n}\right)=mf(n^{-1})=a\frac{m}{n}$$

ここで，$r>0$ を有理数とすれば，

$$f(r)=ar \qquad (2)$$

$x>0$ を有理数 $\{r_n\}$ で近似すれば，連続性と (2) より，

$$f(x)=\lim_{n\to\infty}f(r_n)=\lim_{n\to\infty}ar_n=ax \qquad (3)$$

条件 $(*)$ において，$x=y=0$ とすれば，$f(0+0)=f(0)+f(0)$ から，

$$f(0)=0$$

さらに，$y=-x$ ととると，$f(x-x)=f(x)+f(-x)$ から，

$$f(-x)=-f(x) \qquad (4)$$

$x<0$ のとき，$-x>0$ だから，(4), (3) から，

$$f(x)=-f(-x)=-\{a(-x)\}=ax$$

問　題

6.2 $\boldsymbol{R}$ 上の関数 $f(x)=ax^2+bx+c$ が線形写像（変換）となるための条件を求めよ．

例題 6.3 対称移動の線形写像

平面 $\pi: ax+by+cz=0$ とする．点 $\boldsymbol{x}$ を平面 π に関して対称な点 $\boldsymbol{x}'=T\boldsymbol{x}$ に移動する変換 T は線形変換であることを示せ．
さらに，T は直交変換であることを示せ．

［解　答］ 平面 π の法線ベクトルは $\boldsymbol{n}=\begin{bmatrix}a & b & c\end{bmatrix}$ であるから，平面 π は
⇒ 平面の方程式（基本事項 4.14）

$$\boldsymbol{n}\cdot\boldsymbol{x}=0, \qquad \boldsymbol{x}=\begin{bmatrix}x & y & z\end{bmatrix}$$

と表される．また，$(T\boldsymbol{x}-\boldsymbol{x})/\!/\boldsymbol{n}$ だから

$$T\boldsymbol{x}-\boldsymbol{x}=k\boldsymbol{n} \tag{$*$}$$

と表される．また，$\boldsymbol{x}$ と $T\boldsymbol{x}$ の中点は平面上にあるので，

$$\frac{1}{2}(T\boldsymbol{x}+\boldsymbol{x})\cdot\boldsymbol{n}=0$$

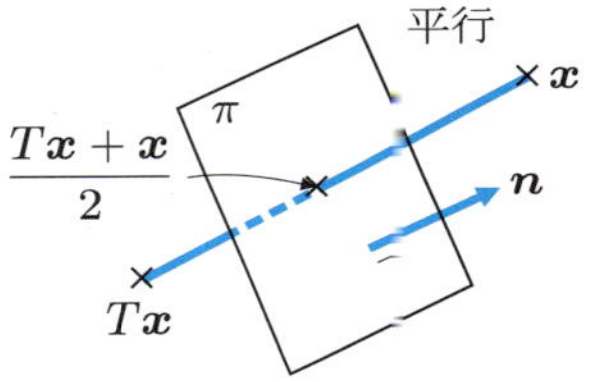

したがって，$(*)$ を代入すると，

$$(2\boldsymbol{x}+k\boldsymbol{n})\cdot\boldsymbol{n}=0$$

よって，
$$k=-\frac{2\boldsymbol{x}\cdot\boldsymbol{n}}{\boldsymbol{n}\cdot\boldsymbol{n}}$$

再び $(*)$ に代入すれば，
$$T\boldsymbol{x}=\boldsymbol{x}-\frac{2\boldsymbol{x}\cdot\boldsymbol{n}}{\boldsymbol{n}\cdot\boldsymbol{n}}\boldsymbol{n}$$

これから，T は線形変換であることがわかる．実際，⇒ 線形変換（基本事項 6.1）

$$\begin{aligned}T(a\boldsymbol{x}+b\boldsymbol{y}) &= (a\boldsymbol{x}+b\boldsymbol{y})-\frac{2(a\boldsymbol{x}+b\boldsymbol{y})\cdot\boldsymbol{n}}{\boldsymbol{n}\cdot\boldsymbol{n}}\boldsymbol{n}\\ &= aT(\boldsymbol{x})+bT(\boldsymbol{y})\end{aligned}$$

また，T は直交変換である．実際，⇒ 直交変換（基本事項 6.9）

$$\begin{aligned}T\boldsymbol{x}\cdot T\boldsymbol{y} &= \left(\boldsymbol{x}-\frac{2\boldsymbol{x}\cdot\boldsymbol{n}}{\boldsymbol{n}\cdot\boldsymbol{n}}\boldsymbol{n}\right)\cdot\left(\boldsymbol{y}-\frac{2\boldsymbol{y}\cdot\boldsymbol{n}}{\boldsymbol{n}\cdot\boldsymbol{n}}\boldsymbol{n}\right)\\ &= \boldsymbol{x}\cdot\boldsymbol{y}-\frac{2\boldsymbol{x}\cdot\boldsymbol{n}}{\boldsymbol{n}\cdot\boldsymbol{n}}\boldsymbol{n}\cdot\boldsymbol{y}-\frac{2\boldsymbol{y}\cdot\boldsymbol{n}}{\boldsymbol{n}\cdot\boldsymbol{n}}\boldsymbol{x}\cdot\boldsymbol{n}+\left(\frac{2\boldsymbol{x}\cdot\boldsymbol{n}}{\boldsymbol{n}\cdot\boldsymbol{n}}\right)\left(\frac{2\boldsymbol{y}\cdot\boldsymbol{n}}{\boldsymbol{n}\cdot\boldsymbol{n}}\right)\boldsymbol{n}\cdot\boldsymbol{n}\\ &= \boldsymbol{x}\cdot\boldsymbol{y}-2\frac{(\boldsymbol{x}\cdot\boldsymbol{n})(\boldsymbol{n}\cdot\boldsymbol{y})}{\boldsymbol{n}\cdot\boldsymbol{n}}-2\frac{(\boldsymbol{y}\cdot\boldsymbol{n})(\boldsymbol{x}\cdot\boldsymbol{n})}{\boldsymbol{n}\cdot\boldsymbol{n}}+4\frac{(\boldsymbol{x}\cdot\boldsymbol{n})(\boldsymbol{y}\cdot\boldsymbol{n})}{\boldsymbol{n}\cdot\boldsymbol{n}}\\ &= \boldsymbol{x}\cdot\boldsymbol{y}\end{aligned}$$

問　題

6.3 平面 $\pi: x+y+z=0$ に関して点 $\boldsymbol{x}$ と対称な点を $T\boldsymbol{x}$ とするとき，T の表現行列を求めよ

6.3 同型写像

例題 6.4 数列空間上の線形写像

次の漸化式を満たす数列 $\{a_n\}$ の全体を S とする．

$$a_{n+p} = k_1 a_n + k_2 a_{n+1} + \cdots + k_p a_{n+p-1} \qquad (*)$$

(1) $\varphi(\{a_n\}) = \{a_{n+p}\}$ は S から S への線形写像であることを示せ．

(2) $\psi(a_1, a_2, \cdots, a_p) = \{a_n\}$ は $\boldsymbol{K}^n$ から S への同型写像であることを示せ．

［解 答］ (1) $b_n = a_{n+p}$ とおく．漸化式 $(*)$ において，n に $n+p$ を代入すれば，$\{b_n\}$ も漸化式 $(*)$ を満たすことが示される．すなわち，$\varphi(\{a_n\}) = \{a_{n+p}\} \in S$ したがって，φ は S から S への写像である．さらに，

(i) $\varphi(\{a_n\} + \{b_n\}) = \varphi(\{a_n + b_n\}) = \{a_{n+p} + b_{n+p}\} = \{a_{n+p}\} + \{b_{n+p}\}$
$= \varphi(\{a_n\}) + \varphi(\{b_n\})$

(ii) $\varphi(\alpha\{a_n\}) = \varphi(\{\alpha a_n\}) = \{\alpha a_{n+p}\} = \alpha\{a_{n+p}\} = \alpha\varphi(\{a_n\})$

だから，φ は線形写像である． ⇒ 線形写像（基本事項 **6.1**）

(2) 漸化式を満たす数列 $\{a_n\}$ が与えられると，その最初の p 個の成分 $a_1, \cdots, a_p$ を考えれば，$\psi(a_1, a_2, \cdots, a_p) = \{a_n\}$ となるので，ψ は上への写像である．

⇒ 上への写像（基本事項 **6.6**）

また，φ は 1 対 1 である．これを示すためには，⇒ **1 対 1** 写像（基本事項 **6.5**）

$$(a_1, a_2, \cdots, a_p) \neq (b_1, b_2, \cdots, b_p) \qquad (**)$$

とする．$a_1, a_2, \cdots, a_p$ から定まる数列 $\{a_n\}$ と $b_1, b_2, \cdots, b_p$ から定まる数列 $\{b_n\}$ において，$(**)$ より数列 $\{a_n\}$, $\{b_n\}$ の最初の p 個の中に異なるものがあるので，$\{a_n\} \neq \{b_n\}$, すなわち，$\psi(a_1, a_2, \cdots, a_p) \neq \psi(b_1, b_2, \cdots, b_p)$. よって，$\varphi$ は 1 対 1 かつ上への写像であるので同型写像である． ⇒ 同型写像（基本事項 **6.7**）

問 題

6.4 漸化式 $a_{n+2} = a_n + a_{n+1}$ $(n = 1, 2, \cdots)$ を満たす数列 $\{a_n\}$ の全体を S とする．$a_1 = 1$, $a_2 = 0$ から定まる S に属する数列を $\boldsymbol{e}_1$, $a_1 = 0$, $a_2 = 1$ から定まる S に属する数列を $\boldsymbol{e}_2$ とする．

(1) $\boldsymbol{e}_1$ の第 3 項，第 4 項を求めよ．

(2) $\boldsymbol{e}_2$ の第 3 項，第 4 項を求めよ．

(3) $a_1 = \alpha$, $a_2 = \beta$ である S に属する数列 $\{a_n\}$ を $\boldsymbol{e}_1$, $\boldsymbol{e}_2$ で表せ．

(4) S 上の線形写像 $\varphi(\{a_n\}) = \{a_{n+1}\}$ について，基底 $\boldsymbol{e}_1$, $\boldsymbol{e}_2$ に関する表現行列を求めよ．

例題 6.5 同型写像

$\boldsymbol{R}^3$ 上の変換

$$\begin{bmatrix} x_1' \\ x_2' \\ x_3' \end{bmatrix} = f(\begin{bmatrix} x_1 \\ x_2 \\ x_3 \end{bmatrix}) = \begin{bmatrix} a & 1 & 1 \\ 1 & a & 1 \\ 1 & 1 & a \end{bmatrix} \begin{bmatrix} x_1 \\ x_2 \\ x_3 \end{bmatrix}$$

について，次の問いに答えよ．

(1) f が同型となるための a の条件を求めよ．

(2) f が同型でないとき，f の像と核を求めよ．

［解　答］ (1) f が同型であるための必要十分条件は ⇒同型写像（基本事項 6.7）

$$\begin{vmatrix} a & 1 & 1 \\ 1 & a & 1 \\ 1 & 1 & a \end{vmatrix} = (a-1)^2(a+2) \neq 0$$

より，$a \neq 1, -2$ ．

(2) (i) $a = 1$ のとき，

$\boldsymbol{x} \in f^{-1}(\boldsymbol{0}) \Longleftrightarrow f(\boldsymbol{x}) = \boldsymbol{0}$ だから，連立 1 次方程式 ⇒ 核（基本事項 6.2）

$$f(\begin{bmatrix} x_1 \\ x_2 \\ x_3 \end{bmatrix}) = \boldsymbol{0}$$

は，$x_1 + x_2 + x_3 = 0$ と同値であるから， ⇒ 例題 2.6 参照

$$\begin{bmatrix} x_1 \\ x_2 \\ x_3 \end{bmatrix} = x_2 \begin{bmatrix} -1 \\ 1 \\ 0 \end{bmatrix} + x_3 \begin{bmatrix} -1 \\ 0 \\ 1 \end{bmatrix}$$

したがって，

$$f^{-1}(\boldsymbol{0}) = \langle \begin{bmatrix} -1 \\ 1 \\ 0 \end{bmatrix}, \begin{bmatrix} -1 \\ 0 \\ 1 \end{bmatrix} \rangle$$

また，

$$\begin{aligned} \boldsymbol{y} \in f(\boldsymbol{R}^3) \Longleftrightarrow \boldsymbol{y} &= f(\boldsymbol{x}) \\ &= x_1 \begin{bmatrix} a \\ 1 \\ 1 \end{bmatrix} + x_2 \begin{bmatrix} 1 \\ a \\ 1 \end{bmatrix} + x_3 \begin{bmatrix} 1 \\ 1 \\ a \end{bmatrix} \in \langle \begin{bmatrix} a \\ 1 \\ 1 \end{bmatrix}, \begin{bmatrix} 1 \\ a \\ 1 \end{bmatrix}, \begin{bmatrix} 1 \\ 1 \\ a \end{bmatrix} \rangle \end{aligned}$$

だから， ⇒ ベクトルで張られる部分空間（基本事項 5.3）

$$f(\boldsymbol{R}^3) = \langle \begin{bmatrix} a \\ 1 \\ 1 \end{bmatrix}, \begin{bmatrix} 1 \\ a \\ 1 \end{bmatrix}, \begin{bmatrix} 1 \\ 1 \\ a \end{bmatrix} \rangle = \langle \begin{bmatrix} 1 \\ 1 \\ 1 \end{bmatrix} \rangle$$

⇒ 像（基本事項 **6.2**）

(ii) $a = -2$ のとき，連立 1 次方程式

$$f(\begin{bmatrix} x_1 \\ x_2 \\ x_3 \end{bmatrix}) = \mathbf{0}$$

を解くと，

⇒ 例題 **2.6** 参照

$$\begin{bmatrix} x_1 \\ x_2 \\ x_3 \end{bmatrix} = x_3 \begin{bmatrix} 1 \\ 1 \\ 1 \end{bmatrix}$$

したがって，

$$f^{-1}(\mathbf{0}) = \langle \begin{bmatrix} 1 \\ 1 \\ 1 \end{bmatrix} \rangle$$

また，f の表現行列 A の第 1 列と第 2 列は一次独立だから，

$$f(\boldsymbol{R}^3) = \langle \begin{bmatrix} a \\ 1 \\ 1 \end{bmatrix}, \begin{bmatrix} 1 \\ a \\ 1 \end{bmatrix}, \begin{bmatrix} 1 \\ 1 \\ a \end{bmatrix} \rangle = \langle \begin{bmatrix} -2 \\ 1 \\ 1 \end{bmatrix}, \begin{bmatrix} 1 \\ -2 \\ 1 \end{bmatrix} \rangle$$

問　題

6.5　$\boldsymbol{R}^2$ 上の変換

$$f(\begin{bmatrix} x_1 \\ x_2 \end{bmatrix}) = \begin{bmatrix} ax_1 + x_2 \\ x_1 + ax_2 \end{bmatrix}$$

が同型となるための a の条件を求めよ．

6.6　$\boldsymbol{R}^3$ 上の変換

$$f(\begin{bmatrix} x_1 \\ x_2 \\ x_3 \end{bmatrix}) = \begin{bmatrix} ax_1 + x_2 \\ ax_2 + x_3 \\ ax_3 + x_1 \end{bmatrix}$$

が同型となるための a の条件を求めよ．

6.4 線形写像の像と核

例題 6.6 線形写像の像と核

行列

$$A = \begin{bmatrix} 1 & 2 & 1 & 1 \\ 2 & 1 & 1 & 1 \\ -1 & 1 & 1 & -1 \\ 3 & 0 & -1 & 3 \end{bmatrix}$$

からできる線形写像

$$\varphi_A(\boldsymbol{x}) = A\boldsymbol{x}, \qquad \boldsymbol{x} = \begin{bmatrix} x_1 \\ x_2 \\ x_3 \\ x_4 \end{bmatrix}$$

の像と核の次元と基底を求めよ.

［解　答］ ベクトル

$$\boldsymbol{a}_1 = \begin{bmatrix} 1 \\ 2 \\ -1 \\ 3 \end{bmatrix}, \ \boldsymbol{a}_2 = \begin{bmatrix} 2 \\ 1 \\ 1 \\ 0 \end{bmatrix}, \ \boldsymbol{a}_3 = \begin{bmatrix} 1 \\ 1 \\ 1 \\ -1 \end{bmatrix}, \ \boldsymbol{a}_4 = \begin{bmatrix} 1 \\ 1 \\ -1 \\ 3 \end{bmatrix}$$

に対して,

$$\begin{aligned} \varphi_A(\boldsymbol{x}) &= A\boldsymbol{x} \\ &= \begin{bmatrix} \boldsymbol{a}_1 & \boldsymbol{a}_2 & \boldsymbol{a}_3 & \boldsymbol{a}_4 \end{bmatrix} \begin{bmatrix} x_1 \\ x_2 \\ x_3 \\ x_4 \end{bmatrix} \\ &= x_1\boldsymbol{a}_1 + x_2\boldsymbol{a}_2 + x_3\boldsymbol{a}_3 + x_4\boldsymbol{a}_4 \in \langle \boldsymbol{a}_1, \boldsymbol{a}_2, \boldsymbol{a}_3, \boldsymbol{a}_4 \rangle \end{aligned}$$

であるから,

⇒ ベクトルで張られる部分空間（基本事項 **5.3**）

$$\mathrm{Im}\ \varphi_A = \langle \boldsymbol{a}_1, \boldsymbol{a}_2, \boldsymbol{a}_3, \boldsymbol{a}_4 \rangle$$

⇒ 像（基本事項 **6.2**）

次のように基本変形を行う.

⇒ 掃き出し法（基本事項 **2.2**）

A				
1	2	1	1	①
2	1	1	1	②
−1	1	1	−1	③
3	0	−1	3	④
1	2	1	1	⑤ = ①
0	−3	−1	−1	⑥ = ② − ① × 2
0	3	2	0	⑦ = ③ + ①
0	−6	−4	0	⑧ = ④ − ① × 3
1	−1	0	0	⑨ = ⑤ − ⑩
0	3	1	1	⑩ = −⑥
0	−3	0	−2	⑪ = ⑦ − ⑩ × 2
0	6	0	4	⑫ = ⑧ + ⑩ × 4
1	−1	0	0	⑬ = ⑨
0	3/2	1	0	⑭ = ⑩ − ⑮
0	3/2	0	1	⑮ = ⑪ ÷ (−2)
0	0	0	0	⑯ = ⑫ − ⑮ × 4
$\boldsymbol{e}_1$		$\boldsymbol{e}_2$	$\boldsymbol{e}_3$	

したがって，$\boldsymbol{a}_1$, $\boldsymbol{a}_3$, $\boldsymbol{a}_4$ は一次独立で　⇒ 例題 **2.4** 参考

$$\boldsymbol{a}_2 = -\boldsymbol{a}_1 + \frac{3}{2}\boldsymbol{a}_3 + \frac{3}{2}\boldsymbol{a}_4$$

だから，

$$\begin{aligned}\mathrm{Im}\ \varphi_A &= \langle \boldsymbol{a}_1, \boldsymbol{a}_2, \boldsymbol{a}_3, \boldsymbol{a}_4 \rangle \\ &= \langle \boldsymbol{a}_1, \boldsymbol{a}_3, \boldsymbol{a}_4 \rangle\end{aligned}$$

⇒ 像（基本事項 **6.2**）

したがって，$\mathrm{Im}\ \varphi_A$ は 3 次元で，基底として $\{\boldsymbol{a}_1, \boldsymbol{a}_3, \boldsymbol{a}_4\}$ をとることができる．

⇒ 基底と次元（基本事項 **5.5**）

さらに，$\boldsymbol{x} \in \varphi_A{}^{-1}(\boldsymbol{0}) \iff \varphi_A(\boldsymbol{x}) = \boldsymbol{0}$ に注意して，$\varphi_A(\boldsymbol{x}) = \boldsymbol{0}$ に対応する連立 1 次方程式

$$\begin{cases} x_1 - x_2 = 0 \\ \dfrac{3}{2}x_2 + x_3 = 0 \\ \dfrac{3}{2}x_2 + x_4 = 0 \end{cases}$$

を解くと,

$$\boldsymbol{x} = x_2 \begin{bmatrix} 1 \\ 1 \\ -3/2 \\ -3/2 \end{bmatrix} = x_2 \boldsymbol{b}, \qquad \boldsymbol{b} = \begin{bmatrix} 1 \\ 1 \\ -3/2 \\ -3/2 \end{bmatrix}$$

したがって, $\mathrm{Ker}\ \varphi_A = \langle \boldsymbol{b} \rangle$ であるから, $\mathrm{Ker}\ \varphi_A$ は 1 次元で, 基底として $\{\boldsymbol{b}\}$ をとることができる.

⇒ 核 (基本事項 6.2)

参考: $\varphi_A(x) = A\boldsymbol{x} = \boldsymbol{y} = \begin{bmatrix} y_1 \\ y_2 \\ y_3 \\ y_4 \end{bmatrix}$ とすると, $\boldsymbol{y}$ は

$$(-1)y_1 + 0 \cdot y_2 + 2 \cdot y_3 + 1 \cdot y_4 = 0$$

を満足する. これは $\boldsymbol{R}^4$ における (超) 平面の方程式を表し, $\boldsymbol{a}_1$, $\boldsymbol{a}_2$, $\boldsymbol{a}_3$, $\boldsymbol{a}_4$ はこの平面上にある.

このような平面の方程式を求めるためには, 平面の方程式を $\alpha y_1 + \beta y_2 + \gamma y_3 + \delta y_4 = 0$ として, $\boldsymbol{a}_1$, $\boldsymbol{a}_2$, $\boldsymbol{a}_3$, $\boldsymbol{a}_4$ がこの式を満足するように α, β, γ, δ を決定すればよい.

問 題

6.7 次の行列 A からできる線形写像 $\varphi_A(\boldsymbol{x}) = A\boldsymbol{x}$ の像と核の次元と基底を求めよ.

(1) $A = \begin{bmatrix} 1 & -1 & -1 \\ 1 & 1 & 3 \\ 3 & -1 & 1 \end{bmatrix}$

(2) $A = \begin{bmatrix} 1 & 1 & 1 & 1 \\ 1 & -1 & -1 & 1 \\ -1 & 1 & 1 & -1 \\ -1 & -1 & 1 & 1 \end{bmatrix}$

6.5　線形写像の表現行列

例題 6.7　直交変換と直交行列

n 次実正方行列 A からできる線形写像

$$\varphi_A(\boldsymbol{x}) = A\boldsymbol{x} \quad (\boldsymbol{x} \in \boldsymbol{R}^n)$$

が直交変換であるための必要十分条件は，A が直交行列であることを示せ．

［解　答］ φ_A が直交変換であるための必要十分条件は

⇒ 直交変換（基本事項 6.9）

$$\varphi_A(\boldsymbol{x}) \cdot \varphi_A(\boldsymbol{y}) = \boldsymbol{x} \cdot \boldsymbol{y} = {}^t\boldsymbol{x}\boldsymbol{y} = {}^t\boldsymbol{x}E\boldsymbol{y} \qquad (*)$$

である．ここに，$\boldsymbol{x}, \boldsymbol{y}$ は n 次列ベクトルを表す．左辺は

$$\varphi_A(\boldsymbol{x}) \cdot \varphi_A(\boldsymbol{y}) = {}^t(A\boldsymbol{x})A\boldsymbol{y} = ({}^t\boldsymbol{x}\,{}^tA)A\boldsymbol{y} = {}^t\boldsymbol{x}({}^tAA)\boldsymbol{y}$$

⇒ 転置行列

例題 1.5 から，$(*)$ が成り立つための必要十分条件は　（基本事項 1.12）

$${}^tAA = E$$

すなわち，A が直交行列であることである．　⇒ 直交行列（基本事項 1.19）

問　題

6.8　3 次の上三角行列で直交行列であるものをすべて求めよ．

6.9　次の行列が直交行列であることを確かめて，逆行列を求めよ．

(1) $\begin{bmatrix} 6/7 & -2/7 & 3/7 \\ 3/7 & 6/7 & -2/7 \\ -2/7 & 3/7 & 6/7 \end{bmatrix}$

(2) $\begin{bmatrix} \sin\theta\cos\varphi & \cos\theta\cos\varphi & -\sin\varphi \\ \sin\theta\sin\varphi & \cos\theta\sin\varphi & \cos\varphi \\ \cos\theta & -\sin\theta & 0 \end{bmatrix}$

例題 6.8 線形写像の表現行列

3 次元空間 $V = \langle \boldsymbol{a}_1, \boldsymbol{a}_2, \boldsymbol{a}_3 \rangle$ から 2 次元空間 $W = \langle \boldsymbol{b}_1, \boldsymbol{b}_2 \rangle$ への線形写像 φ が,

$$\begin{cases} \varphi(\boldsymbol{a}_1 + \boldsymbol{a}_2) = 3\boldsymbol{b}_1 + \boldsymbol{b}_2 \\ \varphi(\boldsymbol{a}_2 + \boldsymbol{a}_3) = \boldsymbol{b}_2 \\ \varphi(\boldsymbol{a}_3 + \boldsymbol{a}_1) = \boldsymbol{b}_1 + 4\boldsymbol{b}_2 \end{cases}$$

を満足しているとき, φ の表現行列を求めよ.

［解　答］ 線形性から, ⇒ 線形写像（基本事項 6.1）

$$\begin{cases} \varphi(\boldsymbol{a}_1) + \varphi(\boldsymbol{a}_2) = 3\boldsymbol{b}_1 + \boldsymbol{b}_2 & \cdots\cdots ① \\ \varphi(\boldsymbol{a}_2) + \varphi(\boldsymbol{a}_3) = \boldsymbol{b}_2 & \cdots\cdots ② \\ \varphi(\boldsymbol{a}_3) + \varphi(\boldsymbol{a}_1) = \boldsymbol{b}_1 + 4\boldsymbol{b}_2 & \cdots\cdots ③ \end{cases}$$

これらをすべて加えると

$$\varphi(\boldsymbol{a}_1) + \varphi(\boldsymbol{a}_2) + \varphi(\boldsymbol{a}_3) = 2\boldsymbol{b}_1 + 3\boldsymbol{b}_2 \quad \cdots\cdots ④$$

④ − ①, ④ − ②, ④ − ③ から,

$$\begin{cases} \varphi(\boldsymbol{a}_1) = 2\boldsymbol{b}_1 + 2\boldsymbol{b}_2 \\ \varphi(\boldsymbol{a}_2) = \boldsymbol{b}_1 - \boldsymbol{b}_2 \\ \varphi(\boldsymbol{a}_3) = -\boldsymbol{b}_1 + 2\boldsymbol{b}_2 \end{cases}$$

したがって,

$$\begin{bmatrix} \varphi(\boldsymbol{a}_1) & \varphi(\boldsymbol{a}_2) & \varphi(\boldsymbol{a}_3) \end{bmatrix} = \begin{bmatrix} \boldsymbol{b}_1 & \boldsymbol{b}_2 \end{bmatrix} \begin{bmatrix} 2 & 1 & -1 \\ 2 & -1 & 2 \end{bmatrix}$$

だから, 求める表現行列は ⇒ 表現行列（基本事項 6.4）

$$A = \begin{bmatrix} 2 & 1 & -1 \\ 2 & -1 & 2 \end{bmatrix}$$

問　題

6.10 $\boldsymbol{K}^3$ から $\boldsymbol{K}^3$ への線形写像

$$\varphi\left(\begin{bmatrix} x_1 \\ x_2 \\ x_3 \end{bmatrix}\right) = \begin{bmatrix} x_1 + x_2 + 2x_3 \\ x_1 + 2x_2 + 3x_3 \\ 2x_1 + x_2 + 3x_3 \end{bmatrix}$$

の表現行列を求めよ.

6.11 3 次元空間 $V = \langle \boldsymbol{a}_1, \boldsymbol{a}_2, \boldsymbol{a}_3 \rangle$ から 2 次元空間 $W = \langle \boldsymbol{b}_1, \boldsymbol{b}_2 \rangle$ への線形写像 φ が,

$\varphi(\boldsymbol{a}_1+\boldsymbol{a}_2+2\boldsymbol{a}_3) = \boldsymbol{b}_1$, $\varphi(\boldsymbol{a}_1+2\boldsymbol{a}_2+\boldsymbol{a}_3) = \boldsymbol{b}_2$, $\varphi(2\boldsymbol{a}_1+\boldsymbol{a}_2+\boldsymbol{a}_3) = \boldsymbol{b}_1+\boldsymbol{b}_2$

を満たすとき, その表現行列を求めよ.

例題 6.9 線形写像と基底変換

$\boldsymbol{R}^2$ において，$\boldsymbol{a}_1 = \begin{bmatrix} 1 & 1 \end{bmatrix}$, $\boldsymbol{a}_2 = \begin{bmatrix} -1 & 1 \end{bmatrix}$, $\boldsymbol{b}_1 = \begin{bmatrix} 1 & 2 \end{bmatrix}$, $\boldsymbol{b}_2 = \begin{bmatrix} 2 & 1 \end{bmatrix}$ とするとき，次の問いに答えよ．

(1) $(x, y) = \alpha_1 \boldsymbol{a}_1 + \alpha_2 \boldsymbol{a}_2$ のとき，

$$\begin{bmatrix} x \\ y \end{bmatrix} = P \begin{bmatrix} \alpha_1 \\ \alpha_2 \end{bmatrix}$$

となる 2 次正方行列 P を求めよ．

(2) $(x, y) = \beta_1 \boldsymbol{b}_1 + \beta_2 \boldsymbol{b}_2$ のとき，

$$\begin{bmatrix} \beta_1 \\ \beta_2 \end{bmatrix} = Q \begin{bmatrix} x \\ y \end{bmatrix}$$

となる 2 次正方行列 Q を求めよ．

(3) $\begin{bmatrix} \beta_1 \\ \beta_2 \end{bmatrix} = A \begin{bmatrix} \alpha_1 \\ \alpha_2 \end{bmatrix}$ となる 2 次正方行列 A を求めよ．

［解　答］ (1) $\begin{bmatrix} x & y \end{bmatrix} = \begin{bmatrix} \alpha_1 & \alpha_2 \end{bmatrix} \begin{bmatrix} \boldsymbol{a}_1 \\ \boldsymbol{a}_2 \end{bmatrix} = \begin{bmatrix} \alpha_1 & \alpha_2 \end{bmatrix} \begin{bmatrix} 1 & 1 \\ -1 & 1 \end{bmatrix}$

を転置すれば $\begin{bmatrix} x \\ y \end{bmatrix} = \begin{bmatrix} 1 & -1 \\ 1 & 1 \end{bmatrix} \begin{bmatrix} \alpha_1 \\ \alpha_2 \end{bmatrix}$,　$P = \begin{bmatrix} 1 & -1 \\ 1 & 1 \end{bmatrix}$

(2) $\begin{bmatrix} x & y \end{bmatrix} = \begin{bmatrix} \beta_1 & \beta_2 \end{bmatrix} \begin{bmatrix} \boldsymbol{b}_1 \\ \boldsymbol{b}_2 \end{bmatrix} = \begin{bmatrix} \beta_1 & \beta_2 \end{bmatrix} \begin{bmatrix} 1 & 2 \\ 2 & 1 \end{bmatrix}$

$$\begin{bmatrix} \beta_1 \\ \beta_2 \end{bmatrix} = \begin{bmatrix} 1 & 2 \\ 2 & 1 \end{bmatrix}^{-1} \begin{bmatrix} x \\ y \end{bmatrix} = -\frac{1}{3} \begin{bmatrix} 1 & -2 \\ -2 & 1 \end{bmatrix} \begin{bmatrix} x \\ y \end{bmatrix}$$

よって，$Q = -\dfrac{1}{3} \begin{bmatrix} 1 & -2 \\ -2 & 1 \end{bmatrix}$.　⇒ **2 次の行列の逆行列（基本事項 1.18）**

(3)

$$\begin{aligned} \begin{bmatrix} \beta_1 \\ \beta_2 \end{bmatrix} &= -\frac{1}{3} \begin{bmatrix} 1 & -2 \\ -2 & 1 \end{bmatrix} \begin{bmatrix} x \\ y \end{bmatrix} \\ &= -\frac{1}{3} \begin{bmatrix} 1 & -2 \\ -2 & 1 \end{bmatrix} \begin{bmatrix} 1 & -1 \\ 1 & 1 \end{bmatrix} \begin{bmatrix} \alpha_1 \\ \alpha_2 \end{bmatrix} \\ &= -\frac{1}{3} \begin{bmatrix} -1 & -3 \\ -1 & 3 \end{bmatrix} \begin{bmatrix} \alpha_1 \\ \alpha_2 \end{bmatrix} \end{aligned}$$

したがって，$A = \dfrac{1}{3} \begin{bmatrix} 1 & 3 \\ 1 & -3 \end{bmatrix}$.

例題 6.10 線形写像の表現行列

2 次以下の多項式の全体を P_2，1 つの基底を $E=\{1,x,x^2\}$ とする．
(1) 線形変換 $\varphi(f(x))=f'(x)$ の表現行列 A を求めよ．
(2) $\psi(f(x))=f(x+1)$ は線形変換であることを示し，その表現行列 B を求めよ．
(3) $(\varphi\circ\varphi)(f(x))=\varphi(\varphi(f(x)))$ の表現行列は A^2 であることを示せ．
(4) $(\psi\circ\psi)(f(x))=\psi(\psi(f(x)))$ の表現行列は B^2 であることを示せ．

［解　答］ $p_0(x)=1$，$p_1(x)=x$，$p_2(x)=x^2$ とする．

(1) $\varphi(p_0(x))=0$
$\varphi(p_1(x))=x'=1=p_0(x)$
$\varphi(p_2(x))=(x^2)'=2x=2p_1(x)$

であるから，

$$\begin{bmatrix}\varphi(p_0) & \varphi(p_1) & \varphi(p_2)\end{bmatrix}=\begin{bmatrix}0 & p_0 & 2p_1\end{bmatrix}$$
$$=\begin{bmatrix}p_0 & p_1 & p_2\end{bmatrix}\begin{bmatrix}0&1&0\\0&0&2\\0&0&0\end{bmatrix}$$

よって，表現行列は $\begin{bmatrix}0&1&0\\0&0&2\\0&0&0\end{bmatrix}$ である．　　⇒ 表現行列（基本事項 6.4）

(2) $\psi(p_0(x))=p_0(x+1)=1=p_0(x)$
$\psi(p_1(x))=p_1(x+1)=x+1=p_1(x)+p_0(x)$
$\psi(p_2(x))=p_2(x+1)=(x+1)^2=x^2+2x+1$
$=p_2(x)+2p_1(x)+p_0(x)$

であるから，

$$\begin{bmatrix}\psi(p_0) & \psi(p_1) & \psi(p_2)\end{bmatrix}=\begin{bmatrix}p_0 & p_0+p_1 & p_0+2p_1+p_2\end{bmatrix}$$
$$=\begin{bmatrix}p_0 & p_1 & p_2\end{bmatrix}\begin{bmatrix}1&1&1\\0&1&2\\0&0&1\end{bmatrix}$$

よって，表現行列は $\begin{bmatrix}1&1&1\\0&1&2\\0&0&1\end{bmatrix}$ である．

(3) $A = \begin{bmatrix} a_{11} & a_{12} & a_{13} \\ a_{21} & a_{22} & a_{23} \\ a_{31} & a_{32} & a_{33} \end{bmatrix}$ とすると，

$$\begin{aligned}(\varphi \circ \varphi)(p_0) &= \varphi(\varphi(p_0)) = \varphi(a_{11}p_0 + a_{21}p_1 + a_{31}p_2) \\ &= \begin{bmatrix} \varphi(p_0) & \varphi(p_1) & \varphi(p_2) \end{bmatrix} \begin{bmatrix} a_{11} \\ a_{21} \\ a_{31} \end{bmatrix} = \begin{bmatrix} p_0 & p_1 & p_2 \end{bmatrix} A \begin{bmatrix} a_{11} \\ a_{21} \\ a_{31} \end{bmatrix}\end{aligned}$$

同じように $(\varphi \circ \varphi)(p_1)$, $(\varphi \circ \varphi)(p_2)$ を計算すると，

$$\begin{aligned}\begin{bmatrix} (\varphi \circ \varphi)(p_0) & (\varphi \circ \varphi)(p_1) & (\varphi \circ \varphi)(p_2) \end{bmatrix} &= \begin{bmatrix} p_0 & p_1 & p_2 \end{bmatrix} A \begin{bmatrix} a_{11} & a_{12} & a_{13} \\ a_{21} & a_{22} & a_{23} \\ a_{31} & a_{32} & a_{33} \end{bmatrix} \\ &= \begin{bmatrix} p_0 & p_1 & p_2 \end{bmatrix} A^2\end{aligned}$$

(4) (3) と同様.

問題

6.12 $\boldsymbol{R}^3$ において，$\boldsymbol{a}_1 = \begin{bmatrix} 1 & 1 & -1 \end{bmatrix}$, $\boldsymbol{a}_2 = \begin{bmatrix} 1 & -1 & 1 \end{bmatrix}$, $\boldsymbol{a}_3 = \begin{bmatrix} -1 & 1 & 1 \end{bmatrix}$, $\boldsymbol{b}_1 = \begin{bmatrix} 1 & 1 & 2 \end{bmatrix}$, $\boldsymbol{b}_2 = \begin{bmatrix} 1 & 2 & 1 \end{bmatrix}$, $\boldsymbol{b}_3 = \begin{bmatrix} 2 & 1 & 1 \end{bmatrix}$ とするとき，次の問いに答えよ.

(1) $\begin{bmatrix} x & y & z \end{bmatrix} = \alpha_1\boldsymbol{a}_1 + \alpha_2\boldsymbol{a}_2 + \alpha_3\boldsymbol{a}_3$ のとき，$\begin{bmatrix} x \\ y \\ z \end{bmatrix} = P \begin{bmatrix} \alpha_1 \\ \alpha_2 \\ \alpha_3 \end{bmatrix}$ となる 3 次正方行列 P を求めよ.

(2) $\begin{bmatrix} x & y & z \end{bmatrix} = \beta_1\boldsymbol{b}_1 + \beta_2\boldsymbol{b}_2 + \beta_3\boldsymbol{b}_3$ のとき，$\begin{bmatrix} \beta_1 \\ \beta_2 \\ \beta_3 \end{bmatrix} = Q \begin{bmatrix} x \\ y \\ z \end{bmatrix}$ となる 3 次正方行列 Q を求めよ.

(3) $\begin{bmatrix} \beta_1 \\ \beta_2 \\ \beta_3 \end{bmatrix} = A \begin{bmatrix} \alpha_1 \\ \alpha_2 \\ \alpha_3 \end{bmatrix}$ となる 3 次正方行列 A を求めよ.

6.13 3 次以下の多項式の全体を P_3，1 つの基底を $E = \{1, x, x^2, x^3\}$ とする.

(1) 線形変換 $\varphi(f(x)) = f'(x)$ の表現行列を求めよ.

(2) $\varphi(f(x)) = f(x+2)$ は線形変換であることを示し，その表現行列を求めよ.

例題 6.11 線形写像の表現行列

空間において，原点 O, 点 $\begin{bmatrix} 1 & 1 & 1 \end{bmatrix}$ を P とする．空間の点を直線 OP のまわりに右ねじがベクトル $\overrightarrow{\mathrm{OP}}$ の向きに進むように 120° 回転する．これによって得られる線形変換を φ とするとき，次の問いに答えよ

(1) φ の表現行列を求めよ．

(2) $\varphi({}^t\begin{bmatrix} 1 & 0 & 0 \end{bmatrix})$ を求めよ．

[解　答] (1) $\boldsymbol{a}_3 = \dfrac{1}{\sqrt{3}}\begin{bmatrix} 1 \\ 1 \\ 1 \end{bmatrix}$ から，正規直交系をつくると，

⇒ 正規直交系（基本事項 4.16）

$$\boldsymbol{a}_1 = \frac{1}{\sqrt{2}}\begin{bmatrix} 1 \\ -1 \\ 0 \end{bmatrix}, \quad \boldsymbol{a}_2 = \boldsymbol{a}_3 \times \boldsymbol{a}_1 = \frac{1}{\sqrt{6}}\begin{bmatrix} 1 \\ 1 \\ -2 \end{bmatrix}$$

これらの関係式を行列表示すると，

$$\begin{bmatrix} \boldsymbol{a}_1 & \boldsymbol{a}_2 & \boldsymbol{a}_3 \end{bmatrix} = \begin{bmatrix} 1/\sqrt{2} & 1/\sqrt{6} & 1/\sqrt{3} \\ -1/\sqrt{2} & 1/\sqrt{6} & 1/\sqrt{3} \\ 0 & -2/\sqrt{6} & 1/\sqrt{3} \end{bmatrix} \tag{$*$}$$

$\boldsymbol{a}_3$ のまわりの 120° の回転は，

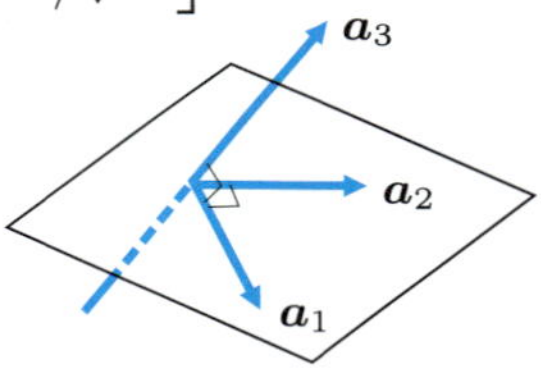

$$\begin{bmatrix} \varphi(\boldsymbol{a}_1) & \varphi(\boldsymbol{a}_2) & \varphi(\boldsymbol{a}_3) \end{bmatrix}$$

$$= \begin{bmatrix} \boldsymbol{a}_1 & \boldsymbol{a}_2 & \boldsymbol{a}_3 \end{bmatrix}\begin{bmatrix} \cos 120^\circ & -\sin 120^\circ & 0 \\ \sin 120^\circ & \cos 120^\circ & 0 \\ 0 & 0 & 1 \end{bmatrix}$$

$$= \begin{bmatrix} 1/\sqrt{2} & 1/\sqrt{6} & 1/\sqrt{3} \\ -1/\sqrt{2} & 1/\sqrt{6} & 1/\sqrt{3} \\ 0 & -2/\sqrt{6} & 1/\sqrt{3} \end{bmatrix}\begin{bmatrix} -1/2 & -\sqrt{3}/2 & 0 \\ \sqrt{3}/2 & -1/2 & 0 \\ 0 & 0 & 1 \end{bmatrix}$$

$$= \begin{bmatrix} 0 & -2/\sqrt{6} & 1/\sqrt{3} \\ 1/\sqrt{2} & 1/\sqrt{6} & 1/\sqrt{3} \\ -1/\sqrt{2} & 1/\sqrt{6} & 1/\sqrt{3} \end{bmatrix}$$

ここで，$\begin{bmatrix} 1/\sqrt{2} & 1/\sqrt{6} & 1/\sqrt{3} \\ -1/\sqrt{2} & 1/\sqrt{6} & 1/\sqrt{3} \\ 0 & -2/\sqrt{6} & 1/\sqrt{3} \end{bmatrix}$ は直交行列であることに注意すると，

⇒ 直交行列（基本事項 4.17）

$$\begin{bmatrix} 1/\sqrt{2} & 1/\sqrt{6} & 1/\sqrt{3} \\ -1/\sqrt{2} & 1/\sqrt{6} & 1/\sqrt{3} \\ 0 & -2/\sqrt{6} & 1/\sqrt{3} \end{bmatrix}^{-1} = {}^t\begin{bmatrix} 1/\sqrt{2} & 1/\sqrt{6} & 1/\sqrt{3} \\ -1/\sqrt{2} & 1/\sqrt{6} & 1/\sqrt{3} \\ 0 & -2/\sqrt{6} & 1/\sqrt{3} \end{bmatrix}$$

$$= \begin{bmatrix} 1/\sqrt{2} & -1/\sqrt{2} & 0 \\ 1/\sqrt{6} & 1/\sqrt{6} & -2/\sqrt{6} \\ 1/\sqrt{3} & 1/\sqrt{3} & 1/\sqrt{3} \end{bmatrix}$$

一方, (∗) より, $\begin{bmatrix} \boldsymbol{e}_1 & \boldsymbol{e}_2 & \boldsymbol{e}_3 \end{bmatrix} = \begin{bmatrix} \boldsymbol{a}_1 & \boldsymbol{a}_2 & \boldsymbol{a}_3 \end{bmatrix} \begin{bmatrix} 1/\sqrt{2} & 1/\sqrt{6} & 1/\sqrt{3} \\ -1/\sqrt{2} & 1/\sqrt{6} & 1/\sqrt{3} \\ 0 & -2/\sqrt{6} & 1/\sqrt{3} \end{bmatrix}^{-1}$

ここに, $\begin{bmatrix} \boldsymbol{e}_1 & \boldsymbol{e}_2 & \boldsymbol{e}_3 \end{bmatrix} = E$ (単位行列) である. よって, φ の線形性から

$$\begin{aligned} &\begin{bmatrix} \varphi(\boldsymbol{e}_1) & \varphi(\boldsymbol{e}_2) & \varphi(\boldsymbol{e}_3) \end{bmatrix} \\ &= \begin{bmatrix} \varphi(\boldsymbol{a}_1) & \varphi(\boldsymbol{a}_2) & \varphi(\boldsymbol{a}_3) \end{bmatrix} \begin{bmatrix} 1/\sqrt{2} & 1/\sqrt{6} & 1/\sqrt{3} \\ -1/\sqrt{2} & 1/\sqrt{6} & 1/\sqrt{3} \\ 0 & -2/\sqrt{6} & 1/\sqrt{3} \end{bmatrix}^{-1} \\ &= \begin{bmatrix} \varphi(\boldsymbol{a}_1) & \varphi(\boldsymbol{a}_2) & \varphi(\boldsymbol{a}_3) \end{bmatrix} \begin{bmatrix} 1/\sqrt{2} & -1/\sqrt{2} & 0 \\ 1/\sqrt{6} & 1/\sqrt{6} & -2/\sqrt{6} \\ 1/\sqrt{3} & 1/\sqrt{3} & 1/\sqrt{3} \end{bmatrix} \\ &= \begin{bmatrix} 0 & -2/\sqrt{6} & 1/\sqrt{3} \\ 1/\sqrt{2} & 1/\sqrt{6} & 1/\sqrt{3} \\ -1/\sqrt{2} & 1/\sqrt{6} & 1/\sqrt{3} \end{bmatrix} \begin{bmatrix} 1/\sqrt{2} & -1/\sqrt{2} & 0 \\ 1/\sqrt{6} & 1/\sqrt{6} & -2/\sqrt{6} \\ 1/\sqrt{3} & 1/\sqrt{3} & 1/\sqrt{3} \end{bmatrix} \\ &= \begin{bmatrix} 0 & 0 & 1 \\ 1 & 0 & 0 \\ 0 & 1 & 0 \end{bmatrix} = \begin{bmatrix} \boldsymbol{e}_1 & \boldsymbol{e}_2 & \boldsymbol{e}_3 \end{bmatrix} \begin{bmatrix} 0 & 0 & 1 \\ 1 & 0 & 0 \\ 0 & 1 & 0 \end{bmatrix} \quad \cdots\cdots \text{表現行列} \end{aligned}$$

(2) (1) より,

$$\begin{aligned} &\varphi(x_1\boldsymbol{e}_1 + x_2\boldsymbol{e}_2 + x_3\boldsymbol{e}_3) \\ &= \begin{bmatrix} \varphi(\boldsymbol{e}_1) & \varphi(\boldsymbol{e}_2) & \varphi(\boldsymbol{e}_3) \end{bmatrix} \begin{bmatrix} x_1 \\ x_2 \\ x_3 \end{bmatrix} = \begin{bmatrix} \boldsymbol{e}_1 & \boldsymbol{e}_2 & \boldsymbol{e}_3 \end{bmatrix} \begin{bmatrix} 0 & 0 & 1 \\ 1 & 0 & 0 \\ 0 & 1 & 0 \end{bmatrix} \begin{bmatrix} x_1 \\ x_2 \\ x_3 \end{bmatrix} \\ &= x_1\boldsymbol{e}_2 + x_2\boldsymbol{e}_3 + x_3\boldsymbol{e}_1 \end{aligned}$$

よって, x 軸は y 軸に, y 軸は z 軸に, z 軸は x 軸に写される. とくに,

$$\varphi({}^t\begin{bmatrix} 1 & 0 & 0 \end{bmatrix}) = \boldsymbol{e}_2 = {}^t\begin{bmatrix} 0 & 1 & 0 \end{bmatrix}$$

問　題

6.14 空間において, 原点 O, 点 $\begin{bmatrix} 1 & 1 & 1 \end{bmatrix}$ を P とする. 空間の点を直線 OP のまわりに右ねじがベクトル $\overrightarrow{\mathrm{OP}}$ の向きに進むように 90° 回転する. これによって得られる線形変換を φ とするとき, 次の問いに答えよ.

(1) φ の表現行列を求めよ.

(2) $\varphi({}^t\begin{bmatrix} 1 & 0 & 0 \end{bmatrix})$ を求めよ.

6.6 線形写像の応用

例題 6.12 積行列のランク

A は (l,m) 行列，B は (m,n) 行列 とするとき，

$$\mathrm{rank}\ AB \geqq \mathrm{rank}\ A + \mathrm{rank}\ B - m$$

を示せ．

[解　答]　$V = \{\boldsymbol{x} \in \boldsymbol{R}^m : A\boldsymbol{x} = \boldsymbol{0}\}$ とすれば，　⇒ 次元定理（基本事項 6.3）

$$\mathrm{rank}\ A = m - \dim\ V \qquad (*)$$

このとき，

$$\mathrm{rank}\ AB = \dim\ AB(\boldsymbol{R}^n) = \dim\ A(B(\boldsymbol{R}^n)).$$

そこで，A は $B(\boldsymbol{R}^n)$ を $AB(\boldsymbol{R}^n)$ に写すと考えて，次元定理を適用すれば，

$$\mathrm{rank}\ AB = \dim\ B(\boldsymbol{R}^n) - \dim\ (V \cap B(\boldsymbol{R}^n)) \geqq \dim\ B(\boldsymbol{R}^n) - \dim\ V$$

さらに，$\dim\ B(\boldsymbol{R}^n) = \mathrm{rank}\ B$ と $(*)$ から，証明すべき不等式が得られる．

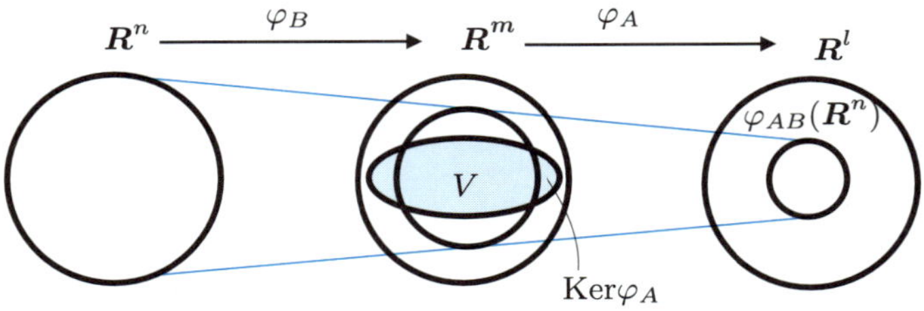

問　題

6.15 次を示せ．

(1)　(l,m) 行列 A と (m,n) 行列 B に対して

$$\mathrm{rank}\ AB \leqq \mathrm{rank}\ A \quad かつ \quad \mathrm{rank}\ AB \leqq \mathrm{rank}\ B$$

(2)　B が n 次正則行列ならば，(m,n) 行列 A に対して

$$\mathrm{rank}\ AB = \mathrm{rank}\ A$$

(3)　A, B が (m,n) 行列ならば，

$$\mathrm{rank}\ (A+B) \leqq \mathrm{rank}\ A + \mathrm{rank}\ B$$

例題 6.13　次元定理

$\boldsymbol{K}$ 上の線形空間 V の線形変換 φ が

$$\varphi \circ \varphi = \varphi$$

を満たすとき，

$$V = \mathrm{Im}\,\varphi \oplus \mathrm{Ker}\,\varphi$$

を示せ．

［解　答］ $\boldsymbol{x} \in V$ に対して，

$$\varphi(\boldsymbol{x} - \varphi(\boldsymbol{x})) = \varphi(\boldsymbol{x}) - \varphi(\varphi(\boldsymbol{x})) = \varphi(\boldsymbol{x}) - \varphi \circ \varphi(\boldsymbol{x}) = \varphi(\boldsymbol{x}) - \varphi(\boldsymbol{x}) = \boldsymbol{0}$$

だから，$\boldsymbol{x} - \varphi(\boldsymbol{x}) \in \mathrm{Ker}\,\varphi$．したがって，

$$\boldsymbol{x} = [\boldsymbol{x} - \varphi(\boldsymbol{x})] + \varphi(\boldsymbol{x}) \in \mathrm{Ker}\,\varphi + \mathrm{Im}\,\varphi$$

だから，$V \subset \mathrm{Im}\,\varphi + \mathrm{Ker}\,\varphi \subset V$ となり，等号を得る．

⇒ 線形写像の像と核（基本事項 6.2）

次に $\boldsymbol{x} \in \mathrm{Ker}\,\varphi \cap \mathrm{Im}\,\varphi$ とすれば，

$$\varphi(\boldsymbol{x}) = \boldsymbol{0} \qquad (\boldsymbol{x} \in \mathrm{Ker}\,\varphi)$$

かつ

$$\boldsymbol{x} = \varphi(\boldsymbol{a}) \qquad (\boldsymbol{x} \in \mathrm{Im}\,\varphi)$$

となる $\boldsymbol{a}$ が存在する．このとき，

$$\boldsymbol{0} = \varphi(\boldsymbol{x}) = \varphi(\varphi(\boldsymbol{a})) = (\varphi \circ \varphi)(\boldsymbol{a}) = \varphi(\boldsymbol{a}) = \boldsymbol{x}$$

したがって，$\mathrm{Ker}\,\varphi \cap \mathrm{Im}\,\varphi = \{\boldsymbol{0}\}$ となり，これらの和は直和である．

⇒ 直和（基本事項 5.8）

問　題

6.16 n 次元線形空間 V の線形変換 φ に対して，次は同値であることを示せ．

(1) φ は 1 対 1 である．

(2) φ は上への変換である．

(3) $\boldsymbol{a}_1, \boldsymbol{a}_2, \cdots, \boldsymbol{a}_p$ が一次独立ならば，$\varphi(\boldsymbol{a}_1), \varphi(\boldsymbol{a}_2), \cdots, \varphi(\boldsymbol{a}_p)$ も一次独立である．

例題 6.14 線形写像の核と像の直和

n 次元線形空間 V の線形変換 φ に対して,

$$\boldsymbol{b}_1,\ \boldsymbol{b}_2, \cdots,\ \boldsymbol{b}_q \in \mathrm{Ker}\ \varphi$$

が一次独立で,

$$\varphi(\boldsymbol{a}_1),\ \varphi(\boldsymbol{a}_2), \cdots,\ \varphi(\boldsymbol{a}_p)$$

も一次独立ならば,

$$\boldsymbol{b}_1, \cdots,\ \boldsymbol{b}_q,\ \boldsymbol{a}_1, \cdots,\ \boldsymbol{a}_p$$

は一次独立であることを示せ.

[解　答]　一次結合をつくり　　⇒ 一次独立（基本事項 **5.4**）

$$\alpha_1\boldsymbol{a}_1 + \alpha_2\boldsymbol{a}_2 + \cdots + \alpha_p\boldsymbol{a}_p + \beta_1\boldsymbol{b}_1 + \beta_2\boldsymbol{b}_2 + \cdots + \beta_q\boldsymbol{b}_q = \boldsymbol{0} \qquad (*)$$

とおく．両辺を φ で写像し，φ の線形性を用いると

$$\begin{aligned}
&\varphi(\alpha_1\boldsymbol{a}_1 + \alpha_2\boldsymbol{a}_2 + \cdots + \alpha_p\boldsymbol{a}_p + \beta_1\boldsymbol{b}_1 + \beta_2\boldsymbol{b}_2 + \cdots + \beta_q\boldsymbol{b}_q)\\
&= \alpha_1\varphi(\boldsymbol{a}_1) + \alpha_2\varphi(\boldsymbol{a}_2) + \cdots + \alpha_p\varphi(\boldsymbol{a}_p) + \beta_1\varphi(\boldsymbol{b}_1) + \beta_2\varphi(\boldsymbol{b}_2) + \cdots + \beta_q\varphi(\boldsymbol{b}_q)\\
&= \varphi(\boldsymbol{0})\\
&= \boldsymbol{0}
\end{aligned}$$

仮定から

$$\varphi(\boldsymbol{b}_1) = \varphi(\boldsymbol{b}_2) = \cdots = \varphi(\boldsymbol{b}_q) = \boldsymbol{0}$$

だから,

$$\alpha_1\varphi(\boldsymbol{a}_1) + \alpha_2\varphi(\boldsymbol{a}_2) + \cdots + \alpha_p\varphi(\boldsymbol{a}_p) = \boldsymbol{0}$$

$\varphi(\boldsymbol{a}_1)$, $\varphi(\boldsymbol{a}_2)$, $\cdots$, $\varphi(\boldsymbol{a}_p)$ は一次独立だから,

$$\alpha_1 = \alpha_2 = \cdots = \alpha_p = 0$$

このを $(*)$ に代入すると

$$\beta_1\boldsymbol{b}_1 + \beta_2\boldsymbol{b}_2 + \cdots + \beta_q\boldsymbol{b}_q = \boldsymbol{0}$$

が成立する．仮定から，$\boldsymbol{b}_1$, $\boldsymbol{b}_2, \cdots$, $\boldsymbol{b}_q$ は一次独立だから,

$$\beta_1 = \beta_2 = \cdots = \beta_q = 0$$

したがって，(∗) の係数はすべて 0 となり，

$$\boldsymbol{b}_1,\ \cdots,\ \boldsymbol{b}_q,\ \boldsymbol{a}_1,\ \cdots,\ \boldsymbol{a}_p$$

は一次独立であることが示された．

問　題

6.17 行列 $A = \begin{bmatrix} 1 & 2 & 1 & 1 \\ 2 & 1 & 1 & 1 \\ -1 & 1 & 1 & -1 \\ 3 & 0 & -1 & 3 \end{bmatrix}$ の列ベクトルを順に $\boldsymbol{a}_1$，$\boldsymbol{a}_2$，$\boldsymbol{a}_3$，$\boldsymbol{a}_4$ とし，A からできる線形写像

$$\varphi_A(\boldsymbol{x}) = A\boldsymbol{x}, \qquad \boldsymbol{x} = \begin{bmatrix} x_1 \\ x_2 \\ x_3 \\ x_4 \end{bmatrix}$$

について，次の問いに答えよ．

(1) $\mathrm{Im}\,\varphi_A = \langle \boldsymbol{a}_1,\ \boldsymbol{a}_2,\ \boldsymbol{a}_3,\ \boldsymbol{a}_4 \rangle$ を示せ．

(2) $\boldsymbol{a}_{i_1}$，$\boldsymbol{a}_{i_2}$，$\cdots$，$\boldsymbol{a}_{i_p}$ が $\mathrm{Im}\,\varphi_A$ の次元となるようにせよ．

(3) $\mathrm{Ker}\,\varphi_A$ の次元 q と基底 $\boldsymbol{b}_1$，$\cdots$，$\boldsymbol{b}_q$ を求めよ．

(4) a_{i_1}，a_{i_2}，$\cdots$，a_{i_p} に列ベクトルをつけ加えて 4 次の正則行列 P をつくれ．

(5) $\boldsymbol{e}_{i_1}$，$\boldsymbol{e}_{i_2}$，$\cdots$，$\boldsymbol{e}_{i_p}$，$\boldsymbol{b}_1$，$\cdots$，$\boldsymbol{b}_q$ から 4 次の正則行列 Q をつくれ．ただし，$\boldsymbol{e}_1$，$\boldsymbol{e}_2$，$\cdots$，$\boldsymbol{e}_n$ は n 次の基本行列とする．

(6) $P^{-1}AQ$ を計算せよ．

例題 6.15 数列空間

$$a_{n+2} = 3a_n + 2a_{n+1} \qquad (n = 1, 2, \cdots) \qquad (*)$$

を満たす数列 $\{a_n\}$ の全体がつくる線形空間を S とする.

(1) $\varphi(\{a_n\}) = \{a_{n+1}\}$ によって定義される写像 φ は S の線形変換であることを示せ.

(2) $\boldsymbol{e}_1 = \{1, 0, 3, 6, \cdots\} \in S$, $\boldsymbol{e}_2 = \{0, 1, 2, 7, \cdots\} \in S$ は S における基底となることを示せ.

(3) $\boldsymbol{f}_1 = \{1, 3, 9, 27, \cdots\} \in S$, $\boldsymbol{f}_2 = \{1, -1, 1, -1, \cdots\} \in S$ は S における基底となることを示せ.

(4) $E = \{\boldsymbol{e}_1, \boldsymbol{e}_2\}$ に関する φ の行列 A を求めよ.

(5) $F = \{\boldsymbol{f}_1, \boldsymbol{f}_2\}$ に関する φ の行列 B を求めよ.

(6) S の数列 $\{a_n\} = \{a_1, a_2, \cdots\}$ の一般項 a_n を a_1, a_2, n で表せ.

［解　答］ (1) $\varphi(\alpha\{a_n\} + \beta\{b_n\}) = \{\alpha a_{n+1} + \beta b_{n+1}\} = \alpha\{a_{n+1}\} + \beta\{b_{n+1}\}$
$$= \alpha\varphi(\{a_n\}) + \beta\varphi(\{b_n\})$$

よって, φ は S の線形変換である. ⇒ 線形写像（基本事項 **6.1**）

(2) $\{a_n\} \in S$ は

$$\{a_n\} = a_1\boldsymbol{e}_1 + a_2\boldsymbol{e}_2$$

よって, $\boldsymbol{e}_1$, $\boldsymbol{e}_2$ は S における基底となる. ⇒ 基底（基本事項 **5.5**）

(3) $\alpha\begin{bmatrix}1 & 3\end{bmatrix} + \beta\begin{bmatrix}1 & -1\end{bmatrix} = \begin{bmatrix}a_1 & a_2\end{bmatrix}$ となるように α, β を決めれば,

$$\{a_n\} = \alpha\boldsymbol{f}_1 + \beta\boldsymbol{f}_2$$

よって, $\boldsymbol{f}_1$, $\boldsymbol{f}_2$ は S における基底となる.

(4) $\varphi(\boldsymbol{e}_1) = \{0, 3, 6, \cdots\} = 3\boldsymbol{e}_2$, $\varphi(\boldsymbol{e}_2) = \{1, 2, 7, \cdots\} = \boldsymbol{e}_1 + 2\boldsymbol{e}_2$ であるから,

$$\begin{bmatrix}\varphi(\boldsymbol{e}_1) & \varphi(\boldsymbol{e}_2)\end{bmatrix} = \begin{bmatrix}\boldsymbol{e}_1 & \boldsymbol{e}_2\end{bmatrix}\begin{bmatrix}0 & 1 \\ 3 & 2\end{bmatrix}$$

したがって, $A = \begin{bmatrix}0 & 1 \\ 3 & 2\end{bmatrix}$. ⇒ 線形写像の表現行列（基本事項 **6.4**）

(5)
$$\begin{bmatrix}\boldsymbol{f}_1 & \boldsymbol{f}_2\end{bmatrix} = \begin{bmatrix}\boldsymbol{e}_1 & \boldsymbol{e}_2\end{bmatrix}\begin{bmatrix}1 & 1 \\ 3 & -1\end{bmatrix}$$

だから, $P = \begin{bmatrix}1 & 1 \\ 3 & -1\end{bmatrix}$ とおくと,

$$\begin{bmatrix} \varphi(\boldsymbol{f}_1) & \varphi(\boldsymbol{f}_2) \end{bmatrix} = \begin{bmatrix} \varphi(\boldsymbol{e}_1) & \varphi(\boldsymbol{e}_2) \end{bmatrix} P = \begin{bmatrix} \boldsymbol{e}_1 & \boldsymbol{e}_2 \end{bmatrix} AP$$

一方，

$$\begin{bmatrix} \varphi(\boldsymbol{f}_1) & \varphi(\boldsymbol{f}_2) \end{bmatrix} = \begin{bmatrix} \boldsymbol{f}_1 & \boldsymbol{f}_2 \end{bmatrix} B = \begin{bmatrix} \boldsymbol{e}_1 & \boldsymbol{e}_2 \end{bmatrix} PB$$

であるから，

$$AP = PB$$

つまり

$$B = P^{-1}AP = \frac{-1}{4}\begin{bmatrix} -1 & -1 \\ -3 & 1 \end{bmatrix}\begin{bmatrix} 0 & 1 \\ 3 & 2 \end{bmatrix}\begin{bmatrix} 1 & 1 \\ 3 & -1 \end{bmatrix} = \begin{bmatrix} 3 & 0 \\ 0 & -1 \end{bmatrix}$$

(6) $\varphi(\boldsymbol{f}_1) = 3\boldsymbol{f}_1$ だから，$\boldsymbol{f}_1 = \{3^{n-1}\}$.
$\varphi(\boldsymbol{f}_2) = -\boldsymbol{f}_2$ だから，$\boldsymbol{f}_1 = \{(-1)^{n-1}\}$.

したがって，

$$\{a_n\} = \begin{bmatrix} \boldsymbol{e}_1 & \boldsymbol{e}_2 \end{bmatrix}\begin{bmatrix} a_1 \\ a_2 \end{bmatrix} = \begin{bmatrix} \boldsymbol{f}_1 & \boldsymbol{f}_2 \end{bmatrix}\begin{bmatrix} b_1 \\ b_2 \end{bmatrix}$$

とすれば，

$$\begin{bmatrix} b_1 \\ b_2 \end{bmatrix} = P^{-1}\begin{bmatrix} a_1 \\ a_2 \end{bmatrix} = \frac{-1}{4}\begin{bmatrix} -1 & -1 \\ -3 & 1 \end{bmatrix}\begin{bmatrix} a_1 \\ a_2 \end{bmatrix} = \frac{-1}{4}\begin{bmatrix} -a_1 - a_2 \\ -3a_1 + a_2 \end{bmatrix}$$

よって，

$$a_n = \frac{a_1 + a_2}{4}3^{n-1} + \frac{3a_1 - a_2}{4}(-1)^{n-1}$$

問　題

6.18 漸化式

$$a_{n+2} = 2a_n + a_{n+1} \quad (n = 1, 2, \cdots) \qquad (*)$$

を満たす数列 $\{a_n\}$ の全体がつくる線形空間を S とする.

(1) $\varphi(\{a_n\}) = \{a_{n+1}\}$ によって定義される写像 φ は S の線形変換であることを示せ.

(2) $\boldsymbol{e}_1 = \{1, 0, 2, 2, \cdots\} \in S$, $\boldsymbol{e}_2 = \{0, 1, 1, 3, \cdots\} \in S$ は S における基底となることを示せ.

(3) $\boldsymbol{f}_1 = \{1, 2, 4, 8, \cdots\} \in S$, $\boldsymbol{f}_2 = \{1, -1, 1, -1, \cdots\} \in S$ は S における基底となることを示せ.

(4) $E = \{\boldsymbol{e}_1, \boldsymbol{e}_2\}$ に関する φ の行列 A を求めよ.

(5) $F = \{\boldsymbol{f}_1, \boldsymbol{f}_2\}$ に関する φ の行列 B を求めよ.

(6) S の数列 $\{a_n\} = \{a_1, a_2, \cdots\}$ の一般項 a_n を a_1, a_2, n で表せ.

第7章

行列の対角化

7.1 基本事項

1. n 次の正方行列 A に対して，

$$A\boldsymbol{x} = \lambda \boldsymbol{x}$$

となる $\boldsymbol{x} \neq \boldsymbol{0}$ が存在するならば，λ は A の**固有値**という．また，$\boldsymbol{x}$ は λ に**属する固有ベクトル**と呼ばれる．

2. λ が $A = \begin{bmatrix} a_{11} & a_{12} & \cdots & a_{1n} \\ a_{21} & a_{22} & \cdots & a_{2n} \\ & & \cdots & \\ a_{n1} & a_{n2} & \cdots & a_{nn} \end{bmatrix}$ の固有値であるための必要十分条件は，

$$\begin{vmatrix} \lambda - a_{11} & -a_{12} & \cdots & -a_{1n} \\ -a_{21} & \lambda - a_{22} & \ddots & \vdots \\ \vdots & \ddots & \ddots & -a_{(n-1)n} \\ -a_{n1} & \cdots & -a_{n(n-1)} & \lambda - a_{nn} \end{vmatrix} = 0$$

となることである．

3. $\varPhi_A(\lambda) = |\lambda E_n - A|$ とおくと，$\varPhi_A(\lambda)$ は λ の n 次式で，**固有多項式**と呼ばれる．また，$\varPhi_A(\lambda) = 0$ は**固有方程式**と呼ばれる．このとき，

$$\varPhi_A(\lambda) = \lambda^n - (a_{11} + a_{22} + \cdots + a_{nn})\lambda^{n-1} + \cdots + (-1)^n |A|$$

4. 正則行列 P に対して,

$$\Phi_A(\lambda) = \Phi_{P^{-1}AP}(\lambda)$$

5. 固有値 λ に対して,

$$V(\lambda) = \{\boldsymbol{x} : A\boldsymbol{x} = \lambda\boldsymbol{x}\}$$

は, λ に属する**固有空間**という.

6. $P^{-1}AP$ が対角行列となるような正則行列 P が存在するとき, すなわち,

$$P^{-1}AP = \begin{bmatrix} \lambda_1 & 0 & \cdots & 0 \\ 0 & \lambda_2 & \ddots & \vdots \\ \vdots & \ddots & \ddots & 0 \\ 0 & \cdots & 0 & \lambda_n \end{bmatrix} \tag{1}$$

のとき, A は**対角化可能**という. ここに, λ_1, λ_2, $\cdots$, λ_n は A の固有値である.

7. 異なる固有値に属する固有ベクトルは一次独立である. したがって, $\lambda_1, \lambda_2, \cdots, \lambda_p$ が異なる固有値ならば, 固有空間の和は直和である：

$$V(\lambda_1) \oplus V(\lambda_2) \oplus + \cdots \oplus V(\lambda_p)$$

8. n 次正方行列 A が対角化可能であるための必要十分条件は

$$\dim V(\lambda_1) + \dim V(\lambda_2) + \cdots + \dim V(\lambda_p) = n$$

ここに, $\lambda_1, \lambda_2, \cdots, \lambda_p$ は A の固有値全部である.

9. 実対称行列は直交行列によって対角化される.

10. 実対称行列の異なる固有値に属す固有ベクトルは直交する.

11. **ケーリー・ハミルトンの定理**　n 次正方行列 A の固有多項式を

$$\Phi_A(\lambda) = \lambda^n + a_1\lambda^{n-1} + \cdots + a_n$$

とするとき,

$$\Phi_A(A) = A^n + a_1A^{n-1} + \cdots + a_nE = O$$

7.2 固有値と固有ベクトル

例題 7.1 行列の対角化

n 次正方行列 A に対して，

$$A\boldsymbol{x}_1 = \lambda_1\boldsymbol{x}_1, A\boldsymbol{x}_2 = \lambda_2\boldsymbol{x}_2, \cdots, A\boldsymbol{x}_n = \lambda_n\boldsymbol{x}_n$$

とし，$P = \begin{bmatrix} \boldsymbol{x}_1 & \boldsymbol{x}_2 & \cdots & \boldsymbol{x}_n \end{bmatrix}$ とおく．

(1) $AP = P\begin{bmatrix} \lambda_1 & & & O \\ & \lambda_2 & & \\ & & \ddots & \\ O & & & \lambda_n \end{bmatrix}$ を示せ．

(2) $\lambda_1, \lambda_2, \cdots, \lambda_n$ が相異なる A の固有値で，$\boldsymbol{x}_1, \boldsymbol{x}_2, \cdots, \boldsymbol{x}_n$ がそれぞれの固有ベクトルならば，P は正則であることを示せ．

(3) (2) のとき，$P^{-1}AP = \begin{bmatrix} \lambda_1 & & & O \\ & \lambda_2 & & \\ & & \ddots & \\ O & & & \lambda_n \end{bmatrix}$ を示せ．

［解　答］ (1) 分割行列の積の計算から

$$\begin{aligned} AP &= A\begin{bmatrix} \boldsymbol{x}_1 & \boldsymbol{x}_2 & \cdots & \boldsymbol{x}_n \end{bmatrix} \\ &= \begin{bmatrix} A\boldsymbol{x}_1 & A\boldsymbol{x}_2 & \cdots & A\boldsymbol{x}_n \end{bmatrix} \\ &= \begin{bmatrix} \lambda_1\boldsymbol{x}_1 & \lambda_2\boldsymbol{x}_2 & \cdots & \lambda_n\boldsymbol{x}_n \end{bmatrix} \\ &= \begin{bmatrix} \boldsymbol{x}_1 & \boldsymbol{x}_2 & \cdots & \boldsymbol{x}_n \end{bmatrix}\begin{bmatrix} \lambda_1 & & & O \\ & \lambda_2 & & \\ & & \ddots & \\ O & & & \lambda_n \end{bmatrix} \\ &= P\begin{bmatrix} \lambda_1 & & & O \\ & \lambda_2 & & \\ & & \ddots & \\ O & & & \lambda_n \end{bmatrix} \end{aligned}$$

(2) 数学的帰納法で証明する．

[I] $\boldsymbol{x}_1$ は一次独立

[II]　$\boldsymbol{x}_1, \boldsymbol{x}_2, \cdots, \boldsymbol{x}_p$ が一次独立と仮定して，$\boldsymbol{x}_1, \boldsymbol{x}_2, \cdots, \boldsymbol{x}_p, \boldsymbol{x}_{p+1}$ も一次独立であることを示そう．一次結合をつくり　⇒ 一次独立（基本事項 **5.4**）

$$\alpha_1 \boldsymbol{x}_1 + \cdots + \alpha_p \boldsymbol{x}_p + \alpha_{p+1} \boldsymbol{x}_{p+1} = \boldsymbol{0} \qquad (*)$$

とおく．両辺に左から A をかけると，

$$\alpha_1 A\boldsymbol{x}_1 + \cdots + \alpha_p A\boldsymbol{x}_p + \alpha_{p+1} A\boldsymbol{x}_{p+1} = A\boldsymbol{0} = \boldsymbol{0}$$

$A\boldsymbol{x}_1 = \lambda_1 \boldsymbol{x}_1, \cdots, A\boldsymbol{x}_p = \lambda_p \boldsymbol{x}_p, A\boldsymbol{x}_{p+1} = \lambda_{p+1} \boldsymbol{x}_{p+1}$ に注意すれば，

$$\alpha_1 \lambda_1 \boldsymbol{x}_1 + \cdots + \alpha_p \lambda_p \boldsymbol{x}_p + \alpha_{p+1} \lambda_{p+1} \boldsymbol{x}_{p+1} = \boldsymbol{0}$$

この式から，$(*)$ の λ_{p+1} 倍を引くと

$$\alpha_1(\lambda_1 - \lambda_{p+1})\boldsymbol{x}_1 + \cdots + \alpha_p(\lambda_p - \lambda_{p+1})\boldsymbol{x}_p = \boldsymbol{0}$$

帰納法の仮定から $\boldsymbol{x}_1, \boldsymbol{x}_2, ..., \boldsymbol{x}_p$ は一次独立だから，

$$\alpha_1(\lambda_1 - \lambda_{p+1}) = \cdots = \alpha_p(\lambda_p - \lambda_{p+1}) = 0$$

固有値 $\lambda_1, \lambda_2, \cdots, \lambda_p, \lambda_{p+1}$ はすべて異なるので，

$$\alpha_1 = \cdots = \alpha_p = 0$$

これを $(*)$ に代入すれば $\alpha_{p+1}\boldsymbol{x}_{p+1} = \boldsymbol{0}$ だから，$\alpha_{p+1} = 0$ となる．したがって，一次結合の係数がすべて 0 となるので，$\boldsymbol{x}_1, \boldsymbol{x}_2, \cdots, \boldsymbol{x}_p, \boldsymbol{x}_{p+1}$ も一次独立である．

[I], [II] から，$\boldsymbol{x}_1, \boldsymbol{x}_2, \cdots, \boldsymbol{x}_n$ は一次独立である．

以上から，P は正則である．　⇒ 正則行列（基本事項 **3.24**）

(3)　(1) の両辺に左から P^{-1} をかければ求める等式が示される．

注意：固有値と固有ベクトルの並び方が一致することに注意する．

問　題

7.1　n 次の正方行列 A に対して，

$$P^{-1}AP = \begin{bmatrix} \lambda_1 & & & O \\ & \lambda_2 & & \\ & & \ddots & \\ O & & & \lambda_n \end{bmatrix}$$

となる正則行列 P が存在するとき，各 $\lambda_1, \lambda_2, \cdots, \lambda_n$ は A の固有値であることを示せ．さらに，$P = \begin{bmatrix} \boldsymbol{x}_1 & \boldsymbol{x}_2 & \cdots & \boldsymbol{x}_n \end{bmatrix}$ とすれば，$\boldsymbol{x}_p$ は λ_p に属する固有ベクトルであることを示せ．

例題 7.2　　固有値・固有ベクトルと行列の対角化

次の行列の固有値，固有ベクトルを求めて対角化せよ．

(1) $\begin{bmatrix} 1 & 2 \\ 0 & 3 \end{bmatrix}$　　　　(2) $\begin{bmatrix} 1 & -1 \\ 1 & 1 \end{bmatrix}$

［解　答］ (1) 固有多項式は，　　⇒ 固有多項式（基本事項 **7.3**）

$$\begin{vmatrix} \lambda - 1 & -2 \\ 0 & \lambda - 3 \end{vmatrix} = (\lambda - 1)(\lambda - 3)$$

であるから，固有値は $\lambda = 1$，3 である．　　⇒ 固有値（基本事項 **7.1, 7.2**）

(i) $\lambda = 1$ のとき，固有ベクトルは　　⇒ 固有ベクトル（基本事項 **7.1**）

$$\begin{bmatrix} 0 & -2 \\ 0 & -2 \end{bmatrix} \begin{bmatrix} x_1 \\ x_2 \end{bmatrix} = \begin{bmatrix} 0 \\ 0 \end{bmatrix}$$

の解であるから，$x_2 = 0$．よって，

$$\begin{bmatrix} x_1 \\ x_2 \end{bmatrix} = x_1 \begin{bmatrix} 1 \\ 0 \end{bmatrix}$$

ここで，$x_1 = t$ とおいて，$\begin{bmatrix} x_1 \\ x_2 \end{bmatrix} = t \begin{bmatrix} 1 \\ 0 \end{bmatrix}$．

固有空間は $V(1) = \left\langle \begin{bmatrix} 1 \\ 0 \end{bmatrix} \right\rangle$ である．　　⇒ 固有空間（基本事項 **7.5**）

(ii) $\lambda = 3$ のとき，固有ベクトルは

$$\begin{bmatrix} 2 & -2 \\ 0 & 0 \end{bmatrix} \begin{bmatrix} x_1 \\ x_2 \end{bmatrix} = \begin{bmatrix} 0 \\ 0 \end{bmatrix}$$

の解であるから，$x_1 - x_2 = 0$．よって，

$$\begin{bmatrix} x_1 \\ x_2 \end{bmatrix} = x_2 \begin{bmatrix} 1 \\ 1 \end{bmatrix}$$

ここで，$x_2 = t$ とおいて，$\begin{bmatrix} x_1 \\ x_2 \end{bmatrix} = t \begin{bmatrix} 1 \\ 1 \end{bmatrix}$．

固有空間は $V(3) = \left\langle \begin{bmatrix} 1 \\ 1 \end{bmatrix} \right\rangle$ である．　　⇒ 固有空間（基本事項 **7.5**）

固有ベクトルを並べた行列を $P = \begin{bmatrix} 1 & 1 \\ 0 & 1 \end{bmatrix}$ とおけば，例題 7.1 から

$$P^{-1}AP = \begin{bmatrix} 1 & 0 \\ 0 & 3 \end{bmatrix}$$

よって，A は対角化可能である．　⇒ 対角化可能（基本事項 **7.6**）

(2)　固有多項式は，

$$\begin{vmatrix} \lambda-1 & 1 \\ -1 & \lambda-1 \end{vmatrix} = (\lambda-1)^2+1$$

であるから，固有値は $\lambda = 1 \pm i$ である．

(i)　$\lambda = 1+i$ のとき，固有ベクトルは

$$\begin{bmatrix} i & 1 \\ -1 & i \end{bmatrix} \begin{bmatrix} x_1 \\ x_2 \end{bmatrix} = \begin{bmatrix} 0 \\ 0 \end{bmatrix}$$

の解であるから，$ix_1 + x_2 = 0$（または $-x_1 + ix_2 = 0$）．よって，

$$\begin{bmatrix} x_1 \\ x_2 \end{bmatrix} = x_1 \begin{bmatrix} 1 \\ -i \end{bmatrix}$$

ここで，$x_1 = t$ とおいて，$\begin{bmatrix} x_1 \\ x_2 \end{bmatrix} = t \begin{bmatrix} 1 \\ -i \end{bmatrix}$．

固有空間は $V(1+i) = \left\langle \begin{bmatrix} 1 \\ -i \end{bmatrix} \right\rangle$ である．

(ii)　$\lambda = 1-i$ のとき，固有ベクトルは

$$\begin{bmatrix} -i & 1 \\ -1 & -i \end{bmatrix} \begin{bmatrix} x_1 \\ x_2 \end{bmatrix} = \begin{bmatrix} 0 \\ 0 \end{bmatrix}$$

の解であるから，$-ix_1 + x_2 = 0$．よって，

$$\begin{bmatrix} x_1 \\ x_2 \end{bmatrix} = x_1 \begin{bmatrix} 1 \\ i \end{bmatrix}$$

ここで，$x_1 = t$ とおいて，$\begin{bmatrix} x_1 \\ x_2 \end{bmatrix} = t \begin{bmatrix} 1 \\ i \end{bmatrix}$

固有空間は $V(1-i) = \left\langle \begin{bmatrix} 1 \\ i \end{bmatrix} \right\rangle$ である．

固有ベクトルを並べた行列を $P = \begin{bmatrix} 1 & 1 \\ -i & i \end{bmatrix}$ とおけば，例題 7.1 から

$$P^{-1}AP = \begin{bmatrix} 1+i & 0 \\ 0 & 1-i \end{bmatrix}$$

問　題

7.2　次の行列の固有値と固有ベクトルを求めて，対角化せよ．

(1)　$A = \begin{bmatrix} 3 & 1 \\ 1 & 3 \end{bmatrix}$　　(2)　$A = \begin{bmatrix} 1 & 1 \\ -2 & 3 \end{bmatrix}$

7.3　対角化可能性

例題 7.3　　対角化可能性

正方行列 $A = \begin{bmatrix} 1 & 1 & 1 \\ 0 & 1 & 1 \\ 0 & 0 & 1 \end{bmatrix}$ の固有値，固有ベクトル，固有空間を求めて，対角化できるかどうか調べよ．

［解　答］　固有多項式は，　　⇒ 固有方程式（基本事項 **7.3**）

$$\begin{vmatrix} \lambda-1 & -1 & -1 \\ 0 & \lambda-1 & -1 \\ 0 & 0 & \lambda-1 \end{vmatrix} = (\lambda-1)^3$$

であるから，固有値は $\lambda = 1$ のみである．　　⇒ 固有値（基本事項 **7.2**）

(i)　$\lambda = 1$ のとき，固有ベクトルは　　⇒ 固有ベクトル（基本事項 **7.1**）

$$\begin{bmatrix} 0 & -1 & -1 \\ 0 & 0 & -1 \\ 0 & 0 & 0 \end{bmatrix} \begin{bmatrix} x_1 \\ x_2 \\ x_3 \end{bmatrix} = \begin{bmatrix} 0 \\ 0 \\ 0 \end{bmatrix}$$

の解であるから，これを掃き出し法で解く．　　⇒ 掃き出し法（基本事項 **2.2**）

0	−1	−1	①
0	0	−1	②
0	0	0	③
0	1	1	④ = −①
0	0	−1	⑤ = ②
0	0	0	⑥ = ③
0	1	0	⑦ = ④ + ⑤
0	0	1	⑧ = −⑤
0	0	0	⑨ = ⑥

これより，もとの方程式は $x_2 = 0, x_3 = 0$ と同値である．したがって，

$$\begin{bmatrix} x_1 \\ x_2 \\ x_3 \end{bmatrix} = x_1 \begin{bmatrix} 1 \\ 0 \\ 0 \end{bmatrix}$$

ここで，$x_1 = t$ とおいて，

$$\begin{bmatrix} x_1 \\ x_2 \\ x_3 \end{bmatrix} = t \begin{bmatrix} 1 \\ 0 \\ 0 \end{bmatrix}$$

したがって，固有空間

$$V(1) = \langle \begin{bmatrix} 1 \\ 0 \\ 0 \end{bmatrix} \rangle$$

は 1 次元であるから，固有空間の次元について，　⇒ 固有空間（基本事項 **7.5**）

$$\dim V(1) = 1 < 3$$

となって，対角化できない．　⇒ 対角化可能性（基本事項 **7.8**）

問　題

7.3　次の行列の固有値と固有ベクトルを求めて，対角化できるかどうか調べよ．

(1)　$A = \begin{bmatrix} 1 & 0 & 1 \\ 0 & 1 & 1 \\ 0 & 0 & 2 \end{bmatrix}$

(2)　$A = \begin{bmatrix} 1 & 1 & 1 \\ 0 & 1 & 0 \\ 0 & 0 & 2 \end{bmatrix}$

7.4 対称行列の対角化

例題 7.4 対称行列の対角化

正方行列 $A = \begin{bmatrix} 1 & 1 & 1 \\ 1 & 1 & 1 \\ 1 & 1 & 1 \end{bmatrix}$ の固有値と固有ベクトルを求めて，直交行列で対角化せよ．

［解　答］ 固有多項式は，　⇒ 固有多項式（基本事項 **7.3**）

$$\begin{vmatrix} \lambda-1 & -1 & -1 \\ -1 & \lambda-1 & -1 \\ -1 & -1 & \lambda-1 \end{vmatrix} \quad (2\text{行，}3\text{行を}1\text{行に加える})$$

$$= \begin{vmatrix} \lambda-3 & \lambda-3 & \lambda-3 \\ -1 & \lambda-1 & -1 \\ -1 & -1 & \lambda-1 \end{vmatrix}$$

$$= (\lambda-3)\begin{vmatrix} 1 & 1 & 1 \\ -1 & \lambda-1 & -1 \\ -1 & -1 & \lambda-1 \end{vmatrix} \quad (2\text{行，}3\text{行に}1\text{行を加える})$$

$$= (\lambda-3)\begin{vmatrix} 1 & 1 & 1 \\ 0 & \lambda & 0 \\ 0 & 0 & \lambda \end{vmatrix}$$

$$= (\lambda-3)\lambda^2$$

であるから，固有値は

$$\lambda = 3,\ 0$$ 　⇒ 固有値（基本事項 **7.1**．**7.2**）

(i) $\lambda = 3$ のとき，固有ベクトルは

$$\begin{bmatrix} 2 & -1 & -1 \\ -1 & 2 & -1 \\ -1 & -1 & 2 \end{bmatrix}\begin{bmatrix} x_1 \\ x_2 \\ x_3 \end{bmatrix} = \begin{bmatrix} 0 \\ 0 \\ 0 \end{bmatrix}$$

の解であるから，

2	−1	−1	①
−1	2	−1	②
−1	−1	2	③
1	−2	1	④ = −②
0	3	−3	⑤ = ① + ② × 2
0	−3	3	⑥ = ③ − ②
1	0	−1	⑦ = ④ + ⑧ × 2
0	1	−1	⑧ = ⑤ ÷ 3
0	0	0	⑨ = ⑥ + ⑤

$$\Longrightarrow \begin{cases} x_1 \qquad - x_3 = 0 \\ \qquad x_2 - x_3 = 0 \end{cases}$$

⇒ 方程式の同値性（基本事項 **2.4**）

したがって，$x_3 = t$ とおくと

$$\begin{bmatrix} x_1 \\ x_2 \\ x_3 \end{bmatrix} = x_3 \begin{bmatrix} 1 \\ 1 \\ 1 \end{bmatrix} = t \begin{bmatrix} 1 \\ 1 \\ 1 \end{bmatrix}$$

固有空間は $V(3) = \left\langle \begin{bmatrix} 1 \\ 1 \\ 1 \end{bmatrix} \right\rangle$ である．

⇒ 固有空間（基本事項 **7.5**）

(ii) $\lambda = 0$ のとき，固有ベクトルは

$$\begin{bmatrix} -1 & -1 & -1 \\ -1 & -1 & -1 \\ -1 & -1 & -1 \end{bmatrix} \begin{bmatrix} x_1 \\ x_2 \\ x_3 \end{bmatrix} = \begin{bmatrix} 0 \\ 0 \\ 0 \end{bmatrix}$$

の解であるから，$x_1 + x_2 + x_3 = 0$．したがって，$x_2 = s$，$x_3 = t$ とおくと，

$$\begin{bmatrix} x_1 \\ x_2 \\ x_3 \end{bmatrix} = x_2 \begin{bmatrix} -1 \\ 1 \\ 0 \end{bmatrix} + x_3 \begin{bmatrix} -1 \\ 0 \\ 1 \end{bmatrix}$$

$$= s \begin{bmatrix} -1 \\ 1 \\ 0 \end{bmatrix} + t \begin{bmatrix} -1 \\ 0 \\ 1 \end{bmatrix}$$

固有空間は $V(0) = \left\langle \begin{bmatrix} -1 \\ 1 \\ 0 \end{bmatrix}, \begin{bmatrix} -1 \\ 0 \\ 1 \end{bmatrix} \right\rangle$ である．

固有ベクトル $\boldsymbol{x}_1 = \begin{bmatrix} 1 \\ 1 \\ 1 \end{bmatrix}$，$\boldsymbol{x}_2 = \begin{bmatrix} -1 \\ 1 \\ 0 \end{bmatrix}$，$\boldsymbol{x}_3 = \begin{bmatrix} -1 \\ 0 \\ 1 \end{bmatrix}$ をグラム・シュミットの方法で直交化する．

⇒ グラム・シュミットの直交化法（基本事項 **5.15**）

異なる固有値に属する固有ベクトルは直交するので，

⇒ 固有ベクトルの直交（基本事項 **7.10**）

実際には，$\boldsymbol{x}_2$, $\boldsymbol{x}_3$ にグラム・シュミットの直交化法を適用する．そこで，

$$\boldsymbol{e}_1 = \frac{1}{\|\boldsymbol{x}_1\|}\boldsymbol{x}_1 = \frac{1}{\sqrt{3}}\begin{bmatrix} 1 \\ 1 \\ 1 \end{bmatrix}$$

$$\boldsymbol{b}_2 = \boldsymbol{x}_2 - (\boldsymbol{x}_2 \cdot \boldsymbol{e}_1)\boldsymbol{e}_1 = \boldsymbol{x}_2$$

だから，

$$\boldsymbol{e}_2 = \frac{1}{\|\boldsymbol{b}_2\|}\boldsymbol{b}_2 = \frac{1}{\sqrt{2}}\begin{bmatrix} -1 \\ 1 \\ 0 \end{bmatrix}$$

$$\begin{aligned} \boldsymbol{b}_3 &= \boldsymbol{x}_3 - (\boldsymbol{x}_3 \cdot \boldsymbol{e}_1)\boldsymbol{e}_1 - (\boldsymbol{x}_3 \cdot \boldsymbol{e}_2)\boldsymbol{e}_2 \\ &= \boldsymbol{x}_3 - (\boldsymbol{x}_3 \cdot \boldsymbol{e}_2)\boldsymbol{e}_2 \\ &= \begin{bmatrix} -1 \\ 0 \\ 1 \end{bmatrix} - \frac{1}{2}\begin{bmatrix} -1 \\ 1 \\ 0 \end{bmatrix} \\ &= \frac{1}{2}\begin{bmatrix} -1 \\ -1 \\ 2 \end{bmatrix} \end{aligned}$$

だから，

$$\boldsymbol{e}_3 = \frac{1}{\|\boldsymbol{b}_3\|}\boldsymbol{b}_3 = \frac{1}{\sqrt{6}}\begin{bmatrix} -1 \\ -1 \\ 2 \end{bmatrix}$$

ここで，つくり方に注意すれば，

$$\boldsymbol{e}_1 \in V(3), \quad \boldsymbol{e}_2 \in V(0), \quad \boldsymbol{e}_3 \in V(0)$$

であることがわかる．

よって，

$$A\boldsymbol{e}_1 = 3 \cdot \boldsymbol{e}_1, \quad A\boldsymbol{e}_2 = 0 \cdot \boldsymbol{e}_2, \quad A\boldsymbol{e}_3 = 0 \cdot \boldsymbol{e}_3$$

である．

したがって，

$$P = \begin{bmatrix} \boldsymbol{e}_1 & \boldsymbol{e}_2 & \boldsymbol{e}_3 \end{bmatrix} = \begin{bmatrix} 1/\sqrt{3} & -1/\sqrt{2} & -1/\sqrt{6} \\ 1/\sqrt{3} & 1/\sqrt{2} & -1/\sqrt{6} \\ 1/\sqrt{3} & 0 & 2/\sqrt{6} \end{bmatrix}$$

とすれば，P は直交行列で ⇒ 基本事項 4.17

$$
\begin{aligned}
AP &= A\begin{bmatrix} \boldsymbol{e}_1 & \boldsymbol{e}_2 & \boldsymbol{e}_3 \end{bmatrix} \\
&= \begin{bmatrix} 3\boldsymbol{e}_1 & 0\boldsymbol{e}_2 & 0\boldsymbol{e}_3 \end{bmatrix} \\
&= \begin{bmatrix} \boldsymbol{e}_1 & \boldsymbol{e}_2 & \boldsymbol{e}_3 \end{bmatrix} \begin{bmatrix} 3 & 0 & 0 \\ 0 & 0 & 0 \\ 0 & 0 & 0 \end{bmatrix} \\
&= P \begin{bmatrix} 3 & 0 & 0 \\ 0 & 0 & 0 \\ 0 & 0 & 0 \end{bmatrix}
\end{aligned}
$$

だから

$$
{}^tPAP = P^{-1}AP = \begin{bmatrix} 3 & 0 & 0 \\ 0 & 0 & 0 \\ 0 & 0 & 0 \end{bmatrix}
$$

⇒ 対称行列の対角化（基本事項 7.9）

問 題

7.4 次の対称行列の固有値と固有ベクトルを求めて，直交行列によって対角化せよ．

(1) $A = \begin{bmatrix} 1 & 1 \\ 1 & 1 \end{bmatrix}$ (2) $A = \begin{bmatrix} 1 & -1 & 1 \\ -1 & 1 & -1 \\ 1 & -1 & 1 \end{bmatrix}$

例題 7.5 高次対称行列の対角化

正方行列 $A = \begin{bmatrix} 0 & 0 & 0 & 1 \\ 0 & 0 & 1 & 0 \\ 0 & 1 & 0 & 0 \\ 1 & 0 & 0 & 0 \end{bmatrix}$ の固有値と固有ベクトルを求めて，直交行列で対角化せよ．

［解　答］ 固有多項式は，　　⇒ 固有多項式（基本事項 **7.3**）

$$\begin{vmatrix} \lambda & 0 & 0 & -1 \\ 0 & \lambda & -1 & 0 \\ 0 & -1 & \lambda & 0 \\ -1 & 0 & 0 & \lambda \end{vmatrix} \quad \text{（2 行，3 行，4 行を 1 行に加える）}$$

$$= \begin{vmatrix} \lambda-1 & \lambda-1 & \lambda-1 & \lambda-1 \\ 0 & \lambda & -1 & 0 \\ 0 & -1 & \lambda & 0 \\ -1 & 0 & 0 & \lambda \end{vmatrix}$$

$$= (\lambda-1)\begin{vmatrix} 1 & 1 & 1 & 1 \\ 0 & \lambda & -1 & 0 \\ 0 & -1 & \lambda & 0 \\ -1 & 0 & 0 & \lambda \end{vmatrix} \quad \text{（4 行に 1 行を加える）}$$

$$= (\lambda-1)\begin{vmatrix} 1 & 1 & 1 & 1 \\ 0 & \lambda & -1 & 0 \\ 0 & -1 & \lambda & 0 \\ 0 & 1 & 1 & \lambda+1 \end{vmatrix} = (\lambda-1)\begin{vmatrix} \lambda & -1 & 0 \\ -1 & \lambda & 0 \\ 1 & 1 & \lambda+1 \end{vmatrix}$$

$$= (\lambda-1)(\lambda+1)\begin{vmatrix} \lambda & -1 \\ -1 & \lambda \end{vmatrix} = (\lambda-1)(\lambda+1)(\lambda^2-1) = (\lambda-1)^2(\lambda+1)^2$$

であるから，固有値は

$$\lambda = 1,\ -1$$

⇒ 固有値（基本事項 **7.2**）

(i) $\lambda = 1$ のとき，固有ベクトルは　　⇒ 固有ベクトル（基本事項 **7.1**）

$$\begin{bmatrix} 1 & 0 & 0 & -1 \\ 0 & 1 & -1 & 0 \\ 0 & -1 & 1 & 0 \\ -1 & 0 & 0 & 1 \end{bmatrix}\begin{bmatrix} x_1 \\ x_2 \\ x_3 \\ x_4 \end{bmatrix} = \begin{bmatrix} 0 \\ 0 \\ 0 \\ 0 \end{bmatrix}$$

の解であるから，

1	0	0	−1	①
0	1	−1	0	②
0	−1	1	0	③
−1	0	0	1	④
1	0	0	−1	⑤ = ①
0	1	−1	0	⑥ = ②
0	−1	1	0	⑦ = ③
0	0	0	0	⑧ = ④ + ①
1	0	0	−1	⑨ = ⑤
0	1	−1	0	⑩ = ⑥
0	0	0	0	⑪ = ⑦ + ⑥
0	0	0	0	⑫ = ⑧

これより，もとの方程式は

$$x_1 - x_4 = 0, x_2 - x_3 = 0$$

と同値である．

⇒ 方程式の同値（基本事項 **2.4**）

　したがって，$x_3 = s, x_4 = t$ とおくと，

$$\begin{bmatrix} x_1 \\ x_2 \\ x_3 \\ x_4 \end{bmatrix} = x_3 \begin{bmatrix} 0 \\ 1 \\ 1 \\ 0 \end{bmatrix} + x_4 \begin{bmatrix} 1 \\ 0 \\ 0 \\ 1 \end{bmatrix}$$

$$= s \begin{bmatrix} 0 \\ 1 \\ 1 \\ 0 \end{bmatrix} + t \begin{bmatrix} 1 \\ 0 \\ 0 \\ 1 \end{bmatrix}$$

　(ii)　$\lambda = -1$ のとき，固有ベクトルは

$$\begin{bmatrix} -1 & 0 & 0 & -1 \\ 0 & -1 & -1 & 0 \\ 0 & -1 & -1 & 0 \\ -1 & 0 & 0 & -1 \end{bmatrix} \begin{bmatrix} x_1 \\ x_2 \\ x_3 \\ x_4 \end{bmatrix} = \begin{bmatrix} 0 \\ 0 \\ 0 \\ 0 \end{bmatrix}$$

の解であるから，

−1	0	0	−1	①
0	−1	−1	0	②
0	−1	−1	0	③
−1	0	0	−1	④
1	0	0	1	⑤ = −①
0	−1	−1	0	⑥ = ②
0	−1	−1	0	⑦ = ③
0	0	0	0	⑧ = ④ − ①
1	0	0	1	⑨ = ⑤
0	1	1	0	⑩ = −⑥
0	0	0	0	⑪ = ⑦ − ⑥
0	0	0	0	⑫ = ⑧

これより，$x_1 + x_4 = 0$, $x_2 + x_3 = 0$. したがって，$x_3 = s$, $x_4 = t$ とおくと，

$$\begin{bmatrix} x_1 \\ x_2 \\ x_3 \\ x_4 \end{bmatrix} = x_3 \begin{bmatrix} 0 \\ -1 \\ 1 \\ 0 \end{bmatrix} + x_4 \begin{bmatrix} -1 \\ 0 \\ 0 \\ 1 \end{bmatrix}$$

$$= s \begin{bmatrix} 0 \\ -1 \\ 1 \\ 0 \end{bmatrix} + t \begin{bmatrix} -1 \\ 0 \\ 0 \\ 1 \end{bmatrix}$$

固有ベクトル

$$\boldsymbol{x}_1 = \begin{bmatrix} 1 \\ 0 \\ 0 \\ 1 \end{bmatrix}, \ \boldsymbol{x}_2 = \begin{bmatrix} 0 \\ 1 \\ 1 \\ 0 \end{bmatrix}, \ \boldsymbol{x}_3 = \begin{bmatrix} -1 \\ 0 \\ 0 \\ 1 \end{bmatrix}, \ \boldsymbol{x}_4 = \begin{bmatrix} 0 \\ -1 \\ 1 \\ 0 \end{bmatrix}$$

をグラム・シュミットの方法で直交化する．

⇒ グラム・シュミットの直交化法（基本事項 **5.15**）

$\boldsymbol{x}_1, \boldsymbol{x}_2, \boldsymbol{x}_3, \boldsymbol{x}_4$ は互いに直交しているので，単位ベクトルになおせばよい．

$$\boldsymbol{e}_1 = \frac{1}{\|\boldsymbol{x}_1\|}\boldsymbol{x}_1 = \frac{1}{\sqrt{2}} \begin{bmatrix} 1 \\ 0 \\ 0 \\ 1 \end{bmatrix}, \quad \boldsymbol{e}_2 = \frac{1}{\|\boldsymbol{x}_2\|}\boldsymbol{x}_2 = \frac{1}{\sqrt{2}} \begin{bmatrix} 0 \\ 1 \\ 1 \\ 0 \end{bmatrix},$$

$$e_3 = \frac{1}{\|x_3\|}x_3 = \frac{1}{\sqrt{2}}\begin{bmatrix} -1 \\ 0 \\ 0 \\ 1 \end{bmatrix}, \quad e_4 = \frac{1}{\|x_4\|}x_4 = \frac{1}{\sqrt{2}}\begin{bmatrix} 0 \\ -1 \\ 1 \\ 0 \end{bmatrix}$$

このとき,

$$Ae_1 = 1 \cdot e_1, \quad Ae_2 = 1 \cdot e_2, \quad Ae_3 = (-1) \cdot e_3, \quad Ae_4 = (-1) \cdot e_4$$

したがって,

$$P = \begin{bmatrix} e_1 & e_2 & e_3 & e_4 \end{bmatrix} = \frac{1}{\sqrt{2}}\begin{bmatrix} 1 & 0 & -1 & 0 \\ 0 & 1 & 0 & -1 \\ 0 & 1 & 0 & 1 \\ 1 & 0 & 1 & 0 \end{bmatrix}$$

とすれば, P は直交行列で ⇒ 基本事項 **4.17**

$${}^tPAP = P^{-1}AP = \begin{bmatrix} 1 & 0 & 0 & 0 \\ 0 & 1 & 0 & 0 \\ 0 & 0 & -1 & 0 \\ 0 & 0 & 0 & -1 \end{bmatrix}$$

⇒ 対称行列の対角化（基本事項 **7.9**）

問　題

7.5　次の対称行列の固有値と固有ベクトルを求めて, 直交行列によって対角化せよ.

(1) $\begin{bmatrix} 0 & 0 & 0 & 0 & 1 \\ 0 & 0 & 0 & 1 & 0 \\ 0 & 0 & 1 & 0 & 0 \\ 0 & 1 & 0 & 0 & 0 \\ 1 & 0 & 0 & 0 & 0 \end{bmatrix}$　　(2) $\begin{bmatrix} 1 & 1 & 1 & 1 & 1 \\ 1 & 1 & 1 & 1 & 1 \\ 1 & 1 & 1 & 1 & 1 \\ 1 & 1 & 1 & 1 & 1 \\ 1 & 1 & 1 & 1 & 1 \end{bmatrix}$

7.5 固有値と固有多項式

例題 7.6 n 次行列の固有多項式

n 次正方行列 $A = \begin{bmatrix} 0 & 1 & 0 & \cdots & 0 \\ \vdots & \ddots & \ddots & \ddots & \vdots \\ \vdots & & \ddots & \ddots & 0 \\ 0 & \cdots & \cdots & 0 & 1 \\ -a_n & -a_{n-1} & \cdots & -a_2 & -a_1 \end{bmatrix}$ の固有多項式は

$$\Phi_A(\lambda) = \lambda^n + a_1\lambda^{n-1} + \cdots + a_{n-1}\lambda + a_n$$

であることを示せ.

［解　答］ 固有多項式は ⇒ 固有多項式（基本事項 **7.3**）

$$\Phi_A(\lambda) = |\,\lambda E - A\,| = \begin{vmatrix} \lambda & -1 & 0 & \cdots & 0 \\ 0 & \ddots & \ddots & \ddots & \vdots \\ \vdots & \ddots & \ddots & \ddots & 0 \\ 0 & \cdots & 0 & \lambda & -1 \\ a_n & a_{n-1} & \cdots & a_2 & \lambda + a_1 \end{vmatrix} = I_n$$

以下，数学的帰納法で証明する.

(I) $n = 2$ のとき,

$$I_2 = \begin{vmatrix} \lambda & -1 \\ a_2 & \lambda + a_1 \end{vmatrix} = \lambda(\lambda + a_1) + a_2 = \lambda^2 + a_1\lambda + a_2$$

(II) $n - 1$ のとき，求める等式が成立すると仮定すると，第 1 行で行列式を展開すれば, ⇒ 行列式の展開（基本事項 **3.21 (1)**）

$$I_n = (-1)^{1+1}\lambda \begin{vmatrix} \lambda & -1 & 0 & \cdots & 0 \\ 0 & \ddots & \ddots & \ddots & \vdots \\ \vdots & \ddots & \ddots & \ddots & 0 \\ 0 & \cdots & 0 & \lambda & -1 \\ a_{n-1} & a_{n-2} & \cdots & a_2 & \lambda + a_1 \end{vmatrix}$$

$$
+(-1)^{1+2}(-1)\begin{vmatrix} 0 & -1 & 0 & \cdots & 0 \\ 0 & \lambda & \ddots & \ddots & \vdots \\ \vdots & \ddots & \ddots & \ddots & 0 \\ 0 & \cdots & 0 & \lambda & -1 \\ a_n & a_{n-2} & \cdots & a_2 & \lambda + a_1 \end{vmatrix}
$$

$$
= \lambda I_{n-1} + (-1)^{n-1+1}a_n \begin{vmatrix} -1 & & & O \\ \lambda & \ddots & & \\ & \ddots & \ddots & \\ O & & \lambda & -1 \end{vmatrix}
$$

$$
= \lambda(\lambda^{n-1} + a_1\lambda^{n-2} + \cdots + a_{n-1}) + (-1)^n a_n (-1)^{n-2}
$$

$$
= \lambda^n + a_1\lambda^{n-1} + \cdots + a_{n-1}\lambda + a_n
$$

(I), (II) より，求める等式はすべての n について成立する．

問　題

7.6 n 次正方行列 $A = \begin{bmatrix} a & 1 & 0 & \cdots & 0 \\ 0 & a & 1 & \ddots & \vdots \\ \vdots & \ddots & \ddots & \ddots & 0 \\ \vdots & & \ddots & a & 1 \\ 0 & \cdots & \cdots & 0 & a \end{bmatrix}$ の固有値・固有ベクトルを求めよ．

例題 7.7　　フロベニウスの定理

n 次正方行列 A の固有値を，$\lambda_1, \lambda_2, \cdots, \lambda_n$ とするとき，次を示せ．

(1) αA の固有値は $\alpha\lambda_1, \alpha\lambda_2, \cdots, \alpha\lambda_n$ である．

(2) A が正則ならば，A^{-1} の固有値は $\lambda_1^{-1}, \lambda_2^{-1}, \cdots, \lambda_n^{-1}$ である．

(3) A^m の固有値は ${\lambda_1}^m, {\lambda_2}^m, \cdots, {\lambda_n}^m$ である．

［解　答］ (1) $\alpha \neq 0$ のときを示せば十分である．このとき，

$$\begin{aligned}\Phi_{\alpha A}(\alpha\lambda) &= |(\alpha\lambda)E - \alpha A| \\ &= \alpha^n|\lambda E - A| \\ &= \alpha^n \Phi_A(\lambda)\end{aligned}$$

⇒ 固有多項式（基本事項 7.3）

よって，$\lambda = \lambda_j$ のとき，$\alpha\lambda_j$ は αA の固有値である． ⇒ 固有値（基本事項 7.2）

逆に，μ が αA の固有値ならば，上で示したことより $\alpha^{-1}\mu$ は

$$A = \alpha^{-1}(\alpha A)$$

の固有値であるから，

$$\alpha^{-1}\mu = \lambda_j$$

となるものが存在する．よって，

$$\mu = \alpha\lambda_j$$

と表される．

(2) A が正則ならば，固有値は 0 とならない（基本事項 7.3）．固有多項式

$$\begin{aligned}\Phi_{A^{-1}}(\lambda) &= |\lambda E - A^{-1}| \\ &= |(-\lambda A^{-1})(\lambda^{-1}E - A)| \\ &= |(-\lambda A^{-1})|\Phi_A(\lambda^{-1})\end{aligned}$$

よって，$\lambda = \lambda_j$ のとき，λ_j^{-1} は A^{-1} の固有値である．

逆に，μ が A^{-1} の固有値ならば，μ^{-1} は

$$A = (A^{-1})^{-1}$$

の固有値であるから，

$$\mu^{-1} = \lambda_j$$

と表される．よって，

$$\mu = {\lambda_j}^{-1}$$

と表される．

(3)　$x^m - \lambda = \prod_{i=1}^{m}(x - \alpha_i)$ と表すと

$$A^m - \lambda E = \prod_{i=1}^{m}(A - \alpha_i E)$$

よって，

$$(-1)^n \varPhi_{A^m}(\lambda) = |-(\lambda E - A^m)| = \left|\prod_{i=1}^{m}(A - \alpha_i E)\right|$$

一方，

$$|\lambda E - A| = \prod_{j=1}^{n}(\lambda - \lambda_j)$$

であるから，

$$\begin{aligned}
\varPhi_{A^m}(\lambda) &= (-1)^n \prod_{i=1}^{m} |A - \alpha_i E| \\
&= (-1)^n \prod_{i=1}^{m}\left((-1)^n \prod_{j=1}^{n}(\alpha_i - \lambda_j)\right) \\
&= (-1)^{n+mn} \prod_{j=1}^{n}\left(\prod_{i=1}^{m}(\alpha_i - \lambda_j)\right) \\
&= (-1)^{n+mn} \prod_{j=1}^{n}\left((-1)^{m+1}(\lambda - {\lambda_j}^m)\right) \\
&= (-1)^{2n(m+1)} \prod_{j=1}^{n}(\lambda - {\lambda_j}^m) = \prod_{j=1}^{n}(\lambda - {\lambda_j}^m)
\end{aligned}$$

したがって，A^m の固有値は ${\lambda_1}^m, {\lambda_2}^m, \cdots, {\lambda_n}^m$ である．

問　題

7.7　n 次正方行列 A について，次の問いに答えよ．

(1)　$A^2 = E$ ならば，A の固有値は 1 または -1 であることを示せ．

(2)　A が交代行列のとき，α が A の固有値であるならば，$-\alpha$ も A の固有値であることを示せ．

7.8　n 次正方行列 A の固有値を，$\lambda_1, \lambda_2, \cdots, \lambda_n$，$f(x)$ を m 次の多項式とすると，$f(A)$ の固有値は $f(\lambda_1), f(\lambda_2), \cdots, f(\lambda_n)$ であることを示せ．ここに，$m, n \geqq 1$ とする．

7.6 ケーリー・ハミルトンの定理

例題 7.8 ケーリー・ハミルトンの定理

正方行列 $A = \begin{bmatrix} 1 & 0 & 1 \\ 0 & 1 & 0 \\ 1 & 0 & 1 \end{bmatrix}$ の固有多項式から，A が満たす 3 次式を求めよ．さらに，A^4 を計算せよ．

［解　答］ 固有多項式は，　⇒ 固有多項式（基本事項 **7.3**）

$$\begin{vmatrix} \lambda-1 & 0 & -1 \\ 0 & \lambda-1 & 0 \\ -1 & 0 & \lambda-1 \end{vmatrix} = (\lambda-1)^3 - (\lambda-1) = \lambda^3 - 3\lambda^2 + 2\lambda$$

であるから，ケーリー・ハミルトンの定理より

⇒ ケーリー・ハミルトンの定理（基本事項 **7.11**）

$$A^3 - 3A^2 + 2A = O$$

$$\begin{aligned} A^3 &= 3A^2 - 2A, \\ A^4 &= A(3A^2 - 2A) = 3A^3 - 2A^2 \\ &= 3(3A^2 - 2A) - 2A^2 = 7A^2 - 6A \end{aligned}$$

だから，

$$A^4 = 7\begin{bmatrix} 2 & 0 & 2 \\ 0 & 1 & 0 \\ 2 & 0 & 2 \end{bmatrix} - 6\begin{bmatrix} 1 & 0 & 1 \\ 0 & 1 & 0 \\ 1 & 0 & 1 \end{bmatrix} = \begin{bmatrix} 8 & 0 & 8 \\ 0 & 1 & 0 \\ 8 & 0 & 8 \end{bmatrix}$$

例題 7.9 ケーリー・ハミルトンの定理

3 次の正方行列 A が異なる固有値 $\lambda_1, \lambda_2, \lambda_3$ をもつとき，A^n を $A, A^2, n, \lambda_1, \lambda_2, \lambda_3$ を用いて表せ．

［解　答］ 固有多項式は，　⇒ 固有多項式（基本事項 **7.3**）

$$|\lambda E - A| = (\lambda - \lambda_1)(\lambda - \lambda_2)(\lambda - \lambda_3)$$

であるから，ケーリー・ハミルトンの定理から

⇒ ケーリー・ハミルトンの定理（基本事項 **7.11**）

$$(A - \lambda_1 E)(A - \lambda_2 E)(A - \lambda_3 E) = O \tag{$*$}$$

剰余定理を利用すると，

$$x^n = (x-\lambda_1)(x-\lambda_2)(x-\lambda_3)Q(x) + ax^2 + bx + c \qquad (**)$$

となる多項式 Q が存在する．ここで，x に A を代入すると，$(*)$ より

$$A^n = aA^2 + bA + cE \qquad (***)$$

$(**)$ において，$x = \lambda_1, \lambda_2, \lambda_3$ とおくと，

$$\begin{cases} {\lambda_1}^n = a{\lambda_1}^2 + b\lambda_1 + c \\ {\lambda_2}^n = a{\lambda_2}^2 + b\lambda_2 + c \\ {\lambda_3}^n = a{\lambda_3}^2 + b\lambda_3 + c \end{cases}$$

すなわち，

$$\begin{bmatrix} {\lambda_1}^2 & \lambda_1 & 1 \\ {\lambda_2}^2 & \lambda_2 & 1 \\ {\lambda_3}^2 & \lambda_3 & 1 \end{bmatrix} \begin{bmatrix} a \\ b \\ c \end{bmatrix} = \begin{bmatrix} {\lambda_1}^n \\ {\lambda_2}^n \\ {\lambda_3}^n \end{bmatrix}$$

係数行列について，例題 3.6 を用いると，

$$D = \begin{vmatrix} {\lambda_1}^2 & \lambda_1 & 1 \\ {\lambda_2}^2 & \lambda_2 & 1 \\ {\lambda_3}^2 & \lambda_3 & 1 \end{vmatrix} = -(\lambda_1-\lambda_2)(\lambda_2-\lambda_3)(\lambda_3-\lambda_1) \neq 0$$

したがって，クラメルの公式より　⇒ クラメルの公式（基本事項 **3.25**）

$$a = \frac{1}{D}\begin{vmatrix} {\lambda_1}^n & \lambda_1 & 1 \\ {\lambda_2}^n & \lambda_2 & 1 \\ {\lambda_3}^n & \lambda_3 & 1 \end{vmatrix}, \quad b = \frac{1}{D}\begin{vmatrix} {\lambda_1}^2 & {\lambda_1}^n & 1 \\ {\lambda_2}^2 & {\lambda_2}^n & 1 \\ {\lambda_3}^2 & {\lambda_3}^n & 1 \end{vmatrix}, \quad c = \frac{1}{D}\begin{vmatrix} {\lambda_1}^2 & \lambda_1 & {\lambda_1}^n \\ {\lambda_2}^2 & \lambda_2 & {\lambda_2}^n \\ {\lambda_3}^2 & \lambda_3 & {\lambda_3}^n \end{vmatrix}$$

これらを $(***)$ に代入すればよい．

問　題

7.9　次の行列 A が満たす多項式を求めて，A^4 を計算せよ．

(1) $A = \begin{bmatrix} 1 & 1 \\ 1 & 1 \end{bmatrix}$　　(2) $A = \begin{bmatrix} 1 & 1 & 0 \\ 0 & 1 & 1 \\ 0 & 0 & 1 \end{bmatrix}$

7.10 次の行列 A が満たす多項式を求めて，A^n および A^{-1} を計算せよ．

(1) $A = \begin{bmatrix} 1 & 1 \\ 4 & 1 \end{bmatrix}$　　(2) $A = \begin{bmatrix} 1 & 1 & 0 \\ 0 & 1 & 1 \\ 0 & 0 & 1 \end{bmatrix}$

7.7　直交行列の固有値

例題 7.10　　直交変換

(1) 3 次直交行列 P は，1 または -1 を固有値にもつことを示せ．

(2) P に対応する直交変換 φ_P は，直線のまわりの回転か，平面に関する折り返しのいずれかであることを示せ．

［解　答］ (1) ${}^tPP = E$ だから，$|{}^tPP| = |E| = 1$. また，$|{}^tP| = |P|$ だから，

$$|P|^2 = 1$$

⇒ 直交行列（基本事項 **1.19**）

である．

⇒ 転置行列（基本事項 **3.10**）

$|P| = 1$ のとき，

$$\begin{aligned} |P - E| &= |P - {}^tPP| \\ &= |(E - {}^tP)P| \\ &= |{}^t(E - P)||P| \\ &= |E - P| \\ &= (-1)^3|P - E| \\ &= -|P - E| \end{aligned}$$

したがって，

$$|P - E| = 0$$

となるので，P は固有値 1 をもつ．

⇒ 固有値（基本事項 **7.1**）

同様に，$|P| = -1$ のとき，

$$\begin{aligned} |P + E| &= |P + {}^tPP| \\ &= |(E + {}^tP)P| \\ &= |{}^t(E + P)||P| \\ &= -|E + P| \end{aligned}$$

したがって，

$$|P + E| = 0$$

となるので，P は固有値 -1 をもつ．

(2) (1) より，$P\boldsymbol{c} = \boldsymbol{c}$ または $P\boldsymbol{c} = -\boldsymbol{c}$, $\boldsymbol{c} \neq \boldsymbol{0}$ となる（固有）ベクトル $\boldsymbol{c}$ が存在する．そこで，正規直交系 $\boldsymbol{a}, \boldsymbol{b}, \boldsymbol{c}$ が右手系となるように選ぶ（すなわち，$\boldsymbol{a} \times \boldsymbol{b} = \boldsymbol{c}$）．このとき，$P\boldsymbol{a}$, $P\boldsymbol{b}$, $P\boldsymbol{c} = \pm\boldsymbol{c}$ も正規直交系であるから，$P\boldsymbol{a}$, $P\boldsymbol{b}$ は，$\boldsymbol{a}$, $\boldsymbol{b}$ がつく

る平面上にある．　　⇒ 正規直交系（基本事項 **4.16**）

したがって，$P\boldsymbol{c}=\boldsymbol{c}$ ならば，

$$\begin{bmatrix} P\boldsymbol{a} & P\boldsymbol{b} & P\boldsymbol{c} \end{bmatrix} = \begin{bmatrix} \boldsymbol{a} & \boldsymbol{b} & \boldsymbol{c} \end{bmatrix} \begin{bmatrix} \cos\theta & \sin\theta & 0 \\ -\sin\theta & \cos\theta & 0 \\ 0 & 0 & 1 \end{bmatrix}$$

（$\boldsymbol{c}$ のまわりの回転）または

$$\begin{bmatrix} P\boldsymbol{a} & P\boldsymbol{b} & P\boldsymbol{c} \end{bmatrix} = \begin{bmatrix} \boldsymbol{a} & \boldsymbol{b} & \boldsymbol{c} \end{bmatrix} \begin{bmatrix} \cos\theta & \sin\theta & 0 \\ \sin\theta & -\cos\theta & 0 \\ 0 & 0 & 1 \end{bmatrix}$$

（平面に関する折り返し）．

$P\boldsymbol{c}=-\boldsymbol{c}$ のときも同様である．

問　題

7.11 n 次の直交行列 P について，次を示せ．

(1) P の固有値 λ は $|\lambda|=1$ である．

(2) n が奇数で $|P|=1$ ならば，P は固有値 1 をもつ．

(3) n が偶数で $|P|=-1$ ならば，P は固有値 1 をもつ．

(4) $|P|=-1$ ならば，P は固有値 -1 をもつ．

第 8 章

2 次形式

8.1 基本事項

1. n 次実対称行列 A に対して，

$$ {}^t\boldsymbol{x}A\boldsymbol{x} = \sum_{i,j} a_{ij}x_ix_j, \qquad A = [\ a_{ij}\ ], \boldsymbol{x} = \begin{bmatrix} x_1 \\ x_2 \\ \vdots \\ x_n \end{bmatrix} $$

を **2 次形式**という．

2. 2 次形式 ${}^t\boldsymbol{x}A\boldsymbol{x}$ に適当な直交変換 $\boldsymbol{y} = P\boldsymbol{x}$ を行うと，

$$ {}^t\boldsymbol{x}A\boldsymbol{x} = \lambda_1{y_1}^2 + \lambda_2{y_2}^2 + \cdots + \lambda_n{y_n}^2 $$

の形となる．ここに，λ_1，λ_2，$\cdots$，λ_n は A の固有値である．右辺は 2 次形式の**標準形**という．

3. 2 次形式 $ax^2 + 2hxy + by^2$ は，

$$ \begin{bmatrix} x \\ y \end{bmatrix} = \begin{bmatrix} \cos\theta & -\sin\theta \\ \sin\theta & \cos\theta \end{bmatrix} \begin{bmatrix} u \\ v \end{bmatrix}, \quad \tan 2\theta = \frac{2h}{a-b} $$

とおくと，

$$ ax^2 + 2hxy + by^2 = \alpha u^2 + \beta v^2 $$

と標準形に変形できる．ここに，

$$ \alpha = a\cos^2\theta + b\sin^2\theta + 2h\cos\theta\sin\theta $$
$$ \beta = b\cos^2\theta + a\sin^2\theta - 2h\cos\theta\sin\theta $$

4. 2 次曲線の標準形

(1) だ円： $\dfrac{x^2}{a^2}+\dfrac{y^2}{b^2}=1$ (2) 虚だ円： $\dfrac{x^2}{a^2}+\dfrac{y^2}{b^2}=-1$

(3) **1** 点： $\dfrac{x^2}{a^2}+\dfrac{y^2}{b^2}=0$ (4) 双曲線： $\dfrac{x^2}{a^2}-\dfrac{y^2}{b^2}=1$

(5) 直線： $\dfrac{x^2}{a^2}-\dfrac{y^2}{b^2}=0$ (6) 放物線： $y^2=4px$

だ円 $\dfrac{x^2}{a^2}+\dfrac{y^2}{b^2}=1$

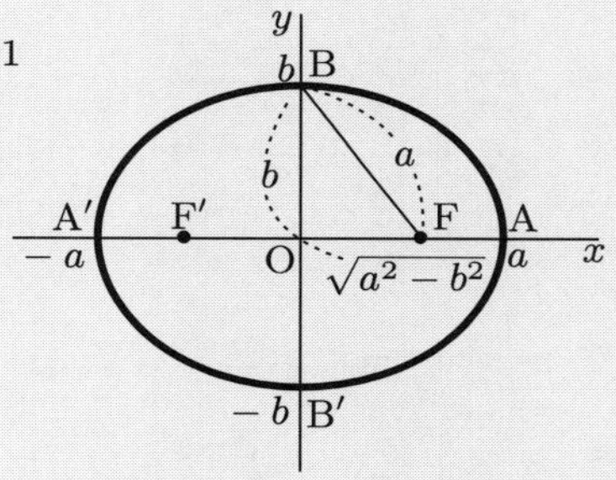

双曲線 $\dfrac{x^2}{a^2}-\dfrac{y^2}{b^2}=1$

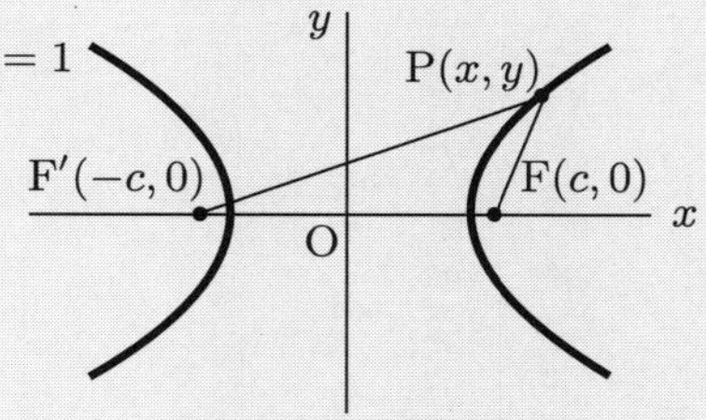

$c=\sqrt{a^2+b^2}$

放物線 $y^2=4px$

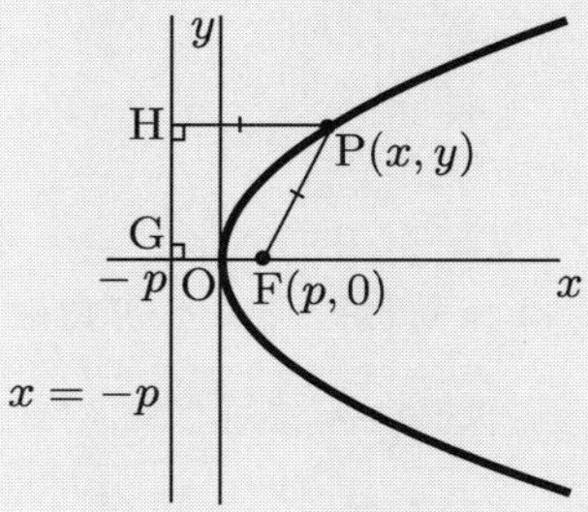

5. 2 次曲面の標準形

(1)　**だ円面**：　$\dfrac{x^2}{a^2}+\dfrac{y^2}{b^2}+\dfrac{z^2}{c^2}=1$

(2)　**虚だ円面**：　$\dfrac{x^2}{a^2}+\dfrac{y^2}{b^2}+\dfrac{z^2}{c^2}=-1$

(3)　**1 点**：　$\dfrac{x^2}{a^2}+\dfrac{y^2}{b^2}+\dfrac{z^2}{c^2}=0$

(4)　**2 葉双曲面**：　$\dfrac{x^2}{a^2}+\dfrac{y^2}{b^2}-\dfrac{z^2}{c^2}=-1$

(5)　**1 葉双曲面**：　$\dfrac{x^2}{a^2}+\dfrac{y^2}{b^2}-\dfrac{z^2}{c^2}=1$

(6)　**だ円錐面**：　$\dfrac{x^2}{a^2}+\dfrac{y^2}{b^2}-\dfrac{z^2}{c^2}=0$

(7)　**だ円放物面**：　$\dfrac{x^2}{a^2}+\dfrac{y^2}{b^2}=2z$

(8)　**だ円柱面**：　$\dfrac{x^2}{a^2}+\dfrac{y^2}{b^2}=1$

(9)　**虚だ円柱面**：　$\dfrac{x^2}{a^2}+\dfrac{y^2}{b^2}=-1$

(10)　**直線**：　$\dfrac{x^2}{a^2}+\dfrac{y^2}{b^2}=0$

(11)　**双曲放物面**：　$\dfrac{x^2}{a^2}-\dfrac{y^2}{b^2}=2z$

(12)　**双曲柱面**：　$\dfrac{x^2}{a^2}-\dfrac{y^2}{b^2}=1$

(13)　**交わる 2 平面**：　$\dfrac{x^2}{a^2}-\dfrac{y^2}{b^2}=0$

(14)　**放物柱面**：　$y^2=4px$

(15)　**平行 2 平面**：　$y^2=1$

(16)　**空集合**：　$y^2=-1$

(17)　**平面**：　$y^2=0$

6. 2 次形式 ${}^t\boldsymbol{x}A\boldsymbol{x}$ または 実対称行列 A が**非負値** とは，

$$\text{すべての } \boldsymbol{x} \text{ に対して，} {}^t\boldsymbol{x}A\boldsymbol{x} \geqq 0$$

のときをいう．また，実対称行列 A が**正値** とは，

$$\boldsymbol{x} \neq \boldsymbol{0} \text{ ならば，} {}^t\boldsymbol{x}A\boldsymbol{x} > 0$$

のときをいう．

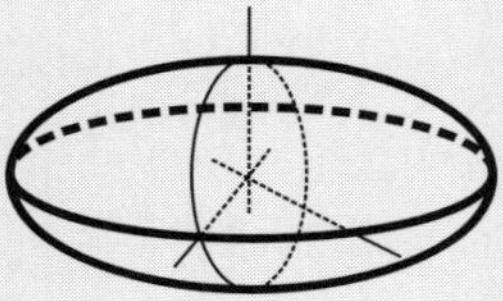

だ円面

$$\frac{x^2}{a^2} + \frac{y^2}{b^2} + \frac{z^2}{c^2} = 1$$

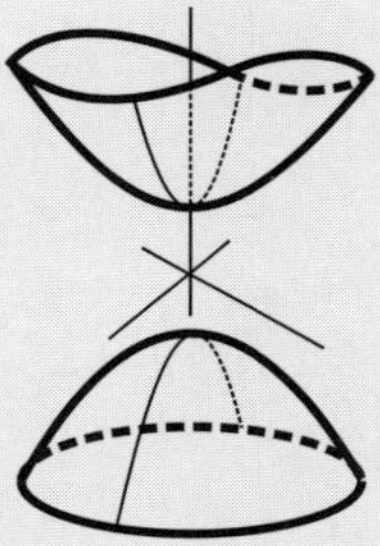

2 葉双曲面

$$\frac{x^2}{a^2} + \frac{y^2}{b^2} - \frac{z^2}{c^2} = -1$$

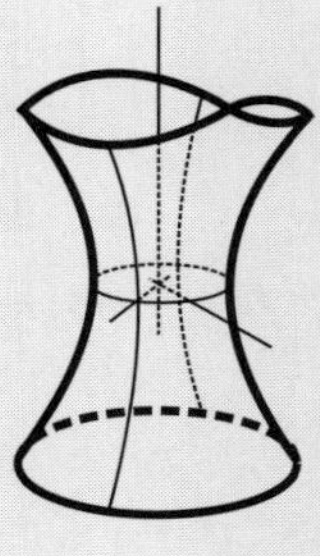

1 葉双曲面

$$\frac{x^2}{a^2} + \frac{y^2}{b^2} - \frac{z^2}{c^2} = 1$$

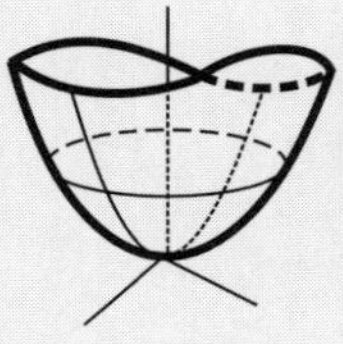

だ円放物面

$$\frac{x^2}{a^2} + \frac{y^2}{b^2} = 2z$$

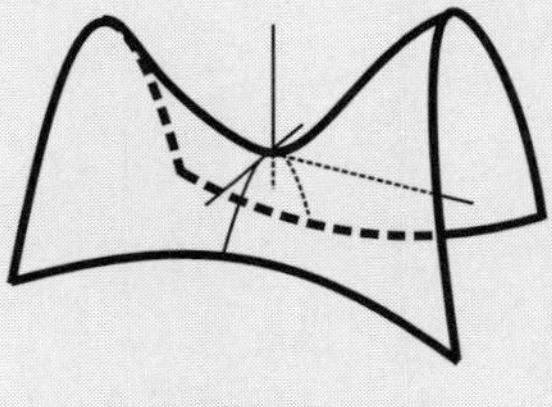

双曲放物面

$$\frac{x^2}{a^2} - \frac{y^2}{b^2} = 2z$$

7. A が正値であるための必要十分条件は，A の固有値がすべて正であることである．

8. 2 次形式 $\begin{bmatrix} x & y & z \end{bmatrix} \begin{bmatrix} a & h & g \\ h & b & f \\ g & f & c \end{bmatrix} \begin{bmatrix} x \\ y \\ z \end{bmatrix}$ が正値であるための必要十分条件は

$$a > 0, \quad \begin{vmatrix} a & h \\ h & b \end{vmatrix} > 0, \quad \begin{vmatrix} a & h & g \\ h & b & f \\ g & f & c \end{vmatrix} > 0$$

8.2 2次形式と対称行列

例題 8.1 2次形式と対称行列

2次形式 $x^2+y^2+z^2-xy-yz-zx$ について，次の問いに答えよ．

(1) $\boldsymbol{x}=\begin{bmatrix} x \\ y \\ z \end{bmatrix}$ とするとき，

$$2x^2+2y^2+2z^2-2xy-2yz-2zx={}^t\boldsymbol{x}A\boldsymbol{x}$$

となる対称行列 A を求めよ．

(2) A を直交行列 P によって対角化せよ．

(3) $\boldsymbol{x}=P\boldsymbol{x}'$, $\boldsymbol{x}'=\begin{bmatrix} x' \\ y' \\ z' \end{bmatrix}$ とおいて，2次形式の標準形を求めよ．

［解　答］ (1) $A=\begin{bmatrix} 2 & -1 & -1 \\ -1 & 2 & -1 \\ -1 & -1 & 2 \end{bmatrix}$ ⇒ 2次形式（基本事項 8.1）

(2) 固有多項式は ⇒ 固有多項式（基本事項 7.3）

$$\begin{vmatrix} \lambda-2 & 1 & 1 \\ 1 & \lambda-2 & 1 \\ 1 & 1 & \lambda-2 \end{vmatrix} \quad (2\text{行}, 3\text{行を}1\text{行に加える})$$

$$=\begin{vmatrix} \lambda & \lambda & \lambda \\ 1 & \lambda-2 & 1 \\ 1 & 1 & \lambda-2 \end{vmatrix}=\lambda\begin{vmatrix} 1 & 1 & 1 \\ 1 & \lambda-2 & 1 \\ 1 & 1 & \lambda-2 \end{vmatrix}$$

$$=\lambda\begin{vmatrix} 1 & 1 & 1 \\ 0 & \lambda-3 & 0 \\ 0 & 0 & \lambda-3 \end{vmatrix}=\lambda(\lambda-3)^2$$

であるから，固有値は $\lambda=0, 3$ である． ⇒ 固有値（基本事項 7.1, 7.2）

(i) $\lambda=0$ のとき，固有ベクトルは ⇒ 固有ベクトル（基本事項 7.1）

$$\begin{bmatrix} -2 & 1 & 1 \\ 1 & -2 & 1 \\ 1 & 1 & -2 \end{bmatrix}\begin{bmatrix} x \\ y \\ z \end{bmatrix}=\begin{bmatrix} 0 \\ 0 \\ 0 \end{bmatrix}$$

の解である．これを解くために次のように掃き出し法を適用する．

⇒ 掃き出し法（基本事項 2.2）

-2	1	1	①
1	-2	1	②
1	1	-2	③
1	-2	1	④ = ②
0	-3	3	⑤ = ① + ② × 2
0	3	-3	⑥ = ③ − ②
1	0	-1	⑦ = ④ + ⑧ × 2
0	1	-1	⑧ = ⑤ ÷ (−3)
0	0	0	⑨ = ⑥ + ⑤

これより，もとの連立 1 次方程式は $x-z=0,\ y-z=0$ と同値である．

⇒ 方程式の同値（基本事項 **2.4**）

したがって，$z=t$ とおくと，

$$\begin{bmatrix} x \\ y \\ z \end{bmatrix} = z\begin{bmatrix} 1 \\ 1 \\ 1 \end{bmatrix} = t\begin{bmatrix} 1 \\ 1 \\ 1 \end{bmatrix}$$

固有空間は $V(0)=\left\langle \begin{bmatrix} 1 \\ 1 \\ 1 \end{bmatrix} \right\rangle$ である．

⇒ 固有空間（基本事項 **7.5**）

(ii) $\lambda=3$ のとき，固有ベクトルは

$$\begin{bmatrix} 1 & 1 & 1 \\ 1 & 1 & 1 \\ 1 & 1 & 1 \end{bmatrix}\begin{bmatrix} x \\ y \\ z \end{bmatrix} = \begin{bmatrix} 0 \\ 0 \\ 0 \end{bmatrix}$$

であるから，$x+y+z=0$ ．したがって，$y=s,\ z=t$ とおくと，

$$\begin{bmatrix} x \\ y \\ z \end{bmatrix} = y\begin{bmatrix} -1 \\ 1 \\ 0 \end{bmatrix} + z\begin{bmatrix} -1 \\ 0 \\ 1 \end{bmatrix} = s\begin{bmatrix} -1 \\ 1 \\ 0 \end{bmatrix} + t\begin{bmatrix} -1 \\ 0 \\ 1 \end{bmatrix}$$

固有空間は $V(3)=\left\langle \begin{bmatrix} -1 \\ 1 \\ 0 \end{bmatrix}, \begin{bmatrix} -1 \\ 0 \\ 1 \end{bmatrix} \right\rangle$ である．

⇒ ベクトルで張られる部分空間（基本事項 **5.3**）

固有ベクトル $\boldsymbol{x}_1=\begin{bmatrix} 1 \\ 1 \\ 1 \end{bmatrix},\ \boldsymbol{x}_2=\begin{bmatrix} -1 \\ 1 \\ 0 \end{bmatrix},\ \boldsymbol{x}_3=\begin{bmatrix} -1 \\ 0 \\ 1 \end{bmatrix}$ をグラム・シュミットの方法で直交化する．

⇒ グラム・シュミットの直交化法（基本事項 **5.15**）

ここで，異なる固有値に属する固有ベクトルは直交することに注意しよう．

⇒ 固有ベクトルの直交（基本事項 **7.10**）

$$\boldsymbol{e}_1 = \frac{1}{\|\boldsymbol{x}_1\|}\boldsymbol{x}_1 = \frac{1}{\sqrt{3}}\begin{bmatrix} 1 \\ 1 \\ 1 \end{bmatrix}$$

$$\boldsymbol{b}_2 = \boldsymbol{x}_2 - (\boldsymbol{x}_2 \cdot \boldsymbol{e}_1)\boldsymbol{e}_1 = \boldsymbol{x}_2$$

だから，

$$\boldsymbol{e}_2 = \frac{1}{\|\boldsymbol{b}_2\|}\boldsymbol{b}_2 = \frac{1}{\sqrt{2}}\begin{bmatrix} -1 \\ 1 \\ 0 \end{bmatrix}$$

$$\begin{aligned}\boldsymbol{b}_3 &= \boldsymbol{x}_3 - (\boldsymbol{x}_3 \cdot \boldsymbol{e}_1)\boldsymbol{e}_1 - (\boldsymbol{x}_3 \cdot \boldsymbol{e}_2)\boldsymbol{e}_2 \\ &= \boldsymbol{x}_3 - (\boldsymbol{x}_3 \cdot \boldsymbol{e}_2)\boldsymbol{e}_2 \\ &= \begin{bmatrix} -1 \\ 0 \\ 1 \end{bmatrix} - \frac{1}{2}\begin{bmatrix} -1 \\ 1 \\ 0 \end{bmatrix} \\ &= \frac{1}{2}\begin{bmatrix} -1 \\ -1 \\ 2 \end{bmatrix}\end{aligned}$$

だから，

$$\boldsymbol{e}_3 = \frac{1}{\|\boldsymbol{b}_3\|}\boldsymbol{b}_3 = \frac{1}{\sqrt{6}}\begin{bmatrix} -1 \\ -1 \\ 2 \end{bmatrix}$$

このとき，$\boldsymbol{e}_1 \in V(0)$, $\boldsymbol{e}_2 \in V(3)$, $\boldsymbol{e}_3 \in V(3)$ だから，

$$A\boldsymbol{e}_1 = 0 \cdot \boldsymbol{e}_1, A\boldsymbol{e}_2 = 3 \cdot \boldsymbol{e}_2, A\boldsymbol{e}_3 = 3 \cdot \boldsymbol{e}_3.$$

したがって，

$$P = \begin{bmatrix} \boldsymbol{e}_1 & \boldsymbol{e}_2 & \boldsymbol{e}_3 \end{bmatrix} = \begin{bmatrix} 1/\sqrt{3} & -1/\sqrt{2} & -1/\sqrt{6} \\ 1/\sqrt{3} & 1/\sqrt{2} & -1/\sqrt{6} \\ 1/\sqrt{3} & 0 & 2/\sqrt{6} \end{bmatrix}$$

とすれば，

$${}^tPAP = P^{-1}AP = \begin{bmatrix} 0 & 0 & 0 \\ 0 & 3 & 0 \\ 0 & 0 & 3 \end{bmatrix}$$

⇒ 直交行列による対角化（基本事項 **7.6,7.9**）

(3)
$$\begin{aligned} x^2+y^2+z^2-xy-yz-zx &= \frac{1}{2}{}^t\boldsymbol{x}A\boldsymbol{x} \\ &= \frac{1}{2}{}^t\boldsymbol{x}'{}^tPAP\boldsymbol{x}' \\ &= \frac{1}{2}{}^t\boldsymbol{x}'\begin{bmatrix} 0 & 0 & 0 \\ 0 & 3 & 0 \\ 0 & 0 & 3 \end{bmatrix}\boldsymbol{x}' \\ &= \frac{3}{2}y'^2+\frac{3}{2}z'^2 \end{aligned}$$

⇒ **2 次形式の標準形（基本事項 8.2）**

問　題

8.1　2 次形式 x^2+y^2+xy について，次の問いに答えよ．

(1)　$\boldsymbol{x}=\begin{bmatrix} x \\ y \end{bmatrix}$ とするとき，

$$2(x^2+y^2+xy)={}^t\boldsymbol{x}A\boldsymbol{x}$$

となる対称行列 A を求めよ．

(2)　A を直交行列 P によって対角化せよ．

(3)　$\boldsymbol{x}=P\boldsymbol{x}'$, $\boldsymbol{x}'=\begin{bmatrix} x' \\ y' \end{bmatrix}$ とおいて，2 次形式の標準形を求めよ．

8.2　2 次形式 $x^2+2y^2+z^2+2xy+2yz+4zx$ について，次の問いに答えよ．

(1)　$\boldsymbol{x}=\begin{bmatrix} x \\ y \\ z \end{bmatrix}$ とするとき，

$$x^2+2y^2+z^2+2xy+2yz+4zx={}^t\boldsymbol{x}A\boldsymbol{x}$$

となる対称行列 A を求めよ．

(2)　A を直交行列 P によって対角化せよ．

(3)　$\boldsymbol{x}=P\boldsymbol{x}'$, $\boldsymbol{x}'=\begin{bmatrix} x' \\ y' \\ z' \end{bmatrix}$ とおいて，2 次形式の標準形を求めよ．

例題 8.2　　**2次形式の最大値・最小値**

2次形式 $xy + yz + zx$ について，次の問いに答えよ．

(1) $\boldsymbol{x} = \begin{bmatrix} x \\ y \\ z \end{bmatrix}$ とするとき，

$$xy + yz + zx = \frac{1}{2}{}^t\boldsymbol{x}A\boldsymbol{x}$$

となる対称行列 A を求めよ．

(2) A を直交行列 P によって対角化せよ．

(3) $\boldsymbol{x} = P\boldsymbol{x}'$, $\boldsymbol{x}' = \begin{bmatrix} x' \\ y' \\ z' \end{bmatrix}$ とおいて，2次形式の標準形を求めよ．

(4) $\|\boldsymbol{x}\| = \|\boldsymbol{x}'\|$ を示せ．

(5) $x^2 + y^2 + z^2 = 1$ のとき，$xy + yz + zx$ の最大値と最小値を求めよ．

[解　答]　(1) $A = \begin{bmatrix} 0 & 1 & 1 \\ 1 & 0 & 1 \\ 1 & 1 & 0 \end{bmatrix}$　　⇒ **2** 次形式（基本事項 **8.1**）

(2) 固有多項式は　　⇒ 固有多項式（基本事項 **7.3**）

$$\begin{vmatrix} \lambda & -1 & -1 \\ -1 & \lambda & -1 \\ -1 & -1 & \lambda \end{vmatrix} \quad (2\text{ 行}, 3\text{ 行を } 1\text{ 行に加える})$$

$$= \begin{vmatrix} \lambda-2 & \lambda-2 & \lambda-2 \\ -1 & \lambda & -1 \\ -1 & -1 & \lambda \end{vmatrix} = (\lambda-2)\begin{vmatrix} 1 & 1 & 1 \\ -1 & \lambda & -1 \\ -1 & -1 & \lambda \end{vmatrix}$$

$$= (\lambda-2)\begin{vmatrix} 1 & 1 & 1 \\ 0 & \lambda+1 & 0 \\ 0 & 0 & \lambda+1 \end{vmatrix}$$

$$= (\lambda-2)(\lambda+1)^2$$

であるから，固有値は $\lambda = 2, -1$ である．　　⇒ 固有値（基本事項 **7.1, 7.2**）

(i)　$\lambda = 2$ のとき，固有ベクトルは　　⇒ 固有ベクトル（基本事項 **7.1**）

$$\begin{bmatrix} 2 & -1 & -1 \\ -1 & 2 & -1 \\ -1 & -1 & 2 \end{bmatrix}\begin{bmatrix} x \\ y \\ z \end{bmatrix} = \begin{bmatrix} 0 \\ 0 \\ 0 \end{bmatrix}$$

の解である．これを解くために次のように掃き出し法を適用する．

⇒ 掃き出し法（基本事項 **2.2**）

2	−1	−1	①
−1	2	−1	②
−1	−1	2	③
1	−2	1	④ = ② × (−1)
0	3	−3	⑤ = ① + ② × 2
0	−3	3	⑥ = ③ − ②
1	0	−1	⑦ = ④ + ⑧ × 2
0	1	−1	⑧ = ⑤ ÷ 3
0	0	0	⑨ = ⑥ + ⑤

これより，もとの連立 1 次方程式は $x - z = 0$, $y - z = 0$ と同値である．

⇒ 方程式の同値（基本事項 **2.4**）

したがって，$z = t$ とおくと，

$$\begin{bmatrix} x \\ y \\ z \end{bmatrix} = z \begin{bmatrix} 1 \\ 1 \\ 1 \end{bmatrix} = t \begin{bmatrix} 1 \\ 1 \\ 1 \end{bmatrix}$$

固有空間は $V(2) = \left\langle \begin{bmatrix} 1 \\ 1 \\ 1 \end{bmatrix} \right\rangle$ である．　⇒ 固有空間（基本事項 **7.5**）

(ii) $\lambda = -1$ のとき，固有ベクトルは

$$\begin{bmatrix} -1 & -1 & -1 \\ -1 & -1 & -1 \\ -1 & -1 & -1 \end{bmatrix} \begin{bmatrix} x \\ y \\ z \end{bmatrix} = \begin{bmatrix} 0 \\ 0 \\ 0 \end{bmatrix}$$

の解である．これは，$-x - y - z = 0$ と同値であるから，$y = s$, $z = t$ とおくと，

$$\begin{bmatrix} x \\ y \\ z \end{bmatrix} = y \begin{bmatrix} -1 \\ 1 \\ 0 \end{bmatrix} + z \begin{bmatrix} -1 \\ 0 \\ 1 \end{bmatrix} = s \begin{bmatrix} -1 \\ 1 \\ 0 \end{bmatrix} + t \begin{bmatrix} -1 \\ 0 \\ 1 \end{bmatrix}$$

固有空間は $V(-1) = \left\langle \begin{bmatrix} -1 \\ 1 \\ 0 \end{bmatrix}, \begin{bmatrix} -1 \\ 0 \\ 1 \end{bmatrix} \right\rangle$ である．

固有ベクトル $\boldsymbol{x}_1 = \begin{bmatrix} 1 \\ 1 \\ 1 \end{bmatrix}$, $\boldsymbol{x}_2 = \begin{bmatrix} -1 \\ 1 \\ 0 \end{bmatrix}$, $\boldsymbol{x}_3 = \begin{bmatrix} -1 \\ 0 \\ 1 \end{bmatrix}$ をグラム・シュミッ

トの方法で直交化する．　　　⇒ グラム・シュミットの直交化法（基本事項 **5.15**）

ここで，異なる固有値に属する固有ベクトルは直交することに注意する．

⇒ 固有ベクトルの直交（基本事項 **7.10**）

$$\boldsymbol{e}_1 = \frac{1}{\|\boldsymbol{x}_1\|}\boldsymbol{x}_1 = \frac{1}{\sqrt{3}}\begin{bmatrix} 1 \\ 1 \\ 1 \end{bmatrix}$$

$$\boldsymbol{b}_2 = \boldsymbol{x}_2 - (\boldsymbol{x}_2 \cdot \boldsymbol{e}_1)\boldsymbol{e}_1 = \boldsymbol{x}_2$$

だから，

$$\boldsymbol{e}_2 = \frac{1}{\|\boldsymbol{b}_2\|}\boldsymbol{b}_2 = \frac{1}{\sqrt{2}}\begin{bmatrix} -1 \\ 1 \\ 0 \end{bmatrix}$$

$$\begin{aligned}\boldsymbol{b}_3 &= \boldsymbol{x}_3 - (\boldsymbol{x}_3 \cdot \boldsymbol{e}_1)\boldsymbol{e}_1 - (\boldsymbol{x}_3 \cdot \boldsymbol{e}_2)\boldsymbol{e}_2 \\ &= \boldsymbol{x}_3 - (\boldsymbol{x}_3 \cdot \boldsymbol{e}_2)\boldsymbol{e}_2 \\ &= \begin{bmatrix} -1 \\ 0 \\ 1 \end{bmatrix} - \frac{1}{2}\begin{bmatrix} -1 \\ 1 \\ 0 \end{bmatrix} \\ &= \frac{1}{2}\begin{bmatrix} -1 \\ -1 \\ 2 \end{bmatrix}\end{aligned}$$

$$\boldsymbol{e}_3 = \frac{1}{\|\boldsymbol{b}_3\|}\boldsymbol{b}_3 = \frac{1}{\sqrt{6}}\begin{bmatrix} -1 \\ -1 \\ 2 \end{bmatrix}$$

だから，

このとき，$\boldsymbol{e}_1 \in V(2)$, $\boldsymbol{e}_2 \in V(-1)$, $\boldsymbol{e}_3 \in V(-1)$ だから，

$$A\boldsymbol{e}_1 = 2 \cdot \boldsymbol{e}_1,\ A\boldsymbol{e}_2 = (-1) \cdot \boldsymbol{e}_2,\ A\boldsymbol{e}_3 = (-1) \cdot \boldsymbol{e}_3$$

に注意する．したがって，

$$P = \begin{bmatrix} \boldsymbol{e}_1 & \boldsymbol{e}_2 & \boldsymbol{e}_3 \end{bmatrix} = \begin{bmatrix} 1/\sqrt{3} & -1/\sqrt{2} & -1/\sqrt{6} \\ 1/\sqrt{3} & 1/\sqrt{2} & -1/\sqrt{6} \\ 1/\sqrt{3} & 0 & 2/\sqrt{6} \end{bmatrix}$$

とすれば，

$${}^tPAP = P^{-1}AP = \begin{bmatrix} 2 & 0 & 0 \\ 0 & -1 & 0 \\ 0 & 0 & -1 \end{bmatrix}$$

⇒ 直交行列による対角化（基本事項 **7.9**）

(3)　$xy+yz+zx=\dfrac{1}{2}{}^t\boldsymbol{x}A\boldsymbol{x}=\dfrac{1}{2}{}^t\boldsymbol{x}'{}^tPAP\boldsymbol{x}'$

$$=\frac{1}{2}{}^t\boldsymbol{x}'\begin{bmatrix}2&0&0\\0&-1&0\\0&0&-1\end{bmatrix}\boldsymbol{x}'=x'^2-\frac{1}{2}y'^2-\frac{1}{2}z'^2$$

⇒ **2 次形式の標準形**（基本事項 **8.2**）

(4)　P は直交行列だから，

$$\|\boldsymbol{x}\|^2=\|P\boldsymbol{x}'\|^2={}^t(P\boldsymbol{x}')(P\boldsymbol{x}')={}^t\boldsymbol{x}'{}^tPP\boldsymbol{x}'={}^t\boldsymbol{x}'E\boldsymbol{x}'=\|\boldsymbol{x}'\|^2$$

(5)　$\|\boldsymbol{x}\|=1$ のとき，$x'^2+y'^2+z'^2=\|\boldsymbol{x}'\|^2=1$．したがって，

$$xy+yz+zx=x'^2-2^{-1}y'^2-2^{-1}z'^2\leqq x'^2+y'^2+z'^2=1$$

（等号は $\boldsymbol{x}'=\pm\begin{bmatrix}1\\0\\0\end{bmatrix}$ のとき，すなわち，$\boldsymbol{x}=P\boldsymbol{x}'=\pm\begin{bmatrix}1/\sqrt{3}\\1/\sqrt{3}\\1/\sqrt{3}\end{bmatrix}$ のとき）

よって，最大値は 1 である．

一方，

$$xy+yz+zx=x'^2-2^{-1}y'^2-2^{-1}z'^2\geqq-2^{-1}(x'^2+y'^2+z'^2)=-2^{-1}$$

（等号は $x'=0,\ y'^2+z'^2=1$ のとき）

よって，最小値 $-\dfrac{1}{2}$．

問　題

8.3　2 次形式 $x^2+2y^2+4z^2+2xy$ について，次の問いに答えよ．

(1)　$\boldsymbol{x}=\begin{bmatrix}x\\y\\z\end{bmatrix}$ とするとき，

$$x^2+2y^2+4z^2+2xy={}^t\boldsymbol{x}A\boldsymbol{x}$$

となる対称行列 A を求めよ．

(2)　A を直交行列 P によって対角化せよ．

(3)　$\boldsymbol{x}=P\boldsymbol{x}',\ \boldsymbol{x}'=\begin{bmatrix}x'\\y'\\z'\end{bmatrix}$ とおいて，2 次形式の標準形を求めよ．

(4)　$\|\boldsymbol{x}\|=\|\boldsymbol{x}'\|$ を示せ．

(5)　$x^2+y^2+z^2=1$ のとき，$x^2+2y^2+4z^2+2xy$ の最大値と最小値を求めよ．

8.3 2次曲線の標準形

例題 8.3 2次曲線の標準形

次の**2**次曲線の標準形を求めよ．

(1) $xy = 2$　(2) $x^2 - 2xy + y^2 - 2x - 2y = 4$

(3) $7x^2 - 6\sqrt{3}xy + 13y^2 = 16$　(4) $x^2 + 10\sqrt{3}xy + 11y^2 = 16$

［解　答］ (1) $\tan 2\theta = \dfrac{2h}{a-b} = \dfrac{1}{0-0}$ なので，$2\theta = \pi/2$．このとき，

⇒ **2** 次曲線の標準形（基本事項 **8.3**）

$$\begin{bmatrix} x \\ y \end{bmatrix} = \begin{bmatrix} \cos(\pi/4) & -\sin(\pi/4) \\ \sin(\pi/4) & \cos(\pi/4) \end{bmatrix} \begin{bmatrix} u \\ v \end{bmatrix} = \begin{bmatrix} (u-v)/\sqrt{2} \\ (u+v)/\sqrt{2} \end{bmatrix}$$ より，

$$xy = \frac{u^2 - v^2}{2} = 2 \quad \text{つまり} \quad \frac{u^2}{4} - \frac{v^2}{4} = 1 \text{（双曲線）}$$

(2) $\tan 2\theta = \dfrac{2h}{a-b} = \dfrac{1}{0-0}$ なので，　$2\theta = \pi/2$．このとき，

$$\begin{bmatrix} x \\ y \end{bmatrix} = \begin{bmatrix} \cos(\pi/4) & -\sin(\pi/4) \\ \sin(\pi/4) & \cos(\pi/4) \end{bmatrix} \begin{bmatrix} u \\ v \end{bmatrix} = \begin{bmatrix} (u-v)/\sqrt{2} \\ (u+v)/\sqrt{2} \end{bmatrix}$$ より，

$$x + y = \sqrt{2}u, \ x - y = -\sqrt{2}v$$

したがって，

$$x^2 - 2xy + y^2 - 2x - 2y = (x-y)^2 - 2(x+y) = 2v^2 - 2\sqrt{2}u = 4$$

$$v^2 = \sqrt{2}u + 2 \text{（放物線）}$$

(3) $\tan 2\theta = \dfrac{-6\sqrt{3}}{7-13} = \sqrt{3}$ なので，　$2\theta = \pi/3$．このとき，

$$\begin{bmatrix} x \\ y \end{bmatrix} = \begin{bmatrix} \cos(\pi/6) & -\sin(\pi/6) \\ \sin(\pi/6) & \cos(\pi/6) \end{bmatrix} \begin{bmatrix} u \\ v \end{bmatrix} = \begin{bmatrix} (\sqrt{3}u - v)/2 \\ (u + \sqrt{3}v)/2 \end{bmatrix}$$ より，

$$7\frac{(\sqrt{3}u-v)^2}{4} - 6\sqrt{3}\frac{(\sqrt{3}u-v)(u+\sqrt{3}v)}{4} + 13\frac{(u+\sqrt{3}v)^2}{4} = 4u^2 + 16v^2 = 16$$

したがって，

$$\frac{u^2}{4} + v^2 = 1 \text{（楕円）}$$

(4)　$\tan 2\theta = \dfrac{10\sqrt{3}}{1-11} = -\sqrt{3}$ なので，$2\theta = \dfrac{2\pi}{3}$．このとき，

$$\begin{bmatrix} x \\ y \end{bmatrix} = \begin{bmatrix} \cos(\pi/3) & -\sin(\pi/3) \\ \sin(\pi/3) & \cos(\pi/3) \end{bmatrix} \begin{bmatrix} u \\ v \end{bmatrix} = \begin{bmatrix} (u-\sqrt{3}v)/2 \\ (\sqrt{3}u+v)/2 \end{bmatrix}$$

より，

$$\frac{(u-\sqrt{3}v)^2}{4} + 10\sqrt{3}\frac{(u-\sqrt{3}v)(\sqrt{3}u+v)}{4} + 11\frac{(\sqrt{3}u+v)^2}{4} = 16u^2 - 4v^2 = 16$$

したがって，
$$u^2 - \frac{v^2}{4} = 1 \text{（双曲線）}$$

(1)

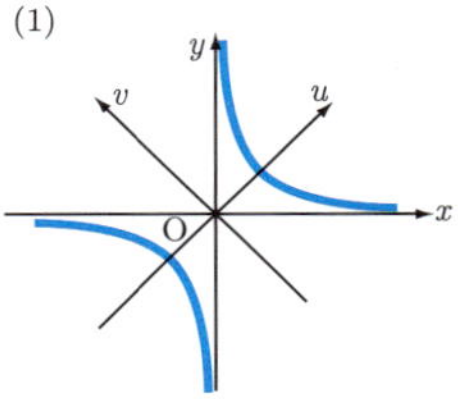

(双曲線)

(2)

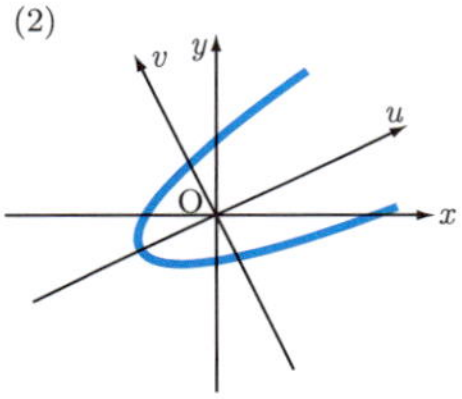

(放物線)

(3)

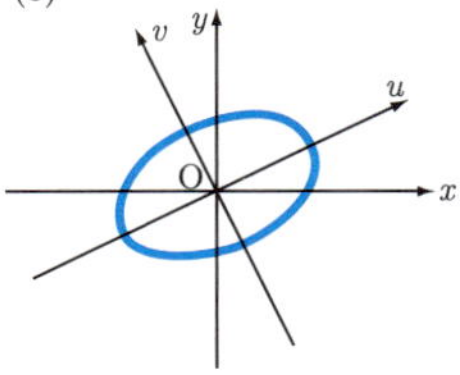

(だ円)

(4)

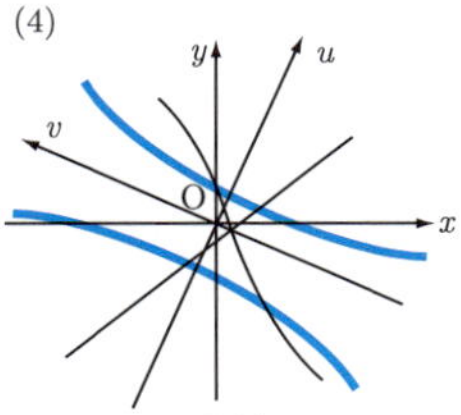

(双曲線)

問　題

8.4　次の 2 次曲線の標準形を求めよ．

(1)　$x^2 - 2xy - 3y^2 = 0$

(2)　$x^2 + 2xy + y^2 + 2x - 2y = 4$

(3)　$x^2 - \sqrt{3}xy + 2y^2 = 5$

(4)　$xy + y^2 = 1$

8.5　$x^2 + 2hxy + y^2 = 1$ はどのような曲線であるか．

8.4 2次曲面の標準形

例題 8.4 2次曲面

次の2次曲面の標準形を求めよ．

(1) $x^2+4y^2+4z^2+2xy+2yz+2zx=3$

(2) $x^2+y^2+z^2+4xy+4yz+4xz=5$

(3) $x^2+y^2+4z^2+2xy-8x+8y=0$

[解　答] (1) $x^2+4y^2+4z^2+2xy+2yz+2xz=\begin{bmatrix} x & y & z \end{bmatrix}\begin{bmatrix} 1 & 1 & 1 \\ 1 & 4 & 1 \\ 1 & 1 & 4 \end{bmatrix}\begin{bmatrix} x \\ y \\ z \end{bmatrix}$

であるから，行列 $A=\begin{bmatrix} 1 & 1 & 1 \\ 1 & 4 & 1 \\ 1 & 1 & 4 \end{bmatrix}$ を対角化する．固有方程式

$$\begin{vmatrix} \lambda-1 & -1 & -1 \\ -1 & \lambda-4 & -1 \\ -1 & -1 & \lambda-4 \end{vmatrix}=(\lambda-3)(\lambda^2-6\lambda+3)=0$$

を解くと，$\lambda=3, 3\pm\sqrt{6}$. これから固有ベクトルを求めて，直交行列 P による変換

$$\boldsymbol{x}=\begin{bmatrix} x \\ y \\ z \end{bmatrix}=P\begin{bmatrix} u \\ v \\ w \end{bmatrix}=P\boldsymbol{u}$$

を考えると，

$$\begin{aligned} x^2+4y^2+4z^2+2xy+2yz+2zx &= \boldsymbol{x}A\boldsymbol{x}={}^t\boldsymbol{u}{}^tPAP\boldsymbol{u} \\ &= {}^t\boldsymbol{u}\begin{bmatrix} 3 & 0 & 0 \\ 0 & 3+\sqrt{6} & 0 \\ 0 & 0 & 3-\sqrt{6} \end{bmatrix}\boldsymbol{u} \\ &= 3u^2+(3+\sqrt{6})v^2+(3-\sqrt{6})w^2=3 \end{aligned}$$

したがって，

$$u^2+\frac{v^2}{3-\sqrt{6}}+\frac{w^2}{3+\sqrt{6}}=1 \qquad \text{(だ円面)}$$

(2) $x^2+y^2+z^2+4xy+4yz+4xz=\begin{bmatrix} x & y & z \end{bmatrix}\begin{bmatrix} 1 & 2 & 2 \\ 2 & 1 & 2 \\ 2 & 2 & 1 \end{bmatrix}\begin{bmatrix} x \\ y \\ z \end{bmatrix}$

であるから，行列 $A=\begin{bmatrix} 1 & 2 & 2 \\ 2 & 1 & 2 \\ 2 & 2 & 1 \end{bmatrix}$ を対角化する．固有方程式

$$\begin{vmatrix} \lambda-1 & -2 & -2 \\ -2 & \lambda-1 & -2 \\ -2 & -2 & \lambda-1 \end{vmatrix} = \begin{vmatrix} \lambda-5 & \lambda-5 & \lambda-5 \\ -2 & \lambda-1 & -2 \\ -2 & -2 & \lambda-1 \end{vmatrix}$$

$$= (\lambda-5)\begin{vmatrix} 1 & 1 & 1 \\ -2 & \lambda-1 & -2 \\ -2 & -2 & \lambda-1 \end{vmatrix} = (\lambda-5)\begin{vmatrix} 1 & 1 & 1 \\ 0 & \lambda+1 & 0 \\ 0 & 0 & \lambda+1 \end{vmatrix}$$

$$= (\lambda-5)(\lambda+1)^2 = 0$$

を解くと，$\lambda = 5,\ -1$.

これから固有ベクトルを求めて，直交行列 P による変換

$$\boldsymbol{x} = \begin{bmatrix} x \\ y \\ z \end{bmatrix} = P\begin{bmatrix} u \\ v \\ w \end{bmatrix} = P\boldsymbol{u}$$

を考えると，

$$x^2 + y^2 + z^2 + 4xy + 4yz + 4xz = 5u^2 - v^2 - w^2 = 5$$

つまり

$$u^2 - \frac{v^2}{5} - \frac{w^2}{5} = 1 \quad (2\text{ 葉双曲面})$$

(3)　$x^2+y^2+4z^2+2xy = \begin{bmatrix} x & y & z \end{bmatrix}\begin{bmatrix} 1 & 1 & 0 \\ 1 & 1 & 0 \\ 0 & 0 & 4 \end{bmatrix}\begin{bmatrix} x \\ y \\ z \end{bmatrix}$ であるから，行列 $A = \begin{bmatrix} 1 & 1 & 0 \\ 1 & 1 & 0 \\ 0 & 0 & 4 \end{bmatrix}$ を対角化する．固有方程式

$$\begin{vmatrix} \lambda-1 & -1 & 0 \\ -1 & \lambda-1 & 0 \\ 0 & 0 & \lambda-4 \end{vmatrix} = (\lambda-4)\{(\lambda-1)^2-1\} = (\lambda-4)\lambda(\lambda-2)$$

を解くと，$\lambda = 0,\ 2,\ 4$.

(i)　$\lambda = 0$ のとき，固有ベクトルは　　⇒ 固有ベクトル（基本事項 **7.1**）

$$\begin{bmatrix} -1 & -1 & 0 \\ -1 & -1 & 0 \\ 0 & 0 & -4 \end{bmatrix}\begin{bmatrix} x \\ y \\ z \end{bmatrix} = \begin{bmatrix} 0 \\ 0 \\ 0 \end{bmatrix}$$

の解である．よって，$x+y=0,\ z=0$ と同値である．したがって，$x=t$ とおくと，

$$\begin{bmatrix} x \\ y \\ z \end{bmatrix} = x \begin{bmatrix} 1 \\ -1 \\ 0 \end{bmatrix} = t \begin{bmatrix} 1 \\ -1 \\ 0 \end{bmatrix}$$

固有空間は $V(0) = \left\langle \begin{bmatrix} 1 \\ -1 \\ 0 \end{bmatrix} \right\rangle$ である．

(ii) $\lambda = 2$ のとき，固有ベクトルは

$$\begin{bmatrix} 1 & -1 & 0 \\ -1 & 1 & 0 \\ 0 & 0 & -2 \end{bmatrix} \begin{bmatrix} x \\ y \\ z \end{bmatrix} = \begin{bmatrix} 0 \\ 0 \\ 0 \end{bmatrix}$$

の解である．これは，$x-y=0,\ z=0$ と同値であるから，$y=t$ とおくと，

$$\begin{bmatrix} x \\ y \\ z \end{bmatrix} = y \begin{bmatrix} 1 \\ 1 \\ 0 \end{bmatrix} = t \begin{bmatrix} 1 \\ 1 \\ 0 \end{bmatrix}$$

固有空間は $V(2) = \left\langle \begin{bmatrix} 1 \\ 1 \\ 0 \end{bmatrix} \right\rangle$ である．

(iii) $\lambda = 4$ のとき，固有ベクトルは

$$\begin{bmatrix} 3 & -1 & 0 \\ -1 & 3 & 0 \\ 0 & 0 & 0 \end{bmatrix} \begin{bmatrix} x \\ y \\ z \end{bmatrix} = \begin{bmatrix} 0 \\ 0 \\ 0 \end{bmatrix}$$

の解である．これから，$x=y=0$ だから，$z=t$ とおくと，

$$\begin{bmatrix} x \\ y \\ z \end{bmatrix} = z \begin{bmatrix} 0 \\ 0 \\ 1 \end{bmatrix} = t \begin{bmatrix} 0 \\ 0 \\ 1 \end{bmatrix}$$

固有空間は $V(4) = \left\langle \begin{bmatrix} 0 \\ 0 \\ 1 \end{bmatrix} \right\rangle$ である．

固有ベクトル $\boldsymbol{x}_1 = \begin{bmatrix} 1 \\ -1 \\ 0 \end{bmatrix},\ \boldsymbol{x}_2 = \begin{bmatrix} 1 \\ 1 \\ 0 \end{bmatrix},\ \boldsymbol{x}_3 = \begin{bmatrix} 0 \\ 0 \\ 1 \end{bmatrix}$ をグラム・シュミットの方法で直交化する．ここで，異なる固有値に属する固有ベクトルは直交することに注意すると，

⇒ 固有ベクトルの直交（基本事項 **7.10**）

これらのベクトルは互いに直交しているので，単位ベクトルに直せばよい．

$$e_1 = \frac{1}{\|x_1\|}x_1 = \frac{1}{\sqrt{2}}\begin{bmatrix} 1 \\ -1 \\ 0 \end{bmatrix},\ e_2 = \frac{1}{\|x_2\|}x_2 = \frac{1}{\sqrt{2}}\begin{bmatrix} 1 \\ 1 \\ 0 \end{bmatrix},\ e_3 = \frac{1}{\|x_3\|}x_3 = \begin{bmatrix} 0 \\ 0 \\ 1 \end{bmatrix}$$

このとき，

$$Ae_1 = 0 \cdot e_1,\quad Ae_2 = 2 \cdot e_2,\quad Ae_3 = 4 \cdot e_3$$

に注意する．したがって，

$$P = \begin{bmatrix} e_1 & e_2 & e_3 \end{bmatrix} = \begin{bmatrix} 1/\sqrt{2} & 1/\sqrt{2} & 0 \\ -1/\sqrt{2} & 1/\sqrt{2} & 0 \\ 0 & 0 & 1 \end{bmatrix}$$

とすれば，

$$^tPAP = P^{-1}AP = \begin{bmatrix} 0 & 0 & 0 \\ 0 & 2 & 0 \\ 0 & 0 & 4 \end{bmatrix}$$

⇒ 直交行列による対角化（基本事項 7.9）

これから固有ベクトルを求めて，直交行列 P による変換

$$x = \begin{bmatrix} x \\ y \\ z \end{bmatrix} = P\begin{bmatrix} u \\ v \\ w \end{bmatrix} = Pu$$

を考えると，

$$\begin{aligned} x^2 + y^2 + 4z^2 + 2xy - 8x + 8y &= {}^t xAx - 8(x - y) \\ &= {}^t u {}^t PAPu - 8\sqrt{2}u \\ &= {}^t u \begin{bmatrix} 0 & 0 & 0 \\ 0 & 2 & 0 \\ 0 & 0 & 4 \end{bmatrix} u - 8\sqrt{2}u \\ &= 2v^2 + 4w^2 - 8\sqrt{2}u = 0 \end{aligned}$$

したがって，$\dfrac{v^2}{2\sqrt{2}} + \dfrac{w^2}{\sqrt{2}} = 2u$　（だ円放物面）

問　題

8.6　次の2次曲面はどんな曲面か調べよ．

(1)　$2x^2 + 5y^2 + 2z^2 - 4xy - 4yz + 2zx = 7$

(2)　$2x^2 + 2y^2 - 4z^2 + 2xy = 12$

(3)　$x^2 + y^2 + 3z^2 + 2xy + 2yz + 2zx = 4$

8.7　2次曲面 $xy + yz + zx = a$ を分類せよ．

8.5 正値2次形式

例題 8.5 正値2次形式

2次形式 $x^2+ky^2+z^2+2kxy$ が正値となるための k の条件を求めよ.

[解　答] $x^2+ky^2+z^2+2kxy = \begin{bmatrix} x & y & z \end{bmatrix} \begin{bmatrix} 1 & k & 0 \\ k & k & 0 \\ 0 & 0 & 1 \end{bmatrix} \begin{bmatrix} x \\ y \\ z \end{bmatrix}$ である

から, 行列 $A = \begin{bmatrix} 1 & k & 0 \\ k & k & 0 \\ 0 & 0 & 1 \end{bmatrix}$ を対角化する. 固有方程式

$$\begin{vmatrix} \lambda-1 & -k & 0 \\ -k & \lambda-k & 0 \\ 0 & 0 & \lambda-1 \end{vmatrix}$$
$$= (\lambda-1)\{(\lambda-1)(\lambda-k)-k^2\} = (\lambda-1)\{\lambda^2-(1+k)\lambda+k-k^2\} = 0$$

の解がすべて正であるためには,

$$1+k>0,\ k-k^2>0,\ 判別式 = (1+k)^2-4(k-k^2)>0$$

したがって, $0<k<1$.

[別　解] $\begin{vmatrix} 1 & k \\ k & k \end{vmatrix} > 0,\ \begin{vmatrix} 1 & k & 0 \\ k & k & 0 \\ 0 & 0 & 1 \end{vmatrix} > 0$ から, $k-k^2>0$ を得る.

⇒ 正値2次形式（基本事項 8.8）

例題 8.6 正則行列の表示

A は実正則行列とする.

(1) ${}^tAA$ は対称で, その固有値は正であることを示せ.

(2) ${}^tAA = B^2$ となる正則な対称行列 B が存在することを示せ.

(3) $P = AB^{-1}$ は直交行列であることを示せ.

(4) $A = PS$ となる直交行列 P と実対称行列 S が存在することを示せ.

[解　答] (1) ${}^tAA$ は対称である. 実際,

$${}^t({}^tAA) = {}^tA{}^t({}^tA) = {}^tAA$$

一方, 実ベクトル $\boldsymbol{x}$ に対して,

$$0 \leqq (A\boldsymbol{x})\cdot(A\boldsymbol{x}) = {}^t(A\boldsymbol{x})(A\boldsymbol{x}) = {}^t\boldsymbol{x}({}^tAA)\boldsymbol{x}$$

であるから，${}^tAA$ は非負値である．　⇒ 非負値 2 次形式（基本事項 8.8）

${}^tAA$ は対称行列だから，直交行列 X で対角化される：

$$ {}^tX({}^tAA)X = \begin{bmatrix} \lambda_1 & & & O \\ & \lambda_2 & & \\ & & \ddots & \\ O & & & \lambda_n \end{bmatrix} $$

A は正則だから，${}^tAA$ も正則なので固有値は 0 にならない．よって，${}^tAA$ の固有値 $\lambda_1, \lambda_2, \cdots, \lambda_n$ はすべて正である．

(2)　(1) より，$Y = \begin{bmatrix} \sqrt{\lambda_1} & & & O \\ & \sqrt{\lambda_2} & & \\ & & \ddots & \\ O & & & \sqrt{\lambda_n} \end{bmatrix}$ とおくと

$$ Y^2 = \begin{bmatrix} \lambda_1 & & & O \\ & \lambda_2 & & \\ & & \ddots & \\ O & & & \lambda_n \end{bmatrix} $$

このとき，${}^tX({}^tAA)X = Y^2$ だから，

$$ {}^tAA = ({}^tX)^{-1}Y^2X^{-1} = XY^2X^{-1} = (XYX^{-1})(XYX^{-1}) $$

X は直交行列で Y は対角行列だから，$B = XYX^{-1} = XY{}^tX$ は対称行列である．

(3)　(2) から，

$$ (B^{-1}\,{}^tA)(AB^{-1}) = E \quad （単位行列） \tag{$*$} $$

ここで，$P = AB^{-1}$ について，

$$ {}^tP = {}^t(B^{-1}){}^tA = ({}^tB)^{-1}\,{}^tA = B^{-1}\,{}^tA $$

$(*)$ によると，${}^tPP = E$ となるので，P は直交行列である．

(4)　(3) より，$A = PB$．ここに，P は直交行列で B は対称行列である．

問　題

8.8　2 次形式 $x^2 + ky^2 + 4z^2 + 2kxy + 2zx$ が正値となるための k の条件を求めよ．

8.9　実対称行列 A は正値とする．

(1)　A^{-1} は正値対称行列であることを示せ．

(2)　余因子行列 $\tilde{A}$ は正値対称行列であることを示せ．

問題の解答

第1章　行　列

問題 1.1　(1) $\begin{bmatrix} 1 & -1 & 1 & -1 \\ -1 & 1 & -1 & 1 \\ 1 & -1 & 1 & -1 \end{bmatrix}$　　(2) $\begin{bmatrix} 1 & 0 & 0 & 0 \\ 0 & 1 & 0 & 0 \\ 0 & 0 & 1 & 0 \end{bmatrix}$

問題 1.2　$a = 1,\, b = 2,\, c = 3,\, d = 4,\, p = 5,\, q = 6,\, r = 7,\, s = 8,\, t = 9$

問題 1.3　$a = 1 - b,\, b = 3 - c,\, c = 5 - d,\, d = 3 + a$ から，
$a = 1 - b = 1 - (3 - c) = -2 + c = -2 + (5 - d) = 3 - d = 3 - (3 + a) = -a$
したがって，$a = 0$．これから，$b = 1,\, c = 2,\, d = 3$．

問題 1.4　(1) $A + B = \begin{bmatrix} 1+1 & 0+1 & 1+(-1) \\ 2+2 & 1+(-1) & 2+1 \\ 1+(-1) & 1+1 & 1+2 \end{bmatrix} = \begin{bmatrix} 2 & 1 & 0 \\ 4 & 0 & 3 \\ 0 & 2 & 3 \end{bmatrix}$

$$A - B = \begin{bmatrix} 1-1 & 0-1 & 1-(-1) \\ 2-2 & 1-(-1) & 2-1 \\ 1-(-1) & 1-1 & 1-2 \end{bmatrix} = \begin{bmatrix} 0 & -1 & 2 \\ 0 & 2 & 1 \\ 2 & 0 & -1 \end{bmatrix}$$

$$2A = \begin{bmatrix} 2 & 0 & 2 \\ 4 & 2 & 4 \\ 2 & 2 & 2 \end{bmatrix}$$

(2)　$X = A + 3B - 2(A + B) = B - A$ だから，

$$X = B - A = \begin{bmatrix} 1-1 & 1-0 & (-1)-1 \\ 2-2 & (-1)-1 & 1-2 \\ (-1)-1 & 1-1 & 2-1 \end{bmatrix} = \begin{bmatrix} 0 & 1 & -2 \\ 0 & -2 & -1 \\ -2 & 0 & 1 \end{bmatrix}$$

(3)　$4Y + 6Z = 2A,\, 9Y - 6Z = 3B$ を加えると，

$$Y = \frac{1}{13}[2A + 3B] = \frac{1}{13}\begin{bmatrix} 2+3 & 0+3 & 2-3 \\ 4+6 & 2-3 & 4+3 \\ 2-3 & 2+3 & 2+6 \end{bmatrix} = \frac{1}{13}\begin{bmatrix} 5 & 3 & -1 \\ 10 & -1 & 7 \\ -1 & 5 & 8 \end{bmatrix}$$

$6Y+9Z=3A$, $6Y-4Z=2B$ を引くと，

$$Z=\frac{1}{13}(3A-2B)=\frac{1}{13}\begin{bmatrix}3-2 & 0-2 & 3+2\\ 6-4 & 3+2 & 6-2\\ 3+2 & 3-2 & 3-4\end{bmatrix}=\frac{1}{13}\begin{bmatrix}1 & -2 & 5\\ 2 & 5 & 4\\ 5 & 1 & -1\end{bmatrix}$$

問題 1.5 $A_1+A_2+\cdots+A_n=\begin{bmatrix}1+1+\cdots+1 & 0+0+\cdots+0\\ 1+2+\cdots+n & 2+2^2+\cdots+2^n\end{bmatrix}$

$$=\begin{bmatrix}n & 0\\ \dfrac{n(n+1)}{2} & 2^{n+1}-2\end{bmatrix}$$

問題 1.6 $X=\frac{1}{2}(A+{}^tA)=\frac{1}{2}\left(\begin{bmatrix}1&1&1\\2&2&2\\3&3&3\end{bmatrix}+\begin{bmatrix}1&2&3\\1&2&3\\1&2&3\end{bmatrix}\right)=\frac{1}{2}\begin{bmatrix}2&3&4\\3&4&5\\4&5&6\end{bmatrix}$

$$Y=\frac{1}{2}(A-{}^tA)=\frac{1}{2}\left(\begin{bmatrix}1&1&1\\2&2&2\\3&3&3\end{bmatrix}-\begin{bmatrix}1&2&3\\1&2&3\\1&2&3\end{bmatrix}\right)=\frac{1}{2}\begin{bmatrix}0&-1&-2\\1&0&-1\\2&1&0\end{bmatrix}$$

よって， $A=X+Y=\frac{1}{2}\begin{bmatrix}2&3&4\\3&4&5\\4&5&6\end{bmatrix}+\frac{1}{2}\begin{bmatrix}0&-1&-2\\1&0&-1\\2&1&0\end{bmatrix}$

問題 1.7 (1) $\overline{A+{}^t\overline{A}}=\overline{A}+\overline{{}^t\overline{A}}=\overline{A}+{}^tA$． $X=\frac{1}{2}\left(A+{}^t\overline{A}\right)$ とおくと，${}^t\overline{X}=X$.

(2) $\overline{A-{}^t\overline{A}}=\overline{A}-\overline{{}^t\overline{A}}=\overline{A}-{}^tA$． $Y=\frac{1}{2}\left(A-{}^t\overline{A}\right)$ とおくと，${}^t\overline{Y}=-Y$.

(3) $A=X+Y$

(4) $\overline{A}=\begin{bmatrix}1 & 1-i & 1+i\\ 1+i & 1 & -i\\ 1-i & 1-3i & 1\end{bmatrix}$, ${}^t\overline{A}=\begin{bmatrix}1 & 1+i & 1-i\\ 1-i & 1 & 1-3i\\ 1+i & -i & 1\end{bmatrix}$ だから，

$$X=\frac{1}{2}\left(A+{}^t\overline{A}\right)=\begin{bmatrix}1 & 1+i & 1-i\\ 1-i & 1 & (1-2i)/2\\ 1+i & (1+2i)/2 & 1\end{bmatrix}$$

$$Y=\frac{1}{2}\left(A-{}^t\overline{A}\right)=\begin{bmatrix}0 & 0 & 0\\ 0 & 0 & (-1+4i)/2\\ 0 & (1+4i)/2 & 0\end{bmatrix}$$

よって，

$$A=X+Y=\begin{bmatrix}1 & 1+i & 1-i\\ 1-i & 1 & (1-2i)/2\\ 1+i & (1+2i)/2 & 1\end{bmatrix}+\begin{bmatrix}0 & 0 & 0\\ 0 & 0 & (-1+4i)/2\\ 0 & (1+4i)/2 & 0\end{bmatrix}$$

問題 1.8 (1) $AB=\begin{bmatrix}a_1b_1+a_2b_2+a_3b_3+a_4b_4\end{bmatrix}$

(2) $BA = \begin{bmatrix} b_1a_1 & b_1a_2 & b_1a_3 & b_1a_4 \\ b_2a_1 & b_2a_2 & b_2a_3 & b_2a_4 \\ b_3a_1 & b_3a_2 & b_3a_3 & b_3a_4 \\ b_4a_1 & b_4a_2 & b_4a_3 & b_4a_4 \end{bmatrix}$

問題 1.9 $^t\boldsymbol{x}A\boldsymbol{x} = \begin{bmatrix} x & y & 1 \end{bmatrix} \begin{bmatrix} ax+hy+g \\ hx+by+f \\ gx+fy+c \end{bmatrix}$

$$= \Big[x(ax+hy+g)+y(hx+by+f)+gx+fy+c\Big]$$
$$= \Big[ax^2+2hxy+by^2+2gx+2fy+c\Big]$$

問題 1.10 $A+B$ の (i,j) 成分は $a_{ij}+b_{ij}$ である．A, B は上三角行列だから，$i>j$ ならば，$a_{ij}=b_{ij}=0$．このとき，$a_{ij}+b_{ij}=0$ となるので，$A+B$ も上三角行列である．

AB の (i,j) 成分は $\displaystyle\sum_{k=1}^{n} a_{ik}b_{kj}$ である．A, B は上三角行列だから，$i>k$ または $k>j$ ならば，$a_{ik}b_{kj}=0$．したがって，$i \leqq k$ かつ $k \leqq j$ となる k に対するもので和をとればよい．もし，$i>j$ であれば，このような k はないので，$\displaystyle\sum_{k=1}^{n} a_{ik}b_{kj}=0$ となる．よって，AB も上三角行列である．

問題 1.11

$$\begin{bmatrix} x_1 & x_2 & \cdots & x_n \end{bmatrix} A \begin{bmatrix} x_1 \\ x_2 \\ \vdots \\ x_n \end{bmatrix} = \left[\sum_{i=1}^{n} x_i \left(\sum_{j=1}^{n} a_{ij}x_j\right)\right]$$
$$= \left[\sum_{i,j} a_{ij}x_ix_j\right]$$

だから，$\displaystyle\sum_{i,j} a_{ij}x_ix_j = 0$．

$\boldsymbol{x}=\boldsymbol{e}_p$ ととれば，$a_{pp}=0$．よって，

$$a_{11}=a_{22}=\cdots=a_{nn}=0 \qquad (*)$$

$\boldsymbol{x}=\boldsymbol{e}_p+\boldsymbol{e}_q$ ととれば，$a_{pp}+a_{pq}+a_{qp}+a_{qq}=0$．よって，

$$a_{pq}+a_{qp}=0 \qquad (**)$$

$(*)$, $(**)$ から，A は交代行列である．

問題 1.12 $A = \begin{bmatrix} a_{11} & a_{12} & \cdots & a_{1n} \\ a_{21} & a_{22} & \cdots & a_{2n} \\ & & \cdots & \\ a_{n1} & a_{n2} & \cdots & a_{nn} \end{bmatrix}$, $X = \begin{bmatrix} 1 & x & \cdots & x^{n-1} \\ 0 & 0 & \cdots & 0 \\ & & \cdots & \\ 0 & 0 & \cdots & 0 \end{bmatrix}$ とすると，

$$AX = \begin{bmatrix} a_{11} & a_{11}x & \cdots & a_{11}x^{n-1} \\ a_{21} & a_{21}x & \cdots & a_{21}x^{n-1} \\ & & \cdots & \\ a_{n1} & a_{n1}x & \cdots & a_{n1}x^{n-1} \end{bmatrix}$$

$$XA = \begin{bmatrix} a_{11}+\cdots+a_{n1}x^{n-1} & a_{12}+\cdots+a_{n2}x^{n-1} & \cdots & a_{1n}+\cdots+a_{nn}x^{n-1} \\ 0 & 0 & \cdots & 0 \\ & & \cdots & \\ 0 & 0 & \cdots & 0 \end{bmatrix}$$

$a_{11} = a_{11} + a_{21}x + \cdots + a_{n1}x^{n-1}$ より，　$a_{21} = \cdots = a_{n1} = 0$

$a_{11}x = a_{12} + a_{22}x + \cdots + a_{n2}x^{n-1}$ より，　$a_{11} = a_{22}, a_{12} = a_{32} = \cdots = a_{n2} = 0$

$\cdots$

$a_{11}x^{n-1} = a_{1n} + a_{2n}x + \cdots + a_{nn}x^{n-1}$ より，$a_{11} = a_{nn}, a_{1n} = \cdots = a_{(n-1)n} = 0$

したがって，$A = \begin{bmatrix} a_{11} & 0 & \cdots & 0 \\ 0 & a_{11} & \ddots & \vdots \\ \vdots & \ddots & \ddots & 0 \\ 0 & \cdots & 0 & a_{11} \end{bmatrix} = a_{11}E$

問題 1.13　$B = \begin{bmatrix} b_{11} & b_{12} & b_{13} \\ b_{21} & b_{22} & b_{23} \\ b_{31} & b_{32} & b_{33} \end{bmatrix}$ とすると，

$$AB = \begin{bmatrix} \lambda b_{11}+b_{21} & \lambda b_{12}+b_{22} & \lambda b_{13}+b_{23} \\ \lambda b_{21}+b_{31} & \lambda b_{22}+b_{32} & \lambda b_{23}+b_{33} \\ \lambda b_{31} & \lambda b_{32} & \lambda b_{33} \end{bmatrix}$$

$$BA = \begin{bmatrix} \lambda b_{11} & b_{11}+\lambda b_{12} & b_{12}+\lambda b_{13} \\ \lambda b_{21} & b_{21}+\lambda b_{22} & b_{22}+\lambda b_{23} \\ \lambda b_{31} & b_{31}+\lambda b_{32} & b_{32}+\lambda b_{33} \end{bmatrix}$$

したがって，$AB = BA$ であれば，

$$b_{21} = 0, b_{11} = b_{22}, b_{23} = b_{12}, b_{31} = 0, b_{32} = b_{21}, b_{22} = b_{33}, b_{31} = 0, b_{32} = 0$$

よって，$b_{11} = b_{22} = b_{33} = \alpha$, $b_{12} = b_{23} = \beta$, $b_{13} = \gamma$ とおけば，

$$B = \begin{bmatrix} b_{11} & b_{12} & b_{13} \\ 0 & b_{11} & b_{12} \\ 0 & 0 & b_{11} \end{bmatrix} = \begin{bmatrix} \alpha & \beta & \gamma \\ 0 & \alpha & \beta \\ 0 & 0 & \alpha \end{bmatrix}$$

問題 1.14　(1)　積に関する分配法則から，

$$(A+B)(A-B) = A(A-B) + B(A-B) = A^2 - AB + BA - B^2$$

これが，$A^2 - B^2$ に一致するためには，

$$-AB + BA = O \qquad \text{すなわち} \qquad AB = BA$$

(2) 積に関する分配法則から,

$$\begin{aligned}(A-B)(A^2+AB+B^2) &= A(A^2+AB+B^2)-B(A^2+AB+B^2)\\ &= A^3+A^2B+AB^2-BA^2-BAB-B^3\end{aligned}$$

ここで, $A^2B = A(AB) = A(BA) = ABA = (AB)A = (BA)A = BA^2$, $AB^2 = ABB = (AB)B = (BA)B = BAB$ に注意すれば, 求める等式を得る.

問題 1.15 (1) $A^2 - A + E = \begin{bmatrix} 1 & -1 \\ 3 & -2 \end{bmatrix} - \begin{bmatrix} 2 & -1 \\ 3 & -1 \end{bmatrix} + \begin{bmatrix} 1 & 0 \\ 0 & 1 \end{bmatrix} = \begin{bmatrix} 0 & 0 \\ 0 & 0 \end{bmatrix}$

(2) $A^3 + E = (A+E)(A^2 - A + E) = O$

(3) $A^{100} = (A^3)^{33}A = (-E)^{33}A = (-E)A = -A = \begin{bmatrix} -2 & 1 \\ -3 & 1 \end{bmatrix}$

(1) より, $A(E-A) = (E-A)A = E$ だから,

$$A^{-1} = E - A = \begin{bmatrix} -1 & 1 \\ -3 & 2 \end{bmatrix}$$

問題 1.16 (1) $A^2 = \begin{bmatrix} 1 & 0 & 0 \\ 0 & 1 & 0 \\ 0 & 0 & 1 \end{bmatrix} = E$ だから,

$$A^{2m} = (A^2)^m = E^m = E, A^{2m-1} = (A^2)^{m-1} \cdot A = E \cdot A = A.$$

また, $A^2 = A \cdot A = E$ だから $A^{-1} = A$.

(2) $A^2 = \begin{bmatrix} 0 & 0 & 0 & -1 \\ 0 & 1 & 0 & 0 \\ -1 & 0 & 0 & 0 \\ 0 & 0 & 1 & 0 \end{bmatrix}$, $A^3 = \begin{bmatrix} -1 & 0 & 0 & 0 \\ 0 & -1 & 0 & 0 \\ 0 & 0 & -1 & 0 \\ 0 & 0 & 0 & -1 \end{bmatrix} = -E$,

$A^6 = (A^3)^2 = (-E)^2 = E$ だから,

$A^{6n} = (A^6)^n = E^n = E$, $A^{6n+1} = A^{6n}A = A$, $A^{6n+2} = A^{6n}A^2 = A^2$,

$A^{6n+3} = A^{6n}A^3 = A^3 = -E$, $A^{6n+4} = A^{6n}A^4 = A^4 = A^3A = -A$,

$A^{6n+5} = A^{6n}A^5 = A^5 = A^3A^2 = -A^2$

$A \cdot (-A^2) = (-A^2) \cdot A = E$ だから,

$$A^{-1} = -A^2 = \begin{bmatrix} 0 & 0 & 0 & 1 \\ 0 & -1 & 0 & 0 \\ 1 & 0 & 0 & 0 \\ 0 & 0 & -1 & 0 \end{bmatrix}$$

問題 1.17 (1) $A^2 = \begin{bmatrix} 1 & 0 & 0 & 0 \\ 0 & 1 & 0 & 0 \\ 0 & 0 & 1 & 0 \\ 0 & 0 & 0 & 1 \end{bmatrix} = E$ だから,

$$A^{2m} = (A^2)^m = E^m = E, A^{2m-1} = (A^2)^{m-1} \cdot A = E \cdot A = A.$$

(2) $A-\lambda E=\begin{bmatrix}0&1&0&0\\0&0&1&0\\0&0&0&1\\0&0&0&0\end{bmatrix}$, $(A-\lambda E)^2=\begin{bmatrix}0&0&1&0\\0&0&0&1\\0&0&0&0\\0&0&0&0\end{bmatrix}$

$(A-\lambda E)^3=\begin{bmatrix}0&0&0&1\\0&0&0&0\\0&0&0&0\\0&0&0&0\end{bmatrix}$, $(A-\lambda E)^4=O$

したがって，$(A-\lambda E)^m=O$ $(m \geqq 4)$ だから，行列の 2 項展開を利用すれば，

$$\begin{aligned}A^n &= (\lambda E+(A-\lambda E))^n\\ &= (\lambda E)^n+{}_n\mathrm{C}_1(\lambda E)^{n-1}(A-\lambda E)+{}_n\mathrm{C}_2(\lambda E)^{n-2}(A-\lambda E)^2+{}_n\mathrm{C}_3(\lambda E)^{n-3}(A-\lambda E)^3\\ &= \begin{bmatrix}\lambda^n & {}_n\mathrm{C}_1\lambda^{n-1} & {}_n\mathrm{C}_2\lambda^{n-2} & {}_n\mathrm{C}_3\lambda^{n-3}\\ 0 & \lambda^n & {}_n\mathrm{C}_1\lambda^{n-1} & {}_n\mathrm{C}_2\lambda^{n-2}\\ 0&0&\lambda^n & {}_n\mathrm{C}_1\lambda^{n-1}\\ 0&0&0&\lambda^n\end{bmatrix}\end{aligned}$$

問題 1.18 (1) $A=\begin{bmatrix}0&1&0&0&0\\0&0&1&0&1\\0&0&0&1&0\\0&0&0&0&1\\1&1&0&0&0\end{bmatrix}$

(2) $A^2=\begin{bmatrix}0&0&1&0&1\\1&1&0&1&0\\0&0&0&0&1\\1&1&0&0&0\\0&1&1&0&1\end{bmatrix}$, $A^3=\begin{bmatrix}1&1&0&1&0\\0&1&1&0&2\\1&1&0&0&0\\0&1&1&0&1\\1&1&1&1&1\end{bmatrix}$

(3) $2\to3\to4\to5$, $2\to5\to2\to5$ の 2 通り

問題 1.19 ${}^t\left({}^tPAP\right)={}^tP\,{}^tA^t({}^tP)={}^tP\,{}^tAP$ だから，${}^tA=A$ ならば，

$${}^t({}^tPAP)={}^tP\,{}^tAP={}^tPAP$$

したがって，${}^tPAP$ は対称である．

逆に，すべての正方行列 P に対して，

$${}^t({}^tPAP)={}^tPAP$$

とする．特に，$P=E$（単位行列）とすれば，${}^tA=A$ となる．したがって，A は対称である．

問題 1.20 (1) ${}^tA$ の (i,i) 成分は a_{ii} で，$-A$ の (i,i) 成分は $-a_{ii}$ である．したがって，${}^tA=-A$ ならば，

$$a_{ii} = -a_{ii}$$

よって，$a_{ii} = 0$.
(2) A が上三角行列とすれば，

$$i > j \quad ならば， \qquad a_{ij} = 0 \tag{$*$}$$

さらに，A が交代行列ならば，(1) から $a_{ii} = 0$. また，($*$) から，

$$i < j \quad ならば， \qquad a_{ij} = -a_{ji} = 0$$

したがって，すべての場合に $a_{ij} = 0$ となるので，$A = O$ である.
問題 1.21 (1) ${}^t\overline{A}$ の (i,i) 成分は $\overline{a_{ii}}$ だから，${}^t\overline{A} = A$ ならば，

$$\overline{a_{ii}} = a_{ii}$$

よって，a_{ii} は実数である.
(2) ${}^t\overline{A}$ の (i,i) 成分は $\overline{a_{ii}}$ だから，${}^t\overline{A} = -A$ ならば，

$$\overline{a_{ii}} = -a_{ii}$$

よって，a_{ii} は純虚数である.
問題 1.22 (1) $A^2 = \begin{bmatrix} \alpha^2 & 0 & 0 \\ 0 & \beta^2 & 0 \\ 0 & 0 & \gamma^2 \end{bmatrix}, A^3 = \begin{bmatrix} \alpha^3 & 0 & 0 \\ 0 & \beta^3 & 0 \\ 0 & 0 & \gamma^3 \end{bmatrix}, \ldots,$ だから，

$$A^n = \begin{bmatrix} \alpha^n & 0 & 0 \\ 0 & \beta^n & 0 \\ 0 & 0 & \gamma^n \end{bmatrix}$$

したがって，

$$\begin{aligned}
\exp A &= E + A + \frac{A^2}{2!} + \cdots + \frac{A^n}{n!} + \cdots \\
&= \begin{bmatrix} 1 + \alpha + \frac{\alpha^2}{2!} + \cdots + \frac{\alpha^n}{n!} + \cdots & 0 & 0 \\ 0 & 1 + \beta + \frac{\beta^2}{2!} + \cdots + \frac{\beta^n}{n!} + \cdots & 0 \\ 0 & 0 & 1 + \gamma + \frac{\gamma^2}{2!} + \cdots + \frac{\gamma^n}{n!} + \cdots \end{bmatrix} \\
&= \begin{bmatrix} e^\alpha & 0 & 0 \\ 0 & e^\beta & 0 \\ 0 & 0 & e^\gamma \end{bmatrix}
\end{aligned}$$

(2) $B^2 = \begin{bmatrix} 0 & 0 & a^2 & 2ab \\ 0 & 0 & 0 & a^2 \\ 0 & 0 & 0 & 0 \\ 0 & 0 & 0 & 0 \end{bmatrix}, B^3 = \begin{bmatrix} 0 & 0 & 0 & a^3 \\ 0 & 0 & 0 & 0 \\ 0 & 0 & 0 & 0 \\ 0 & 0 & 0 & 0 \end{bmatrix}, B^m = O \ (m \geqq 4)$ だから，

$$\exp B = E + B + \frac{B^2}{2!} + \frac{B^3}{3!} = \begin{bmatrix} 1 & a & b+a^2/2 & c+ab+a^3/6 \\ 0 & 1 & a & b+a^2/2 \\ 0 & 0 & 1 & a \\ 0 & 0 & 0 & 1 \end{bmatrix}$$

また，例題 1.12 より，

$$\begin{aligned}(\exp B)^{-1} &= \exp(-B) = E - B + \frac{B^2}{2!} - \frac{B^3}{3!} \\ &= \begin{bmatrix} 1 & -a & -b+a^2/2 & -c+ab-a^3/6 \\ 0 & 1 & -a & -b+a^2/2 \\ 0 & 0 & 1 & -a \\ 0 & 0 & 0 & 1 \end{bmatrix}\end{aligned}$$

問題 1.23 (1) A^2 の成分 $a_{ij}^{(2)} = \sum_{k=1}^{n} a_{ik}a_{kj}$ について

$$|a_{ij}^{(2)}| = \left|\sum_{k=1}^{n} a_{ik}a_{kj}\right| \leqq nM^2 \leqq (nM)^2$$

A^3 の成分 $a_{ij}^{(3)} = \sum_{k=1}^{n} a_{ik}a_{kj}^{(2)}$ について

$$|a_{ij}^{(3)}| = \left|\sum_{k=1}^{n} a_{ik}a_{kj}^{(2)}\right| \leqq n \times M \times (nM)^2 = (nM)^3$$

これを繰り返すと

$$|a_{ij}^{(p+1)}| = \left|\sum_{k=1}^{n} a_{ik}a_{kj}^{(p)}\right| \leqq nM \times (nM)^p = (nM)^{p+1}$$

(2) (1) を利用すれば，$E + A + \frac{A^2}{2!} + \frac{A^3}{3!} + \cdots + \frac{A^p}{p!}$ の (i,j) 成分について

$$\left|\delta_{ij} + a_{ij}^{(1)} + \frac{a_{ij}^{(2)}}{2!} + \cdots + \frac{a_{ij}^{(p)}}{p!}\right| \leqq 1 + (nM) + \frac{(nM)^2}{2!} + \cdots + \frac{(nM)^p}{p!} < e^{nM}$$

ここに，$\delta_{ij} = 1\ (i = j)$, $\delta_{ij} = 0\ (i \neq j)$ である．したがって，

$$|\alpha_{ij}| = \left|\lim_{p\to\infty}\left(\delta_{ij} + a_{ij}^{(1)} + \frac{a_{ij}^{(2)}}{2!} + \cdots + \frac{a_{ij}^{(p)}}{p!}\right)\right| \leqq e^{nM}$$

問題 1.24 (1) 例題 1.13 の (3) を用いると

$$F(a,b)F(a,-b) = F(a^2+b^2, 0) = (a^2+b^2)I$$

(2) $F(\cos\theta, \sin\theta)^2 = F(\cos\theta\cos\theta - \sin\theta\sin\theta, \cos\theta\sin\theta + \sin\theta\cos\theta) = F(\cos 2\theta, \sin 2\theta)$

そこで，与式が $n = k$ のとき成立すると仮定すれば，

$$
\begin{aligned}
F(\cos\theta,\sin\theta)^{k+1} &= F(\cos\theta,\sin\theta)F(\cos\theta,\sin\theta)^k \\
&= F(\cos\theta,\sin\theta)F(\cos k\theta,\sin k\theta) \\
&= F(\cos\theta\cos k\theta-\sin\theta\sin k\theta,\cos\theta\sin k\theta+\sin\theta\cos k\theta) \\
&= F(\cos(k+1)\theta,\sin(k+1)\theta)
\end{aligned}
$$

したがって，数学的帰納法からすべての自然数 n について成立する．
(3) $a=r\cos\theta$, $b=r\sin\theta$, $r\geqq 0$, $0\leqq\theta<2\pi$, とおくと，

$$F(a,b)^n=(rF(\cos\theta,\sin\theta))^n=r^nF(\cos n\theta,\sin n\theta)=F(r^n\cos n\theta,r^n\sin n\theta)$$

$F(a,b)^n=F(1,0)$ ならば，$r^n\cos n\theta=1$, $r^n\sin n\theta=0$．したがって，$r^n=1$, $n\theta=2m\pi$ だから，$r=1$, $\theta=2m\pi/n$．よって，

$$a=\cos\frac{2m\pi}{n},\qquad b=\sin\frac{2m\pi}{n}$$

ここに，$m=0,1,\cdots,n-1$.

問題 1.25 条件から，

$$E=-A-A^2=A(-E-A)=(-E-A)A$$

よって，$X=-E-A$ は A の逆行列である．したがって，A は正則であり，

$$A^{-1}=-E-A$$

問題 1.26 条件から，$(-A)^m=(-1)^mA^m=O$ だから，例題 1.14 より $E-(-A)$ は正則である．実際，$E+A$ の逆行列は

$$(E+A)^{-1}=E+(-A)+(-A)^2+\cdots+(-A)^{m-1}$$

問題 1.27 (1) $P^{-1}=\frac{1}{2}\begin{bmatrix}1&-1\\1&1\end{bmatrix}$

(2) $P^{-1}AP=\frac{1}{2}\begin{bmatrix}1&-1\\1&1\end{bmatrix}\begin{bmatrix}-1&3\\1&3\end{bmatrix}=\frac{1}{2}\begin{bmatrix}-2&0\\0&6\end{bmatrix}=\begin{bmatrix}-1&0\\0&3\end{bmatrix}$

(3) $(P^{-1}AP)^n=\begin{bmatrix}-1&0\\0&3\end{bmatrix}^n=\begin{bmatrix}(-1)^n&0\\0&3^n\end{bmatrix}$.

また，$(P^{-1}AP)^n=P^{-1}A^nP$ だから，

$$
\begin{aligned}
A^n &= P\begin{bmatrix}(-1)^n&0\\0&3^n\end{bmatrix}P^{-1}=\begin{bmatrix}(-1)^n&3^n\\-(-1)^n&3^n\end{bmatrix}P^{-1} \\
&= \frac{1}{2}\begin{bmatrix}(-1)^n+3^n&-(-1)^n+3^n\\-(-1)^n+3^n&(-1)^n+3^n\end{bmatrix}
\end{aligned}
$$

問題 1.28 $A_{pq}=\begin{bmatrix}a_{3p-2,3q-2}&a_{3p-2,3q-1}&a_{3p-2,3q}\\a_{3p-1,3q-2}&a_{3p-1,3q-1}&a_{3p-1,3q}\\a_{3p,3q-2}&a_{3p,3q-1}&a_{3p,3q}\end{bmatrix}$

問題 1.29 $i = s_1 + s_2 + \cdots + s_{\alpha-1} + s,\ j = t_1 + t_2 + \cdots + t_{\beta-1} + t,\ 0 < s \leqq s_\alpha,\ 0 < t \leqq t_\beta$ となる α, β をとれば，a_{ij} は $A_{\alpha\beta}$ の (s,t) 成分である．ここで，$s_0 = t_0 = 0$ とする．

問題 1.30 AB の (i,j) 成分は，$\displaystyle\sum_{k=1}^{m} a_{ik}b_{kj} = \boldsymbol{a}_i\boldsymbol{b}_j$.

問題 1.31 $A^2 = \begin{bmatrix} O_mO_m + E_mE_m & O_mE_m + E_mO_m \\ E_mO_m + O_mE_m & E_mE_m + O_mO_m \end{bmatrix} = \begin{bmatrix} E_m & O_m \\ O_m & E_m \end{bmatrix} = E_{2m}$.
したがって，$A^{2p} = (A^2)^p = E^p = E$, $A^{2p-1} = (A^{2p-2})A = EA = A$.

問題 1.32 逆行列を $Y = \begin{bmatrix} Y_1 & Y_2 \\ Y_3 & Y_4 \end{bmatrix}$ とおくと，分割行列の積の公式から，

$$XY = \begin{bmatrix} A & B \\ O & D \end{bmatrix}\begin{bmatrix} Y_1 & Y_2 \\ Y_3 & Y_4 \end{bmatrix} = \begin{bmatrix} AY_1 + BY_3 & AY_2 + BY_4 \\ DY_3 & DY_4 \end{bmatrix}$$

$XY = E$（単位行列）だから，$Y_3 = O, Y_4 = D^{-1}$. したがって，

$$AY_1 + BY_3 = AY_1 = E \quad \text{から} \quad Y_1 = A^{-1}$$
$$AY_2 + BY_4 = AY_2 + BD^{-1} = O \quad \text{から} \quad Y_2 = -A^{-1}BD^{-1}$$

問題 1.33 $A = \begin{bmatrix} a_{ij} \end{bmatrix}, X = \begin{bmatrix} x_{ij} \end{bmatrix}$ とすると，

$$\mathrm{tr}\,(AX) = \sum_{i=1}^{n}\left(\sum_{j=1}^{n} a_{ij}x_{ji}\right)$$

ここで，$x_{ij} = 1\ ((i,j) = (p,q))$, $x_{ij} = 0\ ((i,j) \neq (p,q))$ とする，つまり，$X =$

$$\begin{array}{c} \\ \\ (p) \\ \\ \\ \end{array}\begin{bmatrix} 0 & \cdots & \overset{(q)}{\vdots} & \cdots & 0 \\ & \cdots & \vdots & \cdots & \\ \cdots & \cdots & 1 & & \\ & \cdots & & \cdots & \\ 0 & \cdots & & \cdots & 0 \end{bmatrix}$$ とすると，$a_{qp} = 0$.

p, q は任意だから，$A = O$ となる．

第 2 章　連立 1 次方程式

問題 2.1（ア）の解を $\begin{bmatrix} x_{11} \\ x_{21} \\ x_{31} \end{bmatrix}$，（イ）の解を $\begin{bmatrix} x_{12} \\ x_{22} \\ x_{32} \end{bmatrix}$，（ウ）の解を $\begin{bmatrix} x_{13} \\ x_{23} \\ x_{33} \end{bmatrix}$ とすると，

$$\begin{bmatrix} a_{11} & a_{12} & a_{13} \\ a_{21} & a_{22} & a_{23} \\ a_{31} & a_{32} & a_{33} \end{bmatrix}\begin{bmatrix} x_{11} & x_{12} & x_{13} \\ x_{21} & x_{22} & x_{23} \\ x_{31} & x_{32} & x_{33} \end{bmatrix} = \begin{bmatrix} b_{11} & b_{12} & b_{13} \\ b_{21} & b_{22} & b_{23} \\ b_{31} & b_{32} & b_{33} \end{bmatrix}$$

問題 2.2 (1) 拡大係数行列に基本変形を次の表のように行う.

A			$\boldsymbol{b}$	
1	2	−2	3	①
3	−1	3	4	②
1	1	2	5	③
1	2	−2	3	④ = ①
0	−7	9	−5	⑤ = ② − ① × 3
0	−1	4	2	⑥ = ③ − ①
1	0	6	7	⑦ = ④ + ⑥ × 2
0	1	−4	−2	⑧ = −⑥
0	0	−19	−19	⑨ = ⑤ − ⑥ × 7
1	0	0	1	⑩ = ⑦ − ⑫ × 6
0	1	0	2	⑪ = ⑧ + ⑫ × 4
0	0	1	1	⑫ = ⑨ ÷ (−19)
$\boldsymbol{e}_1$	$\boldsymbol{e}_2$	$\boldsymbol{e}_3$	解 $\boldsymbol{x}$	

したがって，求める解は $\begin{bmatrix} x_1 \\ x_2 \\ x_3 \end{bmatrix} = \begin{bmatrix} 1 \\ 2 \\ 1 \end{bmatrix}$.

(2) 拡大係数行列に基本変形を次の表のように行う.

$a-1 \neq 0, a+2 \neq 0$ だから，

A			$\boldsymbol{b}$	
a	1	1	1	①
1	a	1	1	②
1	1	a	1	③
1	a	1	1	④ = ②
0	$1-a^2$	$1-a$	$1-a$	⑤ = ① − ② × a
0	$1-a$	$a-1$	0	⑥ = ③ − ②
1	0	$a+1$	1	⑦ = ④ − ⑧ × a
0	1	−1	0	⑧ = ⑥ ÷ $(1-a)$
0	0	$a+2$	1	⑨ = ⑤ ÷ $(1-a)$ − ⑧ × $(1+a)$
1	0	0	$1-\dfrac{1+a}{2+a}$	⑩ = ⑦ − ⑫ × $(a+1)$
0	1	0	$\dfrac{1}{2+a}$	⑪ = ⑧ + ⑫
0	0	1	$\dfrac{1}{2+a}$	⑫ = ⑨ ÷ $(2+a)$
$\boldsymbol{e}_1$	$\boldsymbol{e}_2$	$\boldsymbol{e}_3$	解 $\boldsymbol{x}$	

したがって，求める解は $\begin{bmatrix} x_1 \\ x_2 \\ x_3 \end{bmatrix} = \begin{bmatrix} \dfrac{1}{2+a} \\ \dfrac{1}{2+a} \\ \dfrac{1}{2+a} \end{bmatrix}$.

問題 2.3 拡大係数行列に基本変形を次の表のように行う．

A				$\boldsymbol{b}$	
2	1	1	6	-2	①
1	2	1	1	1	②
1	1	2	1	1	③
1	1	1	2	a	④
1	2	1	1	1	⑤ = ②
0	-3	-1	4	-4	⑥ = ① − ② × 2
0	-1	1	0	0	⑦ = ③ − ②
0	-1	0	1	$a-1$	⑧ = ④ − ②
1	0	3	1	1	⑨ = ⑤ + ⑦ × 2
0	1	-1	0	0	⑩ = −⑦
0	0	-4	4	-4	⑪ = ⑥ − ⑦ × 3
0	0	-1	1	$a-1$	⑫ = ⑧ − ⑦
1	0	0	4	-2	⑬ = ⑨ − ⑮ × 3
0	1	0	-1	1	⑭ = ⑩ + ⑮
0	0	1	-1	1	⑮ = ⑪ ÷ (−4)
0	0	0	0	a	⑯ = ⑫ + ⑮
$\boldsymbol{e}_1$	$\boldsymbol{e}_2$	$\boldsymbol{e}_3$			

よって，連立 1 次方程式は次と同値である：

$$\begin{cases} x_1 \quad\quad\quad\quad + 4x_4 = -2 \\ \quad\quad x_2 \quad\quad - x_4 = 1 \\ \quad\quad\quad\quad x_3 - x_4 = 1 \\ \quad\quad\quad\quad\quad\quad 0 = a \end{cases}$$

したがって，解をもつためには，$a=0$. このとき，

$$\begin{bmatrix} x_1 \\ x_2 \\ x_3 \\ x_4 \end{bmatrix} = \begin{bmatrix} -2 \\ 1 \\ 1 \\ 0 \end{bmatrix} + x_4 \begin{bmatrix} -4 \\ 1 \\ 1 \\ 1 \end{bmatrix}$$

$x_4 = t$ とおいて，解は

第2章

$$\begin{bmatrix} x_1 \\ x_2 \\ x_3 \\ x_4 \end{bmatrix} = \begin{bmatrix} -2 \\ 1 \\ 1 \\ 0 \end{bmatrix} + t \begin{bmatrix} -4 \\ 1 \\ 1 \\ 1 \end{bmatrix} \quad (t: 任意)$$

問題 2.4 掃き出し法を次のように行う.

$\boldsymbol{a}_1$	$\boldsymbol{a}_2$	$\boldsymbol{a}_3$	$\boldsymbol{a}_4$	$\boldsymbol{a}_5$	$\boldsymbol{a}_6$	
1	2	−1	1	1	0	①
−1	−2	1	1	1	0	②
1	2	1	−1	1	2	③
1	2	1	1	3	2	④
1	2	−1	1	1	0	⑤ = ①
0	0	0	2	2	0	⑥ = ② + ①
0	0	2	−2	0	2	⑦ = ③ − ①
0	0	2	0	2	2	⑧ = ④ − ①
1	2	0	0	1	1	⑨ = ⑤ + ⑩
0	0	1	−1	0	1	⑩ = ⑦ ÷ 2
0	0	0	1	1	0	⑪ = ⑥ ÷ 2
0	0	0	2	2	0	⑫ = ⑧ − ⑦
1	2	0	0	1	1	⑬ = ⑨
0	0	1	0	1	1	⑭ = ⑩ + ⑪
0	0	0	1	1	0	⑮ = ⑪
0	0	0	0	0	0	⑯ = ⑫ − ⑪ ÷ 2
$\boldsymbol{e}_1$		$\boldsymbol{e}_2$	$\boldsymbol{e}_3$			

(1) $\operatorname{rank}\begin{bmatrix}\boldsymbol{a}_1 & \boldsymbol{a}_2 & \boldsymbol{a}_3 & \boldsymbol{a}_4 & \boldsymbol{a}_5 & \boldsymbol{a}_6\end{bmatrix} = 3$

(2) $\boldsymbol{a}_1, \boldsymbol{a}_3, \boldsymbol{a}_4$ は一次独立で $\boldsymbol{a}_2 = 2\boldsymbol{a}_1, \boldsymbol{a}_5 = \boldsymbol{a}_1 + \boldsymbol{a}_3 + \boldsymbol{a}_4, \boldsymbol{a}_6 = \boldsymbol{a}_1 + \boldsymbol{a}_3$

問題 2.5 掃き出し法によると,

1	1	1	①
−1	−1	1	②
−1	−1	2	③
1	1	1	④ = ①
0	0	2	⑤ = ② + ①
0	0	3	⑥ = ③ + ①
1	1	0	⑦ = ④ − ⑧
0	0	1	⑧ = ⑤ ÷ 2
0	0	0	⑨ = ⑥ − ⑧ × 3

② + ① $\longrightarrow$ $P(2,1;1)$

③ + ① $\longrightarrow$ $P(3,1;1)$

⑤ ÷ 2 $\longrightarrow$ $P(2;1/2)$

④ − ⑧ $\longrightarrow$ $P(1,2;-1)$

⑥ − ⑧ × 3 $\longrightarrow$ $P(3,2;-3)$

さらに，最後のブロックにおいて，2 列 − 1 列 ($P(1,2;-1)$)，3 列 と 2 列の交換 ($P(2,3)$) を行うと

$$PAQ = \begin{bmatrix} 1 & 0 & 0 \\ 0 & 1 & 0 \\ 0 & 0 & 0 \end{bmatrix}$$

ここに，$P = P(3,2;-3)P(1,2;-1)P(2;1/2)P(3,1;1)P(2,1;1)$, $\quad Q = P(1,2;-1)P(2,3)$

問題 2.6 (1) 拡大係数行列に基本変形を次の表のように行う．

A			$\boldsymbol{b}$	
a	1	1	1	①
1	a	1	1	②
1	1	a	1	③
1	a	1	1	④ = ②
0	$1-a^2$	$1-a$	$1-a$	⑤ = ① − ② × a
0	$1-a$	$a-1$	0	⑥ = ③ − ②

$a \neq 1$ のとき，

A			$\boldsymbol{b}$	
1	a	1	1	⑦ = ④
0	$1+a$	1	1	⑧ = ⑤ ÷ $(1-a)$
0	1	-1	0	⑨ = ⑥ ÷ $(1-a)$
1	0	$1+a$	1	⑩ = ⑦ − ⑨ × a
0	1	-1	0	⑪ = ⑨
0	0	$2+a$	1	⑫ = ⑧ − ⑨ × $(1+a)$

$a \neq 1, -2$ のとき，

A			$\boldsymbol{b}$	
1	0	$1+a$	1	⑩ = ⑦ − ⑨ × a
0	1	-1	0	⑪ = ⑨
0	0	$2+a$	1	⑫ = ⑧ − ⑨ × $(1+a)$
1	0	0	$1/(2+a)$	⑬ = ⑩ − ⑮ × $(1+a)$
0	1	0	$1/(2+a)$	⑭ = ⑪ + ⑮
0	0	1	$1/(2+a)$	⑮ = ⑫ ÷ $(2+a)$
$\boldsymbol{e}_1$	$\boldsymbol{e}_2$	$\boldsymbol{e}_3$	解 $\boldsymbol{x}$	

したがって，$a \neq 1, -2$ のとき，求める解は

$$\begin{bmatrix} x_1 \\ x_2 \\ x_3 \end{bmatrix} = \begin{bmatrix} 1/(2+a) \\ 1/(2+a) \\ 1/(2+a) \end{bmatrix}$$

$a = 1$ のとき，

A			$\boldsymbol{b}$	
1	1	1	1	①
1	1	1	1	②
1	1	1	1	③
1	1	1	1	④ = ①
0	0	0	0	⑤ = ② − ①
0	0	0	0	⑥ = ③ − ①

$x_1 = 1 - x_2 - x_3$ を変形して，

$$\begin{bmatrix} x_1 \\ x_2 \\ x_3 \end{bmatrix} = \begin{bmatrix} 1 \\ 0 \\ 0 \end{bmatrix} + x_2 \begin{bmatrix} -1 \\ 1 \\ 0 \end{bmatrix} + x_3 \begin{bmatrix} -1 \\ 0 \\ 1 \end{bmatrix}$$

ここで，$x_2 = s$, $x_3 = t$ と置き換えて，

$$\begin{bmatrix} x_1 \\ x_2 \\ x_3 \end{bmatrix} = \begin{bmatrix} 1 \\ 0 \\ 0 \end{bmatrix} + s \begin{bmatrix} -1 \\ 1 \\ 0 \end{bmatrix} + t \begin{bmatrix} -1 \\ 0 \\ 1 \end{bmatrix} \quad (\, s,\, t \text{ は任意} \,)$$

が求める解である．

$a = -2$ のとき，

A			$\boldsymbol{b}$	
1	0	−1	1	⑩
0	1	−1	0	⑪
0	0	0	1	⑫

$x_1 - x_3 = 1$, $x_2 - x_3 = 0$, $0 = 1$ となるので，解なし．また，このとき，

$$\text{rank}\,\left[A \mid \boldsymbol{b}\right] = 3 > \text{rank}\ A = 2$$

(2) 拡大係数行列に基本変形を次の表のように行う．

A			$\boldsymbol{b}$	
a	a	1	1	①
1	a	a	1	②
a	1	a	1	③
1	a	a	1	④ = ②
0	$a - a^2$	$1 - a^2$	$1 - a$	⑤ = ① − ② × a
0	$1 - a^2$	$a - a^2$	$1 - a$	⑥ = ③ − ② × a

$a \neq 1$ のとき，

A			$\boldsymbol{b}$	
1	a	a	1	⑦ = ④
0	a	$1+a$	1	⑧ = ⑤ ÷ $(1-a)$
0	$1+a$	a	1	⑨ = ⑥ ÷ $(1-a)$
1	0	-1	0	⑩ = ⑦ − ⑧
0	a	$1+a$	1	⑪ = ⑧
0	1	-1	0	⑫ = ⑨ − ⑧
1	0	-1	0	⑬ = ⑩
0	1	-1	0	⑭ = ⑫
0	0	$1+2a$	1	⑮ = ⑪ − ⑫ × a

$a \neq 1, -\dfrac{1}{2}$ のとき，

A			$\boldsymbol{b}$	
1	0	-1	0	⑬
0	1	-1	0	⑭
0	0	$1+2a$	1	⑮
1	0	0	$1/(1+2a)$	⑯ = ⑬ + ⑱
0	1	0	$1/(1+2a)$	⑰ = ⑭ + ⑱
0	0	1	$1/(1+2a)$	⑱ = ⑮ ÷ $(2+a)$
$\boldsymbol{e}_1$	$\boldsymbol{e}_2$	$\boldsymbol{e}_3$	解 $\boldsymbol{x}$	

したがって，$a \neq 1, -\dfrac{1}{2}$ のとき，求める解は，$\begin{bmatrix} x_1 \\ x_2 \\ x_3 \end{bmatrix} = \begin{bmatrix} 1/(1+2a) \\ 1/(1+2a) \\ 1/(1+2a) \end{bmatrix}$.

$a = 1$ のとき，

A			$\boldsymbol{b}$	
1	1	1	1	①
1	1	1	1	②
1	1	1	1	③
1	1	1	1	④ = ①
0	0	0	0	⑤ = ② − ①
0	0	0	0	⑥ = ③ − ①

$x_1 = 1 - x_2 - x_3$ を変形して，

$$\begin{bmatrix} x_1 \\ x_2 \\ x_3 \end{bmatrix} = \begin{bmatrix} 1 \\ 0 \\ 0 \end{bmatrix} + x_2 \begin{bmatrix} -1 \\ 1 \\ 0 \end{bmatrix} + x_3 \begin{bmatrix} -1 \\ 0 \\ 1 \end{bmatrix}$$

ここで，$x_2 = s$, $x_3 = t$ と置き換えて，

$$\begin{bmatrix} x_1 \\ x_2 \\ x_3 \end{bmatrix} = \begin{bmatrix} 1 \\ 0 \\ 0 \end{bmatrix} + s\begin{bmatrix} -1 \\ 1 \\ 0 \end{bmatrix} + t\begin{bmatrix} -1 \\ 0 \\ 1 \end{bmatrix} \quad (\, s, t \text{ は任意}\,)$$

が求める解である．

$a = -\dfrac{1}{2}$ のとき，

A			$\boldsymbol{b}$	
1	0	−1	0	⑬
0	1	−1	0	⑭
0	0	0	1	⑮

$x_1 - x_3 = 0$, $x_2 - x_3 = 0$, $0 = 1$ となるので，解なし．また，このとき，

$$\mathrm{rank}\,\bigl[A \mid \boldsymbol{b}\bigr] = 3 > \mathrm{rank}\,A = 2$$

問題 2.7 (1) 拡大係数行列に基本変形を次の表のように行う．

A			$\boldsymbol{b}$	
1	1	−2	1	①
−3	2	1	2	②
3	−1	2	3	③
1	2	−1	4	④
1	1	−2	1	⑤ = ①
0	5	−5	5	⑥ = ② + ① × 3
0	−4	8	0	⑦ = ③ − ① × 3
0	1	1	3	⑧ = ④ − ①
1	0	−1	0	⑨ = ⑤ − ⑩
0	1	−1	1	⑩ = ⑥ ÷ 5
0	0	4	4	⑪ = ⑦ + ⑩ × 4
0	0	2	2	⑫ = ⑧ − ⑩
1	0	0	1	⑬ = ⑨ + ⑮
0	1	0	2	⑭ = ⑩ + ⑮
0	0	1	1	⑮ = ⑪ ÷ 4
0	0	0	0	⑯ = ⑫ − ⑮ × 2
$\boldsymbol{e}_1$	$\boldsymbol{e}_2$	$\boldsymbol{e}_3$	$\boldsymbol{x}$	

したがって，$\begin{bmatrix} x_1 \\ x_2 \\ x_3 \end{bmatrix} = \begin{bmatrix} 1 \\ 2 \\ 1 \end{bmatrix}$．

(2) 拡大係数行列に基本変形を次の表のように行う．

A				$\boldsymbol{b}$	
a	1	1	1	1	①
1	a	1	1	1	②
1	1	a	1	1	③
1	1	1	a	1	④
1	a	1	1	1	⑤ = ②
0	$1-a^2$	$1-a$	$1-a$	$1-a$	⑥ = ① − ② × a
0	$1-a$	$a-1$	0	0	⑦ = ③ − ②
0	$1-a$	0	$a-1$	0	⑧ = ④ − ②

$a \neq 1$ のとき，

A				$\boldsymbol{b}$	
1	a	1	1	1	⑨ = ⑤
0	$1+a$	1	1	1	⑩ = ⑥ ÷ $(1-a)$
0	1	-1	0	0	⑪ = ⑦ ÷ $(1-a)$
0	1	0	-1	0	⑫ = ⑧ ÷ $(1-a)$
1	0	$1+a$	1	1	⑬ = ⑨ − ⑪ × a
0	1	-1	0	0	⑭ = ⑪
0	0	$2+a$	1	1	⑮ = ⑩ − ⑪ × $(1+a)$
0	0	1	-1	0	⑯ = ⑫ − ⑪
1	0	0	$2+a$	1	⑰ = ⑬ − ⑯ × $(1+a)$
0	1	0	-1	0	⑱ = ⑭ + ⑯
0	0	1	-1	0	⑲ = ⑯
0	0	0	$3+a$	1	⑳ = ⑮ − ⑯ × $(2+a)$

$a \neq 1, -3$ のとき，

A				$\boldsymbol{b}$	
1	0	0	$2+a$	1	㉑ = ⑰
0	1	0	-1	0	㉒ = ⑱
0	0	1	-1	0	㉓ = ⑲
0	0	0	1	$1/(3+a)$	㉔ = ⑳ ÷ $(3+a)$
1	0	0	0	$1-(2+a)/(3+a)$	㉕ = ㉑ − ㉔ × $(2+a)$
0	1	0	0	$1/(3+a)$	㉖ = ㉒ + ㉔
0	0	1	0	$1/(3+a)$	㉗ = ㉓ + ㉔
0	0	0	1	$1/(3+a)$	㉘ = ㉔
$\boldsymbol{e}_1$	$\boldsymbol{e}_2$	$\boldsymbol{e}_3$	$\boldsymbol{e}_4$	解 $\boldsymbol{x}$	

したがって，$a \neq 1, -3$ のとき，求める解は，$\begin{bmatrix} x_1 \\ x_2 \\ x_3 \\ x_4 \end{bmatrix} = \begin{bmatrix} 1/(3+a) \\ 1/(3+a) \\ 1/(3+a) \\ 1/(3+a) \end{bmatrix}$.

$a = 1$ のとき，

A				$\boldsymbol{b}$	
1	1	1	1	1	①
1	1	1	1	1	②
1	1	1	1	1	③
1	1	1	1	1	④
1	1	1	1	1	⑤ = ①
0	0	0	0	0	⑥ = ② − ①
0	0	0	0	0	⑦ = ③ − ①
0	0	0	0	0	⑧ = ④ − ①

$x_1 = 1 - x_2 - x_3 - x_4$ を変形して，

$$\begin{bmatrix} x_1 \\ x_2 \\ x_3 \\ x_4 \end{bmatrix} = \begin{bmatrix} 1 \\ 0 \\ 0 \\ 0 \end{bmatrix} + x_2 \begin{bmatrix} -1 \\ 1 \\ 0 \\ 0 \end{bmatrix} + x_3 \begin{bmatrix} -1 \\ 0 \\ 1 \\ 0 \end{bmatrix} + x_4 \begin{bmatrix} -1 \\ 0 \\ 0 \\ 1 \end{bmatrix}$$

ここで，$x_2 = s,\ x_3 = t,\ x_4 = u$ と置き換えて，

$$\begin{bmatrix} x_1 \\ x_2 \\ x_3 \\ x_4 \end{bmatrix} = \begin{bmatrix} 1 \\ 0 \\ 0 \\ 0 \end{bmatrix} + s \begin{bmatrix} -1 \\ 1 \\ 0 \\ 0 \end{bmatrix} + t \begin{bmatrix} -1 \\ 0 \\ 1 \\ 0 \end{bmatrix} + u \begin{bmatrix} -1 \\ 0 \\ 0 \\ 1 \end{bmatrix} \quad (\ s,\ t,\ u \text{ は任意}\ )$$

が求める解である．

$a = -3$ のとき，

A				$\boldsymbol{b}$	
1	0	0	−1	1	⑰ = ⑬ − ⑯ × $(1+a)$
0	1	0	−1	0	⑱ = ⑭ + ⑯
0	0	1	−1	0	⑲ = ⑯
0	0	0	0	1	⑳ = ⑮ − ⑯ × $(2+a)$

$x_1 - x_4 = 1,\ x_2 - x_4 = 0,\ x_3 - x_4 = 0,\ 0 = 1$ となるので，解なし．また，このとき，

$$\operatorname{rank} \left[A \mid \boldsymbol{b}\right] = 4 > \operatorname{rank} A = 3$$

問題 2.8 (1) $\boldsymbol{x}_1 = \begin{bmatrix} x_{11} \\ x_{21} \\ x_{31} \end{bmatrix}, \boldsymbol{x}_2 = \begin{bmatrix} x_{12} \\ x_{22} \\ x_{32} \end{bmatrix}$ とすれば,

$$\begin{bmatrix} 1 & 3 & -2 \\ -3 & 2 & 1 \\ 3 & -1 & 2 \end{bmatrix} \begin{bmatrix} x_{11} & x_{12} \\ x_{21} & x_{22} \\ x_{31} & x_{32} \end{bmatrix} = \begin{bmatrix} 1 & 7 \\ 4 & -4 \\ 7 & 9 \end{bmatrix}$$

(2) 次の表のように基本変形を行う.

	A		$\boldsymbol{b}_1$	$\boldsymbol{b}_2$	
1	3	−2	1	7	①
−3	2	1	4	−4	②
3	−1	2	7	9	③
1	1	−2	1	7	④ = ①
0	11	−5	7	17	⑤ = ② + ① × 3
0	−10	8	4	−12	⑥ = ③ − ① × 3
1	0	−7/11	−10/11	26/11	⑦ = ④ − ⑧ × 3
0	1	−5/11	7/11	17/11	⑧ = ⑤ ÷ 11
0	0	38/11	114/11	38/11	⑨ = ⑥ + ⑧ × 10
1	0	0	1	3	⑩ = ⑦ + ⑫ × 7/11
0	1	0	2	2	⑪ = ⑧ + ⑫ × 5/11
0	0	1	3	1	⑫ = ⑨ ÷ 38/11
	E		$\boldsymbol{x}_1$	$\boldsymbol{x}_2$	

表の最後から，求める解は

$$(\text{ア}) \begin{bmatrix} x_1 \\ x_2 \\ x_3 \end{bmatrix} = \begin{bmatrix} 1 \\ 2 \\ 3 \end{bmatrix} \qquad (\text{イ}) \begin{bmatrix} x_1 \\ x_2 \\ x_3 \end{bmatrix} = \begin{bmatrix} 3 \\ 2 \\ 1 \end{bmatrix}$$

問題 2.9 (1) $\boldsymbol{x}_1 = \begin{bmatrix} x_{11} \\ x_{21} \\ x_{31} \end{bmatrix}, \boldsymbol{x}_2 = \begin{bmatrix} x_{12} \\ x_{22} \\ x_{32} \end{bmatrix}, \boldsymbol{x}_3 = \begin{bmatrix} x_{13} \\ x_{23} \\ x_{33} \end{bmatrix}$ とすれば,

$$\begin{bmatrix} 1 & 1 & 3 \\ 1 & 3 & 1 \\ 3 & 1 & 1 \end{bmatrix} \begin{bmatrix} x_{11} & x_{12} & x_{13} \\ x_{21} & x_{22} & x_{23} \\ x_{31} & x_{32} & x_{33} \end{bmatrix} = \begin{bmatrix} 1 & 0 & 0 \\ 0 & 1 & 0 \\ 0 & 0 & 1 \end{bmatrix}$$

(2) 拡大係数行列 $\left[A \mid E\right]$ に基本変形を次の表のように行う.

A			e_1	e_2	e_3	
1	1	3	1	0	0	①
1	3	1	0	1	0	②
3	1	1	0	0	1	③
1	1	3	1	0	0	④ = ①
0	2	−2	−1	1	0	⑤ = ② − ①
0	−2	−8	−3	0	1	⑥ = ③ − ① × 3
1	0	4	3/2	−1/2	0	⑦ = ④ − ⑧
0	1	−1	−1/2	1/2	0	⑧ = ⑤ ÷ 2
0	0	−10	−4	1	1	⑨ = ⑥ + ⑤
1	0	0	−1/10	−1/10	2/5	⑩ = ⑦ − ⑫ × 4
0	1	0	−1/10	2/5	−1/10	⑪ = ⑧ + ⑫
0	0	1	2/5	−1/10	−1/10	⑫ = ⑨ ÷ (−10)
e_1	e_2	e_3	x_1	x_2	x_3	

したがって，求める解は

$$\boldsymbol{x}_1 = \frac{1}{10}\begin{bmatrix} -1 \\ -1 \\ 4 \end{bmatrix}, \boldsymbol{x}_2 = \frac{1}{10}\begin{bmatrix} -1 \\ 4 \\ -1 \end{bmatrix}, \boldsymbol{x}_3 = \frac{1}{10}\begin{bmatrix} 4 \\ -1 \\ -1 \end{bmatrix}$$

問題 2.10 (1) 行列に単位行列を付け加えて，次の表のように基本変形を行う．

A			E			
1	1	3	1	0	0	①
1	2	1	0	1	0	②
3	1	1	0	0	1	③
1	1	3	1	0	0	④ = ①
0	1	−2	−1	1	0	⑤ = ② − ①
0	−2	−8	−3	0	1	⑥ = ③ − ① × 3
1	0	5	2	−1	0	⑦ = ④ − ⑤
0	1	−2	−1	1	0	⑧ = ⑤
0	0	−12	−5	2	1	⑨ = ⑥ + ⑤ × 2
1	0	0	−1/12	−1/6	5/12	⑩ = ⑦ − ⑫ × 5
0	1	0	−1/6	2/3	−1/6	⑪ = ⑧ + ⑫ × 2
0	0	1	5/12	−1/6	−1/12	⑫ = ⑨ ÷ (−12)
E			A^{-1}			

表の最後から，求める逆行列は，$\frac{1}{12}\begin{bmatrix} -1 & -2 & 5 \\ -2 & 8 & -2 \\ 5 & -2 & -1 \end{bmatrix}$.

(2) 行列に単位行列を付け加えて，次の表のように基本変形を行う.

A				E				
1	0	0	1	1	0	0	0	①
1	0	1	0	0	1	0	0	②
1	1	0	0	0	0	1	0	③
0	0	1	1	0	0	0	1	④
1	0	0	1	1	0	0	0	⑤ = ①
0	0	1	−1	−1	1	0	0	⑥ = ② − ①
0	1	0	−1	−1	0	1	0	⑦ = ③ − ①
0	0	1	1	0	0	0	1	⑧ = ④
1	0	0	1	1	0	0	0	⑨ = ⑤
0	1	0	−1	−1	0	1	0	⑩ = ⑦
0	0	1	−1	−1	1	0	0	⑪ = ⑥
0	0	1	1	0	0	0	1	⑫ = ⑧
1	0	0	1	1	0	0	0	⑬ = ⑨
0	1	0	−1	−1	0	1	0	⑭ = ⑩
0	0	1	−1	−1	1	0	0	⑮ = ⑪
0	0	0	2	1	−1	0	1	⑯ = ⑫ − ⑪
1	0	0	0	1/2	1/2	0	−1/2	⑰ = ⑬ − ⑳
0	1	0	0	−1/2	−1/2	1	1/2	⑱ = ⑭ + ⑳
0	0	1	0	−1/2	1/2	0	1/2	⑲ = ⑮ + ⑳
0	0	0	1	1/2	−1/2	0	1/2	⑳ = ⑯ ÷ (−12)
E				A^{-1}				

表の最後から，求める逆行列は，$\frac{1}{2}\begin{bmatrix} 1 & 1 & 0 & -1 \\ -1 & -1 & 2 & 1 \\ -1 & 1 & 0 & 1 \\ 1 & -1 & 0 & 1 \end{bmatrix}$.

問題 2.11 問題 2.8 の解より，

$$\begin{bmatrix} 1 & 3 & -2 \\ -3 & 2 & 1 \\ 3 & -1 & 2 \end{bmatrix}^{-1}\begin{bmatrix} 1 & 7 \\ 4 & -4 \\ 7 & 9 \end{bmatrix} = \begin{bmatrix} 1 & 3 \\ 2 & 2 \\ 3 & 1 \end{bmatrix}$$

第3章　行列式

問題 3.1　(1)　σ について

3 より後にあって 3 より小さい数は 1，2 の 2 個だから，$N(1) = 2$

4 より後にあって 4 より小さい数は 1, 2 の 2 個だから，$N(2) = 2$

1 より後にあって 1 より小さい数は 0 個だから，$N(3) = 0$

5 より後にあって 5 より小さい数は 2 の 1 個だから，$N(4) = 1$

であるから，転倒数は $N(\sigma) = N(1) + N(2) + N(3) + N(4) = 2 + 2 + 0 + 1 = 5$

よって，σ の符号は $\varepsilon(\sigma) = (-1)^{N(\sigma)} = (-1)^5 = -1$

であるから，σ は奇順列である．

τ について

5 より後にあって 5 より小さい数は 1，2, 3, 4 の 4 個だから，$N(1) = 4$

4 より後にあって 4 より小さい数は 1, 2, 3 の 3 個だから，$N(2) = 3$

3 より後にあって 3 より小さい数は 1, 2 の 2 個だから，$N(3) = 2$

2 より後にあって 2 より小さい数は 1 の 1 個だから，$N(4) = 1$

であるから，転倒数は

$$N(\tau) = N(1) + N(2) + N(3) + N(4) = 4 + 3 + 2 + 1 = 10$$

よって，τ の符号は $\varepsilon(\tau) = (-1)^{N(\tau)} = (-1)^{10} = +1$

であるから，τ は偶順列である．

(2)　$\sigma = (3, 4, 1, 5, 2) \to (1, 4, 3, 5, 2)$　（3 と 1 の入れ換え）

$\to (1, 2, 3, 5, 4)$　（2 と 4 の入れ換え）

$\to (1, 2, 3, 4, 5)$　（4 と 5 の入れ換え）

よって，$(4, 5)(2, 4)(1, 3)\sigma = (1, 2, 3, 4, 5)$

左から順に互換をかけていくと，$\sigma = (1, 3)(2, 4)(4, 5)$．したがって，

$$\varepsilon(\sigma) = (-1)^3 = -1$$

$\tau = (5, 4, 3, 2, 1) \to (1, 4, 3, 2, 5)$　（5 と 1 の入れ換え）

$\to (1, 2, 3, 4, 5)$　（2 と 4 の入れ換え）

よって，$\tau = (1, 5)(2, 4)$．2 回の互換を行うと，$\varepsilon(\tau) = (-1)^2 = +1$.

問題 3.2　1 より後にあって 1 より小さい数は 0 個だから，$N(1) = 0$

6 より後にあって 6 より小さい数は 3, 4, 5, 2 の 4 個だから，$N(2) = 4$

3 より後にあって 3 より小さい数は 2 の 1 個だから，$N(3) = 1$

4 より後にあって 4 より小さい数は 2 の 1 個だから，$N(4) = 1$

5 より後にあって 5 より小さい数は 2 の 1 個だから，$N(5) = 1$

2 より後にあって 2 より小さい数は 0 個だから，$N(6) = 0$

であるから，転倒数は

$$N(\tau) = N(1) + N(2) + N(3) + N(4) + N(5) + N(6) = 0 + 4 + 1 + 1 + 1 + 0 = 7$$

τ の符号は

$$\varepsilon(\tau) = (-1)^{N(\tau)} = (-1)^7 = -1$$

であるから，τ は奇順列である．

問題 3.3 (1) $\sigma = (6, 3, 1, 4, 2, 5)$ について

6 より後にあって 6 より小さい数は 3, 1, 4, 2, 5 の 5 個だから，$N(1) = 5$

3 より後にあって 3 より小さい数は 1, 2 の 2 個だから，$N(2) = 2$

1 より後にあって 1 より小さい数は 0 個だから，$N(3) = 0$

4 より後にあって 4 より小さい数は 2 の 1 個だから，$N(4) = 1$

2 より後にあって 2 より小さい数は 0 個だから，$N(5) = 0$

であるから，転倒数は

$$N(\sigma) = N(1) + N(2) + N(3) + N(4) + N(5) = 5 + 2 + 0 + 1 + 0 = 8$$

σ の符号は

$$\varepsilon(\sigma) = (-1)^{N(\sigma)} = (-1)^8 = +1$$

であるから，σ は偶順列である．

$\tau = (4, 3, 1, 5, 6, 2)$ について

4 より後にあって 4 より小さい数は 3, 1, 2 の 3 個だから，$N(1) = 3$

3 より後にあって 3 より小さい数は 1, 2 の 2 個だから，$N(2) = 2$

1 より後にあって 1 より小さい数は 0 個だから，$N(3) = 0$

5 より後にあって 5 より小さい数は 2 の 1 個だから，$N(4) = 1$

6 より後にあって 6 より小さい数は 2 の 1 個だから，$N(5) = 1$

であるから，転倒数は

$$N(\tau) = N(1) + N(2) + N(3) + N(4) + N(5) = 3 + 2 + 0 + 1 + 1 = 7$$

τ の符号は

$$\varepsilon(\tau) = (-1)^{N(\tau)} = (-1)^7 = -1$$

であるから，τ は奇順列である．

(2) $\sigma(3) = 1$ だから，$\sigma^{-1}(1) = 3$; $\sigma(5) = 2$ だから，$\sigma^{-1}(2) = 5$

$\sigma(2) = 3$ だから，$\sigma^{-1}(3) = 2$; $\sigma(4) = 4$ だから，$\sigma^{-1}(4) = 4$

$\sigma(6) = 5$ だから，$\sigma^{-1}(5) = 6$; $\sigma(1) = 6$ だから，$\sigma^{-1}(6) = 1$

よって，$\sigma^{-1} = (3, 5, 2, 4, 6, 1)$

$\tau(3) = 1$ だから，$\tau^{-1}(1) = 3$; $\tau(6) = 2$ だから，$\tau^{-1}(2) = 6$

$\tau(2) = 3$ だから，$\tau^{-1}(3) = 2$; $\tau(1) = 4$ だから，$\tau^{-1}(4) = 1$

$\tau(4) = 5$ だから，$\tau^{-1}(5) = 4$; $\tau(5) = 6$ だから，$\tau^{-1}(6) = 5$

よって，$\tau^{-1} = (3, 6, 2, 1, 4, 5)$

(3) $\sigma\tau(1)=\sigma(\tau(1))=\sigma(4)=4;\ \sigma\tau(2)=\sigma(\tau(2))=\sigma(3)=1$

$\sigma\tau(3)=\sigma(\tau(3))=\sigma(1)=6;\ \sigma\tau(4)=\sigma(\tau(4))=\sigma(5)=2$

$\sigma\tau(5)=\sigma(\tau(5))=\sigma(6)=5;\ \sigma\tau(6)=\sigma(\tau(6))=\sigma(2)=3$

よって，$\sigma\tau=(4,1,6,2,5,3)$

4 より後にあって 4 より小さい数は 1, 2, 3 の 3 個だから，$N(1)=3$

1 より後にあって 1 より小さい数は 0 個だから，$N(2)=0$

6 より後にあって 6 より小さい数は 2, 5, 3 の 3 個だから，$N(3)=3$

2 より後に　あって 2 より小さい数は 0 個だから，$N(4)=0$

5 より後にあって 5 より小さい数は 3 の 1 個だから，$N(5)=1$

であるから，転倒数は

$$N(\sigma\tau)=N(1)+N(2)+N(3)+N(4)+N(5)=3+0+3+0+1=7$$

$\sigma\tau$ の符号は

$$\varepsilon(\sigma\tau)=(-1)^{N(\tau)}=(-1)^7=-1$$

ところで，

$$\varepsilon(\sigma)\varepsilon(\tau)=(+1)\times(-1)=-1$$

よって，$\varepsilon(\sigma\tau)=\varepsilon(\sigma)\varepsilon(\tau)$ が成立する．

問題 3.4 (1) $\begin{vmatrix} 1 & 0 & 0 \\ 2 & 2 & 0 \\ 3 & 3 & 3 \end{vmatrix} = 1\times\begin{vmatrix} 2 & 0 \\ 3 & 3 \end{vmatrix} = 2\times 3 = 6$

(2) $$\begin{vmatrix} 1 & 2 & 3 \\ 101 & 102 & 103 \\ 1001 & 1002 & 1003 \end{vmatrix} = \begin{vmatrix} 1 & 2 & 3 \\ 100 & 100 & 100 \\ 1001 & 1002 & 1003 \end{vmatrix} \quad (2\text{ 行} - 1\text{ 行})$$

$$= \begin{vmatrix} 1 & 2 & 3 \\ 100 & 100 & 100 \\ 1000 & 1000 & 1000 \end{vmatrix} \quad (3\text{ 行} - 1\text{ 行})$$

$$= 100\times 1000\times \begin{vmatrix} 1 & 2 & 3 \\ 1 & 1 & 1 \\ 1 & 1 & 1 \end{vmatrix} \quad (2\text{ 行から } 100 \text{ を}, 3\text{ 行から } 1000 \text{ を出す})$$

$$= 0 \quad (2\text{ 行} = 3\text{ 行})$$

問題 3.5 (1) 第 2 行，第 3 行，第 4 行に第 1 行を加えると，

$$\begin{vmatrix} 1 & 1 & 1 & 1 \\ -1 & 2 & 2 & 2 \\ -1 & -1 & 3 & 3 \\ -1 & -1 & -1 & 4 \end{vmatrix} = \begin{vmatrix} 1 & 1 & 1 & 1 \\ 0 & 3 & 3 & 3 \\ 0 & 0 & 4 & 4 \\ 0 & 0 & 0 & 5 \end{vmatrix} = 1\cdot 3\cdot 4\cdot 5 = 60$$

(2) 第 2 行，第 3 行，第 4 行から第 1 行を引くと，

$$\begin{vmatrix} 1 & 1 & 1 & 1 \\ 1 & 2 & 2 & 2 \\ 1 & 1 & 3 & 3 \\ 1 & 1 & 1 & 4 \end{vmatrix} = \begin{vmatrix} 1 & 1 & 1 & 1 \\ 0 & 1 & 1 & 1 \\ 0 & 0 & 2 & 2 \\ 0 & 0 & 0 & 3 \end{vmatrix} = 1 \cdot 1 \cdot 2 \cdot 3 = 6$$

(3) 第 1 行と第 4 行 を入れ換えると，

$$\begin{vmatrix} 0 & 0 & 0 & 1 \\ 0 & 0 & 1 & 0 \\ 0 & 1 & 0 & 0 \\ 1 & 0 & 0 & 0 \end{vmatrix} = -\begin{vmatrix} 1 & 0 & 0 & 0 \\ 0 & 0 & 1 & 0 \\ 0 & 1 & 0 & 0 \\ 0 & 0 & 0 & 1 \end{vmatrix} \quad \text{（第 2 行と第 3 行を入れ換える）}$$

$$= (-1)(-1)\begin{vmatrix} 1 & 0 & 0 & 0 \\ 0 & 1 & 0 & 0 \\ 0 & 0 & 1 & 0 \\ 0 & 0 & 0 & 1 \end{vmatrix} = 1$$

(4) 第 2 行から第 1 行の 2 倍を引き，第 3 行から第 1 行の 3 倍を引き，第 4 行から第 1 行の 4 倍を引くと，

$$\begin{vmatrix} 1 & 2 & 3 & 4 \\ 2 & 3 & 4 & 5 \\ 3 & 4 & 5 & 6 \\ 4 & 5 & 6 & 7 \end{vmatrix} = \begin{vmatrix} 1 & 2 & 3 & 4 \\ 0 & -1 & -2 & -3 \\ 0 & -2 & -4 & -6 \\ 0 & -3 & -6 & -9 \end{vmatrix}$$

（2 行から -1 を, 3 行から -2 を, 4 行から -3 を出す）

$$= (-1)(-2)(-3)\begin{vmatrix} 1 & 2 & 3 & 4 \\ 0 & 1 & 2 & 3 \\ 0 & 1 & 2 & 3 \\ 0 & 1 & 2 & 3 \end{vmatrix} = 0$$

（2 行と 3 行, 4 行が一致する）

問題 3.6

$$\left| \begin{bmatrix} a_{11} & a_{12} \\ a_{21} & a_{22} \\ a_{31} & a_{32} \end{bmatrix} \begin{bmatrix} b_{11} & b_{12} & b_{13} \\ b_{21} & b_{22} & b_{23} \end{bmatrix} \right|$$

$$= \begin{vmatrix} a_{11}b_{11} + a_{12}b_{21} & a_{11}b_{12} + a_{12}b_{22} & a_{11}b_{13} + a_{12}b_{23} \\ a_{21}b_{11} + a_{22}b_{21} & a_{21}b_{12} + a_{22}b_{22} & a_{21}b_{13} + a_{22}b_{23} \\ a_{31}b_{11} + a_{32}b_{21} & a_{31}b_{12} + a_{32}b_{22} & a_{31}b_{13} + a_{32}b_{23} \end{vmatrix}$$

（行列式の線形性から 8 個の和に分解する）

$$= \sum_{i_1, i_2, i_3 = 1}^{2} \begin{vmatrix} a_{1i_1}b_{i_1 1} & a_{1i_2}b_{i_2 2} & a_{1i_3}b_{i_3 3} \\ a_{2i_1}b_{i_1 1} & a_{2i_2}b_{i_2 2} & a_{2i_3}b_{i_3 3} \\ a_{3i_1}b_{i_1 1} & a_{3i_2}b_{i_2 2} & a_{3i_3}b_{i_3 3} \end{vmatrix}$$

（1 列から $b_{i_1 1}$ を，2 列から $b_{i_2 2}$ を，3 列から $b_{i_3 3}$ を出すと）

$$= \sum_{i_1,i_2,i_3=1}^{2} b_{i_1 1}b_{i_2 2}b_{i_3 3} \begin{vmatrix} a_{1i_1} & a_{1i_2} & a_{1i_3} \\ a_{2i_1} & a_{2i_2} & a_{2i_3} \\ a_{3i_1} & a_{3i_2} & a_{3i_3} \end{vmatrix}$$

i_1, i_2, i_3 は 1 または 2 だから，最後の行列式は，どれか 2 つの列が一致するので，その値はゼロである．したがって，

$$\left| \begin{bmatrix} a_{11} & a_{12} \\ a_{21} & a_{22} \\ a_{31} & a_{32} \end{bmatrix} \begin{bmatrix} b_{11} & b_{12} & b_{13} \\ b_{21} & b_{22} & b_{23} \end{bmatrix} \right| = 0$$

発展：(m,n) 行列 A と (n,m) 行列 B において，$m > n$ ならば，$|AB| = 0$ であることを示せ．

問題 3.7 (1)

$$\left| \begin{bmatrix} b_{11} & b_{12} & b_{13} \\ b_{21} & b_{22} & b_{23} \end{bmatrix} \begin{bmatrix} a_{11} & a_{12} \\ a_{21} & a_{22} \\ a_{31} & a_{32} \end{bmatrix} \right|$$

$$= \begin{vmatrix} b_{11}a_{11} + b_{12}a_{21} + b_{13}a_{31} & b_{11}a_{12} + b_{12}a_{22} + b_{13}a_{32} \\ b_{21}a_{11} + b_{22}a_{21} + b_{23}a_{31} & b_{21}a_{12} + b_{22}a_{22} + b_{23}a_{32} \end{vmatrix}$$

（これを 3×3 個の和に分解すると）

$$= \sum_{i_1,i_2=1}^{3} \begin{vmatrix} b_{1i_1}a_{i_1 1} & b_{1i_2}a_{i_2 2} \\ b_{2i_1}a_{i_1 1} & b_{2i_2}a_{i_2 2} \end{vmatrix}$$

（1 列から $a_{i_1 1}$ を，2 列から $a_{i_2 2}$ を出すと）

$$= \sum_{i_1,i_2=1}^{3} a_{i_1 1}a_{i_2 2} \begin{vmatrix} b_{1i_1} & b_{1i_2} \\ b_{2i_1} & b_{2i_2} \end{vmatrix} = (*)$$

ここで，$i_1 = i_2$ ならば，$\begin{vmatrix} b_{1i_1} & b_{1i_2} \\ b_{2i_1} & b_{2i_2} \end{vmatrix} = 0.$

また，$i_1 < i_2$ ならば，

$$a_{i_1 1}a_{i_2 2} \begin{vmatrix} b_{1i_1} & b_{1i_2} \\ b_{2i_1} & b_{2i_2} \end{vmatrix} + a_{i_2 1}a_{i_1 2} \begin{vmatrix} b_{1i_2} & b_{1i_1} \\ b_{2i_2} & b_{2i_1} \end{vmatrix}$$

（1 列と 2 列を入れ換える）

$$= (a_{i_1 1}a_{i_2 2} - a_{i_2 1}a_{i_1 2}) \begin{vmatrix} b_{1i_1} & b_{1i_2} \\ b_{2i_1} & b_{2i_2} \end{vmatrix}$$

$$= \begin{vmatrix} a_{i_1 1} & a_{i_1 2} \\ a_{i_2 1} & a_{i_2 2} \end{vmatrix} \begin{vmatrix} b_{1i_1} & b_{1i_2} \\ b_{2i_1} & b_{2i_2} \end{vmatrix}$$

したがって，

$$(*) = \sum_{1 \leqq i_1 < i_2 \leqq 3} \begin{vmatrix} a_{i_1 1} & a_{i_1 2} \\ a_{i_2 1} & a_{i_2 2} \end{vmatrix} \begin{vmatrix} b_{1 i_1} & b_{1 i_2} \\ b_{2 i_1} & b_{2 i_2} \end{vmatrix} = \text{右辺}$$

(2) (1) の結果より

$$\left| \begin{bmatrix} x_1 & x_2 & x_3 \\ y_1 & y_2 & y_3 \end{bmatrix} \begin{bmatrix} x_1 & y_1 \\ x_2 & y_2 \\ x_3 & y_3 \end{bmatrix} \right| = \begin{vmatrix} x_1 & x_2 \\ y_1 & y_2 \end{vmatrix}^2 + \begin{vmatrix} x_2 & x_3 \\ y_2 & y_3 \end{vmatrix}^2 + \begin{vmatrix} x_3 & x_1 \\ y_3 & y_1 \end{vmatrix}^2 \geqq 0$$

また,

$$\left| \begin{bmatrix} x_1 & x_2 & x_3 \\ y_1 & y_2 & y_3 \end{bmatrix} \begin{bmatrix} x_1 & y_1 \\ x_2 & y_2 \\ x_3 & y_3 \end{bmatrix} \right| = \begin{vmatrix} {x_1}^2 + {x_2}^2 + {x_3}^2 & x_1 y_1 + x_2 y_2 + x_3 y_3 \\ y_1 x_1 + y_2 x_2 + y_3 x_3 & {y_1}^2 + {y_2}^2 + {y_3}^2 \end{vmatrix}$$

$$= ({x_1}^2 + {x_2}^2 + {x_3}^2)({y_1}^2 + {y_2}^2 + {y_3}^2) - (x_1 y_1 + x_2 y_2 + x_3 y_3)^2$$

したがって,

$$(x_1 y_1 + x_2 y_2 + x_3 y_3)^2 \leqq ({x_1}^2 + {x_2}^2 + {x_3}^2)({y_1}^2 + {y_2}^2 + {y_3}^2)$$

問題 3.8 (1) 2 行, 3 行から 1 行を引くと,

$$\begin{vmatrix} 1 & a & a^3 \\ 1 & b & b^3 \\ 1 & c & c^3 \end{vmatrix} = \begin{vmatrix} 1 & a & a^3 \\ 0 & b-a & b^3 - a^3 \\ 0 & c-a & c^3 - a^3 \end{vmatrix}$$

$$= \begin{vmatrix} (b-a) & (b-a)(b^2 + ab + a^2) \\ (c-a) & (c-a)(c^2 + ca + a^2) \end{vmatrix}$$

(1 行, 2 行の共通因子を行列式の外に出す)

$$= (b-a)(c-a) \begin{vmatrix} 1 & a^2 + ab + b^2 \\ 1 & a^2 + ac + c^2 \end{vmatrix}$$

$$= (b-a)(c-a)\{(a^2 + ac + c^2) - (a^2 + ab + b^2)\}$$

$$= (a-b)(b-c)(c-a)(a+b+c)$$

(2) 2 行, 3 行から 1 行を引くと,

$$\begin{vmatrix} 1 & a+b & ab \\ 1 & b+c & bc \\ 1 & c+a & ca \end{vmatrix} = \begin{vmatrix} 1 & a+b & ab \\ 0 & c-a & bc-ab \\ 0 & c-b & ca-ab \end{vmatrix}$$

$$= \begin{vmatrix} (c-a) & b(c-a) \\ (c-b) & a(c-b) \end{vmatrix}$$

(1 行, 2 行の共通因子を行列式の外に出す)

$$= (c-a)(c-b) \begin{vmatrix} 1 & b \\ 1 & a \end{vmatrix}$$

$$= (c-a)(c-b)(a-b) = -(a-b)(b-c)(c-a)$$

(3) 2 行，3 行を 1 行に加えると，

$$\begin{vmatrix} (b+c)^2 & ab & ca \\ ab & (c+a)^2 & bc \\ ca & bc & (a+b)^2 \end{vmatrix}$$

$$= \begin{vmatrix} (b+c)^2+a(b+c) & b(a+c)+(c+a)^2 & c(a+b)+(a+b)^2 \\ ab & (c+a)^2 & bc \\ ca & bc & (a+b)^2 \end{vmatrix}$$

（1 行から $(a+b+c)$ を出す）

$$= (a+b+c)\begin{vmatrix} b+c & a+c & a+b \\ ab & (c+a)^2 & bc \\ ca & bc & (a+b)^2 \end{vmatrix}$$

（2 行から 1 行の $(c+a)$ 倍を引き，3 行から 1 行の $(a+b)$ 倍を引く）

$$= (a+b+c)\begin{vmatrix} b+c & a+c & a+b \\ ab-(b+c)(c+a) & 0 & bc-(a+b)(c+a) \\ ca-(b+c)(a+b) & bc-(a+c)(a+b) & 0 \end{vmatrix}$$

$$= (a+b+c)\begin{vmatrix} b+c & a+c & a+b \\ -c(a+b+c) & 0 & -a(a+b+c) \\ -b(a+b+c) & -a(a+b+c) & 0 \end{vmatrix}$$

（2 行，3 行から $(a+b+c)$ を出す）

$$= (a+b+c)^3\begin{vmatrix} b+c & a+c & a+b \\ -c & 0 & -a \\ -b & -a & 0 \end{vmatrix}$$

$$= (a+b+c)^3\{ac(a+b)+ab(a+c)-a^2(b+c)\} = 2abc(a+b+c)^3$$

(4) 1 行を bc でわり，2 行を ca でわり，3 行を ab でわると，

$$\begin{vmatrix} (b+c)^2 & c^2 & b^2 \\ c^2 & (c+a)^2 & a^2 \\ b^2 & a^2 & (a+b)^2 \end{vmatrix}$$

$$= (bc)(ca)(ab)\begin{vmatrix} \frac{1}{bc}(b+c)^2 & \frac{c}{b} & \frac{b}{c} \\ \frac{c}{a} & \frac{1}{ca}(c+a)^2 & \frac{a}{c} \\ \frac{b}{a} & \frac{a}{b} & \frac{1}{ab}(a+b)^2 \end{vmatrix}$$

（1 列を bc でわり，2 列を ca でわり，3 列を ab でわる）

第3章

$$= (bc)^2(ca)^2(ab)^2 \begin{vmatrix} \frac{1}{(bc)^2}(b+c)^2 & \frac{1}{ab} & \frac{1}{ca} \\ \frac{1}{ab} & \frac{1}{(ca)^2}(c+a)^2 & \frac{1}{bc} \\ \frac{1}{ca} & \frac{1}{bc} & \frac{1}{(ab)^2}(a+b)^2 \end{vmatrix}$$

$(a' = \frac{1}{a}, b' = \frac{1}{b}, c' = \frac{1}{c}$ とおく)

$$= (bc)^2(ca)^2(ab)^2 \begin{vmatrix} (b'+c')^2 & a'b' & c'a' \\ a'b' & (c'+a')^2 & b'c' \\ c'a' & b'c' & (a'+b')^2 \end{vmatrix}$$

(前問を利用)

$$= (bc)^2(ca)^2(ab)^2 2a'b'c'(a'+b'+c')^3 = 2(ab+bc+ca)^3$$

問題 3.9 (1) 2 行，3 行，4 行から 1 行を引くと，

$$\begin{vmatrix} a & b & b & b \\ a & a & b & b \\ a & a & a & b \\ a & a & a & a \end{vmatrix} = \begin{vmatrix} a & b & b & b \\ 0 & a-b & 0 & 0 \\ 0 & a-b & a-b & 0 \\ 0 & a-b & a-b & a-b \end{vmatrix}$$

$$= a \begin{vmatrix} a-b & 0 & 0 \\ a-b & a-b & 0 \\ a-b & a-b & a-b \end{vmatrix} = a(a-b)^3$$

(2)

$$\begin{vmatrix} 1 & a & a^2 & a^3 \\ 1 & b & b^2 & b^3 \\ 1 & c & c^2 & c^3 \\ 1 & d & d^2 & d^3 \end{vmatrix} = \begin{vmatrix} 1 & a & a^2 & a^3 \\ 0 & b-a & b^2-a^2 & b^3-a^3 \\ 0 & c-a & c^2-a^2 & c^3-a^3 \\ 0 & d-a & d^2-a^2 & d^3-a^3 \end{vmatrix}$$

(2 行, 3 行, 4 行から 1 行を引く)

$$= \begin{vmatrix} b-a & (b-a)(b+a) & (b-a)(b^2+ba+a^2) \\ c-a & (c-a)(c+a) & (c-a)(c^2+ca+a^2) \\ d-a & (d-a)(d+a) & (d-a)(d^2+da+a^2) \end{vmatrix}$$

(1 行, 2 行, 3 行の共通因子を行列式の外に出す)

$$= (b-a)(c-a)(d-a) \begin{vmatrix} 1 & (b+a) & (b^2+ba+a^2) \\ 1 & (c+a) & (c^2+ca+a^2) \\ 1 & (d+a) & (d^2+da+a^2) \end{vmatrix}$$

(2 行 − 1 行, 3 行 − 1 行)

$$= (b-a)(c-a)(d-a) \begin{vmatrix} 1 & b+a & b^2+ba+a^2 \\ 0 & c-b & (c-b)(c+b+a) \\ 0 & d-b & (d-b)(d+b+a) \end{vmatrix}$$

第3章

$$
\begin{aligned}
&= (b-a)(c-a)(d-a)(c-b)(d-b)\begin{vmatrix} 1 & c+b+a \\ 1 & d+b+a \end{vmatrix} \\
&= (b-a)(c-a)(d-a)(c-b)(d-b)(d-c) \\
&= (a-b)(a-c)(a-d)(b-c)(b-d)(c-d)
\end{aligned}
$$

問題 3.10 (1) 2 列，3 列，...，n 列を 1 列に加えると，

$$
\begin{vmatrix}
a & b & \cdots & \cdots & b \\
b & a & b & & \vdots \\
\vdots & \ddots & \ddots & \ddots & \vdots \\
\vdots & & \ddots & \ddots & b \\
b & \cdots & \cdots & b & a
\end{vmatrix}
=
\begin{vmatrix}
a+(n-1)b & b & \cdots & \cdots & b \\
a+(n-1)b & a & b & & \vdots \\
a+(n-1)b & b & \ddots & \ddots & \vdots \\
\vdots & \vdots & \ddots & \ddots & b \\
a+(n-1)b & b & \cdots & b & a
\end{vmatrix}
$$

$$
= \{a+(n-1)b\}
\begin{vmatrix}
1 & b & \cdots & \cdots & b \\
1 & a & b & & \vdots \\
1 & b & \ddots & \ddots & \vdots \\
\vdots & \vdots & \ddots & \ddots & b \\
1 & b & \cdots & b & a
\end{vmatrix}
$$

（2 行, 3 行, $\cdots$, n 行から 1 行を引く）

$$
= \{a+(n-1)b\}
\begin{vmatrix}
1 & b & \cdots & \cdots & b \\
0 & a-b & 0 & \cdots & 0 \\
0 & 0 & \ddots & \ddots & \vdots \\
\vdots & \vdots & \ddots & \ddots & 0 \\
0 & 0 & \cdots & 0 & a-b
\end{vmatrix}
$$

$$
= \{a+(n-1)b\}(a-b)^{n-1}
$$

(2) 1 列を 2 つの列ベクトルの和と考えて，

$$
\begin{vmatrix}
1+a_1 & 1 & \cdots & \cdots & 1 \\
1 & 1+a_2 & 1 & \cdots & 1 \\
1 & 1 & \ddots & \ddots & \vdots \\
\vdots & \vdots & \ddots & \ddots & 1 \\
1 & 1 & \cdots & 1 & 1+a_n
\end{vmatrix}
$$

$$
= \begin{vmatrix} 1 & 1 & \cdots & \cdots & 1 \\ 1 & 1+a_2 & 1 & \cdots & 1 \\ 1 & 1 & \ddots & \ddots & \vdots \\ \vdots & \vdots & \ddots & \ddots & 1 \\ 1 & 1 & \cdots & 1 & 1+a_n \end{vmatrix} + \begin{vmatrix} a_1 & 1 & \cdots & \cdots & 1 \\ 0 & 1+a_2 & 1 & \cdots & 1 \\ 0 & 1 & \ddots & \ddots & \vdots \\ \vdots & \vdots & \ddots & \ddots & 1 \\ 0 & 1 & \cdots & 1 & 1+a_n \end{vmatrix}
$$

(2 行, 3 行, $\cdots$, n 行から 1 行を引く)

$$
= \begin{vmatrix} 1 & 1 & \cdots & \cdots & 1 \\ 0 & a_2 & 0 & \cdots & 0 \\ 0 & 0 & \ddots & \ddots & \vdots \\ \vdots & \vdots & \ddots & \ddots & 0 \\ 0 & 0 & \cdots & 0 & a_n \end{vmatrix} + a_1 \begin{vmatrix} 1+a_2 & 1 & \cdots & \cdots & 1 \\ 1 & 1+a_3 & 1 & \cdots & 1 \\ 1 & 1 & \ddots & \ddots & \vdots \\ \vdots & \vdots & \ddots & \ddots & 1 \\ 1 & 1 & \cdots & 1 & 1+a_n \end{vmatrix}
$$

$$
= a_2 \cdots a_n + a_1 \begin{vmatrix} 1+a_2 & 1 & \cdots & \cdots & 1 \\ 1 & 1+a_3 & 1 & \cdots & 1 \\ 1 & 1 & \ddots & \ddots & \vdots \\ \vdots & \vdots & \ddots & \ddots & 1 \\ 1 & 1 & \cdots & 1 & 1+a_n \end{vmatrix}
$$

求める行列式を $D(a_1, \cdots, a_n)$ とおく．上の操作を繰り返して（または，数学的帰納法を利用して）

$$
\begin{aligned}
D(a_1, \cdots, a_n) &= a_2 \cdots a_n + a_1 D(a_2, \cdots, a_n) \\
&= a_2 \cdots a_n + a_1 \{a_3 \cdots a_n + a_2 D(a_3, \cdots, a_n)\} \\
&= a_2 \cdots a_n + a_1 a_3 \cdots a_n + a_1 a_2 D(a_3, \cdots, a_n) \\
&\ \vdots \\
&= a_2 \cdots a_n + a_1 a_3 \cdots a_n + \cdots + a_1 \cdots a_{n-2} a_n + a_1 \cdots a_{n-1} D(a_n) \\
&= a_2 \cdots a_n + a_1 a_3 \cdots a_n + \cdots + a_1 \cdots a_{n-2} a_n + a_1 \cdots a_{n-1} (1 + a_n) \\
&= a_1 \cdots a_n \left(1 + \frac{1}{a_1} + \cdots + \frac{1}{a_n}\right)
\end{aligned}
$$

問題 3.11 (1)
$$
\begin{vmatrix} a+b & a & b \\ b & b+c & c \\ a & c & a+c \end{vmatrix} = \begin{vmatrix} a & b & 0 \\ b & 0 & c \\ 0 & a & c \end{vmatrix} \begin{vmatrix} 1 & 1 & 0 \\ 1 & 0 & 1 \\ 0 & 1 & 1 \end{vmatrix}
$$
$$
= (-b^2 c - a^2 c)(-1-1) = 2c(a^2 + b^2)
$$

(2) $\left|\begin{bmatrix} a & b & c \\ c & a & b \\ b & c & a \end{bmatrix}\begin{bmatrix} 1 & 1 & 1 \\ 1 & \omega & \omega^2 \\ 1 & \omega^2 & \omega \end{bmatrix}\right|$

$$= \begin{vmatrix} a+b+c & a+b\omega+c\omega^2 & a+b\omega^2+c\omega \\ c+a+b & c+a\omega+b\omega^2 & c+a\omega^2+b\omega \\ b+c+a & b+c\omega+a\omega^2 & b+c\omega^2+a\omega \end{vmatrix}$$

（1 列から $a+b+c$ を，2 列から $a+b\omega+c\omega^2$ を，3 列から $a+b\omega^2+c\omega$ を出す）

$$= (a+b+c)(a+b\omega+c\omega^2)(a+b\omega^2+c\omega)\begin{vmatrix} 1 & 1 & 1 \\ 1 & \omega & \omega^2 \\ 1 & \omega^2 & \omega \end{vmatrix}$$

よって，

$$\begin{vmatrix} a & b & c \\ c & a & b \\ b & c & a \end{vmatrix}\begin{vmatrix} 1 & 1 & 1 \\ 1 & \omega & \omega^2 \\ 1 & \omega^2 & \omega \end{vmatrix} = (a+b+c)(a+b\omega+c\omega^2)(a+b\omega^2+c\omega)\begin{vmatrix} 1 & 1 & 1 \\ 1 & \omega & \omega^2 \\ 1 & \omega^2 & \omega \end{vmatrix}$$

ここで，

$$\begin{vmatrix} 1 & 1 & 1 \\ 1 & \omega & \omega^2 \\ 1 & \omega^2 & \omega \end{vmatrix} = \begin{vmatrix} 1 & 1 & 1 \\ 0 & \omega-1 & \omega^2-1 \\ 0 & \omega^2-1 & \omega-1 \end{vmatrix} = \begin{vmatrix} \omega-1 & (\omega-1)(\omega+1) \\ (\omega-1)(\omega+1) & \omega-1 \end{vmatrix}$$

$$= (\omega-1)^2\begin{vmatrix} 1 & \omega+1 \\ \omega+1 & 1 \end{vmatrix} = (\omega-1)^2\{1-(\omega+1)^2\}$$

$$= (\omega-1)^2(1-\omega) \neq 0 \qquad \left(\omega = \frac{-1\pm\sqrt{3}i}{2}\right)$$

だから，

$$\begin{vmatrix} a & b & c \\ c & a & b \\ b & c & a \end{vmatrix} = (a+b+c)(a+b\omega+c\omega^2)(a+b\omega^2+c\omega)$$

(3) $\begin{vmatrix} a & b & c & d \\ b & a & d & c \\ c & d & a & b \\ d & c & b & a \end{vmatrix}\begin{vmatrix} 1 & 1 & 1 & 1 \\ 1 & 1 & -1 & -1 \\ 1 & -1 & -1 & 1 \\ 1 & -1 & 1 & -1 \end{vmatrix}$

$$= \left|\begin{bmatrix} a & b & c & d \\ b & a & d & c \\ c & d & a & b \\ d & c & b & a \end{bmatrix}\begin{bmatrix} 1 & 1 & 1 & 1 \\ 1 & 1 & -1 & -1 \\ 1 & -1 & -1 & 1 \\ 1 & -1 & 1 & -1 \end{bmatrix}\right|$$

$$= \begin{vmatrix} a+b+c+d & a+b-c-d & a-b-c+d & a-b+c-d \\ b+a+d+c & b+a-d-c & b-a-d+c & b-a+d-c \\ c+d+a+b & c+d-a-b & c-d-a+b & c-d+a-b \\ d+c+b+a & d+c-b-a & d-c-b+a & d-c+b-a \end{vmatrix}$$

（各列から共通因子を出す）

$$= (a+b+c+d)(a+b-c-d)(a+d-b-c)(a+c-b-d) \begin{vmatrix} 1 & 1 & 1 & 1 \\ 1 & 1 & -1 & -1 \\ 1 & -1 & -1 & 1 \\ 1 & -1 & 1 & -1 \end{vmatrix}$$

ここで，

$$\begin{vmatrix} 1 & 1 & 1 & 1 \\ 1 & 1 & -1 & -1 \\ 1 & -1 & -1 & 1 \\ 1 & -1 & 1 & -1 \end{vmatrix} = \begin{vmatrix} 1 & 1 & 1 & 1 \\ 0 & 0 & -2 & -2 \\ 0 & -2 & -2 & 0 \\ 0 & -2 & 0 & -2 \end{vmatrix} = \begin{vmatrix} 0 & -2 & -2 \\ -2 & -2 & 0 \\ -2 & 0 & -2 \end{vmatrix} = 16 \neq 0$$

したがって，

$$\begin{vmatrix} a & b & c & d \\ b & a & d & c \\ c & d & a & b \\ d & c & b & a \end{vmatrix} = (a+b+c+d)(a+b-c-d)(a-b-c+d)(a-b+c-d)$$

問題 3.12 (1) $${}^tAA = \begin{bmatrix} a & -b & -c & -d \\ b & a & d & -c \\ c & -d & a & b \\ d & c & -b & a \end{bmatrix} \begin{bmatrix} a & b & c & d \\ -b & a & -d & c \\ -c & d & a & -b \\ -d & -c & b & a \end{bmatrix}$$

$$= \begin{bmatrix} a^2+b^2+c^2+d^2 & 0 & 0 & 0 \\ 0 & a^2+b^2+c^2+d^2 & 0 & 0 \\ 0 & 0 & a^2+b^2+c^2+d^2 & 0 \\ 0 & 0 & 0 & a^2+b^2+c^2+d^2 \end{bmatrix}$$

$= (a^2+b^2+c^2+d^2)E$

(2) (1) から $|{}^tAA| = (a^2+b^2+c^2+d^2)^4$．一方，$|{}^tAA| = |{}^tA||A| = |A|^2$ だから，

$$|A| = \pm(a^2+b^2+c^2+d^2)^2$$

ここで，$|A|$ において a^4 の係数は $+$ だから，

$$|A| = (a^2+b^2+c^2+d^2)^2$$

問題 3.13 (1) $(n+1)$ 行を 1 行に加え，$(n+2)$ 行を 2 行に加え，$\cdots$，$2n$ 行を n 行に加えると

$$\begin{vmatrix} A & B \\ B & A \end{vmatrix} = \begin{vmatrix} A+B & B+A \\ B & A \end{vmatrix} = (*)$$

第3章

$(n+1)$ 列から 1 列を引く，$(n+2)$ 列から 2 列を引く，$\cdots$，$2n$ 列から n 列を引くと，

$$(*) = \begin{vmatrix} A+B & O \\ B & A-B \end{vmatrix}$$

例題 3.11 を適用すれば，

$$(*) = \begin{vmatrix} A+B & O \\ B & A-B \end{vmatrix} = |A+B|\,|A-B|$$

(2) $(n+1)$ 行の i 倍を 1 行に加え，$(n+2)$ 行の i 倍を 2 行に加え，$\cdots$，$2n$ 行の i 倍を n 行に加えると

$$\begin{vmatrix} A & -B \\ B & A \end{vmatrix} = \begin{vmatrix} A+iB & -B+iA \\ B & A \end{vmatrix} = (*)$$

$(n+1)$ 列から 1 列の i 倍を引く，$(n+2)$ 列から 2 列の i 倍を引く，$\cdots$ ，$2n$ 列から n 列の i 倍を引くと，

$$(*) = \begin{vmatrix} A+iB & O \\ B & A-iB \end{vmatrix}$$

例題 3.11 を適用すれば，

$$(*) = \begin{vmatrix} A+iB & O \\ B & A-iB \end{vmatrix} = |A+iB|\,|A-iB|$$

(3) $A = \begin{bmatrix} a & -b \\ b & a \end{bmatrix}$, $B = \begin{bmatrix} c & d \\ d & -c \end{bmatrix}$ とすると，

$$\begin{vmatrix} a & -b & -c & -d \\ b & a & -d & c \\ c & d & a & -b \\ d & -c & b & a \end{vmatrix} = \begin{vmatrix} A & -B \\ B & A \end{vmatrix} = |A+iB||A-iB|$$

ところで，

$$\begin{aligned} \alpha &= |A-iB| = \begin{vmatrix} a-ic & -b-id \\ b-id & a+ic \end{vmatrix} \\ &= (a-ic)(a+ic) - (-b-id)(b-id) = a^2+c^2+b^2+d^2 \end{aligned}$$

さらに，$|A+iB| = \overline{|A-iB|} = \overline{\alpha}$；ここに，$\overline{z}$ は複素数 z の共役複素数を表す．したがって，

$$\begin{vmatrix} A & -B \\ B & A \end{vmatrix} = |A+iB||A-iB| = |\alpha|^2 = (a^2+c^2+b^2+d^2)^2$$

問題 3.14 例題 3.11 を適用すれば，

$$\left|\begin{array}{c:ccc} A_1 & & & O \\ \hdashline & A_2 & & \\ & & \ddots & \\ O & & & A_p \end{array}\right| = |A_1| \begin{vmatrix} A_2 & & O \\ & \ddots & \\ O & & A_p \end{vmatrix}$$

これを繰り返せば，求める等式を得る．

問題 3.15 例題 3.12 を適用すれば，

$$\begin{vmatrix} f_1 & f_2 & f_3 \\ f_1' & f_2' & f_3' \\ f_1'' & f_2'' & f_3'' \end{vmatrix}' = \begin{vmatrix} f_1' & f_2' & f_3' \\ f_1' & f_2' & f_3' \\ f_1'' & f_2'' & f_3'' \end{vmatrix} + \begin{vmatrix} f_1 & f_2 & f_3 \\ f_1'' & f_2'' & f_3'' \\ f_1'' & f_2'' & f_3'' \end{vmatrix} + \begin{vmatrix} f_1 & f_2 & f_3 \\ f_1' & f_2' & f_3' \\ f_1''' & f_2''' & f_3''' \end{vmatrix}$$

（2 つの行が一致すると行列式 $= 0$）

$$= \begin{vmatrix} f_1 & f_2 & f_3 \\ f_1' & f_2' & f_3' \\ f_1''' & f_2''' & f_3''' \end{vmatrix}$$

問題 3.16 例題 3.13 において，

$$\begin{vmatrix} f'(c) & g'(c) & 0 \\ f(a) & g(a) & 1 \\ f(b) & g(b) & 1 \end{vmatrix} = 0$$

2 行から 3 行を引くと，

$$\begin{vmatrix} f'(c) & g'(c) & 0 \\ f(a)-f(b) & g(a)-g(b) & 0 \\ f(b) & g(b) & 1 \end{vmatrix} = \begin{vmatrix} f'(c) & g'(c) \\ f(a)-f(b) & g(a)-g(b) \end{vmatrix}$$
$$= f'(c)\{g(a)-g(b)\} - g'(c)\{f(a)-f(b)\}$$

したがって，

$$f'(c)\{g(a)-g(b)\} - g'(c)\{f(a)-f(b)\} = 0$$

から，求める等式を得る．

問題 3.17 $\begin{vmatrix} 1 & 1 & 2 \\ 1 & 2 & 1 \\ 2 & 1 & 1 \end{vmatrix} = \begin{vmatrix} 1 & 1 & 2 \\ 0 & 1 & -1 \\ 0 & -1 & -3 \end{vmatrix} = \begin{vmatrix} 1 & 1 & 2 \\ 0 & 1 & -1 \\ 0 & 0 & -4 \end{vmatrix} = -4 \neq 0$ だから，クラメルの公式から，

$$x_1 = \frac{1}{-4}\begin{vmatrix} 7 & 1 & 2 \\ 8 & 2 & 1 \\ 9 & 1 & 1 \end{vmatrix} = \frac{1}{-4}\begin{vmatrix} -11 & -1 & 0 \\ -1 & 1 & 0 \\ 9 & 1 & 1 \end{vmatrix} = \frac{1}{-4}\begin{vmatrix} -12 & 0 & 0 \\ -1 & 1 & 0 \\ 9 & 1 & 1 \end{vmatrix} = \frac{-12}{-4} = 3$$

$$x_2 = \frac{1}{-4}\begin{vmatrix} 1 & 7 & 2 \\ 1 & 8 & 1 \\ 2 & 9 & 1 \end{vmatrix} = \frac{1}{-4}\begin{vmatrix} 1 & 7 & 2 \\ 0 & 1 & -1 \\ 0 & -5 & -3 \end{vmatrix} = \frac{-3-5}{-4} = 2$$

$$x_3 = \frac{1}{-4}\begin{vmatrix} 1 & 1 & 7 \\ 1 & 2 & 8 \\ 2 & 1 & 9 \end{vmatrix} = \frac{1}{-4}\begin{vmatrix} 1 & 1 & 7 \\ 0 & 1 & 1 \\ 0 & -1 & -5 \end{vmatrix} = \frac{1}{-4}\begin{vmatrix} 1 & 1 & 7 \\ 0 & 1 & 1 \\ 0 & 0 & -4 \end{vmatrix} = \frac{-4}{-4} = 1$$

問題 3.18 連立 1 次方程式

$$\begin{cases} a{x_1}^2 & + & bx_1 & + & c & = & y_1 \\ a{x_2}^2 & + & bx_2 & + & c & = & y_2 \\ a{x_3}^2 & + & bx_3 & + & c & = & y_3 \end{cases} \qquad (*)$$

を考えると,

$$D = \begin{vmatrix} {x_1}^2 & x_1 & 1 \\ {x_2}^2 & x_2 & 1 \\ {x_3}^2 & x_3 & 1 \end{vmatrix} = (x_1 - x_2)(x_2 - x_3)(x_3 - x_2) \neq 0$$

だから, $(*)$ は解 $\begin{bmatrix} a & b & c \end{bmatrix}$ をもち, $y = ax^2 + bx + c$ は点 (x_1, y_1), (x_2, y_2), (x_3, y_3) を通る. クラメルの公式から,

$$a = \frac{1}{D} \begin{vmatrix} y_1 & x_1 & 1 \\ y_2 & x_2 & 1 \\ y_3 & x_3 & 1 \end{vmatrix}$$

よって, $a \neq 0$ を示せばよい.

ここで,

$$\begin{vmatrix} x & y & 1 \\ x_2 & y_2 & 1 \\ x_3 & y_3 & 1 \end{vmatrix} = 0 \qquad (**)$$

は, x, y の一次式であるから, 直線を表す. この直線の式で, $(x, y) = (x_2, y_2)$ とすれば, 1 行と 2 行が一致するので, $(**)$ で定まる直線は, 点 (x_2, y_2) を通る. 同様に, 点 (x_3, y_3) も通る. したがって, 仮定から, この直線 $(**)$ は 点 (x_1, y_1) を通らない. すなわち,

$$\begin{vmatrix} x_1 & y_1 & 1 \\ x_2 & y_2 & 1 \\ x_3 & y_3 & 1 \end{vmatrix} \neq 0$$

これより, $a \neq 0$ となり, $y = ax^2 + bx + c$ は放物線を表す.

問題 3.19 第 $(n+1)$ 列で展開すると,

$$\begin{vmatrix} a_{11} & a_{12} & \cdots & a_{1n} & x_1 \\ a_{21} & a_{22} & \cdots & a_{2n} & x_2 \\ & \cdots & \cdots & & \\ a_{n1} & a_{n2} & \cdots & a_{nn} & x_n \\ y_1 & y_2 & \cdots & y_n & 0 \end{vmatrix}$$

$$= \sum_{i=1}^{n}(-1)^{(n+1)+i}x_i \begin{vmatrix} a_{11} & \cdots & a_{1j} & \cdots & a_{1n} \\ a_{21} & \cdots & a_{2j} & \cdots & a_{2n} \\ & \cdots & \cdots & \cdots & \\ a_{i1} & \cdots & a_{ij} & \cdots & a_{in} \\ & \cdots & \cdots & \cdots & \\ a_{n1} & \cdots & a_{nj} & \cdots & a_{nn} \\ y_1 & \cdots & y_j & \cdots & y_n \end{vmatrix} = (*)$$

消去

次に，第 n 行で展開すれば，

消去

$$(*) = \sum_{i=1}^{n}(-1)^{(n+1)+i}x_i \left(\sum_{j=1}^{n}(-1)^{n+j}y_j \begin{vmatrix} a_{11} & \cdots & a_{1j} & \cdots & a_{1n} \\ a_{21} & \cdots & a_{2j} & \cdots & a_{2n} \\ & \cdots & \cdots & \cdots & \\ a_{i1} & \cdots & a_{ij} & \cdots & a_{in} \\ & \cdots & \cdots & \cdots & \\ a_{n1} & \cdots & a_{nj} & \cdots & a_{nn} \end{vmatrix} \right)$$

$$= (-1)^{2n+1}\sum_{i=1}^{n}(-1)^{i}x_i \left(\sum_{j=1}^{n}(-1)^{j}y_j(-1)^{i+j}A_{ij} \right)$$

$$= (-1)^{2n+1}\sum_{i,j=1}^{n}A_{ij}x_i x_j$$

問題 3.20 (1) $A_{11} = (-1)^{1+1}4$, $A_{12} = (-1)^{1+2}3$, $A_{21} = (-1)^{2+1}2$, $A_{22} = (-1)^{2+2}1$ だから，

$$\tilde{A} = \begin{bmatrix} A_{11} & A_{21} \\ A_{12} & A_{22} \end{bmatrix} = \begin{bmatrix} 4 & -2 \\ -3 & 1 \end{bmatrix}$$

また，$|A| = 4 - 6 = -2$ だから，

$$A^{-1} = \frac{1}{|A|}\tilde{A} = -\frac{1}{2}\begin{bmatrix} 4 & -2 \\ -3 & 1 \end{bmatrix}$$

(2) $A_{11} = (-1)^{1+1}\begin{vmatrix} -1 & 1 \\ 1 & 1 \end{vmatrix} = -2,\quad A_{12} = (-1)^{1+2}\begin{vmatrix} 1 & 1 \\ -1 & 1 \end{vmatrix} = -2$

$A_{13} = (-1)^{1+3}\begin{vmatrix} 1 & -1 \\ -1 & 1 \end{vmatrix} = 0,\quad A_{21} = (-1)^{2+1}\begin{vmatrix} 1 & -1 \\ 1 & 1 \end{vmatrix} = -2$

$A_{22} = (-1)^{2+2}\begin{vmatrix} 1 & -1 \\ -1 & 1 \end{vmatrix} = 0,\quad A_{23} = (-1)^{2+3}\begin{vmatrix} 1 & 1 \\ -1 & 1 \end{vmatrix} = -2$

$A_{31} = (-1)^{3+1}\begin{vmatrix} 1 & -1 \\ -1 & 1 \end{vmatrix} = 0,\quad A_{32} = (-1)^{3+2}\begin{vmatrix} 1 & -1 \\ 1 & 1 \end{vmatrix} = -2$

$A_{33} = (-1)^{3+3}\begin{vmatrix} 1 & 1 \\ 1 & -1 \end{vmatrix} = -2$

したがって，

$$\tilde{A} = \begin{bmatrix} A_{11} & A_{21} & A_{31} \\ A_{12} & A_{22} & A_{32} \\ A_{13} & A_{23} & A_{33} \end{bmatrix} = \begin{bmatrix} -2 & -2 & 0 \\ -2 & 0 & -2 \\ 0 & -2 & -2 \end{bmatrix}$$

また，$|A| = -4$ だから，

$$A^{-1} = \frac{1}{|A|}\tilde{A} = \frac{1}{2}\begin{bmatrix} 1 & 1 & 0 \\ 1 & 0 & 1 \\ 0 & 1 & 1 \end{bmatrix}$$

(3) $A_{11} = (-1)^{1+1}\begin{vmatrix} 2 & 1 \\ 1 & -1 \end{vmatrix} = -3,\quad A_{12} = (-1)^{1+2}\begin{vmatrix} -1 & 1 \\ 2 & -1 \end{vmatrix} = 1$

$A_{13} = (-1)^{1+3}\begin{vmatrix} -1 & 2 \\ 2 & 1 \end{vmatrix} = -5,\quad A_{21} = (-1)^{2+1}\begin{vmatrix} -1 & 2 \\ 1 & -1 \end{vmatrix} = 1$

$A_{22} = (-1)^{2+2}\begin{vmatrix} 1 & 2 \\ 2 & -1 \end{vmatrix} = -5,\quad A_{23} = (-1)^{2+3}\begin{vmatrix} 1 & -1 \\ 2 & 1 \end{vmatrix} = -3$

$A_{31} = (-1)^{3+1}\begin{vmatrix} -1 & 2 \\ 2 & 1 \end{vmatrix} = -5,\quad A_{32} = (-1)^{3+2}\begin{vmatrix} 1 & 2 \\ -1 & 1 \end{vmatrix} = -3$

$A_{33} = (-1)^{3+3}\begin{vmatrix} 1 & -1 \\ -1 & 2 \end{vmatrix} = 1$

したがって，

$$\tilde{A} = \begin{bmatrix} A_{11} & A_{21} & A_{31} \\ A_{12} & A_{22} & A_{32} \\ A_{13} & A_{23} & A_{33} \end{bmatrix} = \begin{bmatrix} -3 & 1 & -5 \\ 1 & -5 & -3 \\ -5 & -3 & 1 \end{bmatrix}$$

また，$|A| = -14$ だから，

$$A^{-1} = \frac{1}{|A|}\tilde{A} = \frac{1}{14}\begin{bmatrix} 3 & -1 & 5 \\ -1 & 5 & 3 \\ 5 & 3 & -1 \end{bmatrix}$$

(4) $A_{11} = (-1)^{1+1}\begin{vmatrix} 0 & 1 & 0 \\ 0 & 0 & 1 \\ 0 & 1 & 1 \end{vmatrix} = 0,\quad A_{12} = (-1)^{1+2}\begin{vmatrix} 1 & 1 & 0 \\ 1 & 0 & 1 \\ 0 & 1 & 1 \end{vmatrix} = 2$

$A_{13} = (-1)^{1+3}\begin{vmatrix} 1 & 0 & 0 \\ 1 & 0 & 1 \\ 0 & 0 & 1 \end{vmatrix} = 0,\quad A_{14} = (-1)^{1+4}\begin{vmatrix} 1 & 0 & 1 \\ 1 & 0 & 0 \\ 0 & 0 & 1 \end{vmatrix} = 0$

$A_{21} = (-1)^{2+1}\begin{vmatrix} 1 & 0 & 0 \\ 0 & 0 & 1 \\ 0 & 1 & 1 \end{vmatrix} = 1,\quad A_{22} = (-1)^{2+2}\begin{vmatrix} 1 & 0 & 0 \\ 1 & 0 & 1 \\ 0 & 1 & 1 \end{vmatrix} = -1$

$$A_{23}=(-1)^{2+3}\begin{vmatrix}1&1&0\\1&0&1\\0&0&1\end{vmatrix}=1,\quad A_{24}=(-1)^{2+4}\begin{vmatrix}1&1&0\\1&0&0\\0&0&1\end{vmatrix}=-1$$

$$A_{31}=(-1)^{3+1}\begin{vmatrix}1&0&0\\0&1&0\\0&1&1\end{vmatrix}=1,\quad A_{32}=(-1)^{3+2}\begin{vmatrix}1&0&0\\1&1&0\\0&1&1\end{vmatrix}=-1$$

$$A_{33}=(-1)^{3+3}\begin{vmatrix}1&1&0\\1&0&0\\0&0&1\end{vmatrix}=-1,\quad A_{34}=(-1)^{3+4}\begin{vmatrix}1&1&0\\1&0&1\\0&0&1\end{vmatrix}=1$$

$$A_{41}=(-1)^{4+1}\begin{vmatrix}1&0&0\\0&1&0\\0&0&1\end{vmatrix}=-1,\quad A_{42}=(-1)^{4+2}\begin{vmatrix}1&0&0\\1&1&0\\1&0&1\end{vmatrix}=1$$

$$A_{43}=(-1)^{4+3}\begin{vmatrix}1&1&0\\1&0&0\\1&0&1\end{vmatrix}=1,\quad A_{44}=(-1)^{4+4}\begin{vmatrix}1&1&0\\1&0&1\\1&0&0\end{vmatrix}=1$$

したがって，

$$\tilde{A}=\begin{bmatrix}A_{11}&A_{21}&A_{31}&A_{41}\\A_{12}&A_{22}&A_{32}&A_{42}\\A_{13}&A_{23}&A_{33}&A_{43}\\A_{14}&A_{24}&A_{34}&A_{44}\end{bmatrix}=\begin{bmatrix}0&1&1&-1\\2&-1&-1&1\\0&1&-1&1\\0&-1&1&1\end{bmatrix}$$

また，$|A|=(-1)^{1+2}\begin{vmatrix}1&1&0\\1&0&1\\0&1&1\end{vmatrix}=2$ だから，

$$A^{-1}=\frac{1}{|A|}\tilde{A}=\frac{1}{2}\begin{bmatrix}0&1&1&-1\\2&-1&-1&1\\0&1&-1&1\\0&-1&1&1\end{bmatrix}$$

問題 3.21 (1) 3 次の行列式：$\begin{vmatrix}1&1&2\\1&1&3\\2&2&1\end{vmatrix}=\begin{vmatrix}1&1&2\\0&0&1\\0&0&-3\end{vmatrix}=0$

2 次の行列式 $\begin{vmatrix}1&2\\1&3\end{vmatrix}=1\neq 0$ だから，$\mathrm{rank}\begin{bmatrix}1&1&2\\1&1&3\\2&2&1\end{bmatrix}=2$

(2) 3 次の小行列式は，一般に，

$$\begin{vmatrix} a & b & c \\ a+p & b+p & c+p \\ a+q & b+q & c+q \end{vmatrix} \quad \text{(3 行から 1 行を引く, 2 行から 1 行を引く)}$$

$$= \begin{vmatrix} a & b & c \\ p & p & p \\ q & q & q \end{vmatrix} = pq \begin{vmatrix} a & b & c \\ 1 & 1 & 1 \\ 1 & 1 & 1 \end{vmatrix} = 0$$

となるので，3 次の小行列式はすべて零である．

4 次の小行列式は，行列式の展開によって（基本事項 3.21），3 次の行列式の一次結合であるから，4 次の小行列式もすべて零である．

2 次の行列式は $\begin{vmatrix} 1 & 2 \\ 2 & 3 \end{vmatrix} = -1 \neq 0$ だから，

$$\text{rank} \begin{bmatrix} 1 & 2 & 3 & 4 & 5 & 6 \\ 2 & 3 & 4 & 5 & 6 & 7 \\ 3 & 4 & 5 & 6 & 7 & 8 \\ 4 & 5 & 6 & 7 & 8 & 9 \end{bmatrix} = 2$$

第3章

問題 3.22 次の表のように基本変形を行う．

$\boldsymbol{a}_4$	$\boldsymbol{a}_1$	$\boldsymbol{a}_2$	$\boldsymbol{a}_3$	
1	a	1	1	①
1	1	a	1	②
1	1	1	a	③
1	a	1	1	④ = ①
0	$1-a$	$a-1$	0	⑤ = ② − ①
0	$1-a$	0	$a-1$	⑥ = ③ − ①

$a \neq 1$ ならば，

$\boldsymbol{a}_4$	$\boldsymbol{a}_1$	$\boldsymbol{a}_2$	$\boldsymbol{a}_3$	
1	a	1	1	⑦ = ④
0	1	−1	0	⑧ = ⑤ ÷ $(1-a)$
0	1	0	−1	⑨ = ⑥ ÷ $(1-a)$
1	0	$1+a$	1	⑩ = ⑦ − ⑧ × a
0	1	−1	0	⑪ = ⑧
0	0	1	−1	⑫ = ⑨ − ⑧
1	0	0	$2+a$	⑬ = ⑩ − ⑫ × $(1+a)$
0	1	0	−1	⑭ = ⑪ + ⑫
0	0	1	−1	⑮ = ⑫
$\boldsymbol{e}_1$	$\boldsymbol{e}_2$	$\boldsymbol{e}_3$		

したがって，$\boldsymbol{a}_4, \boldsymbol{a}_1, \boldsymbol{a}_2$ は一次独立で

$$\boldsymbol{a}_3 = (a+2)\boldsymbol{a}_4 - \boldsymbol{a}_1 - \boldsymbol{a}_2$$

だから，一次独立なベクトルの最大個数は 3 である．

$a = 1$ ならば，

$\boldsymbol{a}_4$	$\boldsymbol{a}_1$	$\boldsymbol{a}_2$	$\boldsymbol{a}_3$	
1	1	1	1	④
0	0	0	0	⑤
0	0	0	0	⑥
$\boldsymbol{e}_1$				

このとき，$\boldsymbol{a}_4 = \boldsymbol{a}_1 = \boldsymbol{a}_2 = \boldsymbol{a}_3$ だから，一次独立なベクトルの最大個数は 1 である．

第4章　$\boldsymbol{n}$ 次元ベクトル空間

問題 4.1　(1)　$\|\boldsymbol{a}\| = \sqrt{1^2 + (-1)^2 + 1^2} = \sqrt{3}$, $\|\boldsymbol{b}\| = \sqrt{1^2 + 2^2 + 2^2} = \sqrt{9} = 3$

$\boldsymbol{a} \cdot \boldsymbol{b} = 1 \cdot 1 + (-1) \cdot 2 + 1 \cdot 2 = 1$

(2)　$\cos\theta = \dfrac{\boldsymbol{a} \cdot \boldsymbol{b}}{\|\boldsymbol{a}\|\|\boldsymbol{b}\|} = \dfrac{1}{3\sqrt{3}}$

(3)　$\boldsymbol{x} = \alpha\boldsymbol{a} + \beta\boldsymbol{b}$ とすると，

$$2 = \alpha + \beta, \qquad 1 = -\alpha + 2\beta, \qquad t = \alpha + 2\beta$$

これより，$\alpha = 1, \beta = 1, t = 3$.

問題 4.2　(1)　$\|\boldsymbol{a}\| = \sqrt{1^2 + 1^2 + (-1)^2 + (-1)^2} = \sqrt{4} = 2$

$\|\boldsymbol{b}\| = \sqrt{2^2 + 2^2 + 0^2 + 1^2} = \sqrt{9} = 3$

$\boldsymbol{a} \cdot \boldsymbol{b} = 1 \cdot 2 + 1 \cdot 2 + (-1) \cdot 0 + (-1) \cdot 1 = 3$

(2)　$\cos\theta = \dfrac{\boldsymbol{a} \cdot \boldsymbol{b}}{\|\boldsymbol{a}\|\|\boldsymbol{b}\|} = \dfrac{3}{2 \cdot 3} = \dfrac{1}{2}$ から，$\theta = 60°$

(3)　$\boldsymbol{x} = \alpha\boldsymbol{a} + \beta\boldsymbol{b}$ とすると，

$$2 = \alpha + 2\beta, \qquad 2 = \alpha + 2\beta, \qquad t = -\alpha, \qquad 2t = -\alpha + \beta,$$

これより，$\alpha = -2, \beta = 2, t = 2$.

問題 4.3　(1)　$\|\boldsymbol{a} - \boldsymbol{b}\|^2 = (\boldsymbol{a} - \boldsymbol{b}) \cdot (\boldsymbol{a} - \boldsymbol{b}) = \boldsymbol{a} \cdot \boldsymbol{a} + \boldsymbol{b} \cdot \boldsymbol{b} - 2\boldsymbol{a} \cdot \boldsymbol{b}$

$= \|\boldsymbol{a}\|^2 + \|\boldsymbol{b}\|^2 - 2\|\boldsymbol{a}\|\|\boldsymbol{b}\| \cos\theta$

(2)　$\|\boldsymbol{a} + \boldsymbol{b}\|^2 = (\boldsymbol{a} + \boldsymbol{b}) \cdot (\boldsymbol{a} + \boldsymbol{b}) = \boldsymbol{a} \cdot \boldsymbol{a} + \boldsymbol{b} \cdot \boldsymbol{b} + 2\boldsymbol{a} \cdot \boldsymbol{b}$

$\|\boldsymbol{a} - \boldsymbol{b}\|^2 = (\boldsymbol{a} - \boldsymbol{b}) \cdot (\boldsymbol{a} - \boldsymbol{b}) = \boldsymbol{a} \cdot \boldsymbol{a} + \boldsymbol{b} \cdot \boldsymbol{b} - 2\boldsymbol{a} \cdot \boldsymbol{b}$

を加えると，$\|\boldsymbol{a} + \boldsymbol{b}\|^2 + \|\boldsymbol{a} - \boldsymbol{b}\|^2 = 2\boldsymbol{a} \cdot \boldsymbol{a} + 2\boldsymbol{b} \cdot \boldsymbol{b} = 2(\|\boldsymbol{a}\|^2 + \|\boldsymbol{b}\|^2)$

(3)　$\|\boldsymbol{a} + \boldsymbol{b}\|^2 = (\boldsymbol{a} + \boldsymbol{b}) \cdot (\boldsymbol{a} + \boldsymbol{b}) = \boldsymbol{a} \cdot \boldsymbol{a} + \boldsymbol{b} \cdot \boldsymbol{b} + 2\boldsymbol{a} \cdot \boldsymbol{b}$

$\|\boldsymbol{a} - \boldsymbol{b}\|^2 = (\boldsymbol{a} - \boldsymbol{b}) \cdot (\boldsymbol{a} - \boldsymbol{b}) = \boldsymbol{a} \cdot \boldsymbol{a} + \boldsymbol{b} \cdot \boldsymbol{b} - 2\boldsymbol{a} \cdot \boldsymbol{b}$

を引くと，$\|\boldsymbol{a} + \boldsymbol{b}\|^2 - \|\boldsymbol{a} - \boldsymbol{b}\|^2 = 4\boldsymbol{a} \cdot \boldsymbol{b}$

問題 4.4　平面上の点を P，$\begin{bmatrix} 1 & 1 & 1 \end{bmatrix} = \overrightarrow{\mathrm{OC}}$ とすれば，$\mathrm{CP} \perp \boldsymbol{p}$ だから，$\overrightarrow{\mathrm{CP}} \cdot \boldsymbol{p} = 0$

したがって，$\overrightarrow{\mathrm{OP}} = \begin{bmatrix} x & y & z \end{bmatrix}$ とすれば，

$$(x-1)\cdot 1 + (y-1)\cdot 2 + (z-1)\cdot 1 = 0$$

だから，$x + 2y + z = 4$.

問題 4.5 平面 $ax + by + cz + d = 0$ 上の点 $\begin{bmatrix} x_1 & y_1 & z_1 \end{bmatrix}$ から平面 $ax + by + cz + d' = 0$ への距離は

$$\frac{|ax_1 + by_1 + cz_1 + d'|}{\sqrt{a^2+b^2+c^2}} = \frac{|(-d)+d'|}{\sqrt{a^2+b^2+c^2}} = \frac{|d-d'|}{\sqrt{a^2+b^2+c^2}}$$

問題 4.6 (1) 求める直線上の点を P $\begin{bmatrix} x & y & z \end{bmatrix}$ すると，PQ $/\!/ \boldsymbol{a}$ だから，

$$\begin{bmatrix} x-1 & y-1 & z-1 \end{bmatrix} = k\boldsymbol{a} = k\begin{bmatrix} 1 & 2 & 3 \end{bmatrix} \qquad (*)$$

したがって，

$$x - 1 = \frac{y-1}{2} = \frac{z-1}{3} \quad (= k)$$

(2) 原点を通り直線に垂直な平面の方程式は

$$1\cdot x + 2\cdot y + 3\cdot z = 0$$

この平面と直線の交点 P $\begin{bmatrix} x & y & z \end{bmatrix}$ を求めるために，$(*)$ を平面の方程式に代入すれば，

$$(k+1) + 2\cdot(2k+1) + 3\cdot(3k+1) = 0$$

これを解くと $k = -\dfrac{6}{14}$ となるので，P $\begin{bmatrix} 1-\dfrac{3}{7} & 1-\dfrac{6}{7} & 1-\dfrac{9}{7} \end{bmatrix}$. したがって，求める距離は

$$\mathrm{OP} = \frac{\sqrt{4^2+1^2+(-2)^2}}{7} = \frac{\sqrt{21}}{7}$$

問題 4.7 (1) 交線上の点 $\begin{bmatrix} x & y & z \end{bmatrix}$ は，連立 1 次方程式

$$x - y + 2z = 2, \qquad 2x - y + z = 1$$

の解であるから，$x = z - 1, y = 3(z-1)$．したがって，

$$\frac{x}{1} = \frac{y}{3} = \frac{z-1}{1}$$

この交線は $\begin{bmatrix} 1 & 3 & 1 \end{bmatrix}$ に平行であるから，これを法線とし，点 $\begin{bmatrix} 1 & 3 & 2 \end{bmatrix}$ を通る平面の方程式は

$$(x-1) + 3(y-3) + (z-2) = 0$$

(2) 求める直線上の点を $\begin{bmatrix} x & y & z \end{bmatrix}$ とする．直線 $\dfrac{x}{2} = \dfrac{y}{3} = \dfrac{z}{3}$ は $\boldsymbol{a} = \begin{bmatrix} 2 & 3 & 3 \end{bmatrix}$ に平行であるから，

$$\begin{bmatrix} x & y & z \end{bmatrix}\cdot\begin{bmatrix} 2 & 3 & 3 \end{bmatrix} = 0 \qquad \text{つまり} \qquad 2x + 3y + 3z = 0$$

直線 $\dfrac{x}{3} = \dfrac{y}{3} = \dfrac{z}{2}$ は $\boldsymbol{b} = \begin{bmatrix} 3 & 3 & 2 \end{bmatrix}$ に平行であるから，

$$\begin{bmatrix} x & y & z \end{bmatrix}\cdot\begin{bmatrix} 3 & 3 & 2 \end{bmatrix} = 0 \qquad \text{つまり} \qquad 3x + 3y + 2z = 0$$

これらの式から，$x = z, y = -\dfrac{5}{3}z$．したがって，

$$\frac{x}{1} = \frac{y}{-\frac{5}{3}} = \frac{z}{1} \quad \text{すなわち} \quad \frac{x}{3} = \frac{y}{-5} = \frac{z}{3}$$

参考：求める直線は $\boldsymbol{a}, \boldsymbol{b}$ に垂直であるから，外積 $\boldsymbol{a} \times \boldsymbol{b}$ に平行である．ここで，

$$\boldsymbol{a} \times \boldsymbol{b} = \begin{vmatrix} \boldsymbol{e}_1 & \boldsymbol{e}_2 & \boldsymbol{e}_3 \\ 2 & 3 & 3 \\ 3 & 3 & 2 \end{vmatrix} = -3\boldsymbol{e}_1 + 5\boldsymbol{e}_2 - 3\boldsymbol{e}_3$$

に注意すれば，上の直線の方程式を得る．

問題 4.8　直線 l_1 上の点は $\boldsymbol{x} = \boldsymbol{x}_1 + s\boldsymbol{a}_1$, 直線 l_2 上の点は $\boldsymbol{y} = \boldsymbol{x}_2 + t\boldsymbol{a}_2$ と表される．直線 l_1 は $\boldsymbol{a}_1$ に平行で，l_2 は $\boldsymbol{a}_2$ に平行であるから，

$$\boldsymbol{x} - \boldsymbol{y} = k(\boldsymbol{a}_1 \times \boldsymbol{a}_2)$$

と表される．よって，

$$(\boldsymbol{x}_1 + s\boldsymbol{a}_1) - (\boldsymbol{x}_2 + t\boldsymbol{a}_2) = k(\boldsymbol{a}_1 \times \boldsymbol{a}_2)$$

この両辺と $\boldsymbol{a}_1 \times \boldsymbol{a}_2$ との内積をつくれば，

$$(\boldsymbol{x}_1 - \boldsymbol{x}_2) \cdot (\boldsymbol{a}_1 \times \boldsymbol{a}_2) = k\|\boldsymbol{a}_1 \times \boldsymbol{a}_2\|^2$$

したがって，求める垂線の長さは，

$$\|\boldsymbol{x} - \boldsymbol{y}\| = |k|\|\boldsymbol{a}_1 \times \boldsymbol{a}_2\| = \frac{|(\boldsymbol{x}_1 - \boldsymbol{x}_2) \cdot (\boldsymbol{a}_1 \times \boldsymbol{a}_2)|}{\|\boldsymbol{a}_1 \times \boldsymbol{a}_2\|}$$

問題 4.9　(1)　$\|\boldsymbol{a}\| = \sqrt{1^2 + 2^2 + (-2)^2} = 3$, $\|\boldsymbol{b}\| = \sqrt{2^2 + (-2)^2 + 1^2} = 3$

(2)　$\boldsymbol{a} \cdot \boldsymbol{b} = 1 \cdot 2 + 2 \cdot (-2) + (-2) \cdot 1 = -4$

(3)　$\boldsymbol{a} \times \boldsymbol{b} = \begin{vmatrix} \boldsymbol{e}_1 & \boldsymbol{e}_2 & \boldsymbol{e}_3 \\ 1 & 2 & -2 \\ 2 & -2 & 1 \end{vmatrix} = (-2)\boldsymbol{e}_1 - 5\boldsymbol{e}_2 + (-6)\boldsymbol{e}_3$

(4)　求める平行四辺形の面積は $\|\boldsymbol{a} \times \boldsymbol{b}\| = \sqrt{(-2)^2 + (-5)^2 + (-6)^2} = \sqrt{65}$

(5)　求める単位ベクトルは $\dfrac{\boldsymbol{a} \times \boldsymbol{b}}{\|\boldsymbol{a} \times \boldsymbol{b}\|} = -\dfrac{1}{\sqrt{65}}(2\boldsymbol{e}_1 + 5\boldsymbol{e}_2 + 6\boldsymbol{e}_3)$

問題 4.10　(1)　$\boldsymbol{a} \times \boldsymbol{b} = (-\boldsymbol{b} - \boldsymbol{c}) \times \boldsymbol{b} = -\boldsymbol{b} \times \boldsymbol{b} - \boldsymbol{c} \times \boldsymbol{b} = -\boldsymbol{c} \times \boldsymbol{b} = \boldsymbol{b} \times \boldsymbol{c}$

同様に，$\boldsymbol{b} \times \boldsymbol{c} = \boldsymbol{c} \times \boldsymbol{a}$.

(2)
$$\begin{aligned}(\boldsymbol{b} - \boldsymbol{a}) \times (\boldsymbol{c} - \boldsymbol{a}) &= \boldsymbol{b} \times (\boldsymbol{c} - \boldsymbol{a}) - \boldsymbol{a} \times (\boldsymbol{c} - \boldsymbol{a}) \\ &= \boldsymbol{b} \times \boldsymbol{c} - \boldsymbol{b} \times \boldsymbol{a} - (\boldsymbol{a} \times \boldsymbol{c} - \boldsymbol{a} \times \boldsymbol{a}) \\ &= \boldsymbol{b} \times \boldsymbol{c} - \boldsymbol{b} \times \boldsymbol{a} - \boldsymbol{a} \times \boldsymbol{c} \\ &= \boldsymbol{b} \times \boldsymbol{c} + \boldsymbol{a} \times \boldsymbol{b} + \boldsymbol{c} \times \boldsymbol{a} = \boldsymbol{0}\end{aligned}$$

したがって，$(\boldsymbol{b} - \boldsymbol{a}) /\!/ (\boldsymbol{c} - \boldsymbol{a})$ だから，$\boldsymbol{c} - \boldsymbol{a} = k(\boldsymbol{b} - \boldsymbol{a})$ と表すことができる．すなわち，

$$\boldsymbol{c} = (1 - k)\boldsymbol{a} + k\boldsymbol{b}$$

だから，A, B, C は同一直線上にある．

問題 4.11 解が存在すれば，$\boldsymbol{a}$ と内積をつくると，

$$\boldsymbol{a}\cdot(\boldsymbol{a}\times\boldsymbol{x})=\boldsymbol{a}\cdot\boldsymbol{b}$$

左辺は 0 であるから，(∗) が得られる．(∗) が成立するならば，$\boldsymbol{x}=k\boldsymbol{a}\times\boldsymbol{b}$ とすれば，例題 4.7 (1) から，

$$\boldsymbol{a}\times\boldsymbol{x}=\boldsymbol{a}\times(k\boldsymbol{a}\times\boldsymbol{b})=k\{(\boldsymbol{a}\cdot\boldsymbol{b})\boldsymbol{a}-(\boldsymbol{a}\cdot\boldsymbol{a})\boldsymbol{b}\}=-k(\boldsymbol{a}\cdot\boldsymbol{a})\boldsymbol{b}$$

そこで，$k=-\dfrac{1}{\|\boldsymbol{a}\|^2}$ とおけば，$\boldsymbol{a}\times\boldsymbol{x}=\boldsymbol{b}$ となる．したがって，

$$\boldsymbol{x}=-\frac{1}{\|\boldsymbol{a}\|^2}\boldsymbol{a}\times\boldsymbol{b}$$

は，解である．

問題 4.12 方程式 $x_1\boldsymbol{a}_1+x_2\boldsymbol{a}_2+x_3\boldsymbol{a}_3+x_4\boldsymbol{a}_4=\boldsymbol{0}$ の解 $\begin{bmatrix}x_1 & x_2 & x_3 & x_4\end{bmatrix}$ を掃き出し法を利用して求めよう．

$\boldsymbol{a}_1$	$\boldsymbol{a}_2$	$\boldsymbol{a}_3$	$\boldsymbol{a}_4$	
1	1	1	1	①
−1	1	1	1	②
−1	−1	1	1	③
−1	−1	−1	1	④
1	1	1	1	⑤ = ①
0	2	2	2	⑥ = ② + ①
0	0	2	2	⑦ = ③ + ①
0	0	0	2	⑧ = ④ + ①
1	0	0	0	⑨ = ⑤ − ⑩
0	1	1	1	⑩ = ⑥ ÷ 2
0	0	2	2	⑪ = ⑦
0	0	0	2	⑫ = ⑧
1	0	0	0	⑬ = ⑨
0	1	0	0	⑭ = ⑩ − ⑮
0	0	1	1	⑮ = ⑪ ÷ 2
0	0	0	2	⑯ = ⑫
1	0	0	0	⑰ = ⑬
0	1	0	0	⑱ = ⑭
0	0	1	0	⑲ = ⑮ − ⑳
0	0	0	1	⑳ = ⑯ ÷ 2
$\boldsymbol{e}_1$	$\boldsymbol{e}_2$	$\boldsymbol{e}_3$	$\boldsymbol{e}_4$	

$$\Rightarrow\left\{\begin{array}{rcl} x_1 & = & 0\\ x_2 & = & 0\\ x_3 & = & 0\\ x_4 & = & 0\end{array}\right.$$

したがって，解は $x_1=x_2=x_3=x_4=0$ となり，$\boldsymbol{a}_1,\boldsymbol{a}_2,\boldsymbol{a}_3,\boldsymbol{a}_4$ は一次独立である．

第4章

問題 4.13 $\begin{vmatrix} a & a & a & a \\ -1 & a & a & a \\ -1 & -1 & a & a \\ -1 & -1 & -1 & a \end{vmatrix}$ （1 行 + 4 行 × a, 2 行 − 4 行, 3 行 − 4 行）

$$= \begin{vmatrix} 0 & 0 & 0 & a+a^2 \\ 0 & a+1 & a+1 & 0 \\ 0 & 0 & a+1 & 0 \\ -1 & -1 & -1 & a \end{vmatrix}$$

$$= (-1)^{4+1}(-1) \begin{vmatrix} 0 & 0 & a(a+1) \\ a+1 & a+1 & 0 \\ 0 & a+1 & 0 \end{vmatrix}$$

$$= a(a+1) \begin{vmatrix} a+1 & a+1 \\ 0 & a+1 \end{vmatrix} = a(a+1)^3$$

$a = 0, -1$ のとき，4 つのベクトルは一次従属である．

問題 4.14 $\boldsymbol{b}_1, \boldsymbol{b}_2, \boldsymbol{b}_3, \boldsymbol{b}_4$ の一次結合

$$x_1\boldsymbol{b}_1 + x_2\boldsymbol{b}_2 + x_3\boldsymbol{b}_3 + x_4\boldsymbol{b}_4 = \boldsymbol{0}$$

を考える．これに条件の式を代入すれば，

$$\begin{bmatrix} x_1 & x_2 & x_3 & x_4 \end{bmatrix} \begin{bmatrix} \boldsymbol{b}_1 \\ \boldsymbol{b}_2 \\ \boldsymbol{b}_3 \\ \boldsymbol{b}_4 \end{bmatrix} = \begin{bmatrix} x_1 & x_2 & x_3 & x_4 \end{bmatrix} \begin{bmatrix} a & 1 & 1 & 1 \\ 1 & a & 1 & 1 \\ 1 & 1 & a & 1 \\ 1 & 1 & 1 & a \end{bmatrix} \begin{bmatrix} \boldsymbol{a}_1 \\ \boldsymbol{a}_2 \\ \boldsymbol{a}_3 \\ \boldsymbol{a}_4 \end{bmatrix}$$

$\boldsymbol{a}_1, \boldsymbol{a}_2, \boldsymbol{a}_3, \boldsymbol{a}_4$ は一次独立だから，

$$\begin{bmatrix} x_1 & x_2 & x_3 & x_4 \end{bmatrix} \begin{bmatrix} a & 1 & 1 & 1 \\ 1 & a & 1 & 1 \\ 1 & 1 & a & 1 \\ 1 & 1 & 1 & a \end{bmatrix} = \boldsymbol{0}$$

ここで，

$$\begin{vmatrix} a & 1 & 1 & 1 \\ 1 & a & 1 & 1 \\ 1 & 1 & a & 1 \\ 1 & 1 & 1 & a \end{vmatrix} = (a+3)(a-1)^3$$

したがって，$a \neq -3, 1$ のとき，$\begin{bmatrix} x_1 & x_2 & x_3 & x_4 \end{bmatrix} = \boldsymbol{0}$ だから，$\boldsymbol{b}_1, \boldsymbol{b}_2, \boldsymbol{b}_3, \boldsymbol{b}_4$ は一次独立である．

問題 4.15 $\boldsymbol{a}_1, \boldsymbol{a}_2, \cdots, \boldsymbol{a}_m$ の一次結合

$$x_1\boldsymbol{a}_1 + x_2\boldsymbol{a}_2 + \cdots + x_m\boldsymbol{a}_m = \boldsymbol{0}$$

を考える．両辺と $\boldsymbol{a}_p$ との内積をとると，$\boldsymbol{a}_p \cdot \boldsymbol{a}_q = \delta_{pq}$ に注意すれば，

$$x_p(\boldsymbol{a}_p \cdot \boldsymbol{a}_p) = x_p = 0$$

p は任意だから，$x_1 = x_2 = \cdots = x_m = 0$ となるので，$\boldsymbol{a}_1, \boldsymbol{a}_2, \cdots, \boldsymbol{a}_m$ は一次独立である．

第5章　線形空間

問題 5.1　例題 5.1 から，$F([a,b];\boldsymbol{R})$ は $\boldsymbol{R}$ 上の線形空間で $C([a,b]) \subset F([a,b];\boldsymbol{R})$ である．$[a,b]$ 上の実数値連続関数 f, g に対して，

(1)　$f+g$ は実数値連続関数である

(2)　実数 α に対して，αf は実数値連続関数である

これらは微分積分学の定理による．したがって，部分空間の定義（基本事項 5.2）が満たされる．

問題 5.2　例題 5.1 の証明と同じである．したがって，その証明を繰り返すことになる．

以下において，f, g, h は $F(X,W;\boldsymbol{K})$ の元を，α, β は実数を表す．

[0]　$f = g \iff f(x) = g(x) \quad (\forall x \in X)$ により，等号が定義される．

[I]　$(f+g)(x) = f(x)+g(x) \quad (x \in X)$ により，和 $f+g$ が定義される：$f+g \in F(X,W;\boldsymbol{K})$．

[II]　実数 α に対して，$(\alpha f)(x) = \alpha\{f(x)\} \quad (x \in X)$ により，積 αf が定義される：$\alpha f \in F(X,W;\boldsymbol{K})$．

以上において，W が $\boldsymbol{K}$ 上の線形空間であることを使っている．

さらに，次のように，演算の性質が示される：

1. $(f+g)(x) = f(x)+g(x) = g(x)+f(x) = (g+f)(x)$ より，交換法則 $f+g = g+f$ が成立する．

2. $\{(f+g)+h\}(x) = \{f(x)+g(x)\}+h(x) = f(x)+\{g(x)+h(x)\} = \{f+(g+h)\}(x)$ より，結合法則 $(f+g)+h = f+(g+h)$ が成立する．

3. $f_0(x) = 0 \quad (x \in X)$ となる関数 f_0 が零元である．

4. $(-f)(x) = -f(x) \quad (x \in X)$ となる関数 $-f$ が f の逆元である．すなわち，

$$\{f+(-f)\}(x) = f(x) - f(x) = 0 = f_0(x) \qquad (x \in X)$$

だから，$f+(-f) = f_0$．

5. $\{\alpha(\beta f)\}(x) = \alpha\{\beta f(x)\} = (\alpha\beta)f(x) = \{(\alpha\beta)f\}(x)$ より，結合法則 $\alpha(\beta f) = (\alpha\beta)f$ が成立する．

6. $\{\alpha(f+g)\}(x) = \alpha f(x)+\alpha g(x) = \alpha\{f(x)+g(x)\}$ より，分配法則 $\alpha(f+g) = \alpha f + \alpha g$ が成立する．

7. $\{(\alpha+\beta)f\}(x) = (\alpha+\beta)f(x) = \alpha f(x)+\beta f(x)$ より，分配法則 $(\alpha+\beta)f = \alpha f+\beta f$ が成立する．

8. $(1\cdot f)(x) = 1\cdot f(x) = f(x) \quad (x \in X)$ だから，$1\cdot f = f$.

問題 5.3 例題 5.2 から，実数列の全体 $\boldsymbol{S}$ は $\boldsymbol{R}$ 上の線形空間で $V \subset \boldsymbol{S}$ である．

2 つの収束する実数列 $\{x_n\}$, $\{y_n\}$ に対して，

(1) $\{x_n\} + \{y_n\} = \{x_n + y_n\}$ は収束する

(2) 実数 a に対して，$a\{x_n\} = \{ax_n\}$ は収束する

これらは微分積分学の定理による．したがって，部分空間の定義（基本事項 5.1.2）が満たされる．

問題 5.4 $\{x_n\}, \{y_n\} \in W$ とすれば，

$$x_{n+2} + \alpha x_{n+1} + \beta x_n = 0 \quad (n = 1, 2, \cdots) \qquad ①$$

$$y_{n+2} + \alpha y_{n+1} + \beta y_n = 0 \quad (n = 1, 2, \cdots)$$

これらを加えると

$$(x_{n+2} + y_{n+2}) + \alpha(x_{n+1} + y_{n+1}) + \beta(x_n + y_n) = 0 \quad (n = 1, 2, \cdots)$$

したがって，$\{x_n\} + \{y_n\} = \{x_n + y_n\} \in W$.

一方，実数 a に対して，①から，

$$(ax_{n+2}) + \alpha(ax_{n+1}) + \beta(ax_n) = a(x_{n+2} + \alpha x_{n+1} + \beta x_n) = 0 \quad (n = 1, 2, \cdots)$$

したがって，$a\{x_n\} = \{ax_n\} \in W$.

問題 5.5 (1) W_1 の 2 つのベクトル $\boldsymbol{x} = \begin{bmatrix} x_1 & x_2 & x_3 \end{bmatrix}$，$\boldsymbol{y} = \begin{bmatrix} y_1 & y_2 & y_3 \end{bmatrix}$ に対して，

$$x_1 = y_1 = 0$$

したがって，$\boldsymbol{x} + \boldsymbol{y}$ の x 成分について，

$$x_1 + y_1 = 0, \qquad \alpha x_1 = 0$$

より，$\boldsymbol{x} + \boldsymbol{y} \in W_1, \alpha\boldsymbol{x} \in W_1$ となるので，W_1 は $\boldsymbol{R}^3$ の線形部分空間である．

また，$x_1 = 0$ だから，

$$\begin{bmatrix} x_1 \\ x_2 \\ x_3 \end{bmatrix} = x_2 \begin{bmatrix} 0 \\ 1 \\ 0 \end{bmatrix} + x_3 \begin{bmatrix} 0 \\ 0 \\ 1 \end{bmatrix}$$

$x_2 = s, x_3 = t$ とおくと，

$$\begin{bmatrix} x_1 \\ x_2 \\ x_3 \end{bmatrix} = s \begin{bmatrix} 0 \\ 1 \\ 0 \end{bmatrix} + t \begin{bmatrix} 0 \\ 0 \\ 1 \end{bmatrix} \equiv s\boldsymbol{e}_2 + t\boldsymbol{e}_3$$

したがって，$\{\boldsymbol{e}_2, \boldsymbol{e}_3\}$ は W_1 の基底であり，W_1 の次元は 2 である．

(2) W_2 の 2 つのベクトル $\boldsymbol{x} = \begin{bmatrix} x_1 & x_2 & x_3 \end{bmatrix}$，$\boldsymbol{y} = \begin{bmatrix} y_1 & y_2 & y_3 \end{bmatrix}$ に対して，

$$x_1 + 2x_2 = 2x_2 + x_3 = 0, \qquad y_1 + 2y_2 = 2y_2 + y_3 = 0$$

したがって，$\boldsymbol{x} + \boldsymbol{y}$ の x 成分について，

$$(x_1 + y_1) + 2(x_2 + y_2) = (x_1 + 2x_2) + (y_1 + 2y_2) = 0$$

$$2(x_2+y_2)+(x_3+y_3)=(2x_2+x_3)+(2y_2+y_3)=0$$

より，$\boldsymbol{x}+\boldsymbol{y}\in W_1$．また，$\alpha\in\boldsymbol{R}$ に対して，

$$(\alpha x_1)+2(\alpha x_2)=\alpha(x_1+2x_2)=0,\ 2(\alpha x_2)+(\alpha x_3)=\alpha(2x_2+x_3)=0$$

だから，$\alpha\boldsymbol{x}\in W_1$．したがって，$W_1$ は $\boldsymbol{R}^3$ の線形部分空間である．

また，$x_1=-2x_2, x_3=-2x_2$ だから，

$$\begin{bmatrix} x_1 \\ x_2 \\ x_3 \end{bmatrix} = x_2 \begin{bmatrix} -2 \\ 1 \\ -2 \end{bmatrix}$$

$x_2=t$ とおくと，

$$\begin{bmatrix} x_1 \\ x_2 \\ x_3 \end{bmatrix} = t \begin{bmatrix} -2 \\ 1 \\ -2 \end{bmatrix} \equiv t\boldsymbol{a}$$

したがって，$\{\boldsymbol{a}\}$ は W_2 の基底であり，W_2 の次元は 1 である．

(3) ベクトル $\boldsymbol{x}=\begin{bmatrix}1 & 0 & 0\end{bmatrix}$ は W_3 に属す．一方，

$$(-1)\boldsymbol{x}=\begin{bmatrix}-1 & 0 & 0\end{bmatrix}\notin W_3$$

より，W_3 は $\boldsymbol{R}^3$ の線形部分空間でない．

(4) ベクトル $\boldsymbol{x}=\begin{bmatrix}1 & 0 & 0\end{bmatrix}$ は W_4 に属す．一方，

$$2^{-1}\boldsymbol{x}=\begin{bmatrix}2^{-1} & 0 & 0\end{bmatrix}\notin W_4$$

より，W_4 は $\boldsymbol{R}^3$ の線形部分空間でない．

問題 5.6 (1) $\boldsymbol{e}_1=\begin{bmatrix}1 & 0\end{bmatrix}, \boldsymbol{e}_2=\begin{bmatrix}0 & 1\end{bmatrix}$ とすると，$\boldsymbol{e}_1, \boldsymbol{e}_2$ は $\boldsymbol{C}$ 上 1 次独立で

$$\boldsymbol{C}\langle\boldsymbol{e}_1,\boldsymbol{e}_2\rangle=\{\alpha_1\boldsymbol{e}_1+\alpha_2\boldsymbol{e}_2:\alpha_1,\alpha_2\in\boldsymbol{C}\}=\boldsymbol{C}^2$$

であるから，$\{\boldsymbol{e}_1, \boldsymbol{e}_2\}$ は $\boldsymbol{C}^2$ の基底となり，$\boldsymbol{C}^2$ は $\boldsymbol{C}$ 上 2 次元線形空間である．

(2) $\boldsymbol{e}_1=\begin{bmatrix}1 & 0\end{bmatrix}, \boldsymbol{e}_2=\begin{bmatrix}i & 0\end{bmatrix}, \boldsymbol{e}_3=\begin{bmatrix}0 & 1\end{bmatrix}, \boldsymbol{e}_4=\begin{bmatrix}0 & i\end{bmatrix}$ とすると，$\boldsymbol{R}$ 上一次独立である．実際，

$$a\boldsymbol{e}_1+b\boldsymbol{e}_2+c\boldsymbol{e}_3+d\boldsymbol{e}_4=\begin{bmatrix}a+bi & c+di\end{bmatrix}=\begin{bmatrix}0 & 0\end{bmatrix} \qquad (a,b,c,d\in\boldsymbol{R})$$

とすると，$a+bi=c+di=0$．ここで，a, b, c, d は実数だから $a=b=c=d=0$ となり，$\boldsymbol{e}_1, \boldsymbol{e}_2, \boldsymbol{e}_3, \boldsymbol{e}_4$ は $\boldsymbol{R}$ 上一次独立である．さらに，

$$\langle\boldsymbol{e}_1,\boldsymbol{e}_2,\boldsymbol{e}_3,\boldsymbol{e}_4\rangle=\{a\boldsymbol{e}_1+b\boldsymbol{e}_2+c\boldsymbol{e}_3+d\boldsymbol{e}_4=[a+bi\quad c+di]:a,b,c,d\in\boldsymbol{R}\}=\boldsymbol{C}^2$$

であるから，$\{\boldsymbol{e}_1, \boldsymbol{e}_2, \boldsymbol{e}_3, \boldsymbol{e}_4\}$ は $\boldsymbol{C}^2$ の基底となり，$\boldsymbol{C}^2$ は $\boldsymbol{R}$ 上 4 次元線形空間である．

問題 5.7 (p,q) 要素が 1 でその他の要素がすべて 0 である (m,n) 行列を A_{pq} とする．このとき，

(1) $\{A_{pq}\}$ は $\boldsymbol{K}$ 上一次独立である．

(2) $\{A_{pq}\}$ からできる一次結合の全体は $M_{\boldsymbol{K}}(m,n)$ と一致する．

よって，$\{A_{pq}\}$ は $M_{\boldsymbol{K}}(m,n)$ の基底となるので，$M_{\boldsymbol{K}}(m,n)$ の次元は $\{A_{pq}\}$ の個数 mn である．

問題 5.8 $I = \begin{bmatrix} 1 & 0 \\ 0 & 1 \end{bmatrix}$, $J = \begin{bmatrix} 0 & -1 \\ 1 & 0 \end{bmatrix}$ とすれば，$\begin{bmatrix} a & -b \\ b & a \end{bmatrix} = aI + bJ$.

このとき，

(1) I, J は $\boldsymbol{R}$ 上一次独立である．

(2) I, J からできる一次結合の全体は M と一致する．

よって，$\{I, J\}$ は M の基底となるので，M の次元は 2 である．

問題 5.9 (1) 高々 n 次の多項式 p を

$$p(x) = a_0 + a_1(x-a) + \cdots + a_n(x-a)^n$$

と表す．このとき，$p(a) = a_0$ ．両辺を微分すれば，

$$p'(x) = a_1 + a_2\{2(x-a)\} + \cdots + a_n\{n(x-a)^{n-1}\}$$

ここで，$x = a$ とすれば，$p'(a) = a_1$ ．さらに，両辺を微分すれば，

$$p''(x) = 2a_2 + a_3\{3\cdot 2(x-a)\} + \cdots + a_n\{n(n-1)(x-a)^{n-2}\}$$

ここで，$x = a$ とすれば，$p''(a) = 2a_2$．これを繰り返すと，

$$p^{(k)}(a) = k!a_k \qquad \text{すなわち} \qquad a_k = \frac{p^{(k)}(a)}{k!}$$

または，$q(y) = p(y+a)$ とおくと，$q(y)$ は例題 5.5 から，

$$q(y) = q(0) + \frac{q'(0)}{1!}y + \cdots + \frac{q^{(n)}(0)}{n!}y^n$$

ここで，$q(0) = p(a), q'(0) = p'(a), \cdots, q^{(n)}(0) = p^{(n)}(a)$; $y = x - a$ とおけば，

$$q(y) = q(x-a) = p(x-a+a) = p(x)$$

であることに注意すればよい．

(2) $p(x) = 0$ が $x = 1$ を 3 重解とするならば，

$$p(x) = a_3(x-1)^3 + a_4(x-1)^4 + a_5(x-1)^5$$

したがって，$a_0 = p(1) = 0,\ a_1 = p'(1) = 0,\ a_2 = 2^{-1}p''(1) = 0$ ．

$p(1) = 0$ から，$1 + a + b + c = 0$

$p'(1) = 0$ から $5 + 4a + 3b + 2c = 0$

$p''(1) = 0$ から $5\cdot 4 + 4\cdot 3a + 3\cdot 2b + 2c = 0$

よって，$\begin{bmatrix} 1 & 1 & 1 \\ 4 & 3 & 2 \\ 12 & 6 & 2 \end{bmatrix}\begin{bmatrix} a \\ b \\ c \end{bmatrix} = \begin{bmatrix} -1 \\ -5 \\ -20 \end{bmatrix}$

この連立 1 次方程式を解くために，拡大係数行列に基本変形を次の表のように行う．

A			$\boldsymbol{b}$	
1	1	1	−1	①
4	3	2	−5	②
12	6	2	−20	③
1	1	1	−1	④ = ①
0	−1	−2	−1	⑤ = ② − ① × 4
0	−6	−10	−8	⑥ = ③ − ① × 12
1	0	−1	−2	⑦ = ④ + ⑤
0	1	2	1	⑧ = ⑤ ÷ (−1)
0	0	2	−2	⑨ = ⑥ − ⑤ × 6
1	0	0	−3	⑩ = ⑦ + ⑫
0	1	0	3	⑪ = ⑧ − ⑨
0	0	1	−1	⑫ = ⑨ ÷ 2
$\boldsymbol{e}_1$	$\boldsymbol{e}_2$	$\boldsymbol{e}_3$	解 $\boldsymbol{x}$	

したがって，求める解は $\begin{bmatrix} a \\ b \\ c \end{bmatrix} = \begin{bmatrix} -3 \\ 3 \\ -1 \end{bmatrix}$.

問題 5.10 行列式

$$\begin{aligned}
\begin{vmatrix} 1 & 1 & 1 \\ a & b & c \\ a^2 & b^2 & c^2 \end{vmatrix} &= \begin{vmatrix} 1 & 1 & 1 \\ 0 & b-a & c-a \\ 0 & b^2-a^2 & c^2-a^2 \end{vmatrix} \\
&= \begin{vmatrix} b-a & c-a \\ b^2-a^2 & c^2-a^2 \end{vmatrix} \\
&= (b-a)(c-a)\begin{vmatrix} 1 & 1 \\ b+a & c+a \end{vmatrix} \\
&= (a-b)(b-c)(c-a)
\end{aligned}$$

ここで，a, b, c が異なるとき，$\begin{vmatrix} 1 & 1 & 1 \\ a & b & c \\ a^2 & b^2 & c^2 \end{vmatrix} \neq 0$ だから $\boldsymbol{a}_1, \boldsymbol{a}_2, \boldsymbol{a}_3$ が一次独立である．したがって，これらは W の基底となり W の次元は 3 である．また，このとき，$W = \boldsymbol{R}^3$.

$a = b = c$ のとき，$\boldsymbol{a} = \boldsymbol{b} = \boldsymbol{c}$ だから，$W = \langle \boldsymbol{a} \rangle$ となるので，W の次元は 1 である．
$a = b \neq c$ のとき，

$\boldsymbol{a}$	$\boldsymbol{b}$	$\boldsymbol{c}$	
1	1	1	①
a	b	c	②
a^2	b^2	c^2	③
1	1	1	④ = ①
0	$b-a$	$c-a$	⑤ = ② − ① × a
0	b^2-a^2	c^2-a^2	⑥ = ③ − ① × a^2
1	1	0	⑦ = ④ − ⑧
0	0	1	⑧ = ⑤ ÷ $(c-a)$
0	0	0	⑨ = ⑥ − ⑤ × $(c+a)$
$\boldsymbol{e}_1$		$\boldsymbol{e}_2$	

よって，$\boldsymbol{a}, \boldsymbol{c}$ は一次独立で，$\boldsymbol{b} = \boldsymbol{a}$ だから，W の基底は $\{\boldsymbol{a}, \boldsymbol{c}\}$ で，W の次元は 2 である．

$b = c \neq a$ のとき，$\boldsymbol{a}, \boldsymbol{b}$ は一次独立で，$\boldsymbol{b} = \boldsymbol{c}$ だから，W の基底は $\{\boldsymbol{a}, \boldsymbol{b}\}$ で，W の次元は 2 である．

$c = a \neq b$ のとき，$\boldsymbol{a}, \boldsymbol{b}$ は一次独立で，$\boldsymbol{a} = \boldsymbol{c}$ だから，W の基底は $\{\boldsymbol{a}, \boldsymbol{b}\}$ で，W の次元は 2 である．

問題 5.11　行列式

$$\begin{vmatrix} 1 & 1 & 1 & 1 \\ a & b & c & d \\ a^2 & b^2 & c^2 & d^2 \\ a^3 & b^3 & c^3 & d^3 \end{vmatrix} = \begin{vmatrix} 1 & 1 & 1 & 1 \\ 0 & b-a & c-a & d-a \\ 0 & b^2-a^2 & c^2-a^2 & d^2-a^2 \\ 0 & b^3-a^3 & c^3-a^3 & d^3-c^3 \end{vmatrix}$$

$(2\text{ 行} - 1\text{ 行} \times a, 3\text{ 行} - 1\text{ 行} \times a^2, 4\text{ 行} - 1\text{ 行} \times a^3)$

$$= \begin{vmatrix} b-a & c-a & d-a \\ b^2-a^2 & c^2-a^2 & d^2-a^2 \\ b^3-a^3 & c^3-a^3 & d^3-c^3 \end{vmatrix}$$

$$= (b-a)(c-a)(d-a)\begin{vmatrix} 1 & 1 & 1 \\ b+a & c+a & d+a \\ b^2+ba+a^2 & c^2+ca+a^2 & d^2+da+a^2 \end{vmatrix}$$

$(3\text{ 行} - 2\text{ 行} \times a, 2\text{ 行} - 1\text{ 行} \times a)$

$$= (b-a)(c-a)(d-a)\begin{vmatrix} 1 & 1 & 1 \\ b & c & d \\ b^2 & c^2 & d^2 \end{vmatrix}$$

$$= (b-a)(c-a)(d-a)(c-b)(d-b)(d-c)$$

a, b, c, d が異なるとき，$\boldsymbol{a}, \boldsymbol{b}, \boldsymbol{c}, \boldsymbol{d}$ が一次独立であるから，これらは W の基底となり W の次元は 4 である．

a, b, c が異なるとき，問題 5.10 から，$\boldsymbol{a}, \boldsymbol{b}, \boldsymbol{c}$ は一次独立である．

したがって，W の次元は a, b, c, d の異なるものの個数に一致する．

問題 5.12 集合 X 上の実数値関数 f で $f(1)=0$ ならば,

$$f = f(1)f_1 + f(2)f_2 + \cdots + f(n)f_n = f(2)f_2 + \cdots + f(n)f_n$$

したがって, X 上の実数値関数 f で $f(1)=0$ となるものの全体 F は

$$F = \langle f_2, \cdots, f_n \rangle$$

したがって, $\{f_2, \cdots, f_n\}$ は F の基底であり, F の次元は $n-1$ である.

問題 5.13 $f(1)+f(2)+f(3)=0$ ならば,

$$\begin{aligned} f &= f(1)f_1 + f(2)f_2 + f(3)f_3 \\ &= -\{f(2)+f(3)\}f_1 + f(2)f_2 + f(3)f_3 \\ &= f(2)(f_2 - f_1) + f(3)(f_3 - f_1) \end{aligned}$$

ここで, $g_1 = f_2 - f_1$, $g_2 = f_3 - f_1$ とおくと, 次が示される.

(1) g_1, g_2 は 1 次独立である.

(2) $W = \langle g_1, g_2 \rangle$

この 2 つから $\{g_1, g_2\}$ は W の基底となり W の次元は 2 である.

問題 5.14 数列 $\{a_n\}$ が漸化式 $(*)$ を満たすとき, この数列の最初の 3 項 a_1, a_2, a_3 が与えられれば, 漸化式から a_4 以下の数が定まる. そこで, $a_1=1$, $a_2=0$, $a_3=0$ のとき, 漸化式 (1) から定まる数列を

$$\boldsymbol{e}_1 = \{1, 0, 0, 1, 1, \cdots\} \quad (a_4 = a_1 + a_2 + a_3 = 1, a_5 = a_2 + a_3 + a_4 = 1)$$

$a_1=0$, $a_2=1$, $a_3=0$ のとき, 漸化式 (1) から定まる数列を

$$\boldsymbol{e}_2 = \{0, 1, 0, 1, 2, \cdots\} \quad (a_4 = a_1 + a_2 + a_3 = 1, a_5 = a_2 + a_3 + a_4 = 2)$$

$a_1=0$, $a_2=0$, $a_3=1$ のとき, 漸化式 (1) から定まる数列を

$$\boldsymbol{e}_3 = \{0, 0, 1, 1, 2, \cdots\} \quad (a_4 = a_1 + a_2 + a_3 = 1, a_5 = a_2 + a_3 + a_4 = 2)$$

としよう.

1. 漸化式 $(*)$ を満たす数列の全体 W は $\boldsymbol{S}$ の部分空間である (問題 5.4).

2. $\boldsymbol{e}_1$, $\boldsymbol{e}_2$, $\boldsymbol{e}_3$ は一次独立である.

3. $W = \langle \boldsymbol{e}_1, \boldsymbol{e}_2, \boldsymbol{e}_3 \rangle$

上の 3 つから, $\{\boldsymbol{e}_1, \boldsymbol{e}_2, \boldsymbol{e}_3\}$ は W の基底であり, W の次元は 3 である.

問題 5.15 行列式 $\begin{vmatrix} a & 1 & 1 \\ 1 & b & 1 \\ 1 & 1 & c \end{vmatrix} = abc - a - b - c + 2$

(i) $abc - a - b - c + 2 \neq 0$ ならば, $\boldsymbol{a}$, $\boldsymbol{b}$, $\boldsymbol{c}$ は一次独立だから,

W_1 の基底は $\{\boldsymbol{a}, \boldsymbol{b}\}$ で次元は 2

W_2 の基底は $\{\boldsymbol{c}\}$ で次元は 1

$W_1 \cap W_2 = \{\boldsymbol{0}\}$ だから, その次元は 0

$W_1 + W_2$ の基底は $\{\boldsymbol{a}, \boldsymbol{b}, \boldsymbol{c}\}$ で次元は 3

(ii) $abc - a - b - c + 2 = 0$ のとき，次のように掃き出し法を行う．

$\boldsymbol{a}$	$\boldsymbol{b}$	$\boldsymbol{c}$	
a	1	1	①
1	b	1	②
1	1	c	③
1	b	1	④ = ②
0	$1-ab$	$1-a$	⑤ = ① − ② × a
0	$1-b$	$c-1$	⑥ = ③ − ②

ここで，$ab \neq 1$ ならば，

$\boldsymbol{a}$	$\boldsymbol{b}$	$\boldsymbol{c}$	
1	b	1	⑦ = ④
0	$1-ab$	$1-a$	⑧ = ⑤
0	$1-b$	$c-1$	⑨ = ⑥
1	0	$1-b\dfrac{1-a}{1-ab}$	⑩ = ⑦ − ⑪ × b
0	1	$\dfrac{1-a}{1-ab}$	⑪ = ⑧ ÷ $(1-ab)$
0	0	$c-1-(1-b)\dfrac{1-a}{1-ab}$	⑫ = ⑨ − ⑪ × $(1-b)$

$c - 1 - (1-b)\dfrac{1-a}{1-ab} = \dfrac{-abc + a + b + c - 2}{1-ab} = 0$ だから，

$$\boldsymbol{c} = \left\{1 - b\frac{1-a}{1-ab}\right\}\boldsymbol{a} + \frac{1-a}{1-ab}\boldsymbol{b} = \frac{1-b}{1-ab}\boldsymbol{a} + \frac{1-a}{1-ab}\boldsymbol{b} \in W_1$$

(iii) $abc - a - b - c + 2 = 0,\ ab \neq 1$ のとき，$\boldsymbol{a}, \boldsymbol{b}$ は一次独立で，$\boldsymbol{c} \in W_1$ だから，

W_1 の基底は $\{\boldsymbol{a}, \boldsymbol{b}\}$ で，W_1 の次元は 2 である．

W_2 の基底は $\{\boldsymbol{c}\}$ で，W_2 の次元は 1 である．

$W_1 \cap W_2 = W_2$ の基底は $\{\boldsymbol{c}\}$ で，$W_1 \cap W_2$ の次元は 1 である．

$W_1 + W_2 = W_1$ の基底は $\{\boldsymbol{a}, \boldsymbol{b}\}$ で，$W_1 + W_2$ の次元は 2 である．

$abc - a - b - c + 2 = 0,\ ab = 1$ のとき，$a + b = 2$ となるので，$a = b = 1$ である．

(iv) $a = b = 1,\ c \neq 1$ ならば，

$\boldsymbol{a}$	$\boldsymbol{b}$	$\boldsymbol{c}$	
1	1	1	④
0	0	0	⑤
0	0	$c-1$	⑥

よって，$\boldsymbol{b}, \boldsymbol{c}$ は一次独立だから，

W_1 の基底は $\{\boldsymbol{a}\}$ で，W_1 の次元は 1 である．

W_2 の基底は $\{\boldsymbol{c}\}$ で，W_2 の次元は 1 である．

$W_1 \cap W_2 = \{\boldsymbol{0}\}$ で，$W_1 \cap W_2$ の次元は 0 である．

$W_1 + W_2$ の基底は $\{\boldsymbol{a}, \boldsymbol{c}\}$ で，$W_1 + W_2$ の次元は 2 である．

(v)　$a = b = c = 1$ ならば，$W_1 = W_2 = W_1 \cap W_2 = W_1 \cup W_2$ で，これらの基底は $\{\boldsymbol{a}\}$ で次元は 1 である．

問題 5.16　$\boldsymbol{a}_1, \boldsymbol{a}_2, \boldsymbol{a}_3, \boldsymbol{a}_4, \boldsymbol{a}_5$ について掃き出し法を行う．

$\boldsymbol{a}_1$	$\boldsymbol{a}_2$	$\boldsymbol{a}_3$	$\boldsymbol{a}_4$	$\boldsymbol{a}_5$	
1	2	1	3	1	①
1	2	2	2	3	②
1	2	1	3	1	③
2	1	2	0	2	④
1	2	1	3	1	⑤ = ①
0	0	1	−1	2	⑥ = ② − ①
0	0	0	0	0	⑦ = ③ − ①
0	−3	0	−6	0	⑧ = ④ − ① × 2
1	0	1	−1	1	⑨ = ⑤ − ⑩ × 2
0	1	0	2	0	⑩ = ⑧ ÷ (−3)
0	0	1	−1	2	⑪ = ⑥
0	0	0	0	0	⑫ = ⑦
1	0	0	0	−1	⑬ = ⑨ − ⑪
0	1	0	2	0	⑭ = ⑩
0	0	1	−1	2	⑮ = ⑪
0	0	0	0	0	⑯ = ⑫
$\boldsymbol{e}_1$	$\boldsymbol{e}_2$	$\boldsymbol{e}_3$			

これより，$\boldsymbol{a}_1, \boldsymbol{a}_2, \boldsymbol{a}_3$ は一次独立で，

$$\boldsymbol{a}_4 = 2\boldsymbol{a}_2 - \boldsymbol{a}_3, \quad \boldsymbol{a}_5 = -\boldsymbol{a}_1 + 2\boldsymbol{a}_3 \tag{$*$}$$

(1)　$\boldsymbol{a}_1, \boldsymbol{a}_2$ は一次独立だから，これらは W_1 の基底で W_1 は 2 次元である．

$\boldsymbol{a}_3, \boldsymbol{a}_4, \boldsymbol{a}_5$ について，

$$\begin{bmatrix} \boldsymbol{a}_3 & \boldsymbol{a}_4 & \boldsymbol{a}_5 \end{bmatrix} = \begin{bmatrix} \boldsymbol{a}_1 & \boldsymbol{a}_2 & \boldsymbol{a}_3 \end{bmatrix} \begin{bmatrix} 0 & 0 & -1 \\ 0 & 2 & 0 \\ 1 & -1 & 2 \end{bmatrix}$$

で $\begin{vmatrix} 0 & 0 & -1 \\ 0 & 2 & 0 \\ 1 & -1 & 2 \end{vmatrix} = 2 \neq 0$ だから，$\boldsymbol{a}_3, \boldsymbol{a}_4, \boldsymbol{a}_5$ は一次独立である．これらは W_2 の基底をつくり W_2 は 3 次元である．

(2)　$(*)$ から，$\boldsymbol{a}_1 = 2\boldsymbol{a}_3 - \boldsymbol{a}_5 \in W_2$, $\boldsymbol{a}_2 = \dfrac{1}{2}(\boldsymbol{a}_3 + \boldsymbol{a}_4) \in W_2$ だから，$W_1 \subset W_2$．したがっ

て，$W_1 \cap W_2 = W_1$ だから，$\{\boldsymbol{a}_1, \boldsymbol{a}_2\}$は $W_1 \cap W_2$ の基底となり，$W_1 \cap W_2$ の次元は 2 である．
また，(*) より

$$W_1 + W_2 = \langle \boldsymbol{a}_1, \boldsymbol{a}_2, \boldsymbol{a}_3, \boldsymbol{a}_4, \boldsymbol{a}_5 \rangle = \langle \boldsymbol{a}_1, \boldsymbol{a}_2, \boldsymbol{a}_3 \rangle$$

したがって，$W_1 + W_2$ の基底は $\{\boldsymbol{a}_1, \boldsymbol{a}_2, \boldsymbol{a}_3\}$ で，$W_1 + W_2$ の次元は 3 である．

問題 5.17　W_1 について，$x_1 = -2x_2 - x_3$ だから，

$$\begin{bmatrix} x_1 \\ x_2 \\ x_3 \end{bmatrix} = x_2 \begin{bmatrix} -2 \\ 1 \\ 0 \end{bmatrix} + x_3 \begin{bmatrix} -1 \\ 0 \\ 1 \end{bmatrix}$$

よって，

$$W_1 = \langle \boldsymbol{a}_1, \boldsymbol{a}_2 \rangle, \qquad \boldsymbol{a}_1 = \begin{bmatrix} -2 \\ 1 \\ 0 \end{bmatrix}, \boldsymbol{a}_2 = \begin{bmatrix} -1 \\ 0 \\ 1 \end{bmatrix}$$

W_1 の基底は $\{\boldsymbol{a}_1, \boldsymbol{a}_2\}$ で次元は 2 である．

W_2 について，$x_2 = 2x_1$ だから，

$$\begin{bmatrix} x_1 \\ x_2 \\ x_3 \end{bmatrix} = x_1 \begin{bmatrix} 1 \\ 2 \\ 0 \end{bmatrix} + x_3 \begin{bmatrix} 0 \\ 0 \\ 1 \end{bmatrix}$$

よって，

$$W_2 = \langle \boldsymbol{a}_3, \boldsymbol{a}_4 \rangle, \qquad \boldsymbol{a}_3 = \begin{bmatrix} 1 \\ 2 \\ 0 \end{bmatrix}, \boldsymbol{a}_4 = \begin{bmatrix} 0 \\ 0 \\ 1 \end{bmatrix}$$

W_2 の基底は $\{\boldsymbol{a}_3, \boldsymbol{a}_4\}$ で次元は 2 である．

$\boldsymbol{a}_1, \boldsymbol{a}_2, \boldsymbol{a}_3, \boldsymbol{a}_4$ について掃き出し法を行う．

$\boldsymbol{a}_1$	$\boldsymbol{a}_2$	$\boldsymbol{a}_3$	$\boldsymbol{a}_4$	
−2	−1	1	0	①
1	0	2	0	②
0	1	0	1	③
1	0	2	0	④ = ②
0	−1	5	0	⑤ = ① + ② × 2
0	1	0	1	⑥ = ③
1	0	2	0	⑦ = ④
0	1	0	1	⑧ = ⑥
0	0	5	1	⑨ = ⑤ + ⑥
1	0	0	−2/5	⑩ = ⑦ − ⑫ × 2
0	1	0	1	⑪ = ⑧
0	0	1	1/5	⑫ = ⑨ ÷ 5
$\boldsymbol{e}_1$	$\boldsymbol{e}_2$	$\boldsymbol{e}_3$		

これより，$\boldsymbol{a}_1, \boldsymbol{a}_2, \boldsymbol{a}_3$ は一次独立で

$$\boldsymbol{a}_4 = -\frac{2}{5}\boldsymbol{a}_1 + \boldsymbol{a}_2 + \frac{1}{5}\boldsymbol{a}_3 \tag{$*$}$$

$\boldsymbol{x} \in W_1 \cap W_2$ とすると，

$$\boldsymbol{x} = x_1\boldsymbol{a}_1 + x_2\boldsymbol{a}_2 = x_3\boldsymbol{a}_3 + x_4\boldsymbol{a}_4$$

このとき，

$$x_1\boldsymbol{a}_1 + x_2\boldsymbol{a}_2 - x_3\boldsymbol{a}_3 - x_4\left(-\frac{2}{5}\boldsymbol{a}_1 + \boldsymbol{a}_2 + \frac{1}{5}\boldsymbol{a}_3\right) = \boldsymbol{0}$$

$\boldsymbol{a}_1, \boldsymbol{a}_2, \boldsymbol{a}_3$ は一次独立だから，

$$x_1 + \frac{2}{5}x_4 = 0,\ x_2 - x_4 = 0,\ -x_3 - \frac{1}{5}x_4 = 0.$$

よって，

$$\boldsymbol{x} = x_1\boldsymbol{a}_1 + x_2\boldsymbol{a}_2 = \frac{1}{5}x_4(-2\boldsymbol{a}_1 + 5\boldsymbol{a}_2)$$

したがって，$W_1 \cap W_2 = \langle -2\boldsymbol{a}_1 + 5\boldsymbol{a}_2 \rangle$ となり，$W_1 \cap W_2$ の基底は $\{-2\boldsymbol{a}_1 + 5\boldsymbol{a}_2\}$ で次元は 1 である．

一方，$(*)$ から

$$W_1 + W_2 = \langle \boldsymbol{a}_1, \boldsymbol{a}_2, \boldsymbol{a}_3, \boldsymbol{a}_4 \rangle = \langle \boldsymbol{a}_1, \boldsymbol{a}_2, \boldsymbol{a}_3 \rangle$$

よって，$W_1 + W_2$ の基底は $\{\boldsymbol{a}_1, \boldsymbol{a}_2, \boldsymbol{a}_3\}$ で次元は 3 であり，$W_1 + W_2 = \boldsymbol{R}^3$ となる．

問題 5.18 (1) $\boldsymbol{x} = \begin{bmatrix} x_1 \\ x_2 \\ x_3 \\ x_4 \end{bmatrix} \in W^{\perp}$ とすると，

$$\boldsymbol{x}\cdot\boldsymbol{a}_1 = x_1 + 2x_2 + 2x_3 + x_4 = 0, \quad \boldsymbol{x}\cdot\boldsymbol{a}_2 = 2x_1 - x_2 - x_3 + 2x_4 = 0$$

よって，

$$\begin{bmatrix} 1 & 2 & 2 & 1 \\ 2 & -1 & -1 & 2 \end{bmatrix}\begin{bmatrix} x_1 \\ x_2 \\ x_3 \\ x_4 \end{bmatrix} = \begin{bmatrix} 0 \\ 0 \end{bmatrix}$$

この連立 1 次方程式を解くために，次のように掃き出し法を行う．

1	2	2	1	①
2	−1	−1	2	②
1	2	2	1	③ = ①
0	−5	−5	0	④ = ② − ① × 2
1	0	0	1	⑤ = ① − ⑥ × 2
0	1	1	0	⑥ = ④ ÷ (−5)
$\boldsymbol{e}_1$	$\boldsymbol{e}_2$			

$$\Rightarrow \begin{cases} x_1 \qquad\qquad + x_4 = 0 \\ \qquad x_2 + x_3 \qquad = 0 \end{cases}$$

よって，

$$\begin{bmatrix} x_1 \\ x_2 \\ x_3 \\ x_4 \end{bmatrix} = x_3 \begin{bmatrix} 0 \\ -1 \\ 1 \\ 0 \end{bmatrix} + x_4 \begin{bmatrix} -1 \\ 0 \\ 0 \\ 1 \end{bmatrix}$$

したがって，

$$W^{\perp} = \langle \boldsymbol{a}_3, \boldsymbol{a}_4 \rangle, \quad \boldsymbol{a}_3 = \begin{bmatrix} 0 \\ -1 \\ 1 \\ 0 \end{bmatrix}, \ \boldsymbol{a}_4 = \begin{bmatrix} -1 \\ 0 \\ 0 \\ 1 \end{bmatrix}$$

$\{\boldsymbol{a}_3, \boldsymbol{a}_4\}$ は $W^{\perp}$ の基底で，$W^{\perp}$ の次元は 2 である．

(2) $\boldsymbol{x} = k_1\boldsymbol{a}_1 + k_2\boldsymbol{a}_2 + \boldsymbol{b}$, $\boldsymbol{b} \in W^{\perp}$ とする．

$$\boldsymbol{a}_1 \cdot \boldsymbol{a}_2 = 1 \cdot 2 + 2 \cdot (-1) + 2 \cdot (-1) + 1 \cdot 2 = 0, \ \boldsymbol{b} \cdot \boldsymbol{a}_1 = 0, \ \boldsymbol{b} \cdot \boldsymbol{a}_2 = 0$$

に注意すると，

$$\boldsymbol{x} \cdot \boldsymbol{a}_1 = (k_1\boldsymbol{a}_1 + k_2\boldsymbol{a}_2 + \boldsymbol{b}) \cdot \boldsymbol{a}_1 = k_1\boldsymbol{a}_1 \cdot \boldsymbol{a}_1 + k_2\boldsymbol{a}_2 \cdot \boldsymbol{a}_1 + \boldsymbol{b} \cdot \boldsymbol{a}_1 = k_1\boldsymbol{a}_1 \cdot \boldsymbol{a}_1$$

よって，

$$k_1 = \frac{\boldsymbol{x} \cdot \boldsymbol{a}_1}{\boldsymbol{a}_1 \cdot \boldsymbol{a}_1} = \frac{x_1 + 2x_2 + 2x_3 + x_4}{10}$$

また，

$$\boldsymbol{x} \cdot \boldsymbol{a}_2 = (k_1\boldsymbol{a}_1 + k_2\boldsymbol{a}_2 + \boldsymbol{b}) \cdot \boldsymbol{a}_2 = k_1\boldsymbol{a}_1 \cdot \boldsymbol{a}_2 + k_2\boldsymbol{a}_2 \cdot \boldsymbol{a}_2 + \boldsymbol{b} \cdot \boldsymbol{a}_2 = k_2\boldsymbol{a}_2 \cdot \boldsymbol{a}_2$$

したがって，

$$k_2 = \frac{\boldsymbol{x} \cdot \boldsymbol{a}_2}{\boldsymbol{a}_2 \cdot \boldsymbol{a}_2} = \frac{2x_1 - x_2 - x_3 + 2x_4}{10}$$

問題 5.19 W のベクトルは連立 1 次方程式

$$\begin{bmatrix} 1 & 1 & 1 & 2 \\ 2 & 1 & 1 & 1 \end{bmatrix} \begin{bmatrix} x_1 \\ x_2 \\ x_3 \\ x_4 \end{bmatrix} = \begin{bmatrix} 0 \\ 0 \end{bmatrix}$$

の解である．これを掃き出し法で解く：

1	1	1	2	①
2	1	1	1	②
1	1	1	2	③ = ①
0	−1	−1	−3	④ = ② − ① × 2
1	0	0	−1	⑤ = ③ + ④
0	1	1	3	⑥ = ④ ÷ (−1)
$\boldsymbol{e}_1$	$\boldsymbol{e}_2$			

より，$x_1 - x_4 = 0, x_2 + x_3 + 3x_4 = 0$．したがって，

$$\begin{bmatrix} x_1 \\ x_2 \\ x_3 \\ x_4 \end{bmatrix} = x_3 \begin{bmatrix} 0 \\ -1 \\ 1 \\ 0 \end{bmatrix} + x_4 \begin{bmatrix} 1 \\ -3 \\ 0 \\ 1 \end{bmatrix}$$

であるから，$\boldsymbol{a}_1 = \begin{bmatrix} 0 \\ -1 \\ 1 \\ 0 \end{bmatrix}, \boldsymbol{a}_2 = \begin{bmatrix} 1 \\ -3 \\ 0 \\ 1 \end{bmatrix}$ は W の基底である．

$\boldsymbol{x} = \begin{bmatrix} x_1 & x_2 & x_3 & x_4 \end{bmatrix} \in W^{\perp}$ とすれば，

$$\boldsymbol{x} \cdot \boldsymbol{a}_1 = -x_2 + x_3 = 0, \quad \boldsymbol{x} \cdot \boldsymbol{a}_2 = x_1 - 3x_2 + x_4 = 0$$

この連立 1 次方程式を解く．

0	−1	1	0	①
1	−3	0	1	②
1	−3	0	1	③ = ②
0	−1	1	0	④ = ①
1	0	−3	1	⑤ = ③ − ④ × 3
0	1	−1	0	⑥ = ④ × (−1)
$\boldsymbol{e}_1$	$\boldsymbol{e}_2$			

より，$x_1 - 3x_3 + x_4 = 0, x_2 - x_3 = 0$．したがって，

$$\begin{bmatrix} x_1 \\ x_2 \\ x_3 \\ x_4 \end{bmatrix} = x_3 \begin{bmatrix} 3 \\ 1 \\ 1 \\ 0 \end{bmatrix} + x_4 \begin{bmatrix} -1 \\ 0 \\ 0 \\ 1 \end{bmatrix}$$

であるから，$\boldsymbol{a}_3 = \begin{bmatrix} 3 \\ 1 \\ 1 \\ 0 \end{bmatrix}, \boldsymbol{a}_4 = \begin{bmatrix} -1 \\ 0 \\ 0 \\ 1 \end{bmatrix}$ は $W^{\perp}$ の基底をつくり，$W^{\perp}$ の次元は 2 である．

問題 5.20

1. $\boldsymbol{e}_1 = \dfrac{\boldsymbol{x}_1}{\|\boldsymbol{x}_1\|} = \dfrac{1}{\sqrt{6}}\begin{bmatrix} 2 & 1 & 1 \end{bmatrix}$

2. $\boldsymbol{b}_2 = \boldsymbol{x}_2 - (\boldsymbol{x}_2 \cdot \boldsymbol{e}_1)\boldsymbol{e}_1 = \begin{bmatrix} 1 & 2 & 1 \end{bmatrix} - \dfrac{2+2+1}{6}\begin{bmatrix} 2 & 1 & 1 \end{bmatrix} = \dfrac{1}{6}\begin{bmatrix} -4 & 7 & 1 \end{bmatrix}$ より，

$$\boldsymbol{e}_2 = \frac{\boldsymbol{b}_2}{\|\boldsymbol{b}_2\|} = \frac{1}{\sqrt{66}}\begin{bmatrix} -4 & 7 & 1 \end{bmatrix}$$

3. 最後に，
$$\begin{aligned}\boldsymbol{b}_3 &= \boldsymbol{x}_3 - (\boldsymbol{x}_3 \cdot \boldsymbol{e}_1)\boldsymbol{e}_1 - (\boldsymbol{x}_3 \cdot \boldsymbol{e}_2)\boldsymbol{e}_2 \\ &= \begin{bmatrix}1 & 1 & 2\end{bmatrix} - \frac{2+1+2}{6}\begin{bmatrix}2 & 1 & 1\end{bmatrix} - \frac{-4+7+2}{66}\begin{bmatrix}-4 & 7 & 1\end{bmatrix} \\ &= \frac{1}{66}\begin{bmatrix}-24 & -24 & 72\end{bmatrix}\end{aligned}$$
より，$\boldsymbol{e}_3 = \dfrac{\boldsymbol{b}_3}{\|\boldsymbol{b}_3\|} = \dfrac{1}{\sqrt{11}}\begin{bmatrix}-1 & -1 & 3\end{bmatrix}$．

問題 5.21

1. $\boldsymbol{e}_1 = \dfrac{\boldsymbol{x}_1}{\|\boldsymbol{x}_1\|} = \dfrac{1}{\sqrt{2}}\begin{bmatrix}1 & 1 & 0 & 0\end{bmatrix}$

2. $\boldsymbol{b}_2 = \boldsymbol{x}_2 - (\boldsymbol{x}_2 \cdot \boldsymbol{e}_1)\boldsymbol{e}_1 = \begin{bmatrix}1 & 0 & 1 & 0\end{bmatrix} - \dfrac{1}{2}\begin{bmatrix}1 & 1 & 0 & 0\end{bmatrix} = \dfrac{1}{2}\begin{bmatrix}1 & -1 & 2 & 0\end{bmatrix}$ より，
$$\boldsymbol{e}_2 = \frac{\boldsymbol{b}_2}{\|\boldsymbol{b}_2\|} = \frac{1}{\sqrt{6}}\begin{bmatrix}1 & -1 & 2 & 0\end{bmatrix}$$

3.
$$\begin{aligned}\boldsymbol{b}_3 &= \boldsymbol{x}_3 - (\boldsymbol{x}_3 \cdot \boldsymbol{e}_1)\boldsymbol{e}_1 - (\boldsymbol{x}_3 \cdot \boldsymbol{e}_2)\boldsymbol{e}_2 \\ &= \begin{bmatrix}1 & 0 & 0 & 1\end{bmatrix} - \frac{1}{2}\begin{bmatrix}1 & 1 & 0 & 0\end{bmatrix} - \frac{1}{6}\begin{bmatrix}1 & -1 & 2 & 0\end{bmatrix} \\ &= \frac{1}{6}\begin{bmatrix}2 & -2 & -2 & 6\end{bmatrix}\end{aligned}$$
より，$\boldsymbol{e}_3 = \dfrac{\boldsymbol{b}_3}{\|\boldsymbol{b}_3\|} = \dfrac{1}{\sqrt{12}}\begin{bmatrix}1 & -1 & -1 & 3\end{bmatrix}$．

4.
$$\begin{aligned}\boldsymbol{b}_4 &= \boldsymbol{x}_4 - (\boldsymbol{x}_4 \cdot \boldsymbol{e}_1)\boldsymbol{e}_1 - (\boldsymbol{x}_4 \cdot \boldsymbol{e}_2)\boldsymbol{e}_2 - (\boldsymbol{x}_4 \cdot \boldsymbol{e}_3)\boldsymbol{e}_3 \\ &= \begin{bmatrix}1 & 1 & 1 & 1\end{bmatrix} - \frac{2}{2}\begin{bmatrix}1 & 1 & 0 & 0\end{bmatrix} - \frac{2}{6}\begin{bmatrix}1 & -1 & 2 & 0\end{bmatrix} - \frac{2}{12}\begin{bmatrix}1 & -1 & -1 & 3\end{bmatrix} \\ &= \frac{1}{6}\begin{bmatrix}-3 & 3 & 3 & 3\end{bmatrix}\end{aligned}$$
より，$\boldsymbol{e}_4 = \dfrac{\boldsymbol{b}_4}{\|\boldsymbol{b}_4\|} = \dfrac{1}{2}\begin{bmatrix}-1 & 1 & 1 & 1\end{bmatrix}$．

問題 5.22 次に注意する：

(1) $m \neq n$ ならば，$\displaystyle\int_0^{2\pi} \cos mx \cos nx \; dx = 0$

(2) $m \neq n$ ならば，$\displaystyle\int_0^{2\pi} \sin mx \sin nx \; dx = 0$

(3) $\displaystyle\int_0^{2\pi} \cos mx \sin nx \; dx = 0$

(4) $\displaystyle\int_0^{2\pi} \cos^2 mx \; dx = \pi$

(5) $\displaystyle\int_0^{2\pi} \sin^2 mx \; dx = \pi$

これより，$i \neq j$ ならば，$(p_i, p_j) = 0$, $(p_i, p_i) = \pi$ である．したがって，
$$\boldsymbol{e}_0 = \frac{1}{\pi},\ \boldsymbol{e}_1 = \frac{1}{\pi}\cos x,\ \boldsymbol{e}_2 = \frac{1}{\pi}\sin x,\ \cdots,$$
$$\boldsymbol{e}_{2n-1} = \frac{1}{\pi}\cos nx,\ \boldsymbol{e}_{2n} = \frac{1}{\pi}\sin nx$$

が求める正規直交系である．

第6章　線形写像

問題 6.1　(1)　行列の積に関する分配法則 (基本事項 1.9) から，

$$\varphi(\boldsymbol{x}+\boldsymbol{y}) = M(\boldsymbol{x}+\boldsymbol{y}) = M\boldsymbol{x}+M\boldsymbol{y} = \varphi(\boldsymbol{x})+\varphi(\boldsymbol{y})$$

さらに，数 α に対して，

$$\varphi(\alpha\boldsymbol{x}) = M(\alpha\boldsymbol{x}) = \alpha M\boldsymbol{x} = \alpha\varphi(\boldsymbol{x})$$

(2)　転置行列の性質 (基本事項 1.12) から

$$\varphi(M+N) = {}^t(M+N) = {}^tM + {}^tN = \varphi(M)+\varphi(N)$$

さらに，数 α に対して，

$$\varphi(\alpha M) = {}^t(\alpha M) = \alpha\, {}^tM = \alpha\varphi(M)$$

(3)　微分法に関する性質から，

$$\varphi(f+g) = (f+g)' = f'+g' = \varphi(f)+\varphi(g)$$

さらに，実数 α に対して，

$$\varphi(\alpha f) = (\alpha f)' = \alpha f' = \alpha\varphi(f)$$

(4)　積分法に関する性質から，

$$\varphi(f+g) = \int_0^1 \{f(x)+g(x)\}dx = \int_0^1 f(x)dx + \int_0^1 g(x)dx = \varphi(f)+\varphi(g)$$

さらに，実数 α に対して，

$$\varphi(\alpha f) = \int_0^1 \{\alpha f(x)\}dx = \alpha\int_0^1 f(x)dx = \alpha\varphi(f)$$

問題 6.2　$f(x+y) = a(x+y)^2 + b(x+y) + c$

$$= (ax^2+bx+c) + (ay^2+by+c) + 2axy - c$$

$f(x+y) = f(x)+f(y)$ だから，

$$2axy - c = 0$$

これがすべての実数 x, y について成立するためには $a = c = 0$. このとき，$f(x) = bx$.

問題 6.3　例題 6.3 から

$$T\boldsymbol{x} = \boldsymbol{x} - \frac{2\boldsymbol{x}\cdot\boldsymbol{n}}{\boldsymbol{n}\cdot\boldsymbol{n}}\boldsymbol{n} = \boldsymbol{x} - \frac{2(x+y+z)}{3}\boldsymbol{n}$$

$$= \begin{bmatrix} x \\ y \\ z \end{bmatrix} - \frac{2(x+y+z)}{3}\begin{bmatrix} 1 \\ 1 \\ 1 \end{bmatrix}$$

$$= \begin{bmatrix} 1-2/3 & -2/3 & -2/3 \\ -2/3 & 1-2/3 & -2/3 \\ -2/3 & -2/3 & 1-2/3 \end{bmatrix} \begin{bmatrix} x \\ y \\ z \end{bmatrix}$$

$$= \begin{bmatrix} 1/3 & -2/3 & -2/3 \\ -2/3 & 1/3 & -2/3 \\ -2/3 & -2/3 & 1/3 \end{bmatrix} \begin{bmatrix} x \\ y \\ z \end{bmatrix}$$

したがって，T の表現行列は $\begin{bmatrix} 1/3 & -2/3 & -2/3 \\ -2/3 & 1/3 & -2/3 \\ -2/3 & -2/3 & 1/3 \end{bmatrix}$ である．

問題 6.4 (1) $a_1 = 1, a_2 = 0$ のとき，

$$a_3 = a_1 + a_2 = 1,\ a_4 = a_2 + a_3 = 1$$

だから，$\boldsymbol{e}_1 = \{1, 0, 1, 1, \cdots\}$.

(2) $a_1 = 0, a_2 = 1$ のとき，

$$a_3 = a_1 + a_2 = 1,\ a_4 = a_2 + a_3 = 2$$

だから，$\boldsymbol{e}_2 = \{0, 1, 1, 2, \cdots\}$.

(3) $\alpha\boldsymbol{e}_1 + \beta\boldsymbol{e}_2 \in S$ でこの数列の初項は α，第 2 項は β だから，

$$\{a_n\} = \alpha\boldsymbol{e}_1 + \beta\boldsymbol{e}_2$$

(4) $\varphi(\boldsymbol{e}_1) = \{0, 1, 1, \cdots\} = \boldsymbol{e}_2, \varphi(\boldsymbol{e}_2) = \{1, 1, 2, \cdots\} = \boldsymbol{e}_1 + \boldsymbol{e}_2$ だから，

$$\begin{bmatrix} \varphi(\boldsymbol{e}_1) & \varphi(\boldsymbol{e}_1) \end{bmatrix} = \begin{bmatrix} 0 & 1 \\ 1 & 1 \end{bmatrix} \begin{bmatrix} \boldsymbol{e}_1 \\ \boldsymbol{e}_2 \end{bmatrix}$$

したがって，表現行列は $\begin{bmatrix} 0 & 1 \\ 1 & 1 \end{bmatrix}$ である．

問題 6.5 f を行列表示すると，

$$\begin{bmatrix} x_1' \\ x_2' \end{bmatrix} = \begin{bmatrix} a & 1 \\ 1 & a \end{bmatrix} \begin{bmatrix} x_1 \\ x_2 \end{bmatrix}$$

したがって，f が同型であるための条件 (基本事項 6.8) は

$$\begin{vmatrix} a & 1 \\ 1 & a \end{vmatrix} = a^2 - 1 \neq 0$$

よって，$a \neq \pm 1$.

問題 6.6 f を行列表示すると，

$$\begin{bmatrix} x_1' \\ x_2' \\ x_3' \end{bmatrix} = \begin{bmatrix} a & 1 & 0 \\ 0 & a & 1 \\ 1 & 0 & a \end{bmatrix} \begin{bmatrix} x_1 \\ x_2 \\ x_3 \end{bmatrix}$$

したがって，f が同型であるための条件 (基本事項 6.8) は

$$\begin{vmatrix} a & 1 & 0 \\ 0 & a & 1 \\ 1 & 0 & a \end{vmatrix} = a^3 + 1 \neq 0$$

a は実数で $a^3+1=(a+1)(a^2-a+1)$ より，$a \neq -1$.

問題 6.7 (1) A の列ベクトルを $\boldsymbol{a}_1, \boldsymbol{a}_2, \boldsymbol{a}_3$ として，基本変形を行う.

A			
1	−1	−1	①
1	1	3	②
3	−1	1	③
1	−1	−1	④ = ①
0	2	4	⑤ = ② − ①
0	2	4	⑥ = ③ − ① × 3
1	0	1	⑦ = ④ + ⑧
0	1	2	⑧ = ⑤ ÷ 2
0	0	0	⑨ = ⑥ − ⑤
$\boldsymbol{e}_1$	$\boldsymbol{e}_2$		

であるから，$\boldsymbol{a}_1, \boldsymbol{a}_2$ は一次独立で $\boldsymbol{a}_3 = \boldsymbol{a}_1 + 2\boldsymbol{a}_2$.
したがって，

$$\mathrm{Im}\ \varphi_A = \langle \boldsymbol{a}_1, \boldsymbol{a}_2, \boldsymbol{a}_3 \rangle = \langle \boldsymbol{a}_1, \boldsymbol{a}_2 \rangle$$

は 2 次元で，基底として $\{\boldsymbol{a}_1, \boldsymbol{a}_2\}$ をとることができる.

さらに，上の基本変形から，$\varphi_A(\boldsymbol{x}) = \boldsymbol{0}$ に対応する連立 1 次方程式

$$\begin{cases} x_1 \qquad\quad + \ \ x_3 = 0 \\ \qquad\ x_2 + 2x_3 = 0 \end{cases}$$

を解くと，

$$\boldsymbol{x} = x_3 \begin{bmatrix} -1 \\ -2 \\ 1 \end{bmatrix} = x_3 \boldsymbol{b}, \qquad \boldsymbol{b} = \begin{bmatrix} -1 \\ -2 \\ 1 \end{bmatrix}$$

したがって，$\mathrm{Ker}\ \varphi_A = \langle \boldsymbol{b} \rangle$ であるから，$\mathrm{Ker}\ \varphi_A$ は 1 次元で，基底として $\{\boldsymbol{b}\}$ をとることができる.

(2) A の列ベクトルを $\boldsymbol{a}_1, \boldsymbol{a}_2, \boldsymbol{a}_3, \boldsymbol{a}_4$ として，基本変形を行う.

A				
1	1	1	1	①
1	−1	−1	1	②
−1	1	1	−1	③
−1	−1	1	1	④
1	1	1	1	⑤ = ①
0	−2	−2	0	⑥ = ② − ①
0	2	2	0	⑦ = ③ + ①
0	0	2	2	⑧ = ④ + ①
1	0	0	1	⑨ = ⑤ − ⑩
0	1	1	0	⑩ = ⑥ ÷ (−2)
0	0	0	0	⑪ = ⑦ + ⑥
0	0	2	2	⑫ = ⑧
1	0	0	1	⑬ = ⑨
0	1	0	−1	⑭ = ⑩ − ⑮
0	0	1	1	⑮ = ⑫ ÷ 2
0	0	0	0	⑯ = ⑪
$\boldsymbol{e}_1$	$\boldsymbol{e}_2$	$\boldsymbol{e}_3$		

であるから，$\boldsymbol{a}_1, \boldsymbol{a}_2, \boldsymbol{a}_3$ は一次独立で

$$\boldsymbol{a}_4 = \boldsymbol{a}_1 - \boldsymbol{a}_2 + \boldsymbol{a}_3$$

したがって，

$$\mathrm{Im}\ \varphi_A = \langle \boldsymbol{a}_1, \boldsymbol{a}_2, \boldsymbol{a}_3, \boldsymbol{a}_4 \rangle = \langle \boldsymbol{a}_1, \boldsymbol{a}_2, \boldsymbol{a}_3 \rangle$$

は 3 次元で，基底として $\{\boldsymbol{a}_1, \boldsymbol{a}_2, \boldsymbol{a}_3\}$ をとることができる．

さらに，上の基本変形から，$\varphi_A(\boldsymbol{x}) = \boldsymbol{0}$ に対応する連立 1 次方程式

$$\begin{cases} x_1 \qquad\qquad\quad + x_4 = 0 \\ \qquad x_2 \qquad\quad - x_4 = 0 \\ \qquad\qquad x_3 + x_4 = 0 \end{cases}$$

を解くと，

$$\boldsymbol{x} = x_4 \begin{bmatrix} -1 \\ 1 \\ -1 \\ 1 \end{bmatrix} = x_4 \boldsymbol{b}, \qquad \boldsymbol{b} = \begin{bmatrix} -1 \\ 1 \\ -1 \\ 1 \end{bmatrix}$$

したがって，$\mathrm{Ker}\ \varphi_A = \langle \boldsymbol{b} \rangle$ であるから，$\mathrm{Ker}\ \varphi_A$ は 1 次元で，基底として $\{\boldsymbol{b}\}$ をとることができる．

問題 6.8 $A = \begin{bmatrix} a_{11} & a_{12} & a_{13} \\ 0 & a_{22} & a_{23} \\ 0 & 0 & a_{33} \end{bmatrix}$ が直交行列であるならば，各列ベクトルは正規直交系

であるから,

$$a_{11}{}^2 = 1, \quad a_{12}{}^2 + a_{22}{}^2 = 1, \quad a_{11}a_{12} = 0$$
$$a_{13}{}^2 + a_{23}{}^2 + a_{33}{}^2 = 1, \quad a_{11}a_{13} = 0, \quad a_{13}a_{12} + a_{22}a_{23} = 0$$

よって,$a_{11} = \pm 1$, $a_{12} = a_{13} = 0$, $a_{22} = \pm 1$, $a_{23} = 0$, $a_{33} = \pm 1$ となる.したがって,

$$A = \begin{bmatrix} \pm 1 & 0 & 0 \\ 0 & \pm 1 & 0 \\ 0 & 0 & \pm 1 \end{bmatrix} \quad \text{(全部で 8 個ある)}$$

問題 6.9 (1) ${}^tPP = E$ または列ベクトルが正規直交系であることを確かめる(基本事項 4.17).すると,

$$P^{-1} = {}^tP = \begin{bmatrix} 6/7 & 3/7 & -2/7 \\ -2/7 & 6/7 & 3/7 \\ 3/7 & -2/7 & 6/7 \end{bmatrix}$$

(2) ${}^tPP$ を計算すると ${}^tPP = E$ となるので,$P^{-1} = {}^tP = \begin{bmatrix} \sin\theta\cos\varphi & \sin\theta\sin\varphi & \cos\theta \\ \cos\theta\cos\varphi & \cos\theta\sin\varphi & -\sin\theta \\ -\sin\varphi & \cos\varphi & 0 \end{bmatrix}$

問題 6.10 $\varphi\left(\begin{bmatrix} x_1 \\ x_2 \\ x_3 \end{bmatrix}\right) = \begin{bmatrix} 1 & 1 & 2 \\ 1 & 2 & 3 \\ 2 & 1 & 3 \end{bmatrix}\begin{bmatrix} x_1 \\ x_2 \\ x_3 \end{bmatrix}$ だから,表現行列は $\begin{bmatrix} 1 & 1 & 2 \\ 1 & 2 & 3 \\ 2 & 1 & 3 \end{bmatrix}$.

問題 6.11
$$\begin{aligned} \varphi(\boldsymbol{a}_1) + \varphi(\boldsymbol{a}_2) + 2\varphi(\boldsymbol{a}_3) &= \boldsymbol{b}_1 \\ \varphi(\boldsymbol{a}_1) + 2\varphi(\boldsymbol{a}_2) + \varphi(\boldsymbol{a}_3) &= \boldsymbol{b}_2 \\ 2\varphi(\boldsymbol{a}_1) + \varphi(\boldsymbol{a}_2) + \varphi(\boldsymbol{a}_3) &= \boldsymbol{b}_1 + \boldsymbol{b}_2 \end{aligned}$$

したがって,

$$\begin{bmatrix} \varphi(\boldsymbol{a}_1) & \varphi(\boldsymbol{a}_2) & \varphi(\boldsymbol{a}_3) \end{bmatrix}\begin{bmatrix} 1 & 1 & 2 \\ 1 & 2 & 1 \\ 2 & 1 & 1 \end{bmatrix} = \begin{bmatrix} \boldsymbol{b}_1 & \boldsymbol{b}_2 \end{bmatrix}\begin{bmatrix} 1 & 0 & 1 \\ 0 & 1 & 1 \end{bmatrix}$$

求める表現行列(基本事項 6.4)は

$$A = \begin{bmatrix} 1 & 0 & 1 \\ 0 & 1 & 1 \end{bmatrix}\begin{bmatrix} 1 & 1 & 2 \\ 1 & 2 & 1 \\ 2 & 1 & 1 \end{bmatrix}^{-1} \Longleftrightarrow A\begin{bmatrix} 1 & 1 & 2 \\ 1 & 2 & 1 \\ 2 & 1 & 1 \end{bmatrix} = \begin{bmatrix} 1 & 0 & 1 \\ 0 & 1 & 1 \end{bmatrix}$$

よって,

$$\begin{bmatrix} 1 & 1 & 2 \\ 1 & 2 & 1 \\ 2 & 1 & 1 \end{bmatrix}{}^tA = {}^t\begin{bmatrix} 1 & 0 & 1 \\ 0 & 1 & 1 \end{bmatrix} = \begin{bmatrix} 1 & 0 \\ 0 & 1 \\ 1 & 1 \end{bmatrix}$$

第6章

$BX = C$ の形の解 X を求めるためには，拡大係数行列 $\left[B \mid C\right]$ に基本変形を行う（例題 2.8 を参照）．したがって，次のように基本変形を行う．

B			C		
1	1	2	1	0	①
1	2	1	0	1	②
2	1	1	1	1	③
1	1	2	1	0	④ = ①
0	1	−1	−1	1	⑤ = ② − ①
0	−1	−3	−1	1	⑥ = ③ − ① × 2
1	0	3	2	−1	⑦ = ④ − ⑤
0	1	−1	−1	1	⑧ = ⑤
0	0	−4	−2	2	⑨ = ⑥ + ⑤
1	0	0	1/2	1/2	⑩ = ⑦ − ⑫ × 3
0	1	0	−1/2	1/2	⑪ = ⑧ + ⑫
0	0	1	1/2	−1/2	⑫ = ⑨ ÷ (−4)
$\boldsymbol{e}_1$	$\boldsymbol{e}_2$	$\boldsymbol{e}_3$	$\boldsymbol{x}_1$	$\boldsymbol{x}_2$	

したがって，

$$(X =)\ {}^tA = \frac{1}{2}\begin{bmatrix} 1 & 1 \\ -1 & 1 \\ 1 & -1 \end{bmatrix} \quad \text{つまり} \quad A = \frac{1}{2}\begin{bmatrix} 1 & -1 & 1 \\ 1 & 1 & -1 \end{bmatrix}$$

問題 6.12 (1) $\begin{bmatrix} x \\ y \\ z \end{bmatrix} = \begin{bmatrix} \boldsymbol{a}_1 & \boldsymbol{a}_2 & \boldsymbol{a}_3 \end{bmatrix}\begin{bmatrix} \alpha_1 \\ \alpha_2 \\ \alpha_3 \end{bmatrix} = \begin{bmatrix} 1 & 1 & -1 \\ 1 & -1 & 1 \\ -1 & 1 & 1 \end{bmatrix}\begin{bmatrix} \alpha_1 \\ \alpha_2 \\ \alpha_3 \end{bmatrix}$

だから，$P = \begin{bmatrix} 1 & 1 & -1 \\ 1 & -1 & 1 \\ -1 & 1 & 1 \end{bmatrix}$．

(2) $\begin{bmatrix} x \\ y \\ z \end{bmatrix} = \begin{bmatrix} \boldsymbol{b}_1 & \boldsymbol{b}_2 & \boldsymbol{b}_3 \end{bmatrix}\begin{bmatrix} \beta_1 \\ \beta_2 \\ \beta_3 \end{bmatrix} = \begin{bmatrix} 1 & 1 & 2 \\ 1 & 2 & 1 \\ 2 & 1 & 1 \end{bmatrix}\begin{bmatrix} \beta_1 \\ \beta_2 \\ \beta_3 \end{bmatrix}$

だから，$Q = \begin{bmatrix} 1 & 1 & 2 \\ 1 & 2 & 1 \\ 2 & 1 & 1 \end{bmatrix}^{-1}$．

(3) (1), (2) から，$A = QP$．よって，

$$\begin{bmatrix} 1 & 1 & 2 \\ 1 & 2 & 1 \\ 2 & 1 & 1 \end{bmatrix} A = \begin{bmatrix} 1 & 1 & -1 \\ 1 & -1 & 1 \\ -1 & 1 & 1 \end{bmatrix}$$

第6章

$Q^{-1}A = P$ の形の解 A を求めるためには，拡大係数行列 $\left[Q^{-1} \mid P\right]$ に基本変形を行う（例題 2.8 を参照）．したがって，次のように基本変形を行う．

Q^{-1}			P			
1	1	2	1	1	−1	①
1	2	1	1	−1	1	②
2	1	1	−1	1	1	③
1	1	2	1	1	−1	④ = ①
0	1	−1	0	−2	2	⑤ = ② − ①
0	−1	−3	−3	−1	3	⑥ = ③ − ① × 2
1	0	3	1	3	−3	⑦ = ④ − ⑤
0	1	−1	0	−2	2	⑧ = ⑤
0	0	−4	−3	−3	5	⑨ = ⑥ + ⑤
1	0	0	−5/4	3/4	3/4	⑩ = ⑦ − ⑫ × 3
0	1	0	3/4	−5/4	3/4	⑪ = ⑧ + ⑫
0	0	1	3/4	3/4	−5/4	⑫ = ⑨ ÷ (−4)
E			A			

したがって，

$$A = \frac{1}{4}\begin{bmatrix} -5 & 3 & 3 \\ 3 & -5 & 3 \\ 3 & 3 & -5 \end{bmatrix}$$

問題 6.13 $p_0(x) = 1,\ p_1(x) = x,\ p_2(x) = x^2,\ p_3(x) = x^3$ とする．

(1) $\varphi(p_0(x)) = 0$

$\varphi(p_1(x)) = x' = 1 = p_0(x)$

$\varphi(p_2(x)) = (x^2)' = 2x = 2p_1(x)$

$\varphi(p_3(x)) = (x^3)' = 3x^2 = 3p_2(x)$

であるから，

$$\begin{aligned}\begin{bmatrix} \varphi(p_0) & \varphi(p_1) & \varphi(p_2) & \varphi(p_3) \end{bmatrix} &= \begin{bmatrix} 0 & p_0 & 2p_1 & 3p_2 \end{bmatrix} \\ &= \begin{bmatrix} p_0 & p_1 & p_2 & p_3 \end{bmatrix}\begin{bmatrix} 0 & 1 & 0 & 0 \\ 0 & 0 & 2 & 0 \\ 0 & 0 & 0 & 3 \\ 0 & 0 & 0 & 0 \end{bmatrix}\end{aligned}$$

よって，表現行列は $\begin{bmatrix} 0 & 1 & 0 & 0 \\ 0 & 0 & 2 & 0 \\ 0 & 0 & 0 & 3 \\ 0 & 0 & 0 & 0 \end{bmatrix}$．

(2) $\varphi(p_0(x)) = p_0(x+2) = 1 = p_0(x)$

$$\varphi(p_1(x)) = p_1(x+2) = x+2 = p_1(x) + 2p_0(x)$$
$$\varphi(p_2(x)) = p_2(x+2) = (x+2)^2 = x^2+4x+4 = p_2(x) + 4p_1(x) + 4p_0(x)$$
$$\varphi(p_3(x)) = (x+2)^3 = x^3+6x^2+12x+8 = p_3(x) + 6p_2(x) + 12p_1(x) + 8p_0(x)$$

であるから,

$$\begin{aligned}&\begin{bmatrix} \varphi(p_0) & \varphi(p_1) & \varphi(p_2) & \varphi(p_3) \end{bmatrix}\\ &= \begin{bmatrix} p_0 & 2p_0+p_1 & 4p_0+4p_1+p_2 & 8p_0+12p_1+6p_2+p_3 \end{bmatrix}\\ &= \begin{bmatrix} p_0 & p_1 & p_2 & p_3 \end{bmatrix} \begin{bmatrix} 1 & 2 & 4 & 8 \\ 0 & 1 & 4 & 12 \\ 0 & 0 & 1 & 6 \\ 0 & 0 & 0 & 1 \end{bmatrix}\end{aligned}$$

よって，表現行列は $\begin{bmatrix} 1 & 2 & 4 & 8 \\ 0 & 1 & 4 & 12 \\ 0 & 0 & 1 & 6 \\ 0 & 0 & 0 & 1 \end{bmatrix}$ である.

問題 6.14 (1) $\boldsymbol{a}_3 = \dfrac{1}{\sqrt{3}}\begin{bmatrix} 1 \\ 1 \\ 1 \end{bmatrix}$ から，正規直交系をつくると,

$$\boldsymbol{a}_1 = \frac{1}{\sqrt{2}}\begin{bmatrix} 1 \\ -1 \\ 0 \end{bmatrix}, \boldsymbol{a}_2 = \boldsymbol{a}_3 \times \boldsymbol{a}_1 = \frac{1}{\sqrt{6}}\begin{bmatrix} 1 \\ 1 \\ -2 \end{bmatrix}$$

これらの関係式を行列表示すると,

$$\begin{bmatrix} \boldsymbol{a}_1 & \boldsymbol{a}_2 & \boldsymbol{a}_3 \end{bmatrix} = \begin{bmatrix} 1/\sqrt{2} & 1/\sqrt{6} & 1/\sqrt{3} \\ -1/\sqrt{2} & 1/\sqrt{6} & 1/\sqrt{3} \\ 0 & -2/\sqrt{6} & 1/\sqrt{3} \end{bmatrix} \qquad (*)$$

φ の定義より,

$$\varphi(\boldsymbol{a}_1) = \boldsymbol{a}_2,\ \varphi(\boldsymbol{a}_2) = -\boldsymbol{a}_1,\ \varphi(\boldsymbol{a}_3) = \boldsymbol{a}_3$$

よって,

$$\begin{aligned}\begin{bmatrix} \varphi(\boldsymbol{a}_1) & \varphi(\boldsymbol{a}_2) & \varphi(\boldsymbol{a}_3) \end{bmatrix} &= \begin{bmatrix} \boldsymbol{a}_1 & \boldsymbol{a}_2 & \boldsymbol{a}_3 \end{bmatrix}\begin{bmatrix} 0 & -1 & 0 \\ 1 & 0 & 0 \\ 0 & 0 & 1 \end{bmatrix}\\ &= \begin{bmatrix} 1/\sqrt{2} & 1/\sqrt{6} & 1/\sqrt{3} \\ -1/\sqrt{2} & 1/\sqrt{6} & 1/\sqrt{3} \\ 0 & -2/\sqrt{6} & 1/\sqrt{3} \end{bmatrix}\begin{bmatrix} 0 & -1 & 0 \\ 1 & 0 & 0 \\ 0 & 0 & 1 \end{bmatrix}\\ &= \begin{bmatrix} 1/\sqrt{6} & -1/\sqrt{2} & 1/\sqrt{3} \\ 1/\sqrt{6} & 1/\sqrt{2} & 1/\sqrt{3} \\ -2/\sqrt{6} & 0 & 1/\sqrt{3} \end{bmatrix}\end{aligned}$$

(*) から,

$$E = \begin{bmatrix} \boldsymbol{e}_1 & \boldsymbol{e}_2 & \boldsymbol{e}_3 \end{bmatrix} = \begin{bmatrix} \boldsymbol{a}_1 & \boldsymbol{a}_2 & \boldsymbol{a}_3 \end{bmatrix} \begin{bmatrix} 1/\sqrt{2} & 1/\sqrt{6} & 1/\sqrt{3} \\ -1/\sqrt{2} & 1/\sqrt{6} & 1/\sqrt{3} \\ 0 & -2/\sqrt{6} & 1/\sqrt{3} \end{bmatrix}^{-1}$$

そこで, φ の線形性から

$$\begin{aligned}
&\begin{bmatrix} \varphi(\boldsymbol{e}_1) & \varphi(\boldsymbol{e}_2) & \varphi(\boldsymbol{e}_3) \end{bmatrix} \\
&= \begin{bmatrix} \varphi(\boldsymbol{a}_1) & \varphi(\boldsymbol{a}_2) & \varphi(\boldsymbol{a}_3) \end{bmatrix} \begin{bmatrix} 1/\sqrt{2} & 1/\sqrt{6} & 1/\sqrt{3} \\ -1/\sqrt{2} & 1/\sqrt{6} & 1/\sqrt{3} \\ 0 & -2/\sqrt{6} & 1/\sqrt{3} \end{bmatrix}^{-1} \\
&= \begin{bmatrix} \varphi(\boldsymbol{a}_1) & \varphi(\boldsymbol{a}_2) & \varphi(\boldsymbol{a}_3) \end{bmatrix} \begin{bmatrix} 1/\sqrt{2} & -1/\sqrt{2} & 0 \\ 1/\sqrt{6} & 1/\sqrt{6} & -2/\sqrt{6} \\ 1/\sqrt{3} & 1/\sqrt{3} & 1/\sqrt{3} \end{bmatrix} \\
&= \begin{bmatrix} 1/\sqrt{6} & -1/\sqrt{2} & 1/\sqrt{3} \\ 1/\sqrt{6} & 1/\sqrt{2} & 1/\sqrt{3} \\ -2/\sqrt{6} & 0 & 1/\sqrt{3} \end{bmatrix} \begin{bmatrix} 1/\sqrt{2} & -1/\sqrt{2} & 0 \\ 1/\sqrt{6} & 1/\sqrt{6} & -2/\sqrt{6} \\ 1/\sqrt{3} & 1/\sqrt{3} & 1/\sqrt{3} \end{bmatrix} \\
&= \frac{1}{3} \begin{bmatrix} 1 & 1-\sqrt{3} & 1+\sqrt{3} \\ 1+\sqrt{3} & 1 & 1-\sqrt{3} \\ 1-\sqrt{3} & 1+\sqrt{3} & 1 \end{bmatrix} \\
&= \begin{bmatrix} \boldsymbol{e}_1 & \boldsymbol{e}_2 & \boldsymbol{e}_3 \end{bmatrix} \left(\frac{1}{3} \begin{bmatrix} 1 & 1-\sqrt{3} & 1+\sqrt{3} \\ 1+\sqrt{3} & 1 & 1-\sqrt{3} \\ 1-\sqrt{3} & 1+\sqrt{3} & 1 \end{bmatrix} \right)
\end{aligned}$$

したがって, φ の表現行列は $\frac{1}{3} \begin{bmatrix} 1 & 1-\sqrt{3} & 1+\sqrt{3} \\ 1+\sqrt{3} & 1 & 1-\sqrt{3} \\ 1-\sqrt{3} & 1+\sqrt{3} & 1 \end{bmatrix}$ である.

(2) $\varphi(\begin{bmatrix} 1 \\ 0 \\ 0 \end{bmatrix}) = \frac{1}{3} \begin{bmatrix} 1 & 1-\sqrt{3} & 1+\sqrt{3} \\ 1+\sqrt{3} & 1 & 1-\sqrt{3} \\ 1-\sqrt{3} & 1+\sqrt{3} & 1 \end{bmatrix} \begin{bmatrix} 1 \\ 0 \\ 0 \end{bmatrix} = \frac{1}{3} \begin{bmatrix} 1 \\ 1+\sqrt{3} \\ 1-\sqrt{3} \end{bmatrix}$

問題 6.15 (1) $\operatorname{rank} AB = \dim \operatorname{Im} (AB)(\boldsymbol{R}^n)$

$$= \dim \operatorname{Im} A(B(\boldsymbol{R}^n)) \leqq \dim \operatorname{Im} A(\boldsymbol{R}^n) = \operatorname{rank} A$$

同様に, $\operatorname{rank} AB \leqq \operatorname{rank} B$.

(2) B が正則ならば, $B(\boldsymbol{R}^n) = \boldsymbol{R}^n$ だから, $\operatorname{rank} AB = \operatorname{rank} A$.

(3) $\operatorname{Im} (A+B)(\boldsymbol{R}^n) \subset \operatorname{Im} A(\boldsymbol{R}^n) + \operatorname{Im} B(\boldsymbol{R}^n)$ だから,

$$\begin{aligned}
\operatorname{rank} (A+B) &= \dim \operatorname{Im} (A+B)(\boldsymbol{R}^n) \\
&\leqq \dim \operatorname{Im} A(\boldsymbol{R}^n) + \dim \operatorname{Im} B(\boldsymbol{R}^n) = \operatorname{rank} A + \operatorname{rank} B
\end{aligned}$$

問題 6.16 (1) ⇒ (3)：一次結合をつくり

$$x_1\varphi(\boldsymbol{a}_1) + x_2\varphi(\boldsymbol{a}_2) + \cdots + x_p\varphi(\boldsymbol{a}_p) = \boldsymbol{0}$$

とおくと，

$$\varphi(x_1\boldsymbol{a}_1 + x_2\boldsymbol{a}_2 + \cdots + x_p\boldsymbol{a}_p) = \boldsymbol{0} = \varphi(\boldsymbol{0})$$

仮定 (1) より φ は 1 対 1 だから，

$$x_1\boldsymbol{a}_1 + x_2\boldsymbol{a}_2 + \cdots + x_p\boldsymbol{a}_p = \boldsymbol{0}$$

$\boldsymbol{a}_1, \boldsymbol{a}_2, \cdots, \boldsymbol{a}_p$ は一次独立だから，$x_1 = x_2 = \cdots = x_p = 0$ となる．したがって，$\varphi(\boldsymbol{a}_1), \varphi(\boldsymbol{a}_2), \cdots, \varphi(\boldsymbol{a}_p)$ は一次独立である．

(3) ⇒ (2)：V の基底を $\boldsymbol{e}_1, \boldsymbol{e}_2, \cdots, \boldsymbol{e}_n$ とすると，(3) から，$\varphi(\boldsymbol{e}_1), \varphi(\boldsymbol{e}_2), \cdots, \varphi(\boldsymbol{e}_n)$ も一次独立であるので，これらも V の基底となる．したがって，

$$V = \langle \varphi(\boldsymbol{e}_1), \varphi(\boldsymbol{e}_2), \cdots, \varphi(\boldsymbol{e}_n) \rangle = \varphi(\langle \boldsymbol{e}_1, \boldsymbol{e}_2, \cdots, \boldsymbol{e}_n \rangle) = \varphi(V)$$

となり，(2) が成立する．

(2) ⇒ (1)：V の基底を $\boldsymbol{e}_1, \boldsymbol{e}_2, \cdots, \boldsymbol{e}_n$ とすると，(2) から，

$$\varphi(V) = \varphi(\langle \boldsymbol{e}_1, \boldsymbol{e}_2, \cdots, \boldsymbol{e}_n \rangle) = \langle \varphi(\boldsymbol{e}_1), \varphi(\boldsymbol{e}_2), \cdots, \varphi(\boldsymbol{e}_n) \rangle = V$$

だから，$\varphi(\boldsymbol{e}_1), \varphi(\boldsymbol{e}_2), \cdots, \varphi(\boldsymbol{e}_n)$ も V の基底となり，したがって，一次独立である．

$\boldsymbol{x} = x_1\boldsymbol{e}_1 + x_2\boldsymbol{e}_2 + \cdots + x_n\boldsymbol{e}_n \in V$ かつ $\varphi(\boldsymbol{x}) = \boldsymbol{0}$ とすると，

$$x_1\varphi(\boldsymbol{e}_1) + x_2\varphi(\boldsymbol{e}_2) + \cdots + x_n\varphi(\boldsymbol{e}_n) = \boldsymbol{0}$$

$\varphi(\boldsymbol{e}_1), \varphi(\boldsymbol{e}_2), \cdots, \varphi(\boldsymbol{e}_n)$ は一次独立だから，

$$x_1 = x_2 = \cdots = x_n = 0$$

したがって，$\boldsymbol{x} = \boldsymbol{0}$．

さて，$\varphi(\boldsymbol{x}) = \varphi(\boldsymbol{x}')$ とすると，$\varphi(\boldsymbol{x} - \boldsymbol{x}') = \boldsymbol{0}$．よって，$\boldsymbol{x} - \boldsymbol{x}' = \boldsymbol{0}$ となるので，$\boldsymbol{x} = \boldsymbol{x}'$．したがって，$\varphi$ は 1 対 1 である．

問題 6.17 (1) $\varphi_A(\boldsymbol{x}) = \begin{bmatrix} \boldsymbol{a}_1 & \boldsymbol{a}_2 & \boldsymbol{a}_3 & \boldsymbol{a}_4 \end{bmatrix} \begin{bmatrix} x_1 \\ x_2 \\ x_3 \\ x_4 \end{bmatrix} = x_1\boldsymbol{a}_1 + x_2\boldsymbol{a}_2 + x_3\boldsymbol{a}_3 + x_4\boldsymbol{a}_4$

だから，$\varphi_A(x)$ は $\boldsymbol{a}_1$, $\boldsymbol{a}_2$, $\boldsymbol{a}_3$, $\boldsymbol{a}_4$ の 1 次結合で表される．よって，$\mathrm{Im}\ \varphi_A = \langle \boldsymbol{a}_1, \boldsymbol{a}_2, \boldsymbol{a}_3, \boldsymbol{a}_4 \rangle$.

(2) 例題 6.6 より，像空間 $\mathrm{Im}\ \varphi_A$ の基底は $\{\boldsymbol{a}_1, \boldsymbol{a}_3, \boldsymbol{a}_4\}$ である．

(3) 核空間 $\mathrm{Ker}\ \varphi_A$ の基底は $\boldsymbol{b}_1 = \begin{bmatrix} 2 \\ 2 \\ -3 \\ -3 \end{bmatrix}$

第6章

(4) $P=\begin{bmatrix} 1 & 1 & 1 & 0 \\ 2 & 1 & 1 & 0 \\ -1 & 1 & -1 & 0 \\ 3 & -1 & 3 & 1 \end{bmatrix}$ とすると，

$$|P| = \begin{vmatrix} 1 & 1 & 1 \\ 2 & 1 & 1 \\ -1 & 1 & -1 \end{vmatrix} = \begin{vmatrix} 1 & 1 & 1 \\ 0 & -1 & -1 \\ 0 & 2 & 0 \end{vmatrix} = 2 \neq 0$$

だから P は正則である．

(5) $Q = \begin{bmatrix} \boldsymbol{e}_1 & \boldsymbol{e}_3 & \boldsymbol{e}_4 & \boldsymbol{b}_1 \end{bmatrix} = \begin{bmatrix} 1 & 0 & 0 & 2 \\ 0 & 0 & 0 & 2 \\ 0 & 1 & 0 & -3 \\ 0 & 0 & 1 & -3 \end{bmatrix}$

(6)
$$\begin{aligned} AQ &= \begin{bmatrix} A\boldsymbol{e}_1 & A\boldsymbol{e}_3 & A\boldsymbol{e}_4 & A\boldsymbol{b}_1 \end{bmatrix} \\ &= \begin{bmatrix} \boldsymbol{a}_1 & \boldsymbol{a}_3 & \boldsymbol{a}_4 & \boldsymbol{0} \end{bmatrix} \\ &= \begin{bmatrix} \boldsymbol{a}_1 & \boldsymbol{a}_3 & \boldsymbol{a}_4 & \boldsymbol{e}_4 \end{bmatrix} \begin{bmatrix} 1 & 0 & 0 & 0 \\ 0 & 1 & 0 & 0 \\ 0 & 0 & 1 & 0 \\ 0 & 0 & 0 & 0 \end{bmatrix} \\ &= P \begin{bmatrix} 1 & 0 & 0 & 0 \\ 0 & 1 & 0 & 0 \\ 0 & 0 & 1 & 0 \\ 0 & 0 & 0 & 0 \end{bmatrix} \end{aligned}$$

だから，$P^{-1}AQ = \begin{bmatrix} 1 & 0 & 0 & 0 \\ 0 & 1 & 0 & 0 \\ 0 & 0 & 1 & 0 \\ 0 & 0 & 0 & 0 \end{bmatrix}$

問題 6.18 (1) $\varphi(\alpha\{a_n\} + \beta\{b_n\}) = \{\alpha a_{n+1} + \beta b_{n+1}\} = \alpha\{a_{n+1}\} + \beta\{b_{n+1}\}$
$= \alpha\varphi(\{a_n\}) + \beta\varphi(\{b_n\})$

(2) $\{a_n\} \in S$ は $\{a_n\} = a_1\boldsymbol{e}_1 + a_2\boldsymbol{e}_2$ と表される．

(3) $\alpha\begin{bmatrix}1 & 2\end{bmatrix} + \beta\begin{bmatrix}1 & -1\end{bmatrix} = \begin{bmatrix}a_1 & a_2\end{bmatrix}$ となるように α, β を決めれば，

$$\{a_n\} = \alpha\boldsymbol{f}_1 + \beta\boldsymbol{f}_2$$

ここで，$\begin{vmatrix} 1 & 1 \\ 2 & -1 \end{vmatrix} = -3 \neq 0$ に注意する．

(4) $\varphi(\boldsymbol{e}_1) = \{0, 2, 2, \cdots\} = 2\boldsymbol{e}_2$, $\varphi(\boldsymbol{e}_2) = \{1, 1, 3, \cdots\} = \boldsymbol{e}_1 + \boldsymbol{e}_2$ であるから，

$$\begin{bmatrix} \varphi(\boldsymbol{e}_1) & \varphi(\boldsymbol{e}_2) \end{bmatrix} = \begin{bmatrix} \boldsymbol{e}_1 & \boldsymbol{e}_2 \end{bmatrix} \begin{bmatrix} 0 & 1 \\ 2 & 1 \end{bmatrix}$$

第6章

したがって，$A=\begin{bmatrix} 0 & 1 \\ 2 & 1 \end{bmatrix}$.

(5) $\begin{bmatrix} \boldsymbol{f}_1 & \boldsymbol{f}_2 \end{bmatrix}=\begin{bmatrix} \boldsymbol{e}_1 & \boldsymbol{e}_2 \end{bmatrix}\begin{bmatrix} 1 & 1 \\ 2 & -1 \end{bmatrix}$ だから，$P=\begin{bmatrix} 1 & 1 \\ 2 & -1 \end{bmatrix}$ とおく．このとき，

$$\begin{bmatrix} \varphi(\boldsymbol{f}_1) & \varphi(\boldsymbol{f}_2) \end{bmatrix}=\begin{bmatrix} \varphi(\boldsymbol{e}_1) & \varphi(\boldsymbol{e}_2) \end{bmatrix}P=\begin{bmatrix} \boldsymbol{e}_1 & \boldsymbol{e}_2 \end{bmatrix}AP$$

一方，$\begin{bmatrix} \varphi(\boldsymbol{f}_1) & \varphi(\boldsymbol{f}_2) \end{bmatrix}=\begin{bmatrix} \boldsymbol{f}_1 & \boldsymbol{f}_2 \end{bmatrix}B=\begin{bmatrix} \boldsymbol{e}_1 & \boldsymbol{e}_2 \end{bmatrix}PB$ であるから，$AP=PB$ つまり

$$B=P^{-1}AP=\frac{-1}{3}\begin{bmatrix} -1 & -1 \\ -2 & 1 \end{bmatrix}\begin{bmatrix} 0 & 1 \\ 2 & 1 \end{bmatrix}\begin{bmatrix} 1 & 1 \\ 2 & -1 \end{bmatrix}=\begin{bmatrix} 2 & 0 \\ 0 & -1 \end{bmatrix}$$

(6) $\varphi(\boldsymbol{f}_1)=2\boldsymbol{f}_1$ だから，$\boldsymbol{f}_1=\{2^{n-1}\}$．$\varphi(\boldsymbol{f}_2)=-\boldsymbol{f}_2$ だから，$\boldsymbol{f}_2=\{(-1)^{n-1}\}$．
したがって，

$$\{a_n\}=\begin{bmatrix} \boldsymbol{e}_1 & \boldsymbol{e}_2 \end{bmatrix}\begin{bmatrix} a_1 \\ a_2 \end{bmatrix}=\begin{bmatrix} \boldsymbol{f}_1 & \boldsymbol{f}_2 \end{bmatrix}\begin{bmatrix} b_1 \\ b_2 \end{bmatrix}$$

とすれば，

$$\begin{bmatrix} b_1 \\ b_2 \end{bmatrix}=P^{-1}\begin{bmatrix} a_1 \\ a_2 \end{bmatrix}=\frac{-1}{3}\begin{bmatrix} -1 & -1 \\ -2 & 1 \end{bmatrix}\begin{bmatrix} a_1 \\ a_2 \end{bmatrix}=\frac{-1}{3}\begin{bmatrix} -a_1-a_2 \\ -2a_1+a_2 \end{bmatrix}$$

よって，

$$\{a_n\}=\frac{a_1+a_2}{3}\boldsymbol{f}_1+\frac{2a_1-a_2}{3}\boldsymbol{f}_2,\quad a_n=\frac{a_1+a_2}{3}2^{n-1}+\frac{2a_1-a_2}{3}(-1)^{n-1}$$

第 7 章　行列の対角化

問題 7.1 $AP=P\begin{bmatrix} \lambda_1 & & & O \\ & \lambda_2 & & \\ & & \ddots & \\ O & & & \lambda_n \end{bmatrix}$ において，$P=\begin{bmatrix} \boldsymbol{x}_1 & \boldsymbol{x}_2 & \cdots & \boldsymbol{x}_n \end{bmatrix}$

とすると，　$AP=A\begin{bmatrix} \boldsymbol{x}_1 & \boldsymbol{x}_2 & \cdots & \boldsymbol{x}_n \end{bmatrix}=\begin{bmatrix} A\boldsymbol{x}_1 & A\boldsymbol{x}_2 & \cdots & A\boldsymbol{x}_n \end{bmatrix}$

$$P\begin{bmatrix} \lambda_1 & & & O \\ & \lambda_2 & & \\ & & \ddots & \\ O & & & \lambda_n \end{bmatrix}=\begin{bmatrix} \boldsymbol{x}_1 & \boldsymbol{x}_2 & \cdots & \boldsymbol{x}_n \end{bmatrix}\begin{bmatrix} \lambda_1 & & & O \\ & \lambda_2 & & \\ & & \ddots & \\ O & & & \lambda_n \end{bmatrix}$$
$$=\begin{bmatrix} \lambda_1\boldsymbol{x}_1 & \lambda_2\boldsymbol{x}_2 & \cdots & \lambda_n\boldsymbol{x}_n \end{bmatrix}$$

よって，

$$A\boldsymbol{x}_1 = \lambda_1\boldsymbol{x}_1,\ \ A\boldsymbol{x}_2 = \lambda_2\boldsymbol{x}_2,\ \cdots,\ A\boldsymbol{x}_n = \lambda_n\boldsymbol{x}_n$$

P は正則だから，$\boldsymbol{x}_1, \boldsymbol{x}_2, \cdots, \boldsymbol{x}_n \neq \boldsymbol{0}$．したがって，$\lambda_1, \lambda_2, \cdots, \lambda_n$ は A の固有値で，各 $\boldsymbol{x}_p$ は λ_p に属する固有ベクトルである．

問題 7.2 (1) 固有多項式は

$$\begin{vmatrix} \lambda-3 & -1 \\ -1 & \lambda-3 \end{vmatrix} = (\lambda-3)^2-1 = (\lambda-2)(\lambda-4)$$

であるから，固有値は $\lambda = 2,\ 4$ である．

(i) $\lambda = 2$ のとき，固有ベクトルは

$$\begin{bmatrix} -1 & -1 \\ -1 & -1 \end{bmatrix}\begin{bmatrix} x_1 \\ x_2 \end{bmatrix} = \begin{bmatrix} 0 \\ 0 \end{bmatrix}$$

の解であるから，$-x_1 - x_2 = 0$. したがって，$x_2 = t$ とおいて，

$$\begin{bmatrix} x_1 \\ x_2 \end{bmatrix} = x_2\begin{bmatrix} -1 \\ 1 \end{bmatrix} = t\begin{bmatrix} -1 \\ 1 \end{bmatrix}$$

(ii) $\lambda = 4$ のとき，固有ベクトルは

$$\begin{bmatrix} 1 & -1 \\ -1 & 1 \end{bmatrix}\begin{bmatrix} x_1 \\ x_2 \end{bmatrix} = \begin{bmatrix} 0 \\ 0 \end{bmatrix}$$

の解であるから，$x_1 - x_2 = 0$. したがって，$x_2 = t$ とおくと，

$$\begin{bmatrix} x_1 \\ x_2 \end{bmatrix} = x_2\begin{bmatrix} 1 \\ 1 \end{bmatrix} = t\begin{bmatrix} 1 \\ 1 \end{bmatrix}$$

固有ベクトルを並べた行列を $P = \begin{bmatrix} -1 & 1 \\ 1 & 1 \end{bmatrix}$ とおけば，

$$P^{-1}AP = \begin{bmatrix} 2 & 0 \\ 0 & 4 \end{bmatrix}$$

(2) 固有多項式は，

$$\begin{vmatrix} \lambda-1 & -1 \\ 2 & \lambda-3 \end{vmatrix} = (\lambda-1)(\lambda-3)+2 = (\lambda-2)^2+1$$

であるから，固有値は $\lambda = 2 \pm i$ である．

(i) $\lambda = 2+i$ のとき，固有ベクトルは

$$\begin{bmatrix} 1+i & -1 \\ 2 & -1+i \end{bmatrix}\begin{bmatrix} x_1 \\ x_2 \end{bmatrix} = \begin{bmatrix} 0 \\ 0 \end{bmatrix}$$

の解であるから，$(1+i)x_1 - x_2 = 0$．よって，$x_1 = t$ とおくと，

$$\begin{bmatrix} x_1 \\ x_2 \end{bmatrix} = x_1\begin{bmatrix} 1 \\ 1+i \end{bmatrix} = t\begin{bmatrix} 1 \\ 1+i \end{bmatrix}$$

固有空間は $V(2+i) = \langle \begin{bmatrix} 1 \\ 1+i \end{bmatrix} \rangle$ である．

(ii) $\lambda = 2-i$ のとき，固有ベクトルは

$$\begin{bmatrix} 1-i & -1 \\ 2 & -1-i \end{bmatrix} \begin{bmatrix} x_1 \\ x_2 \end{bmatrix} = \begin{bmatrix} 0 \\ 0 \end{bmatrix}$$

の解であるから，$(1-i)x_1 - x_2 = 0$．よって，$x_1 = t$ とおいて

$$\begin{bmatrix} x_1 \\ x_2 \end{bmatrix} = x_1 \begin{bmatrix} 1 \\ 1-i \end{bmatrix} = t \begin{bmatrix} 1 \\ 1-i \end{bmatrix}$$

固有空間は $V(1-i) = \langle \begin{bmatrix} 1 \\ 1-i \end{bmatrix} \rangle$ である．

固有ベクトルを並べた行列を $P = \begin{bmatrix} 1 & 1 \\ 1+i & 1-i \end{bmatrix}$ とおけば，

$$P^{-1}AP = \begin{bmatrix} 2+i & 0 \\ 0 & 2-i \end{bmatrix}$$

問題 7.3 (1) 固有多項式は，

$$\begin{vmatrix} \lambda-1 & 0 & -1 \\ 0 & \lambda-1 & -1 \\ 0 & 0 & \lambda-2 \end{vmatrix} = (\lambda-1)^2(\lambda-2)$$

であるから，固有値は $\lambda = 1, 2$ である．

(i) $\lambda = 1$ のとき，

$$\begin{bmatrix} 0 & 0 & -1 \\ 0 & 0 & -1 \\ 0 & 0 & -1 \end{bmatrix} \begin{bmatrix} x_1 \\ x_2 \\ x_3 \end{bmatrix} = \begin{bmatrix} 0 \\ 0 \\ 0 \end{bmatrix}$$

であるから，$x_3 = 0$．よって，固有ベクトルは $x_1 = s, x_2 = t$ とおくと，

$$\begin{bmatrix} x_1 \\ x_2 \\ x_3 \end{bmatrix} = x_1 \begin{bmatrix} 1 \\ 0 \\ 0 \end{bmatrix} + x_2 \begin{bmatrix} 0 \\ 1 \\ 0 \end{bmatrix} = s \begin{bmatrix} 1 \\ 0 \\ 0 \end{bmatrix} + t \begin{bmatrix} 0 \\ 1 \\ 0 \end{bmatrix}$$

したがって，固有空間 $V(1) = \langle \begin{bmatrix} 1 \\ 0 \\ 0 \end{bmatrix}, \begin{bmatrix} 0 \\ 1 \\ 0 \end{bmatrix} \rangle$ は 2 次元である．

(ii) $\lambda = 2$ のとき，

$$\begin{bmatrix} 1 & 0 & -1 \\ 0 & 1 & -1 \\ 0 & 0 & 0 \end{bmatrix} \begin{bmatrix} x_1 \\ x_2 \\ x_3 \end{bmatrix} = \begin{bmatrix} 0 \\ 0 \\ 0 \end{bmatrix}$$

であるから，$x_1 - x_3 = 0,\ x_2 - x_3 = 0$．よって，$x_3 = t$ とおくと

$$\begin{bmatrix} x_1 \\ x_2 \\ x_3 \end{bmatrix} = x_3 \begin{bmatrix} 1 \\ 1 \\ 1 \end{bmatrix} = t \begin{bmatrix} 1 \\ 1 \\ 1 \end{bmatrix}$$

したがって，固有空間 $V(2) = \left\langle \begin{bmatrix} 1 \\ 1 \\ 1 \end{bmatrix} \right\rangle$ は 1 次元である．

固有ベクトルを並べた行列を $P = \begin{bmatrix} 1 & 0 & 1 \\ 0 & 1 & 1 \\ 0 & 0 & 1 \end{bmatrix}$ とおけば，

$$P^{-1}AP = \begin{bmatrix} 1 & 0 & 0 \\ 0 & 1 & 0 \\ 0 & 0 & 2 \end{bmatrix}$$

となって，対角化可能である．

(2) 固有多項式は，

$$\begin{vmatrix} \lambda - 1 & -1 & -1 \\ 0 & \lambda - 1 & 0 \\ 0 & 0 & \lambda - 2 \end{vmatrix} = (\lambda - 1)^2(\lambda - 2)$$

であるから，固有値は $\lambda = 1, 2$ である．

(i) $\lambda = 1$ のとき，

$$\begin{bmatrix} 0 & -1 & -1 \\ 0 & 0 & 0 \\ 0 & 0 & -1 \end{bmatrix} \begin{bmatrix} x_1 \\ x_2 \\ x_3 \end{bmatrix} = \begin{bmatrix} 0 \\ 0 \\ 0 \end{bmatrix}$$

であるから，$-x_2 - x_3 = 0,\ x_3 = 0$．よって，固有ベクトルは $x_1 = t$ とおくと，

$$\begin{bmatrix} x_1 \\ x_2 \\ x_3 \end{bmatrix} = x_1 \begin{bmatrix} 1 \\ 0 \\ 0 \end{bmatrix} = t \begin{bmatrix} 1 \\ 0 \\ 0 \end{bmatrix}$$

したがって，固有空間 $V(1) = \left\langle \begin{bmatrix} 1 \\ 0 \\ 0 \end{bmatrix} \right\rangle$ は 1 次元である．

(ii) $\lambda = 2$ のとき，

$$\begin{bmatrix} 1 & -1 & -1 \\ 0 & 1 & 0 \\ 0 & 0 & 0 \end{bmatrix} \begin{bmatrix} x_1 \\ x_2 \\ x_3 \end{bmatrix} = \begin{bmatrix} 0 \\ 0 \\ 0 \end{bmatrix}$$

であるから，$x_1 - x_2 - x_3 = 0,\ x_2 = 0$．よって，$x_3 = t$ とおくと

$$\begin{bmatrix} x_1 \\ x_2 \\ x_3 \end{bmatrix} = x_3 \begin{bmatrix} 1 \\ 0 \\ 1 \end{bmatrix} = t \begin{bmatrix} 1 \\ 0 \\ 1 \end{bmatrix}$$

したがって，固有空間 $V(2) = \langle \begin{bmatrix} 1 \\ 0 \\ 1 \end{bmatrix} \rangle$ は 1 次元である．

(i), (ii) から，固有空間の次元について

$$\dim V(1) + \dim V(2) = 2 < 3$$

となって，対角化できない．

問題 7.4 (1) 固有多項式は

$$\begin{vmatrix} \lambda - 1 & -1 \\ -1 & \lambda - 1 \end{vmatrix} = (\lambda - 1)^2 - 1 = \lambda(\lambda - 2)$$

であるから，固有値は $\lambda = 0$，2 である．

(i) $\lambda = 0$ のとき，固有ベクトルは

$$\begin{bmatrix} -1 & -1 \\ -1 & -1 \end{bmatrix} \begin{bmatrix} x_1 \\ x_2 \end{bmatrix} = \begin{bmatrix} 0 \\ 0 \end{bmatrix}$$

の解であるから，$-x_1 - x_2 = 0$. したがって，$x_2 = t$ とおいて，

$$\begin{bmatrix} x_1 \\ x_2 \end{bmatrix} = x_2 \begin{bmatrix} -1 \\ 1 \end{bmatrix} = t \begin{bmatrix} -1 \\ 1 \end{bmatrix}$$

(ii) $\lambda = 2$ のとき，固有ベクトルは

$$\begin{bmatrix} 1 & -1 \\ -1 & 1 \end{bmatrix} \begin{bmatrix} x_1 \\ x_2 \end{bmatrix} = \begin{bmatrix} 0 \\ 0 \end{bmatrix}$$

の解であるから，$x_1 - x_2 = 0$. したがって，$x_2 = t$ とおくと，

$$\begin{bmatrix} x_1 \\ x_2 \end{bmatrix} = x_2 \begin{bmatrix} 1 \\ 1 \end{bmatrix} = t \begin{bmatrix} 1 \\ 1 \end{bmatrix}$$

固有ベクトル $\boldsymbol{a}_1 = \begin{bmatrix} -1 \\ 1 \end{bmatrix}$, $\boldsymbol{a}_2 = \begin{bmatrix} 1 \\ 1 \end{bmatrix}$ は互いに直交しているので，それらを単位ベクトルに変えて，直交行列

$$P = \begin{bmatrix} -1/\sqrt{2} & 1/\sqrt{2} \\ 1/\sqrt{2} & 1/\sqrt{2} \end{bmatrix}$$

をつくると，

$${}^tPAP = P^{-1}AP = \begin{bmatrix} 0 & 0 \\ 0 & 2 \end{bmatrix}$$

(2) 固有多項式は，

$$\begin{vmatrix} \lambda-1 & 1 & -1 \\ 1 & \lambda-1 & 1 \\ -1 & 1 & \lambda-1 \end{vmatrix} = \begin{vmatrix} \lambda-3 & -\lambda+3 & \lambda-3 \\ 1 & \lambda-1 & 1 \\ -1 & 1 & \lambda-1 \end{vmatrix}$$

（2 行 × (−1), 3 行を 1 行に加える）

$$= (\lambda-3)\begin{vmatrix} 1 & -1 & 1 \\ 1 & \lambda-1 & 1 \\ -1 & 1 & \lambda-1 \end{vmatrix}$$

$$= (\lambda-3)\begin{vmatrix} 1 & -1 & 1 \\ 0 & \lambda & 0 \\ 0 & 0 & \lambda \end{vmatrix}$$

$$= (\lambda-3)\lambda^2$$

であるから，固有値は $\lambda = 3$, 0.

(i) $\lambda = 3$ のとき，固有ベクトルは

$$\begin{bmatrix} 2 & 1 & -1 \\ 1 & 2 & 1 \\ -1 & 1 & 2 \end{bmatrix}\begin{bmatrix} x_1 \\ x_2 \\ x_3 \end{bmatrix} = \begin{bmatrix} 0 \\ 0 \\ 0 \end{bmatrix}$$

の解であるから，

2	1	−1	①
1	2	1	②
−1	1	2	③
1	2	1	④ = ②
0	−3	−3	⑤ = ① − ② × 2
0	3	3	⑥ = ③ + ②
1	0	−1	⑦ = ④ − ⑧ × 2
0	1	1	⑧ = ⑤ ÷ (−3)
0	0	0	⑨ = ⑥ + ⑤

$$\Longrightarrow \begin{cases} x_1 \qquad - x_3 = 0 \\ \qquad x_2 + x_3 = 0 \end{cases}$$

したがって，$x_3 = t$ とおくと

$$\begin{bmatrix} x_1 \\ x_2 \\ x_3 \end{bmatrix} = x_3\begin{bmatrix} 1 \\ -1 \\ 1 \end{bmatrix} = t\begin{bmatrix} 1 \\ -1 \\ 1 \end{bmatrix}$$

固有空間は $V(3) = \left\langle \begin{bmatrix} 1 \\ -1 \\ 1 \end{bmatrix} \right\rangle$ である.

(ii) $\lambda = 0$ のとき，固有ベクトルは

第7章

$$\begin{bmatrix} -1 & 1 & -1 \\ 1 & -1 & 1 \\ -1 & 1 & -1 \end{bmatrix} \begin{bmatrix} x_1 \\ x_2 \\ x_3 \end{bmatrix} = \begin{bmatrix} 0 \\ 0 \\ 0 \end{bmatrix}$$

の解であるから，$x_1 - x_2 + x_3 = 0$. したがって，$x_2 = s$，$x_3 = t$ とおくと，

$$\begin{bmatrix} x_1 \\ x_2 \\ x_3 \end{bmatrix} = x_2 \begin{bmatrix} 1 \\ 1 \\ 0 \end{bmatrix} + x_3 \begin{bmatrix} -1 \\ 0 \\ 1 \end{bmatrix}$$

$$= s \begin{bmatrix} 1 \\ 1 \\ 0 \end{bmatrix} + t \begin{bmatrix} -1 \\ 0 \\ 1 \end{bmatrix}$$

固有空間は $V(0) = \left\langle \begin{bmatrix} 1 \\ 1 \\ 0 \end{bmatrix}, \begin{bmatrix} -1 \\ 0 \\ 1 \end{bmatrix} \right\rangle$ である．

固有ベクトル $\boldsymbol{x}_1 = \begin{bmatrix} 1 \\ -1 \\ 1 \end{bmatrix}$, $\boldsymbol{x}_2 = \begin{bmatrix} 1 \\ 1 \\ 0 \end{bmatrix}$, $\boldsymbol{x}_3 = \begin{bmatrix} -1 \\ 0 \\ 1 \end{bmatrix}$ をグラム・シュミットの方法で直交化する．このとき，$\boldsymbol{x}_1$ は他のベクトルと直交している（異なる固有値に属する固有ベクトルは直交する）ので，$\boldsymbol{x}_2, \boldsymbol{x}_3$ から直交系をつくればよい．

$$\boldsymbol{e}_1 = \frac{1}{\|\boldsymbol{x}_1\|}\boldsymbol{x}_1 = \frac{1}{\sqrt{3}} \begin{bmatrix} 1 \\ -1 \\ 1 \end{bmatrix}$$

$$\boldsymbol{e}_2 = \frac{1}{\|\boldsymbol{x}_2\|}\boldsymbol{x}_2 = \frac{1}{\sqrt{2}} \begin{bmatrix} 1 \\ 1 \\ 0 \end{bmatrix}$$

$$\boldsymbol{b}_3 = \boldsymbol{x}_3 - (\boldsymbol{x}_3 \cdot \boldsymbol{e}_2)\boldsymbol{e}_2 = \begin{bmatrix} -1 \\ 0 \\ 1 \end{bmatrix} - \frac{-1}{2} \begin{bmatrix} 1 \\ 1 \\ 0 \end{bmatrix} = \frac{1}{2} \begin{bmatrix} -1 \\ 1 \\ 2 \end{bmatrix}$$ だから，

$$\boldsymbol{e}_3 = \frac{1}{\|\boldsymbol{b}_3\|}\boldsymbol{b}_3 = \frac{1}{\sqrt{6}} \begin{bmatrix} -1 \\ 1 \\ 2 \end{bmatrix}$$

つくり方から，$A\boldsymbol{e}_1 = 3\boldsymbol{e}_1$, $A\boldsymbol{e}_2 = 0\boldsymbol{e}_2$，$A\boldsymbol{e}_3 = 0\boldsymbol{e}_3$.

したがって，$P = \begin{bmatrix} \boldsymbol{e}_1 & \boldsymbol{e}_2 & \boldsymbol{e}_3 \end{bmatrix} = \begin{bmatrix} 1/\sqrt{3} & 1/\sqrt{2} & -1/\sqrt{6} \\ -1/\sqrt{3} & 1/\sqrt{2} & 1/\sqrt{6} \\ 1/\sqrt{3} & 0 & 2/\sqrt{6} \end{bmatrix}$ とすれば，

$$ {}^tPAP = P^{-1}AP = \begin{bmatrix} 3 & 0 & 0 \\ 0 & 0 & 0 \\ 0 & 0 & 0 \end{bmatrix} $$

問題 7.5 (1) 固有多項式は,

$$ \begin{vmatrix} \lambda & 0 & 0 & 0 & -1 \\ 0 & \lambda & 0 & -1 & 0 \\ 0 & 0 & \lambda-1 & 0 & 0 \\ 0 & -1 & 0 & \lambda & 0 \\ -1 & 0 & 0 & 0 & \lambda \end{vmatrix} $$

$$ = \begin{vmatrix} 0 & 0 & 0 & 0 & \lambda^2-1 \\ 0 & \lambda & 0 & -1 & 0 \\ 0 & 0 & \lambda-1 & 0 & 0 \\ 0 & -1 & 0 & \lambda & 0 \\ -1 & 0 & 0 & 0 & \lambda \end{vmatrix} \quad (5\text{ 行} \times \lambda\text{を 1 行に加える}) $$

$$ = (-1)^{1+5}(-1)\begin{vmatrix} 0 & 0 & 0 & \lambda^2-1 \\ \lambda & 0 & -1 & 0 \\ 0 & \lambda-1 & 0 & 0 \\ -1 & 0 & \lambda & 0 \end{vmatrix} $$

$$ = -(-1)^{1+4}(\lambda^2-1)\begin{vmatrix} \lambda & 0 & -1 \\ 0 & \lambda-1 & 0 \\ -1 & 0 & \lambda \end{vmatrix} $$

$$ = (\lambda^2-1)\{\lambda^2(\lambda-1)-(\lambda-1)\} $$

$$ = (\lambda-1)^3(\lambda+1)^2 $$

であるから,固有値は $\lambda = 1,\ -1$.

(i) $\lambda = 1$ のとき,固有ベクトルは

$$ \begin{bmatrix} 1 & 0 & 0 & 0 & -1 \\ 0 & 1 & 0 & -1 & 0 \\ 0 & 0 & 0 & 0 & 0 \\ 0 & -1 & 0 & 1 & 0 \\ -1 & 0 & 0 & 0 & 1 \end{bmatrix} \begin{bmatrix} x_1 \\ x_2 \\ x_3 \\ x_4 \\ x_5 \end{bmatrix} = \begin{bmatrix} 0 \\ 0 \\ 0 \\ 0 \\ 0 \end{bmatrix} $$

の解であるから,

1	0	0	0	−1	①
0	1	0	−1	0	②
0	0	0	0	0	③
0	−1	0	1	0	④
−1	0	0	0	1	⑤
1	0	0	0	−1	⑥ = ①
0	1	0	−1	0	⑦ = ②
0	0	0	0	0	⑧ = ③
0	−1	0	1	0	⑨ = ④
0	0	0	0	0	⑩ = ⑤ + ①
1	0	0	0	−1	⑪ = ⑥
0	1	0	−1	0	⑫ = ⑦
0	0	0	0	0	⑬ = ⑧
0	0	0	0	0	⑭ = ⑨ + ⑦
0	0	0	0	0	⑮ = ⑩

これより，もとの方程式は $x_1 - x_5 = 0$, $x_2 - x_4 = 0$ と同値である．したがって，$x_3 = s$, $x_4 = t$, $x_5 = u$ とおくと，

$$\begin{bmatrix} x_1 \\ x_2 \\ x_3 \\ x_4 \\ x_5 \end{bmatrix} = x_3 \begin{bmatrix} 0 \\ 0 \\ 1 \\ 0 \\ 0 \end{bmatrix} + x_4 \begin{bmatrix} 0 \\ 1 \\ 0 \\ 1 \\ 0 \end{bmatrix} + x_5 \begin{bmatrix} 1 \\ 0 \\ 0 \\ 0 \\ 1 \end{bmatrix}$$

$$= s \begin{bmatrix} 0 \\ 0 \\ 1 \\ 0 \\ 0 \end{bmatrix} + t \begin{bmatrix} 0 \\ 1 \\ 0 \\ 1 \\ 0 \end{bmatrix} + u \begin{bmatrix} 1 \\ 0 \\ 0 \\ 0 \\ 1 \end{bmatrix}$$

(ii) $\lambda = -1$ のとき，固有ベクトルは

$$\begin{bmatrix} -1 & 0 & 0 & 0 & -1 \\ 0 & -1 & 0 & -1 & 0 \\ 0 & 0 & -2 & 0 & 0 \\ 0 & -1 & 0 & -1 & 0 \\ -1 & 0 & 0 & 0 & -1 \end{bmatrix} \begin{bmatrix} x_1 \\ x_2 \\ x_3 \\ x_4 \\ x_5 \end{bmatrix} = \begin{bmatrix} 0 \\ 0 \\ 0 \\ 0 \\ 0 \end{bmatrix}$$

の解であるから，

−1	0	0	0	−1	①
0	−1	0	−1	0	②
0	0	−2	0	0	③
0	−1	0	−1	0	④
−1	0	0	0	−1	⑤
1	0	0	0	1	⑥ = ① × (−1)
0	−1	0	−1	0	⑦ = ②
0	0	−2	0	0	⑧ = ③
0	−1	0	−1	0	⑨ = ④
0	0	0	0	0	⑩ = ⑤ − ①
1	0	0	0	1	⑪ = ⑥
0	1	0	1	0	⑫ = ⑦ × (−1)
0	0	−2	0	0	⑬ = ⑧
0	0	0	0	0	⑭ = ⑨ − ⑦
0	0	0	0	0	⑮ = ⑩
1	0	0	0	1	⑯ = ⑪
0	1	0	1	0	⑰ = ⑫
0	0	1	0	0	⑱ = ⑬ ÷ (−2)
0	0	0	0	0	⑲ = ⑭
0	0	0	0	0	⑳ = ⑮

これより，もとの方程式は $x_1 + x_5 = 0,\ x_2 + x_4 = 0,\ x_3 = 0$ と同値である．したがって，$x_4 = s,\ x_5 = t$ とおくと，

$$\begin{bmatrix} x_1 \\ x_2 \\ x_3 \\ x_4 \\ x_5 \end{bmatrix} = x_4 \begin{bmatrix} 0 \\ -1 \\ 0 \\ 1 \\ 0 \end{bmatrix} + x_5 \begin{bmatrix} -1 \\ 0 \\ 0 \\ 0 \\ 1 \end{bmatrix} = s \begin{bmatrix} 0 \\ -1 \\ 0 \\ 1 \\ 0 \end{bmatrix} + t \begin{bmatrix} -1 \\ 0 \\ 0 \\ 0 \\ 1 \end{bmatrix}$$

固有ベクトル $\boldsymbol{x}_1 = \begin{bmatrix} 1 \\ 0 \\ 0 \\ 0 \\ 1 \end{bmatrix},\ \boldsymbol{x}_2 = \begin{bmatrix} 0 \\ 1 \\ 0 \\ 1 \\ 0 \end{bmatrix},\ \boldsymbol{x}_3 = \begin{bmatrix} 0 \\ 0 \\ 1 \\ 0 \\ 0 \end{bmatrix},\ \boldsymbol{x}_4 = \begin{bmatrix} 0 \\ -1 \\ 0 \\ 1 \\ 0 \end{bmatrix},\ \boldsymbol{x}_5 = \begin{bmatrix} -1 \\ 0 \\ 0 \\ 0 \\ 1 \end{bmatrix}$

をグラム・シュミットの方法で直交化する．これらはすべて互いに直交しているので，単位ベクトルにすればよい．

$$\boldsymbol{e}_1 = \frac{1}{\|\boldsymbol{x}_1\|}\boldsymbol{x}_1 = \frac{1}{\sqrt{2}}\begin{bmatrix} 1 \\ 0 \\ 0 \\ 0 \\ 1 \end{bmatrix}, \quad \boldsymbol{e}_2 = \frac{1}{\|\boldsymbol{x}_2\|}\boldsymbol{x}_2 = \frac{1}{\sqrt{2}}\begin{bmatrix} 0 \\ 1 \\ 0 \\ 1 \\ 0 \end{bmatrix}, \quad \boldsymbol{e}_3 = \frac{1}{\|\boldsymbol{x}_3\|}\boldsymbol{x}_3 = \begin{bmatrix} 0 \\ 0 \\ 1 \\ 0 \\ 0 \end{bmatrix},$$

$$\boldsymbol{e}_4 = \frac{1}{\|\boldsymbol{x}_4\|}\boldsymbol{x}_4 = \frac{1}{\sqrt{2}}\begin{bmatrix} 0 \\ -1 \\ 0 \\ 1 \\ 0 \end{bmatrix}, \quad \boldsymbol{e}_5 = \frac{1}{\|\boldsymbol{x}_5\|}\boldsymbol{x}_5 = \frac{1}{\sqrt{2}}\begin{bmatrix} -1 \\ 0 \\ 0 \\ 0 \\ 1 \end{bmatrix}$$

このとき，$A\boldsymbol{e}_1 = 1 \cdot \boldsymbol{e}_1$, $A\boldsymbol{e}_2 = 1 \cdot \boldsymbol{e}_2$, $A\boldsymbol{e}_3 = 1 \cdot \boldsymbol{e}_3$, $A\boldsymbol{e}_4 = (-1) \cdot \boldsymbol{e}_4$, $A\boldsymbol{e}_5 = (-1) \cdot \boldsymbol{e}_5$.

したがって，$P = \begin{bmatrix} \boldsymbol{e}_1 & \boldsymbol{e}_2 & \boldsymbol{e}_3 & \boldsymbol{e}_4 & \boldsymbol{e}_5 \end{bmatrix} = \frac{1}{\sqrt{2}}\begin{bmatrix} 1 & 0 & 0 & 0 & -1 \\ 0 & 1 & 0 & -1 & 0 \\ 0 & 0 & \sqrt{2} & 0 & 0 \\ 0 & 1 & 0 & 1 & 0 \\ 1 & 0 & 0 & 0 & 1 \end{bmatrix}$ とすれば,

$${}^tPAP = P^{-1}AP = \begin{bmatrix} 1 & 0 & 0 & 0 & 0 \\ 0 & 1 & 0 & 0 & 0 \\ 0 & 0 & 1 & 0 & 0 \\ 0 & 0 & 0 & -1 & 0 \\ 0 & 0 & 0 & 0 & -1 \end{bmatrix}$$

(2) 固有多項式は,

$$\begin{vmatrix} \lambda-1 & -1 & -1 & -1 & -1 \\ -1 & \lambda-1 & -1 & -1 & -1 \\ -1 & -1 & \lambda-1 & -1 & -1 \\ -1 & -1 & -1 & \lambda-1 & -1 \\ -1 & -1 & -1 & -1 & \lambda-1 \end{vmatrix} \quad \text{(2 行, 3 行, 4 行, 5 行を 1 行に加える)}$$

$$= \begin{vmatrix} \lambda-5 & \lambda-5 & \lambda-5 & \lambda-5 & \lambda-5 \\ -1 & \lambda-1 & -1 & -1 & -1 \\ -1 & -1 & \lambda-1 & -1 & -1 \\ -1 & -1 & -1 & \lambda-1 & -1 \\ -1 & -1 & -1 & -1 & \lambda-1 \end{vmatrix}$$

$$= (\lambda-5)\begin{vmatrix} 1 & 1 & 1 & 1 & 1 \\ -1 & \lambda-1 & -1 & -1 & -1 \\ -1 & -1 & \lambda-1 & -1 & -1 \\ -1 & -1 & -1 & \lambda-1 & -1 \\ -1 & -1 & -1 & -1 & \lambda-1 \end{vmatrix} \quad \text{(2 行, 3 行, 4 行, 5 行に 1 行を加える)}$$

$$= (\lambda-5)\begin{vmatrix} 1 & 1 & 1 & 1 & 1 \\ 0 & \lambda & 0 & 0 & 0 \\ 0 & 0 & \lambda & 0 & 0 \\ 0 & 0 & 0 & \lambda & 0 \\ 0 & 0 & 0 & 0 & \lambda \end{vmatrix}$$

$$= (\lambda-5)\lambda^4$$

であるから，固有値は $\lambda = 0$，5.

(i) $\lambda = 0$ のとき，固有ベクトルは

$$\begin{bmatrix} -1 & -1 & -1 & -1 & -1 \\ -1 & -1 & -1 & -1 & -1 \\ -1 & -1 & -1 & -1 & -1 \\ -1 & -1 & -1 & -1 & -1 \\ -1 & -1 & -1 & -1 & -1 \end{bmatrix}\begin{bmatrix} x_1 \\ x_2 \\ x_3 \\ x_4 \\ x_5 \end{bmatrix} = \begin{bmatrix} 0 \\ 0 \\ 0 \\ 0 \\ 0 \end{bmatrix}$$

の解である．よって，$x_1+x_2+x_3+x_4+x_5 = 0$ と同値である．したがって，$x_2 = t_1$, $x_3 = t_2$, $x_4 = t_3$, $x_5 = t_4$ とおくと，

$$\begin{bmatrix} x_1 \\ x_2 \\ x_3 \\ x_4 \\ x_5 \end{bmatrix} = x_2\begin{bmatrix} -1 \\ 1 \\ 0 \\ 0 \\ 0 \end{bmatrix} + x_3\begin{bmatrix} -1 \\ 0 \\ 1 \\ 0 \\ 0 \end{bmatrix} + x_4\begin{bmatrix} -1 \\ 0 \\ 0 \\ 1 \\ 0 \end{bmatrix} + x_5\begin{bmatrix} -1 \\ 0 \\ 0 \\ 0 \\ 1 \end{bmatrix}$$

$$= t_1\begin{bmatrix} -1 \\ 1 \\ 0 \\ 0 \\ 0 \end{bmatrix} + t_2\begin{bmatrix} -1 \\ 0 \\ 1 \\ 0 \\ 0 \end{bmatrix} + t_3\begin{bmatrix} -1 \\ 0 \\ 0 \\ 1 \\ 0 \end{bmatrix} + t_4\begin{bmatrix} -1 \\ 0 \\ 0 \\ 0 \\ 1 \end{bmatrix}$$

(ii) $\lambda = 5$ のとき，固有ベクトルは
$$\begin{bmatrix} 4 & -1 & -1 & -1 & -1 \\ -1 & 4 & -1 & -1 & -1 \\ -1 & -1 & 4 & -1 & -1 \\ -1 & -1 & -1 & 4 & -1 \\ -1 & -1 & -1 & -1 & 4 \end{bmatrix}\begin{bmatrix} x_1 \\ x_2 \\ x_3 \\ x_4 \\ x_5 \end{bmatrix} = \begin{bmatrix} 0 \\ 0 \\ 0 \\ 0 \\ 0 \end{bmatrix}$$

の解であるから，

4	−1	−1	−1	−1	①
−1	4	−1	−1	−1	②
−1	−1	4	−1	−1	③
−1	−1	−1	4	−1	④
−1	−1	−1	−1	4	⑤
1	−4	1	1	1	⑥ = ② × (−1)
0	15	−5	−5	−5	⑦ = ① + ② × 4
0	−5	5	0	0	⑧ = ③ − ②
0	−5	0	5	0	⑨ = ④ − ②
0	−5	0	0	5	⑩ = ⑤ − ②
1	0	−3	1	1	⑪ = ⑥ + ⑫ × 4
0	1	−1	0	0	⑫ = ⑧ ÷ (−5)
0	0	10	−5	−5	⑬ = ⑦ + ⑧ × 3
0	0	−5	5	0	⑭ = ⑨ − ⑧
0	0	−5	0	5	⑮ = ⑩ − ⑧
1	0	0	−2	1	⑯ = ⑪ + ⑱ × 3
0	1	0	−1	0	⑰ = ⑫ + ⑱
0	0	1	−1	0	⑱ = ⑭ ÷ (−5)
0	0	0	5	−5	⑲ = ⑬ + ⑭ × 2
0	0	0	−5	5	⑳ = ⑮ − ⑭
1	0	0	0	−1	㉑ = ⑯ + ㉔ × 2
0	1	0	0	−1	㉒ = ⑰ + ㉔
0	0	1	0	−1	㉓ = ⑱ + ㉔
0	0	0	1	−1	㉔ = ⑲ ÷ 5
0	0	0	0	0	㉕ = ⑳ + ⑲

これより，もとの方程式は $x_1 - x_5 = 0$, $x_2 - x_5 = 0$, $x_3 - x_5 = 0$, $x_4 - x_5 = 0$ と同値である．したがって，$x_5 = t$ とおくと，

$$\begin{bmatrix} x_1 \\ x_2 \\ x_3 \\ x_4 \\ x_5 \end{bmatrix} = x_5 \begin{bmatrix} 1 \\ 1 \\ 1 \\ 1 \\ 1 \end{bmatrix} = t \begin{bmatrix} 1 \\ 1 \\ 1 \\ 1 \\ 1 \end{bmatrix}$$

固有ベクトル

$$\boldsymbol{x}_1 = \begin{bmatrix} -1 \\ 1 \\ 0 \\ 0 \\ 0 \end{bmatrix}, \quad \boldsymbol{x}_2 = \begin{bmatrix} -1 \\ 0 \\ 1 \\ 0 \\ 0 \end{bmatrix}, \quad \boldsymbol{x}_3 = \begin{bmatrix} -1 \\ 0 \\ 0 \\ 1 \\ 0 \end{bmatrix}, \quad \boldsymbol{x}_4 = \begin{bmatrix} -1 \\ 0 \\ 0 \\ 0 \\ 1 \end{bmatrix}, \quad \boldsymbol{x}_5 = \begin{bmatrix} 1 \\ 1 \\ 1 \\ 1 \\ 1 \end{bmatrix}$$

をグラム・シュミットの方法で直交化する.

$$\boldsymbol{e}_1 = \frac{1}{\|\boldsymbol{x}_1\|}\boldsymbol{x}_1 = \frac{1}{\sqrt{2}} \begin{bmatrix} -1 \\ 1 \\ 0 \\ 0 \\ 0 \end{bmatrix}$$

$$\boldsymbol{b}_2 = \boldsymbol{x}_2 - (\boldsymbol{x}_2 \cdot \boldsymbol{e}_1)\boldsymbol{e}_1 = \begin{bmatrix} -1 \\ 0 \\ 1 \\ 0 \\ 0 \end{bmatrix} - \frac{1}{2} \begin{bmatrix} -1 \\ 1 \\ 0 \\ 0 \\ 0 \end{bmatrix} = \frac{1}{2} \begin{bmatrix} -1 \\ -1 \\ 2 \\ 0 \\ 0 \end{bmatrix}$$ より,

$$\boldsymbol{e}_2 = \frac{1}{\|\boldsymbol{b}_2\|}\boldsymbol{b}_2 = \frac{1}{\sqrt{6}} \begin{bmatrix} -1 \\ -1 \\ 2 \\ 0 \\ 0 \end{bmatrix}$$

$$\begin{aligned} \boldsymbol{b}_3 &= \boldsymbol{x}_3 - (\boldsymbol{x}_3 \cdot \boldsymbol{e}_1)\boldsymbol{e}_1 - (\boldsymbol{x}_3 \cdot \boldsymbol{e}_2)\boldsymbol{e}_2 \\ &= \begin{bmatrix} -1 \\ 0 \\ 0 \\ 1 \\ 0 \end{bmatrix} - \frac{1}{2} \begin{bmatrix} -1 \\ 1 \\ 0 \\ 0 \\ 0 \end{bmatrix} - \frac{1}{6} \begin{bmatrix} -1 \\ -1 \\ 2 \\ 0 \\ 0 \end{bmatrix} = \frac{1}{6} \begin{bmatrix} -2 \\ -2 \\ -2 \\ 6 \\ 0 \end{bmatrix} \end{aligned}$$

より, $\boldsymbol{e}_3 = \frac{1}{\|\boldsymbol{b}_3\|}\boldsymbol{b}_3 = \frac{1}{\sqrt{12}} \begin{bmatrix} -1 \\ -1 \\ -1 \\ 3 \\ 0 \end{bmatrix}$

$$\boldsymbol{b}_4 = \boldsymbol{x}_4 - (\boldsymbol{x}_4 \cdot \boldsymbol{e}_1)\boldsymbol{e}_1 - (\boldsymbol{x}_4 \cdot \boldsymbol{e}_2)\boldsymbol{e}_2 - (\boldsymbol{x}_4 \cdot \boldsymbol{e}_3)\boldsymbol{e}_3$$

$$= \begin{bmatrix} -1 \\ 0 \\ 0 \\ 0 \\ 1 \end{bmatrix} - \frac{1}{2}\begin{bmatrix} -1 \\ 1 \\ 0 \\ 0 \\ 0 \end{bmatrix} - \frac{1}{6}\begin{bmatrix} -1 \\ -1 \\ 2 \\ 0 \\ 0 \end{bmatrix} - \frac{1}{12}\begin{bmatrix} -1 \\ -1 \\ -1 \\ 3 \\ 0 \end{bmatrix} = \frac{1}{12}\begin{bmatrix} -3 \\ -3 \\ -3 \\ -3 \\ 12 \end{bmatrix}$$

より，$\boldsymbol{e}_4 = \dfrac{1}{\|\boldsymbol{b}_4\|}\boldsymbol{b}_4 = \dfrac{1}{\sqrt{20}}\begin{bmatrix} -1 \\ -1 \\ -1 \\ -1 \\ 4 \end{bmatrix}$

$\boldsymbol{x}_5$ は他のベクトルと直交する（異なる固有値に属する固有ベクトルは直交する）ので，

$$\boldsymbol{e}_5 = \frac{1}{\|\boldsymbol{x}_5\|}\boldsymbol{x}_5 = \frac{1}{\sqrt{5}}\begin{bmatrix} 1 \\ 1 \\ 1 \\ 1 \\ 1 \end{bmatrix}$$

このとき，$A\boldsymbol{e}_1 = 0 \cdot \boldsymbol{e}_1$，$A\boldsymbol{e}_2 = 0 \cdot \boldsymbol{e}_2$，$A\boldsymbol{e}_3 = 0 \cdot \boldsymbol{e}_3$，$A\boldsymbol{e}_4 = 0 \cdot \boldsymbol{e}_4$，$A\boldsymbol{e}_5 = 5 \cdot \boldsymbol{e}_5$．したがって，

$$P = \begin{bmatrix} \boldsymbol{e}_1 & \boldsymbol{e}_2 & \boldsymbol{e}_3 & \boldsymbol{e}_4 & \boldsymbol{e}_5 \end{bmatrix} = \begin{bmatrix} -1/\sqrt{2} & -1/\sqrt{6} & -1/\sqrt{12} & -1/\sqrt{20} & 1/\sqrt{5} \\ 1/\sqrt{2} & -1/\sqrt{6} & -1/\sqrt{12} & -1/\sqrt{20} & 1/\sqrt{5} \\ 0 & 2/\sqrt{6} & -1/\sqrt{12} & -1/\sqrt{20} & 1/\sqrt{5} \\ 0 & 0 & 3/\sqrt{12} & -1/\sqrt{20} & 1/\sqrt{5} \\ 0 & 0 & 0 & 4/\sqrt{20} & 1/\sqrt{5} \end{bmatrix}$$

とすれば,

$$^{t}PAP = P^{-1}AP = \begin{bmatrix} 0 & 0 & 0 & 0 & 0 \\ 0 & 0 & 0 & 0 & 0 \\ 0 & 0 & 0 & 0 & 0 \\ 0 & 0 & 0 & 0 & 0 \\ 0 & 0 & 0 & 0 & 5 \end{bmatrix}$$

問題 7.6 固有多項式は

$$\Phi_A(\lambda) = \begin{vmatrix} \lambda - a & -1 & 0 & \cdots & 0 \\ 0 & \lambda - a & -1 & \ddots & \vdots \\ \vdots & \ddots & \ddots & \ddots & 0 \\ \vdots & & \ddots & \lambda - a & -1 \\ 0 & \cdots & \cdots & 0 & \lambda - a \end{vmatrix} = (\lambda - a)^n$$

第7章

よって，固有値は $\lambda = a$ だけである．

固有ベクトルは

$$\begin{bmatrix} 0 & -1 & 0 & \cdots & 0 \\ 0 & 0 & -1 & \ddots & \vdots \\ \vdots & \ddots & \ddots & \ddots & 0 \\ \vdots & & \ddots & 0 & -1 \\ 0 & \cdots & \cdots & 0 & 0 \end{bmatrix} \begin{bmatrix} x_1 \\ x_2 \\ \vdots \\ x_{n-1} \\ x_n \end{bmatrix}$$

の解である．よって，$x_2 = 0, x_3 = 0, \cdots, x_n = 0$ だから，固有ベクトルは，$x_1 = t$ とおくと，

$$\begin{bmatrix} x_1 \\ x_2 \\ \vdots \\ x_n \end{bmatrix} = x_1 \begin{bmatrix} 1 \\ 0 \\ \vdots \\ 0 \end{bmatrix} = t \begin{bmatrix} 1 \\ 0 \\ \vdots \\ 0 \end{bmatrix}$$

固有空間は $V(a) = \left\langle \begin{bmatrix} 1 \\ 0 \\ \vdots \\ 0 \end{bmatrix} \right\rangle$ である．

問題 7.7 (1) $A\boldsymbol{x} = \alpha\boldsymbol{x}, \boldsymbol{x} \neq \boldsymbol{0}$, とすると，

$$A(A\boldsymbol{x}) = A(\alpha\boldsymbol{x}) = \alpha A\boldsymbol{x} = \alpha^2\boldsymbol{x}$$

一方，仮定から，$A(A\boldsymbol{x}) = A^2\boldsymbol{x} = E\boldsymbol{x} = \boldsymbol{x}$ ．よって，

$$\boldsymbol{x} = \alpha^2\boldsymbol{x}$$

したがって，$\alpha^2 = 1$，つまり，$\alpha = \pm 1$ である．

(2) $A\boldsymbol{x} = \alpha\boldsymbol{x}, \boldsymbol{x} \neq \boldsymbol{0}$, とすると，

$${}^t(A\boldsymbol{x}) = {}^t(\alpha\boldsymbol{x}) = \alpha\,{}^t\boldsymbol{x}$$

一方，仮定から，${}^t(A\boldsymbol{x}) = {}^t\boldsymbol{x}\,{}^tA = {}^t\boldsymbol{x}(-A)$ ．よって，

$${}^t\boldsymbol{x}(A + \alpha E) = \boldsymbol{0}$$

$\boldsymbol{x} \neq \boldsymbol{0}$ だから，$| A + \alpha E | = 0$ であるので，$-\alpha$ は A の固有値である．

問題 7.8 (1) $f(x) = a_0x^m + a_1x^{m-1} + \cdots + a_m, a_0 \neq 0$, とする．数 α を固定して，多項式 $\alpha - f(x)$ を因数分解して

$$\alpha - f(x) = b_0 \prod_{j=1}^{m} (\alpha_j - x)$$

と表す．ここに，$b_0 = -(-1)^m a_0 \neq 0$ である．このとき，

$$\alpha E - f(A) = b_0 \prod_{j=1}^{m} (\alpha_j E - A) \qquad (*)$$

一方，A の固有値は $\lambda_1, \lambda_2, \cdots, \lambda_n$ だから，

$$| \alpha E - A | = \prod_{k=1}^{n} (\alpha - \lambda_k)$$

この式と $(*)$ から，

$$\begin{aligned} |\alpha E - f(A)| &= {b_0}^n \prod_{j=1}^{m} | \alpha_j E - A | = {b_0}^n \prod_{j=1}^{m} \left(\prod_{k=1}^{n} (\alpha_j - \lambda_k) \right) \\ &= \prod_{k=1}^{n} \left(b_0 \prod_{j=1}^{m} (\alpha_j - \lambda_k) \right) = \prod_{k=1}^{n} \{\alpha - f(\lambda_k)\} \end{aligned}$$

したがって,「α が $f(A)$ の固有値 $\Longleftrightarrow \alpha = f(\lambda_k)$ となる k が存在」となるので，$f(A)$ の固有値は $f(\lambda_1), f(\lambda_2), \cdots, f(\lambda_n)$ である.

問題 7.9 (1) 固有多項式は，

$$\begin{vmatrix} \lambda - 1 & -1 \\ -1 & \lambda - 1 \end{vmatrix} = (\lambda - 1)^2 - 1 = \lambda^2 - 2\lambda$$

であるから，ケーリー・ハミルトンの定理より

$$A^2 - 2A = O$$

したがって，$A^4 = A^2 A^2 = (2A)(2A) = 4A^2 = 4(2A) = 8A$ だから，

$$A^4 = 8A = \begin{bmatrix} 8 & 8 \\ 8 & 8 \end{bmatrix}$$

(2) 固有多項式は，

$$\begin{vmatrix} \lambda - 1 & -1 & 0 \\ 0 & \lambda - 1 & -1 \\ 0 & 0 & \lambda - 1 \end{vmatrix} = (\lambda - 1)^3$$

であるから，ケーリー・ハミルトンの定理より

$$(A - E)^3 = O$$

$$\begin{aligned} A^4 = (A - E + E)^4 &= (A - E)^4 + 4(A - E)^3 + 6(A - E)^2 + 4(A - E) + E \\ &= 6(A - E)^2 + 4(A - E) + E \end{aligned}$$

だから，

$$A^4 = 6\begin{bmatrix} 0 & 1 & 0 \\ 0 & 0 & 1 \\ 0 & 0 & 0 \end{bmatrix}^2 + 4\begin{bmatrix} 0 & 1 & 0 \\ 0 & 0 & 1 \\ 0 & 0 & 0 \end{bmatrix} + \begin{bmatrix} 1 & 0 & 0 \\ 0 & 1 & 0 \\ 0 & 0 & 1 \end{bmatrix}$$

$$= 6\begin{bmatrix} 0 & 0 & 1 \\ 0 & 0 & 0 \\ 0 & 0 & 0 \end{bmatrix} + 4\begin{bmatrix} 0 & 1 & 0 \\ 0 & 0 & 1 \\ 0 & 0 & 0 \end{bmatrix} + \begin{bmatrix} 1 & 0 & 0 \\ 0 & 1 & 0 \\ 0 & 0 & 1 \end{bmatrix} = \begin{bmatrix} 1 & 4 & 6 \\ 0 & 1 & 4 \\ 0 & 0 & 1 \end{bmatrix}$$

問題 7.10 (1) 固有多項式は,

$$\begin{vmatrix} \lambda-1 & -1 \\ -4 & \lambda-1 \end{vmatrix} = (\lambda-1)^2 - 4 = (\lambda+1)(\lambda-3)$$

であるから，ケーリー・ハミルトンの定理より

$$(A+E)(A-3E) = O$$

そこで，$x^n = (x+1)(x-3)Q(x) + ax + b$ とおくと,

$x = -1$ のとき，$(-1)^n = -a + b$

$x = 3$ のとき，$3^n = 3a + b$

この連立 1 次方程式を解くと，$a = \dfrac{1}{4}\{3^n - (-1)^n\}$, $b = \dfrac{1}{4}\{3^n + 3(-1)^n\}$

したがって,

$$A^n = aA + bE = \frac{1}{4}\{3^n - (-1)^n\}A + \frac{1}{4}\{3^n + 3(-1)^n\}E$$

$$= \frac{1}{4}\begin{bmatrix} 2\cdot 3^n + 2\cdot(-1)^n & 3^n - (-1)^n \\ 4\cdot 3^n - 4\cdot(-1)^n & 2\cdot 3^n + 2\cdot(-1)^n \end{bmatrix}$$

一方，$A^2 - 2A - 3E = O$ を変形すると，$A(A-2E) = 3E$. したがって,

$$A^{-1} = \frac{1}{3}(A-2E) = \frac{1}{3}\begin{bmatrix} -1 & 1 \\ 4 & -1 \end{bmatrix}$$

(2) 固有多項式は,

$$\begin{vmatrix} \lambda-1 & -1 & 0 \\ 0 & \lambda-1 & -1 \\ 0 & 0 & \lambda-1 \end{vmatrix} = (\lambda-1)^3$$

であるから，ケーリー・ハミルトンの定理より

$$(A-E)^3 = O$$

2 項定理を用いると,

$$\begin{aligned} A^n &= (A-E+E)^n \\ &= (A-E)^n + {}_n\mathrm{C}_1(A-E)^{n-1} + \cdots + {}_n\mathrm{C}_{n-2}(A-E)^2 + {}_n\mathrm{C}_{n-1}(A-E) + E \\ &= {}_n\mathrm{C}_{n-2}(A-E)^2 + {}_n\mathrm{C}_{n-1}(A-E) + E \end{aligned}$$

$$= \begin{bmatrix} 1 & n & n(n-1)/2 \\ 0 & 1 & n \\ 0 & 0 & 1 \end{bmatrix}$$

一方，$A^3 - 3A^2 + 3A - E = O$ を変形すると，$A(A^2 - 3A + 3E) = E$.
したがって，

$$A^{-1} = A^2 - 3A + 3E = \begin{bmatrix} 1 & 2 & 1 \\ 0 & 1 & 2 \\ 0 & 0 & 1 \end{bmatrix} - 3\begin{bmatrix} 0 & 1 & 0 \\ 0 & 0 & 1 \\ 0 & 0 & 0 \end{bmatrix} = \begin{bmatrix} 1 & -1 & 1 \\ 0 & 1 & -1 \\ 0 & 0 & 1 \end{bmatrix}$$

問題 7.11 (1) $P\boldsymbol{x} = \lambda\boldsymbol{x}$, $\boldsymbol{x} \neq \boldsymbol{0}$, とすると，

$$||P\boldsymbol{x}||^2 = {}^t(P\boldsymbol{x})P\boldsymbol{x} = {}^t\boldsymbol{x}{}^tPP\boldsymbol{x} = {}^t\boldsymbol{x}E\boldsymbol{x} = ||\boldsymbol{x}||^2$$

一方，

$$||P\boldsymbol{x}||^2 = ||\lambda\boldsymbol{x}||^2 = |\lambda|^2||\boldsymbol{x}||^2$$

したがって，$(|\lambda|^2 - 1)||\boldsymbol{x}||^2 = 0$ となり，$||\boldsymbol{x}|| \neq 0$ だから，$|\lambda| = 1$ である．
(2) ${}^tPP = E$ を利用すると，

$$|P - E| = |P - {}^tPP| = |(E - {}^tP)P| = |{}^t(E - P)||P| = |E - P||P| = (-1)^n|P - E||P|$$

n が奇数で $|P| = 1$ ならば，$|P - E| = 0$ となるので，P は固有値 1 をもつ．
(3) (2) において，n が偶数で $|P| = -1$ ならば，$|P - E| = 0$ となるので，P は固有値 1 をもつ．
(4) ${}^tPP = E$ を利用すると，

$$|P + E| = |P + {}^tPP| = |(E + {}^tP)P| = |{}^t(E + P)||P| = |E + P||P| = |P + E||P|$$

$|P| = -1$ ならば，$|P + E| = 0$ となるので，P は固有値 -1 をもつ．

第 8 章　2 次形式

問題 8.1 (1) $A = \begin{bmatrix} 2 & 1 \\ 1 & 2 \end{bmatrix}$

(2) 固有多項式は

$$\begin{vmatrix} \lambda - 2 & -1 \\ -1 & \lambda - 2 \end{vmatrix} = (\lambda - 2)^2 - 1 = (\lambda - 1)(\lambda - 3)$$

であるから，固有値は $\lambda = 1, 3$ である．
(i) $\lambda = 1$ のとき，固有ベクトルは

$$\begin{bmatrix} -1 & -1 \\ -1 & -1 \end{bmatrix}\begin{bmatrix} x \\ y \end{bmatrix} = \begin{bmatrix} 0 \\ 0 \end{bmatrix}$$

の解である．これは $-x-y=0$ と同値である．よって，$y=t$ とおくと，

$$\begin{bmatrix} x \\ y \end{bmatrix} = y\begin{bmatrix} -1 \\ 1 \end{bmatrix} = t\begin{bmatrix} -1 \\ 1 \end{bmatrix}$$

固有空間は $V(1)=\langle\begin{bmatrix} -1 \\ 1 \end{bmatrix}\rangle$ である．

(ii) $\lambda=3$ のとき，固有ベクトルは

$$\begin{bmatrix} 1 & -1 \\ -1 & 1 \end{bmatrix}\begin{bmatrix} x \\ y \end{bmatrix} = \begin{bmatrix} 0 \\ 0 \end{bmatrix}$$

の解である．これは，$x-y=0$ と同値である．したがって，$y=t$ とおくと，

$$\begin{bmatrix} x \\ y \end{bmatrix} = y\begin{bmatrix} 1 \\ 1 \end{bmatrix} = t\begin{bmatrix} 1 \\ 1 \end{bmatrix}$$

固有空間は $V(3)=\langle\begin{bmatrix} 1 \\ 1 \end{bmatrix}\rangle$ である．

固有ベクトル $\boldsymbol{x}_1=\begin{bmatrix} -1 \\ 1 \end{bmatrix}$, $\boldsymbol{x}_2=\begin{bmatrix} 1 \\ 1 \end{bmatrix}$ をグラム・シュミットの方法で直交化する．これらは直交しているので，単位ベクトルに直せばよい．したがって，

$$\boldsymbol{e}_1=\frac{1}{\|\boldsymbol{x}_1\|}\boldsymbol{x}_1=\frac{1}{\sqrt{2}}\begin{bmatrix} -1 \\ 1 \end{bmatrix},\ \boldsymbol{e}_2=\frac{1}{\|\boldsymbol{b}_3\|}\boldsymbol{b}_3=\frac{1}{\sqrt{2}}\begin{bmatrix} 1 \\ 1 \end{bmatrix}$$

このとき，$A\boldsymbol{e}_1=1\cdot\boldsymbol{e}_1$, $A\boldsymbol{e}_2=3\cdot\boldsymbol{e}_2$ に注意して，

$$P=\begin{bmatrix} \boldsymbol{e}_1 & \boldsymbol{e}_2 & \boldsymbol{e}_3 \end{bmatrix}=\frac{1}{\sqrt{2}}\begin{bmatrix} -1 & 1 \\ 1 & 1 \end{bmatrix}$$

とすれば,

$${}^tPAP=P^{-1}AP=\begin{bmatrix} 1 & 0 \\ 0 & 3 \end{bmatrix}$$

(3) $$x^2+y^2+xy=\frac{1}{2}{}^t\boldsymbol{x}A\boldsymbol{x}=\frac{1}{2}{}^t\boldsymbol{x}'{}^tPAP\boldsymbol{x}'$$
$$=\frac{1}{2}{}^t\boldsymbol{x}'\begin{bmatrix} 1 & 0 \\ 0 & 3 \end{bmatrix}\boldsymbol{x}'=\frac{1}{2}x'^2+\frac{3}{2}y'^2$$

第8章

問題 8.2 (1) $A=\begin{bmatrix} 1 & 1 & 2 \\ 1 & 2 & 1 \\ 2 & 1 & 1 \end{bmatrix}$

(2) 固有多項式は

$$\begin{vmatrix} \lambda-1 & -1 & -2 \\ -1 & \lambda-2 & -1 \\ -2 & -1 & \lambda-1 \end{vmatrix} = \begin{vmatrix} \lambda-4 & \lambda-4 & \lambda-4 \\ -1 & \lambda-2 & -1 \\ -2 & -1 & \lambda-1 \end{vmatrix}$$

$$= (\lambda-4)\begin{vmatrix} 1 & 1 & 1 \\ -1 & \lambda-2 & -1 \\ -2 & -1 & \lambda-1 \end{vmatrix}$$

$$= (\lambda-4)\begin{vmatrix} 1 & 1 & 1 \\ 0 & \lambda-1 & 0 \\ 0 & 1 & \lambda+1 \end{vmatrix} = (\lambda-4)(\lambda-1)(\lambda+1)$$

であるから，固有値は $\lambda = 4, \pm 1$ である．

(i) $\lambda = 4$ のとき，固有ベクトルは

$$\begin{bmatrix} 3 & -1 & -2 \\ -1 & 2 & -1 \\ -2 & -1 & 3 \end{bmatrix}\begin{bmatrix} x \\ y \\ z \end{bmatrix} = \begin{bmatrix} 0 \\ 0 \\ 0 \end{bmatrix}$$

の解である．これを解くために次のように掃き出し法を適用する．

3	−1	−2	①
−1	2	−1	②
−2	−1	3	③
1	−2	1	④ = ② × (−1)
0	5	−5	⑤ = ① + ② × 3
0	−5	5	⑥ = ③ − ② × 2
1	0	−1	⑦ = ④ + ⑧ × 2
0	1	−1	⑧ = ⑤ ÷ 5
0	0	0	⑨ = ⑥ + ⑤

これより，もとの連立 1 次方程式は $x - z = 0$, $y - z = 0$ と同値である．よって，$z = t$ とおくと，

$$\begin{bmatrix} x \\ y \\ z \end{bmatrix} = z\begin{bmatrix} 1 \\ 1 \\ 1 \end{bmatrix} = t\begin{bmatrix} 1 \\ 1 \\ 1 \end{bmatrix}$$

固有空間は $V(4) = \left\langle \begin{bmatrix} 1 \\ 1 \\ 1 \end{bmatrix} \right\rangle$ である．

(ii) $\lambda = 1$ のとき，固有ベクトルは

$$\begin{bmatrix} 0 & -1 & -2 \\ -1 & -1 & -1 \\ -2 & -1 & 0 \end{bmatrix}\begin{bmatrix} x \\ y \\ z \end{bmatrix} = \begin{bmatrix} 0 \\ 0 \\ 0 \end{bmatrix}$$

の解である．これを解くために次のように掃き出し法を適用する．

0	−1	−2	①
−1	−1	−1	②
−2	−1	0	③
1	1	1	④ = ② × (−1)
0	−1	−2	⑤ = ①
0	1	2	⑥ = ③ − ② × 2
1	0	−1	⑦ = ④ + ⑤
0	1	2	⑧ = ⑤ × (−1)
0	0	0	⑨ = ⑥ + ⑤

これより，もとの連立 1 次方程式は $x - z = 0,\ y + 2z = 0$ と同値である．よって，$z = t$ とおくと，

$$\begin{bmatrix} x \\ y \\ z \end{bmatrix} = z \begin{bmatrix} 1 \\ -2 \\ 1 \end{bmatrix} = t \begin{bmatrix} 1 \\ -2 \\ 1 \end{bmatrix}$$

固有空間は $V(1) = \left\langle \begin{bmatrix} 1 \\ -2 \\ 1 \end{bmatrix} \right\rangle$ である．

(iii) $\lambda = -1$ のとき，固有ベクトルは

$$\begin{bmatrix} -2 & -1 & -2 \\ -1 & -3 & -1 \\ -2 & -1 & -2 \end{bmatrix} \begin{bmatrix} x \\ y \\ z \end{bmatrix} = \begin{bmatrix} 0 \\ 0 \\ 0 \end{bmatrix}$$

の解である．これを解くために次のように掃き出し法を適用する．

−2	−1	−2	①
−1	−3	−1	②
−2	−1	−2	③
1	3	1	④ = ② × (−1)
0	5	0	⑤ = ① − ② × 2
0	5	0	⑥ = ③ − ② × 2
1	0	1	⑦ = ④ − ⑧ × 3
0	1	0	⑧ = ⑤ ÷ 5
0	0	0	⑨ = ⑥ − ⑤

これより，もとの連立 1 次方程式は $x + z = 0,\ y = 0$ と同値である．よって，$z = t$ とおくと，

$$\begin{bmatrix} x \\ y \\ z \end{bmatrix} = z \begin{bmatrix} -1 \\ 0 \\ 1 \end{bmatrix} = t \begin{bmatrix} -1 \\ 0 \\ 1 \end{bmatrix}$$

固有空間は $V(-1) = \langle \begin{bmatrix} -1 \\ 0 \\ 1 \end{bmatrix} \rangle$ である．

固有ベクトル $\boldsymbol{x}_1 = \begin{bmatrix} 1 \\ 1 \\ 1 \end{bmatrix}$, $\boldsymbol{x}_2 = \begin{bmatrix} 1 \\ -2 \\ 1 \end{bmatrix}$, $\boldsymbol{x}_3 = \begin{bmatrix} -1 \\ 0 \\ 1 \end{bmatrix}$ をグラム・シュミットの方法で直交化する．ここで，異なる固有値に属する固有ベクトルは直交することに注意しすれば，単位ベクトルに直せばよい．

$$\boldsymbol{e}_1 = \frac{1}{\|\boldsymbol{x}_1\|}\boldsymbol{x}_1 = \frac{1}{\sqrt{3}}\begin{bmatrix} 1 \\ 1 \\ 1 \end{bmatrix}, \ \boldsymbol{e}_2 = \frac{1}{\|\boldsymbol{x}_2\|}\boldsymbol{x}_2 = \frac{1}{\sqrt{6}}\begin{bmatrix} 1 \\ -2 \\ 1 \end{bmatrix}$$

$$\boldsymbol{e}_3 = \frac{1}{\|\boldsymbol{x}_3\|}\boldsymbol{x}_3 = \frac{1}{\sqrt{2}}\begin{bmatrix} -1 \\ 0 \\ 1 \end{bmatrix}$$

このとき，$A\boldsymbol{e}_1 = 4 \cdot \boldsymbol{e}_1$，$A\boldsymbol{e}_2 = 1 \cdot \boldsymbol{e}_2$，$A\boldsymbol{e}_3 = (-1) \cdot \boldsymbol{e}_3$ に注意する．したがって，

$P = \begin{bmatrix} \boldsymbol{e}_1 & \boldsymbol{e}_2 & \boldsymbol{e}_3 \end{bmatrix} = \begin{bmatrix} 1/\sqrt{3} & 1/\sqrt{6} & -1/\sqrt{2} \\ 1/\sqrt{3} & -2/\sqrt{6} & 0 \\ 1/\sqrt{3} & 1/\sqrt{6} & 1/\sqrt{2} \end{bmatrix}$ とすれば，

$${}^tPAP = P^{-1}AP = \begin{bmatrix} 4 & 0 & 0 \\ 0 & 1 & 0 \\ 0 & 0 & -1 \end{bmatrix}$$

(3)
$$\begin{aligned} x^2 + 2y^2 + z^2 + 2xy + 2yz + 4zx &= {}^t\boldsymbol{x}A\boldsymbol{x} \\ &= {}^t(P\boldsymbol{x}')A(P\boldsymbol{x}') \\ &= {}^t\boldsymbol{x}'\,{}^tPAP\boldsymbol{x}' \\ &= {}^t\boldsymbol{x}' \begin{bmatrix} 4 & 0 & 0 \\ 0 & 1 & 0 \\ 0 & 0 & -1 \end{bmatrix} \boldsymbol{x}' \\ &= 4x'^2 + y'^2 - z'^2 \end{aligned}$$

問題 8.3 (1) $A = \begin{bmatrix} 1 & 1 & 0 \\ 1 & 2 & 0 \\ 0 & 0 & 4 \end{bmatrix}$

(2) 固有多項式は

$$\begin{vmatrix} \lambda - 1 & -1 & 0 \\ -1 & \lambda - 2 & 0 \\ 0 & 0 & \lambda - 4 \end{vmatrix} = (\lambda - 4)\{(\lambda - 1)(\lambda - 2) - 1\} = (\lambda - 4)(\lambda^2 - 3\lambda + 1)$$

であるから，固有値は $\lambda = 4, \ \dfrac{3 \pm \sqrt{5}}{2}$ である．

(i) $\lambda = 4$ のとき，固有ベクトルは

$$\begin{bmatrix} 3 & -1 & 0 \\ -1 & 2 & 0 \\ 0 & 0 & 0 \end{bmatrix} \begin{bmatrix} x \\ y \\ z \end{bmatrix} = \begin{bmatrix} 0 \\ 0 \\ 0 \end{bmatrix}$$

の解である．これを解くと，$x = y = 0$．よって，$z = t$ とおくと，

$$\begin{bmatrix} x \\ y \\ z \end{bmatrix} = z \begin{bmatrix} 0 \\ 0 \\ 1 \end{bmatrix} = t \begin{bmatrix} 0 \\ 0 \\ 1 \end{bmatrix}$$

固有空間は $V(4) = \left\langle \begin{bmatrix} 0 \\ 0 \\ 1 \end{bmatrix} \right\rangle$ である．

(ii) $\lambda = \dfrac{3+\sqrt{5}}{2}$ のとき，固有ベクトルは

$$\begin{bmatrix} (1+\sqrt{5})/2 & -1 & 0 \\ -1 & (-1+\sqrt{5})/2 & 0 \\ 0 & 0 & (-5+\sqrt{5})/2 \end{bmatrix} \begin{bmatrix} x \\ y \\ z \end{bmatrix} = \begin{bmatrix} 0 \\ 0 \\ 0 \end{bmatrix}$$

の解である．これは，$\dfrac{1+\sqrt{5}}{2}x - y = 0,\ z = 0$ と同値であるから，$x = t$ とおくと，

$$\begin{bmatrix} x \\ y \\ z \end{bmatrix} = x \begin{bmatrix} 1 \\ (1+\sqrt{5})/2 \\ 0 \end{bmatrix}$$

固有空間は $V\left(\dfrac{3+\sqrt{5}}{2}\right) = \left\langle \begin{bmatrix} 1 \\ (1+\sqrt{5})/2 \\ 0 \end{bmatrix} \right\rangle$ である．

(iii) $\lambda = \dfrac{3-\sqrt{5}}{2}$ のとき，固有ベクトルは

$$\begin{bmatrix} (1-\sqrt{5})/2 & -1 & 0 \\ -1 & (-1-\sqrt{5})/2 & 0 \\ 0 & 0 & (-5-\sqrt{5})/2 \end{bmatrix} \begin{bmatrix} x \\ y \\ z \end{bmatrix} = \begin{bmatrix} 0 \\ 0 \\ 0 \end{bmatrix}$$

の解である．これは，$\dfrac{1-\sqrt{5}}{2}x - y = 0,\ z = 0$ と同値であるから，$x = t$ とおくと，

$$\begin{bmatrix} x \\ y \\ z \end{bmatrix} = x \begin{bmatrix} 1 \\ (1-\sqrt{5})/2 \\ 0 \end{bmatrix}$$

固有空間は $V\left(\dfrac{3-\sqrt{5}}{2}\right) = \left\langle \begin{bmatrix} 1 \\ (1-\sqrt{5})/2 \\ 0 \end{bmatrix} \right\rangle$ である．

固有ベクトル $\boldsymbol{x}_1 = \begin{bmatrix} 0 \\ 0 \\ 1 \end{bmatrix}$, $\boldsymbol{x}_2 = \begin{bmatrix} 1 \\ (1+\sqrt{5})/2 \\ 0 \end{bmatrix}$, $\boldsymbol{x}_3 = \begin{bmatrix} 1 \\ (1-\sqrt{5})/2 \\ 0 \end{bmatrix}$ をグラム・シュミットの方法で直交化して，直交行列 P をつくれば,

$$
{}^tPAP = P^{-1}AP = \begin{bmatrix} 4 & 0 & 0 \\ 0 & (3+\sqrt{5})/2 & 0 \\ 0 & 0 & (3-\sqrt{5})/2 \end{bmatrix}
$$

(3) $x^2 + 2y^2 + 4z^2 + 2xy = \boldsymbol{x}A\boldsymbol{x}$

$$
\begin{aligned}
&= {}^t(P\boldsymbol{x}')A(P\boldsymbol{x}') \\
&= \boldsymbol{x}'{}^tPAP\boldsymbol{x}' \\
&= {}^t\boldsymbol{x}' \begin{bmatrix} 4 & 0 & 0 \\ 0 & (3+\sqrt{5})/2 & 0 \\ 0 & 0 & (3-\sqrt{5})/2 \end{bmatrix} \boldsymbol{x}' \\
&= 4x'^2 + \frac{3+\sqrt{5}}{2}y'^2 + \frac{3-\sqrt{5}}{2}z'^2
\end{aligned}
$$

(4) P は直交行列だから,

$$
||\boldsymbol{x}||^2 = ||P\boldsymbol{x}'||^2 = {}^t(P\boldsymbol{x}')(P\boldsymbol{x}') = {}^t\boldsymbol{x}'{}^tPP\boldsymbol{x}' = {}^t\boldsymbol{x}'E\boldsymbol{x}' = ||\boldsymbol{x}'||^2
$$

(5) $||\boldsymbol{x}|| = 1$ のとき，$x'^2 + y'^2 + z'^2 = ||\boldsymbol{x}'||^2 = 1$．したがって,

$$
x^2 + 2y^2 + 4z^2 + 2xy = 4x'^2 + \frac{3+\sqrt{5}}{2}y'^2 + \frac{3-\sqrt{5}}{2}z'^2 \leqq 4(x'^2 + y'^2 + z'^2) = 4
$$

よって，$\boldsymbol{x}' = \begin{bmatrix} 1 & 0 & 0 \end{bmatrix}$ のとき最大値は 4 である．

一方,

$$
\begin{aligned}
x^2 + 2y^2 + 4z^2 + 2xy = 4x'^2 + \frac{3+\sqrt{5}}{2}y'^2 + \frac{3-\sqrt{5}}{2}z'^2 &\geqq \frac{3-\sqrt{5}}{2}(x'^2 + y'^2 + z'^2) \\
&= \frac{3-\sqrt{5}}{2}
\end{aligned}
$$

よって，$\boldsymbol{x}' = \begin{bmatrix} 0 & 0 & 1 \end{bmatrix}$ のとき最小値は $\dfrac{3-\sqrt{5}}{2}$．

問題 8.4 (1) $x^2 - 2xy - 3y^2 = (x+y)(x-3y) = 0$ より,

$$
x + y = 0 \quad \text{または} \quad x - 3y = 0 \quad (2\ \text{直線}).
$$

(2) $\tan 2\theta = \dfrac{2}{1-1}$ なので，$2\theta = \dfrac{\pi}{2}$．このとき,

$$
\begin{bmatrix} x \\ y \end{bmatrix} = \begin{bmatrix} \cos(\pi/4) & -\sin(\pi/4) \\ \sin(\pi/4) & \cos(\pi/4) \end{bmatrix} \begin{bmatrix} u \\ v \end{bmatrix} = \begin{bmatrix} (u-v)/\sqrt{2} \\ (u+v)/\sqrt{2} \end{bmatrix}
$$

より,

$$
x^2 + 2xy + y^2 + 2x - 2y = (x+y)^2 + 2(x-y) = 2u^2 - 2\sqrt{2}v = 4
$$

したがって,

$$u^2 = \sqrt{2}v + 2 \quad (\text{放物線})$$

(3) $\tan 2\theta = \dfrac{-\sqrt{3}}{1-2} = \sqrt{3}$ なので，$2\theta = \pi/3$．このとき，

$$\begin{bmatrix} x \\ y \end{bmatrix} = \begin{bmatrix} \cos(\pi/6) & -\sin(\pi/6) \\ \sin(\pi/6) & \cos(\pi/6) \end{bmatrix} \begin{bmatrix} u \\ v \end{bmatrix} = \begin{bmatrix} (\sqrt{3}u - v)/2 \\ (u + \sqrt{3}v)/2 \end{bmatrix}$$

より，

$$\frac{(\sqrt{3}u - v)^2}{4} - \sqrt{3}\frac{(\sqrt{3}u - v)(u + \sqrt{3}v)}{4} + 2\frac{(u + \sqrt{3}v)^2}{4} = \frac{1}{2}u^2 + \frac{5}{2}v^2 = 5$$

したがって，

$$\frac{u^2}{10} + \frac{v^2}{2} = 1 \quad (\text{だ円})$$

(4) $\tan 2\theta = \dfrac{2h}{a-b} = \dfrac{1}{0-1}$ なので，$2\theta = 3\pi/4$．このとき，

$$\begin{bmatrix} x \\ y \end{bmatrix} = \begin{bmatrix} \cos(3\pi/8) & -\sin(3\pi/8) \\ \sin(3\pi/8) & \cos(3\pi/8) \end{bmatrix} \begin{bmatrix} u \\ v \end{bmatrix} = \begin{bmatrix} au - bv \\ bu + av \end{bmatrix}$$

$$a = \cos(3\pi/8) = \frac{1}{\sqrt{4+2\sqrt{2}}}, \ b = \sin(3\pi/8) = \frac{1+\sqrt{2}}{\sqrt{4+2\sqrt{2}}}$$

より，

$$(au - bv)(bu + av) + (bu + av)^2 = 1$$

したがって，

$$(ab + b^2)u^2 + (a^2 + 2ab - b^2)uv + (a^2 - ab)v^2 = 1$$

$$ab + b^2 = \frac{1+\sqrt{2}}{4+2\sqrt{2}} + \frac{3+2\sqrt{2}}{4+2\sqrt{2}} = \frac{1+\sqrt{2}}{2}$$

$$a^2 + 2ab - b^2 = \frac{1}{4+2\sqrt{2}} + 2\frac{1+\sqrt{2}}{4+2\sqrt{2}} - \frac{3+2\sqrt{2}}{4+2\sqrt{2}} = 0$$

$$a^2 - ab = \frac{1}{4+2\sqrt{2}} - \frac{1+\sqrt{2}}{4+2\sqrt{2}} = \frac{1-\sqrt{2}}{2}$$

$$\frac{1+\sqrt{2}}{2}u^2 - \frac{\sqrt{2}-1}{2}v^2 = 1 \quad \text{つまり} \quad \frac{u^2}{2(\sqrt{2}-1)} - \frac{v^2}{2(\sqrt{2}+1)} = 1 \quad (\text{双曲線})$$

問題 8.5 $\tan 2\theta = \dfrac{2h}{a-b} = \dfrac{2h}{0-0}$ なので，$2\theta = \pi/2$．このとき，

$$\begin{bmatrix} x \\ y \end{bmatrix} = \begin{bmatrix} \cos(\pi/4) & -\sin(\pi/4) \\ \sin(\pi/4) & \cos(\pi/4) \end{bmatrix} \begin{bmatrix} u \\ v \end{bmatrix} = \begin{bmatrix} (u - v)/\sqrt{2} \\ (u + v)/\sqrt{2} \end{bmatrix}$$

よって，

$$x + y = \sqrt{2}u, \ xy = \frac{u^2 - v^2}{2}$$

だから，

$$(x+y)^2 - 2xy + 2hxy = 2u^2 + (h-1)(u^2 - v^2) = (h+1)u^2 - (h-1)v^2 = 1$$

(i) $(h+1)(1-h)<0$ のとき，双曲線

(ii) $(h+1)(1-h)=0$ のとき，2 直線

(iii) $h+1>0, 1-h>0$ のとき，だ円

問題 8.6 (1) $2x^2+5y^2+2z^2-4xy-4yz+2zx$

$= \begin{bmatrix} x & y & z \end{bmatrix} \begin{bmatrix} 2 & -2 & 1 \\ -2 & 5 & -2 \\ 1 & -2 & 2 \end{bmatrix} \begin{bmatrix} x \\ y \\ z \end{bmatrix}$ であるから，行列 $A = \begin{bmatrix} 2 & -2 & 1 \\ -2 & 5 & -2 \\ 1 & -2 & 2 \end{bmatrix}$ を対角化する．固有方程式

$$\begin{vmatrix} \lambda-2 & 2 & -1 \\ 2 & \lambda-5 & 2 \\ -1 & 2 & \lambda-2 \end{vmatrix} = \begin{vmatrix} \lambda-1 & \lambda-1 & \lambda-1 \\ 2 & \lambda-5 & 2 \\ -1 & 2 & \lambda-2 \end{vmatrix}$$

$$= (\lambda-1)\begin{vmatrix} 1 & 1 & 1 \\ 2 & \lambda-5 & 2 \\ -1 & 2 & \lambda-2 \end{vmatrix}$$

$$= (\lambda-1)\begin{vmatrix} 1 & 1 & 1 \\ 0 & \lambda-7 & 0 \\ 0 & 3 & \lambda-1 \end{vmatrix}$$

$$= (\lambda-1)^2(\lambda-7)=0$$

を解くと，$\lambda=1, 7$.

これから固有ベクトルを求めて，直交行列 P による変換

$$\boldsymbol{x} = \begin{bmatrix} x \\ y \\ z \end{bmatrix} = P \begin{bmatrix} u \\ v \\ w \end{bmatrix} = P\boldsymbol{u}$$

を考えると，

$$2x^2+5y^2+2z^2-4xy-4yz+2xz = u^2+v^2+7w^2=7$$

つまり

$$\frac{u^2}{7}+\frac{v^2}{7}+w^2=1 \quad (\text{だ円面})$$

(2) $2x^2+2y^2-4z^2+2xy = \begin{bmatrix} x & y & z \end{bmatrix} \begin{bmatrix} 2 & 1 & 0 \\ 1 & 2 & 0 \\ 0 & 0 & -4 \end{bmatrix} \begin{bmatrix} x \\ y \\ z \end{bmatrix}$ であるから，行列 $A = \begin{bmatrix} 2 & 1 & 0 \\ 1 & 2 & 0 \\ 0 & 0 & -4 \end{bmatrix}$ を対角化する．固有方程式

$$\begin{vmatrix} \lambda-2 & -1 & 0 \\ -1 & \lambda-2 & 0 \\ 0 & 0 & \lambda+4 \end{vmatrix} = (\lambda+4)\{(\lambda-2)^2-1\}$$
$$= (\lambda+4)(\lambda-1)(\lambda-3)$$

を解くと，$\lambda = 1, 3, -4$.

これから固有ベクトルを求めて，直交行列 P による変換

$$\boldsymbol{x} = \begin{bmatrix} x \\ y \\ z \end{bmatrix} = P \begin{bmatrix} u \\ v \\ w \end{bmatrix} = P\boldsymbol{u}$$

を考えると，

$$2x^2 + 2y^2 - 4z^2 + 2xy = u^2 + 3v^2 - 4w^2 = 12$$

つまり

$$\frac{u^2}{12} + \frac{v^2}{4} - \frac{w^2}{3} = 1 \quad (1\text{葉双曲面})$$

(3) $x^2 + y^2 + 3z^2 + 2xy + 2yz + 2zx = \begin{bmatrix} x & y & z \end{bmatrix} \begin{bmatrix} 1 & 1 & 1 \\ 1 & 1 & 1 \\ 1 & 1 & 3 \end{bmatrix} \begin{bmatrix} x \\ y \\ z \end{bmatrix}$ であるから，

行列 $A = \begin{bmatrix} 1 & 1 & 1 \\ 1 & 1 & 1 \\ 1 & 1 & 3 \end{bmatrix}$ を対角化する．固有方程式

$$\begin{vmatrix} \lambda-1 & -1 & -1 \\ -1 & \lambda-1 & -1 \\ -1 & -1 & \lambda-3 \end{vmatrix} = \begin{vmatrix} 0 & -(\lambda-1)-1 & (\lambda-1)(\lambda-3)-1 \\ 0 & \lambda & -\lambda+2 \\ -1 & -1 & \lambda-3 \end{vmatrix}$$
$$= -\begin{vmatrix} -\lambda & \lambda^2-4\lambda+2 \\ \lambda & -\lambda+2 \end{vmatrix}$$
$$= -\lambda(\lambda-2) + \lambda(\lambda^2-4\lambda+2)$$
$$= \lambda(\lambda-1)(\lambda-4)$$

を解くと，$\lambda = 0, 1, 4$.

これから固有ベクトルを求めて，直交行列 P による変換

$$\boldsymbol{x} = \begin{bmatrix} x \\ y \\ z \end{bmatrix} = P \begin{bmatrix} u \\ v \\ w \end{bmatrix} = P\boldsymbol{u}$$

を考えると，

$$x^2 + y^2 + 3z^2 + 2xy + 2yz + 2xz = v^2 + 4w^2 = 4$$

つまり

$$\frac{v^2}{4} + w^2 = 1 \quad (\text{だ円柱面})$$

問題 8.7 $2xy + 2yz + 2xz = \begin{bmatrix} x & y & z \end{bmatrix} \begin{bmatrix} 0 & 1 & 1 \\ 1 & 0 & 1 \\ 1 & 1 & 0 \end{bmatrix} \begin{bmatrix} x \\ y \\ z \end{bmatrix}$ であるから，行列 $A = \begin{bmatrix} 0 & 1 & 1 \\ 1 & 0 & 1 \\ 1 & 1 & 0 \end{bmatrix}$ を対角化する．固有方程式

$$\begin{aligned}
\begin{vmatrix} \lambda & -1 & -1 \\ -1 & \lambda & -1 \\ -1 & -1 & \lambda \end{vmatrix} &= \begin{vmatrix} \lambda-2 & \lambda-2 & \lambda-2 \\ -1 & \lambda & -1 \\ -1 & -1 & \lambda \end{vmatrix} \\
&= (\lambda-2) \begin{vmatrix} 1 & 1 & 1 \\ -1 & \lambda & -1 \\ -1 & -1 & \lambda \end{vmatrix} \\
&= (\lambda-2) \begin{vmatrix} 1 & 1 & 1 \\ 0 & \lambda+1 & 0 \\ 0 & 0 & \lambda+1 \end{vmatrix} \\
&= (\lambda-2)(\lambda+1)^2
\end{aligned}$$

を解くと，$\lambda = 2, -1$. これから固有ベクトルを求めて，直交行列 P による変換

$$\boldsymbol{x} = \begin{bmatrix} x \\ y \\ z \end{bmatrix} = P \begin{bmatrix} u \\ v \\ w \end{bmatrix} = P\boldsymbol{u}$$

を考えると，

$$\begin{aligned}
2xy + 2yz + 2zx &= {}^t\boldsymbol{x}A\boldsymbol{x} \\
&= {}^t(P\boldsymbol{u})A(P\boldsymbol{u}) \\
&= {}^t\boldsymbol{u}\,{}^tPAP\boldsymbol{u} \\
&= {}^t\boldsymbol{u} \begin{bmatrix} 2 & 0 & 0 \\ 0 & -1 & 0 \\ 0 & 0 & -1 \end{bmatrix} \boldsymbol{u} \\
&= 2u^2 - v^2 - w^2 = 2a
\end{aligned}$$

したがって，

$$2u^2 - v^2 - w^2 = 2a$$

(i) $a > 0$ のとき，2 葉双曲面

(ii) $a = 0$ のとき，2 次錐面

(iii) $a < 0$ のとき，1 葉双曲面

問題 8.8 $x^2 + ky^2 + 4z^2 + 2kxy + 2zx = \begin{bmatrix} x & y & z \end{bmatrix} \begin{bmatrix} 1 & k & 1 \\ k & k & 0 \\ 1 & 0 & 4 \end{bmatrix} \begin{bmatrix} x \\ y \\ z \end{bmatrix}$ であるから，行列 $A = \begin{bmatrix} 1 & k & 1 \\ k & k & 0 \\ 1 & 0 & 4 \end{bmatrix}$ が正値であるための条件を求める．

$\begin{vmatrix} 1 & k \\ k & k \end{vmatrix} > 0$, $\begin{vmatrix} 1 & k & 1 \\ k & k & 0 \\ 1 & 0 & 4 \end{vmatrix} > 0$ から，$k - k^2 > 0$, $4k - k - 4k^2 > 0$ から，

$0 < k < \dfrac{3}{4}$ を得る．

問題 8.9 (1) A は正値より $|A| > 0$ であるから，逆行列 A^{-1} が存在する．このとき，

$$^t(A^{-1}) = (^tA)^{-1} = A^{-1}$$

だから，A^{-1} も対称である．直交行列 P で A を対角化する：

$$^tPAP = P^{-1}AP = \begin{bmatrix} \lambda_1 & & & O \\ & \lambda_2 & & \\ & & \ddots & \\ O & & & \lambda_n \end{bmatrix}$$

ここに，固有値 $\lambda_1, \lambda_2, \cdots, \lambda_n$ はすべて正である．このとき，

$$P^{-1}A^{-1}P = (P^{-1}AP)^{-1} = \begin{bmatrix} \lambda_1^{-1} & & & O \\ & \lambda_2^{-1} & & \\ & & \ddots & \\ O & & & \lambda_n^{-1} \end{bmatrix}$$

したがって，A^{-1} の固有値はすべて正だから A^{-1} は正値である．

(2) $\tilde{A} = |A|A^{-1}$ で，A^{-1} は正値で $|A| > 0$ だから，$\tilde{A}$ も正値である．

索　引

数字・欧字

あ　行

か　行

さ　行

た　行

な 行

は 行

ま 行

や 行

ら 行

わ　行

著者略歴

水田義弘（みずた よしひろ）

1970年　広島大学理学部数学科卒業
現　在　広島大学名誉教授　理学博士

主要著書

Potential theory in Euclidean spaces（邦訳：ユークリッド空間上のポテンシャル論）
入門 微分積分（サイエンス社，1996）
理工系 線形代数（サイエンス社，1997）
詳解演習 微分積分（サイエンス社，1998）
実解析入門（培風館，1999）

詳解演習ライブラリ＝1
詳解演習 線形代数

2000年6月10日 ©　初版発行
2018年3月10日　初版第12刷発行

著　者　水田義弘　　発行者　森平敏孝
　　　　　　　　　　印刷者　杉井康之
　　　　　　　　　　製本者　米良孝司

発行所　株式会社　サイエンス社

〒151–0051　東京都渋谷区千駄ヶ谷1丁目3番25号
営業　☎（03）5474–8500（代）　振替 00170–7–2387
編集　☎（03）5474–8600（代）
FAX　☎（03）5474–8900

印刷　(株) ディグ　　製本　ブックアート

《検印省略》

本書の内容を無断で複写複製することは，著作者および出版者の権利を侵害することがありますので，その場合にはあらかじめ小社あて許諾をお求め下さい．

ISBN4–7819–0940–X

PRINTED IN JAPAN

サイエンス社のホームページのご案内
http://www.saiensu.co.jp
ご意見・ご要望は
rikei@saiensu.co.jp　まで．